Schiffe

Schiffe

NGV

FLORA

Bildauswahl und Text: Eberhard Urban
Umsetzung: MediaPrint Taunusdruck GmbH, Frankfurt
Gesamtherstellung: Naumann & Göbel Verlagsgesellschaft mbH, Köln

ISBN 978-3-625-11412-3
www.naumann-goebel.de

RICKMER RICKMERS
RICKMER RICKMERS

Einleitung

Die Geschichte der Schifffahrt währt so lange wie die Geschichte der Menschheit. Nachdem die Menschen gelernt hatten zu laufen, gelangten sie an Teiche und Seen, Bäche und Flüsse. Inmitten der Gewässer tummelten sich Fische, an den jenseitigen Ufern lockten Früchte und Tiere. Vom Hunger und von der Neugier getrieben, auch auf der Flucht vor Feinden, waren die Menschen gezwungen, sich in das Wasser zu begeben. War das Wasser zu tief, brauchte es die Fähigkeit zu schwimmen – oder Hilfsmittel ermöglichten die Fortbewegung auf dem und über das Wasser.

Theodor de Bry zeigt in seinem Bild von 1590, wie Indianer in Virginia einen Einbaum fertigen.

Zu den ersten Schwimmhilfen gehörten Baumstämme, und mit Paddelbewegungen der Arme und Beine ließen sich Ziele ansteuern. Wurden mehrere Baumstämme nebeneinander mit Zweigen oder Stricken verbunden, ergab diese Baumethode stabile Flöße, mit denen auch größere Transporte durchgeführt werden konnten. Höhlte man schließlich den Baumstamm aus, entstand ein einfaches Boot – der Einbaum. Wasserfahrzeuge dieser einfachen Art wurden in aller Welt hergestellt, zum Teil bedienen sich manche Völker – zum Beispiel in Afrika – immer noch dieser Boote. Mithilfe von Paddeln ist eine sichere und schnelle Fortbewegung möglich, auch die Fahrtrichtung lässt sich damit einfach bestimmen.

Wagemutige und Neugierige befuhren mit ihren Einbäumen auch die Meere in Küstennähe, wussten bald die Kraft des Windes zu nutzen, setzten Segel aus Stoff oder aus verknüpften Binsen oder großen Blättern. Seit mindestens 7000 Jahren sind Schiffe mit Segeln nachgewiesen. Zwei Einbäume, miteinander verbunden, ergaben ein stabiles Fahrzeug. Mit solchen Katamaranen, die besegelt waren, wurden die Inseln Ozeaniens im Pazifischen Ozean entdeckt und besiedelt. In den schilfreichen Gebieten Afrikas, vornehmlich Ägyptens, und Südamerikas wurden Boote und Flöße aus Schilf geknüpft. Mit Segeln ausgestattet, konnten diese auch die Meere überqueren.

Die Technik und die Kunst des Schiffbaus aus Planken über einem Kiel verfeinerten sich im Lauf der Zeit immer mehr. Und immer größere Fahrzeuge entstanden; die Anzahl der Masten, an denen sich die Segel im Wind blähten, nahm zu. Fahrten über die Meere und Ozeane, einst einzelne Abenteuer voller Risiken und Gefahren, wurden zur Gewohnheit. Aber die Kraft der Winde und Wogen bleibt für alle Zeiten gefährlich. Wenn auch nicht mehr so häufig, so geht doch manches Schiff verloren, kentert im Sturm, wird in die Tiefe gerissen oder gegen Klippen geschleudert.

Seit dem Altertum gewinnen die Seemächte die Vorherrschaft in ihren Weltteilen. Ihr Aufstieg ist mit grausamen Kriegen verbunden. Wie heute noch bestimmen die militärischen Belange den technischen Fortschritt. Aus Ruderbooten wurden die mächtigen Galeeren der Antike. Bis ins 18. Jahrhundert operierten sie im Mittelmeer und versuchten sogar, England zu bedrohen. Mit der Aufhebung der Sklaverei in Europa standen jedoch nicht mehr Ruderknechte in unbegrenzter Anzahl zur

Christoph Columbus entdeckt 1492 eine Neue Welt, dargestellt von Theodor de Bry in „America", 1590.

Verfügung. Die vorherrschenden Schiffstypen waren längst Kogge und Karacke, unter arabischem Einfluss die Karavelle.
Eine wichtige Erfindung um das Jahr 1240 war die des Heckruders. Bislang waren die Boote und Schiffe mittels der großen Riemen, auch Ruder geheißen, seitlich des Hecks auf der rechten Seite – vom Heck in Richtung Bug aus gesehen – oder beiderseits gesteuert worden. Das Heckruder erlaubte nun eine bessere Steuerung der Fahrzeuge. Das Ruderblatt wurde vor der Einführung des Steuerrads mit einer Stange, der Pinne, bedient; der Steuermann stand links davon, kehrte seinen Rücken der linken Schiffsseite zu. So erklären sich die Bezeichnungen Steuerbord und Backbord.

Die Welt veränderte sich, als Kolumbus glaubte, auf der Fahrt mit seinen kleinen, aber tüchtigen Schiffen den westlichen Seeweg nach Indien gefunden zu haben und 1492 einen neuen Kontinent entdeckt hatte. 1489 fand Vasco da Gama den Seeweg von Europa nach Indien, nachdem er um Afrika gesegelt war. Magellan umrundete ab 1519 die Welt. Nicht nur Forscherdrang und Entdeckerfreude bewegten die kühnen Seefahrer seit dem 15. Jahrhundert. Die Schätze der fremden Länder, Gewürze und Gold zum Beispiel, lockten die Entdecker über die Meere.
Frühere Fahrten wie die der Wikinger um das Jahr 1000 nach dem später so genannten Amerika und die Handelsfahrten der Chinesen bis nach Afrika und vielleicht noch weiter seit 1405 blieben ohne nachhaltige Wirkungen, so bewundernswert diese Unternehmungen auch waren.
Die Entdeckung fremder Länder, ihre Eroberung und Ausbeutung beflügelte die europäische, dann auch die US-amerikanische Wirtschaft. Die Welt erlebte ihre erste Globalisierung. Die Transportmittel waren die Schiffe, die zugleich Waren und technische Entwicklung beförderten. Seit dem 19. Jahrhundert entstanden die berühmten stolzen Windjammer, die großen Schnellsegler, die über 100 Jahre lang die Meere der Welt beherrschten.

Schon seit dem 17. Jahrhundert hatte es Versuche gegeben, mit Dampfern den Seglern den Rang abzulaufen. Verschiedene Versuche, Dampfmaschinen zu bauen und zu nutzen, führten noch nicht zum Erfolg. Aber die Forscher und Wissenschaftler blieben hartnäckig bei ihren Experimenten. So ließ Denis Papin gegen Ende des 17. Jahrhunderts einige Dampfschiffe fahren. Aber erst durch die Entwicklung der ersten wirklich betriebstüchtigen Dampfmaschine von James Watt 1764 brach eine neue Zeit an. Die Dampfmaschine wurde in Fabriken, in Lokomotiven und Schiffen eingesetzt. Eine Revolution der Produktions- und Verkehrsmittel setzte ein. Das Industriezeitalter hatte begonnen.

Gegen Ende des 18. Jahrhunderts fuhren bereits einige Dampfschiffe auf den Flüssen und in Küstennähe. Ihre große Zeit begann erst im 19. Jahrhundert. Aber das war nicht gleichbedeutend mit dem Ende der Segelschiffe. Noch waren die Frachtsegler mit ihrer Ladekapazität, ihrer Geschwindigkeit und mit ihren geringen Betriebskosten den Dampfern weit voraus – im transkontinentalen wie auch im Küstenverkehr. Die Kutter, ob im Fischfang oder im militärischen Dienst, blieben lange die wichtigsten Fahrzeuge von geringer Abmessung.

Die Entwicklung der Dampfmaschine, später der Dampfturbine, dann der Bau der Schiffe aus Eisen, später aus Stahl, bewirkten, dass die Dampfer immer größer und schneller wurden. Die erste Atlantiküberquerung mit einem Dampfschiff erfolgte 1819. Noch waren die Dampfer mit Segeln ausgestattet, um zusätzlichen Antrieb zu erlangen. Die ersten funktionstüchtigen Dampfer hatten Schaufelradantrieb. Zunächst waren die Schaufelräder mittschiffs an Back- und Steuerbord angebracht, vor allem bei Flussschiffen wurde dann der Heckradantrieb verwendet. Nach vielen Versuchen verschiedener Konstrukteure gelang es dem Österreicher Joseph Ressel, 1827 eine funktionstüchtige Schiffsschraube zu entwickeln. Die Schraubendampfer lösten langsam die Schaufelraddampfer ab. Doch auch das Dampfzeitalter ging zu Ende.

Die Erfindung des Hochdruckverbrennungsmotors, des Dieselmotors, durch Rudolf Diesel ab 1893 war auch für die Schifffahrt von großer Bedeutung. 1903 wurden in Russland die ersten Schiffe mit Dieselmotoren gebaut. Im Unterschied zum Dampfschiff hieß das nun mit dem neuen Antrieb versehene Schiff Dieselmotorschiff, kurz Motorschiff, abgekürzt MS. Erst nach dem Ende des Zweiten Weltkriegs verdrängten die Motorschiffe weitgehend die Dampfer von den Flüssen und Meeren.

Die Atomkraft fand nur beschränkt Anwendung als Antriebskraft für Schiffe. Vor allem im militärischen Bereich, vornehmlich bei Unterseebooten, fand der Nuklearmotor Verwendung.

Ein Frachter im Bau, Heck mit Ruder und Propeller eines Motorschiffs. Der Handel, die Versorgung der Menschen in aller Welt mit den unterschiedlichen Gütern für den täglichen Bedarf und für den Genuss, der Transport von Rohstoffen und Energien ist ohne Schiffe nicht möglich.

Schaufelraddampfer mit Besegelung um 1840 auf dem Weg von Europa nach Nordamerika.

In diesem Buch findet der Leser eine umfassende Übersicht zur Geschichte des Schiffbaus und der Schifffahrt – von den frühen Anfängen, die sich im Nebel der Vorgeschichte verlieren, über die Vergangenheit und Gegenwart bis in die Zukunft, die durch einige Beispiele schon ersichtlich ist.

1000 Schiffe und Schiffstypen – Handels- und Kriegsschiffe, Frachter und Fischereifahrzeuge, Fähren und Passagierschiffe – in Bild und Wort künden von einem der wichtigsten Verkehrsmittel, auch von der begeisternden Art, mit vollen Segeln über See zu jagen, von der Faszination der Technik und des Fortschritts. Die Ruder-, Segel-, Dampf- und Motorschiffe vereinen auf einmalige Weise Technik und Ästhetik, von der nicht nur Schiffbauer und Seeleute angetan sind, die vor allem früher Schwerstarbeit zu leisten hatten. Trotzdem haben die Fahrensleute, vom Kapitän bis zum Schiffsjungen, ein persönliches Verhältnis zu ihrem Schiff, von dessen Funktionstüchtigkeit ihr Leben abhängt. Sie lieben es, auch wenn sie oft mit ihrem schweren Schicksal hadern. Deshalb sind Schiffe weiblich, auch wenn sie männliche Namen tragen.

„Geliebte Schiffe, wie ein Traum vergangen,
Sie sind dahin, kein Seufzen hilft und Klagen.
Und doch im Winschenlärm und Dampferrauch
Bewegt Erinnerung ein Sehnsuchtshauch:
Mit vollen Segeln über See zu jagen!"
In „Westward-Ho!" von Kapitän Ludwig Albrand

Diese alten Verse, ein Abgesang auf die große Zeit der Segelschiffe, lassen sich auch in Erinnerung an die vergangene Zeit der Dampfschiffe anstimmen. Doch in den See- und Binnenhäfen gibt es Museums- und Traditionsschiffe unter Segeln und mit Dampf, die Sehnsucht zu stillen. Ausflugsschiffe auf Seen und Flüssen und an den Küsten, zum Teil altehrwürdige Dampfer als fahrende Denkmalsschiffe, erlauben das Vergnügen der Schifffahrt für jeden jederzeit.

Die große Tradition der Seereisen und Kreuzfahrten aus dem 20. Jahrhundert, der durch den Zweiten Weltkrieg ein jähes Ende bereitet wurde, fand seit den Fünfzigerjahren des vorigen Jahrhunderts ihre Fortsetzung. Heute befahren Luxusliner zum grenzenlosen Vergnügen ihrer Fahrgäste die Meere und Flüsse der Welt. Die großen Segler, einst Schulschiffe oder Frachter, die den Stürmen der Zeiten getrotzt haben und noch äußerst fahrtüchtig sind, nehmen gern Passagiere an Bord, die bei den täglichen Arbeiten wie zum Beispiel dem Segelsetzen helfen. So wird die Seefahrt, von der ein populäres Lied sagt, sie sei lustig, sie sei schön, wieder zum Abenteuer. Die Zeit der großen Segelyachten hat durch die Erhaltung und Rekonstruierung überlieferter Schiffe und durch den Neubau von Großseglern neu begonnen.

Das vorliegende Buch soll mit seinen mehr als 1000 chronologisch geordneten Abbildungen einen repräsentativen Einblick in die große Fülle der verschiedenen Schiffstypen aus aller Welt und ihren berühmtesten Vertretern vermitteln. So finden die früheren, die überlieferten und die neuen und modernen Schiffe aller Arten in diesem Buch ihre Darstellung. Es wurde bewusst auf eine Trennung von Handels-, Passagier- und Kriegsschiffen verzichtet. Die Kauffahrteischiffe der Hanse und die niederländischen und britischen Ostindienfahrer waren zum Teil sowohl Handels- als auch Kriegsschiffe. Eine Trennung von Segel- und Dampf- und Motorschiffen wurde ebenfalls nicht vorgenommen, denn die frühen Dampfer hatten noch Segel gesetzt. Und Segel- und Dampfschiffe befuhren im 19. und zu Beginn des 20. Jahrhunderts gleichzeitig und gleichberechtigt die Meere. So ergibt sich in diesem Buch nun eine chronologische Geschichte des Schiffbaus und der Schifffahrt – von ihren Anfängen bis in die nahe Zukunft.
Die mühevolle und zugleich freudevolle Erarbeitung wäre ohne die Hilfe und Unterstützung vieler Menschen nicht möglich gewesen. Den Museen, Archiven und anderen Institutionen, den Werften, Reedereien und Reiseveranstaltern, die im Anhang genannt sind, ist ebenso zu danken wie den Bekannten und Freunden, die ihre Bildsammlungen zur Verfügung gestellt haben und nicht genannt sein wollen. Ohne die vorherige Arbeit vieler Autoren, deren Werken ich wichtige Informationen entnehmen konnte, wäre dieses Buch nicht zustande gekommen. Namentlich möchte ich Arnold Kludas erwähnen, in dessen vielen Büchern eine Fülle von historischen und technischen Daten zu finden ist. Uwe Jarchow, berühmt für seine grafischen Rekonstruktionen historischer Schiffe, verdanke ich die Möglichkeit, mit seinen Bildern die Schiffe zeigen zu können, von denen sonst keine Abbildungen vorhanden sind. Danke auch an meine Frau Kristiane Müller-Urban, mit der ich schon viele, auch einige Schiffsbücher zusammen erarbeitet habe; sie hat unermüdlich bei der Bild- und Datenbeschaffung geholfen.

Verlag und Autor wünschen Ihnen viel Spaß, Freude und Anregung auf Ihrer Entdeckungsfahrt durch die faszinierende Welt der großen und kleinen Schiffe.

Das Plakat von 1935 wirbt für Fahrten mit dem französischen Passagierschiff „Normandie".

Die Geschichte der Menschheit ist zugleich eine Geschichte ihrer Kriege, der räuberischen Eroberung und des Versuchs der Abwehr und Abschreckung. Die Pazifikflotte der US Navy im Jahr 1907 demonstriert die Stärke der Seemacht USA.

Allgemeine Erklärungen zu Bezeichnungen und Abkürzungen

Schiffsnamen: Angegeben ist jeweils der Name, unter dem das Schiff in Fahrt ist. Bei historischen Schiffen ist es der Name, unter dem das Schiff bekannt wurde. Frühere oder spätere Namen sind im Text erwähnt.

Nationalität: Diese ist normalerweise nur in solchen Fällen nicht angegeben (z. B. bei vielen Kreuzfahrtschiffen), wenn internationale Gesellschaften ihre Schiffe beispielsweise unter der Flagge von Panama fahren lassen oder die Eigner häufig wechselten.

Typ: Die Bezeichnungen stellen eine schnelle Orientierungshilfe dar und betreffen sowohl die Bauart als auch den Verwendungszweck; z. B. ist ein Vollschiff ein Dreimaster mit Rahsegeln an allen Masten – kann aber ein Kriegsschiff oder ein Frachtsegler und zugleich ein Schulschiff oder später auch Museumsschiff sein.

Baujahr: Die angegebene Jahreszahl bezeichnet in der Regel das Jahr der Ablieferung von der Werft oder der Indienststellung.

Vermessung: Die Ermittlung des Raumgehalts eines Schiffes hat eine lange Tradition. Im Mittelalter war das Fass (die Tonne) das Maß der Ladefähigkeit. Auch die Bezeichnung „Lasten" war gebräuchlich und meinte eine Last von 2000 oder 3000 Kilogramm. Seit dem 19. Jahrhundert werden die Frachtmassen in Tonnen zu je 1000 kg angegeben. Die Maßeinheit für die Vermessung ist die Registertonne (1 RT = 100 Kubikfuß = 2,8317 m^3). Die Bruttoregistertonne (BRT) umfasst den gesamten Raum des Schiffes, die Nettoregistertonne (NRT) umfasst nur den Nutzraum, also die Lade- und Fahrgasträume. Die Bruttoraumzahl (BRZ) ist eine Vergleichszahl und ergibt sich aus dem umbauten Raum multipliziert mit einem Faktor von 0,22 bis 0,32. Die Ladefähigkeit wird auch in tdw oder dwt (tons deadweight bzw. deadweight tons) angegeben, bei Containerschiffen durch die Anzahl der Stellflächen in TEU (twenty equivalent units = 20-Fuß-Container), bei Kühlcontainern auch in FEU (40-Fuß-Container).

Maschinenleistung: Die Antriebsleistung wurde früher in PS (Pferdestärke) angegeben, seit 1977 gilt die Leistungseinheit kW (Kilowatt), die seitdem zumeist Verwendung findet; 1 PS = 0,73550 kW, 1 kW = 1,35962 PS.

Geschwindigkeit: In den Begleittexten werden häufig auch Angaben zur Geschwindigkeit eines Schiffes gemacht. Die Einheit hierfür ist Knoten (kn), mit der ausgedrückt wird, wie viele Seemeilen pro Stunde zurückgelegt werden. Der Begriff Etmal bezeichnet die in Seemeilen gemessene Entfernung, die ein Schiff von Mittag bis zum Mittag des nächsten Tages zurücklegt; auf östlichem Kurs etwas weniger, auf westlichem Kurs etwas länger als 24 Stunden.

Unterschiedliche Quellen geben manchmal auch verschiedene technische Details zu den Schiffen an. Sollte eine Angabe im Buch einer Korrektur bedürfen, wären Autor und Verlag für Hinweise sehr dankbar.

Die Schiffe des Altertums

Die Zeit bis zum Jahr 600

Die Schiffe des Altertums

Die Zeit bis zum Jahr 600

Rund ums Mittelmeer und im Vorderen Orient entstanden in prähistorischer Zeit verschiedene Hochkulturen, von denen – wie auf Malta und Sardinien – nur geheimnisvolle Bauwerke Zeugnis ablegen. Diese Völker müssen der Seefahrt kundig gewesen sein. Erst seit den Zeiten der ägyptischen Pharaonen sind Bilder und Modelle von Booten und Schiffen überliefert. Von den Schriftstellern der Antike gibt es zudem Beschreibungen, so dass sich eine Vorstellung der damaligen Schifffahrt ergibt.

Am Anfang der Geschichte des Schiffbaus und der Schifffahrt schwimmt ein Baumstamm im Wasser. Ausgehöhlt ergab der Baumstamm den einfachen Bootstyp des Einbaums. Mehrere verbundene Baumstämme bildeten ein Floß. Zwei verbundene Einbäume waren ein Katamaran. Tierhäute, zusammengebunden und aufgeblasen, waren Schwimmhilfen und frühe Wasserfahrzeuge. In den baumlosen Gebieten des Nordens und der Arktis entstanden die Kajaks, Boote aus Fell oder Leder. In den Weiten Nordamerikas wurden Kanus aus Leder oder Rinden gebaut. In Mittelasien wie auch im gälischen Irland der Frühzeit und wohl auch in anderen Regionen der Welt wurden Korbgeflechte mit Tierhäuten überzogen und als Boote benutzt.

Ein wesentlicher Fortschritt war vor 6000 Jahren der Bootsbau aus einzelnen Brettern, den Planken. Aus diesen Booten entstanden durch die sich entwickelnden technischen Möglichkeiten und die Kunst der Schiffbauer größere Boote und Schiffe auf Kiel. An dieser Stelle sei angemerkt, dass die Bezeichnung Schiff für ein Wasserfahrzeug gilt, das mindestens zwei Decks hat. Aber im allgemeinen Gebrauch gilt diese Bezeichnung auch für große und lange Fahrzeuge wie zum Beispiel das Langschiff der Wikinger. Vorläufer dieses Bootstyps sind schon vor 3000 Jahren gebaut worden.

Die großen Ruderschiffe der Antike, die mit zusätzlichen Segeln ausgerüstet waren, setzten sich fort mit den verschiedenen Galeeren, die erst im 18. Jahrhundert durch neuartige Segelschiffe ersetzt wurden. Das Segelschiff gibt es, wie es eine Felszeichnung in der nubischen Wüste darstellt, seit 7000 Jahren. In Asien fand wohl die Entwicklung von Segeln zur gleichen Zeit statt.

Wie in Ägypten, so wurden auch in Mesopotamien Schiffe aus Schilf und aus Holz gebaut. Die großen Schiffe vom Nil und vom Tigris, mit Segeln versehen, gingen auf Entdeckungsfahrten und erkundeten neue Länder.

Durch die Konkurrenz der Mittelmeer-Staaten Ägypten, Phönizien, das phönizische Karthago, die verschiedenen griechischen Staaten und schließlich Rom, die sich oft in Kriegen um die Vorherrschaft auswirkte, fand die Technik des Schiffbaus besondere Aufmerksamkeit und führte zu bemerkenswerten Kriegs- und Handelsschiffen.

Der Aufstieg griechischer Staaten zu Seemächten begann im 2. Jahrtausend v. Chr. Griechenlands Blüte war in der klassischen Zeit von 500 bis 336 v. Chr., um dann in das Reich des makedonischen Herrschers Alexander des Großen aufzugehen. Seit dem Jahr 196 v. Chr. war Griechenland Teil des Römischen Imperiums.

Die Phönizier vom Ostrand des Mittelmeers stellten ihre Schiffe zunächst in den Dienst Assyriens und Persiens. Um 750 v. Chr. gründeten sie Karthago und beherrschten bis zu ihrer Niederlage in den Punischen Kriegen gegen Rom 146 v. Chr. das Gebiet des südlichen Mittelmeers.

Zu diesen Staaten gesellten sich noch die Seevölker, eine ägyptische zusammenfassende Bezeichnung für verschiedene Stämme aus der Ägäis, die vom 13. bis 12. Jahrhundert v. Chr. mal als Feinde und dann als Verbündete Ägyptens auftraten. Ihre bedeutenden Kenntnisse des Schiffbaus übertrugen sich auch auf die anderen antiken Seemächte des Mittelmeers.

Von Rom aus wurde bis 226 v. Chr. ganz Italien erobert und geeint. Von nun an errang Rom die Vorherrschaft im Mittelmeer und in den umliegenden Regionen. Nach der Teilung in ein Ost- und ein Weströmisches Reich 395 n. Chr. ging Westrom im Ansturm der Völkerwanderung im Jahr 480 unter.

Linke Seite:
„Ra I", Thor Heyerdahls Nachbau eines historischen seegehenden Papyrusboots aus der Zeit um 1500 v. Chr.

Vorige Doppelseite:
Nilboot, ägyptische Wandmalerei, um 1430 v. Chr.

Floß
Frühes Wasserfahrzeug

Vor etwa 12 000 Jahren wurden die ersten Flöße gebaut. Durch das Zusammenbinden von einzelnen Baumstämmen, auch von Papyrus- oder Schilfbündeln, entstanden stabile Wasserfahrzeuge. Die Ainu, die Ureinwohner im nördlichen Japan, fügten den Flößen Bordwände aus Planken hinzu. Das Bild des japanischen Künstlers Hiroshige zeigt ein Floß aus der Zeit um 1850. Bis ins 19. Jahrhundert wurde auf den großen Flüssen der Holztransport mittels Flößen durchgeführt. Heute dienen Flöße dem großen Freizeitspaß.

Typ:	Floß
Baujahr:	ab 10 000 v. Chr.
Länge:	bis 200 m

Einbaum
Prähistorischer Bootstyp

Überall auf der Welt wurden Einbäume aus Baumstämmen gefertigt. Mit einfachen Holz-, Knochen- und Steinwerkzeugen und mit Feuer wurden die Baumstämme ausgehöhlt und mit Harz abgedichtet. Das Bild des Theodor de Bry von 1590 zeigt einen indianischen Einbaum. Die Fortbewegung wurde durch Paddel oder Stakstangen ausgeführt. Mit Planken konnten die Bordwände erhöht werden. Seit 2000 v. Chr. gab es in China Einbäume mit Masten und Segeln. Noch heute sind in den Tropen Einbäume gebräuchlich.

Typ:	Einbaum
Baujahr:	ab 9000 v. Chr.
Länge:	bis ca. 15 m (Brigg-Einbaum, England)

Kajak
Polargebiet-Boot

Bei den Inuit und den anderen Bewohnern der nördlichen Polargebiete bis nach Sibirien sind seit etwa 8000 Jahren Kajaks zum Paddeln in Gebrauch. Über ein Gestell aus Treibholz, Wal- und Seehundknochen wird ein Fell gespannt und vernäht, das nur eine Öffnung für den Jäger lässt. Auch Boote für zwei oder drei Personen wurden hergestellt. Im 19. Jahrhundert dienten die Kajaks als Vorbild für die Herstellung sportlicher Boote.

Typ:	Paddelboot, Jagdboot
Baujahr:	ab 6000 v. Chr.
Länge:	bis ca. 5 m

Tierhaut-Boot
Prähistorisches Wasserfahrzeug

Auf einem assyrischen Relief aus der Zeit um 880 v. Chr. sind diese aufgeblasenen Tierhaut-Schwimmhilfen zu sehen. Solche Schwimmkörper sind schon seit vielen tausend Jahren von Vorderasien bis China gebräuchlich. Auf einem Lattengerüst lassen sich mehrere solcher Tierhäute festbinden und bilden ein Floß. In Tibet gab es noch im 20. Jahrhundert Tierbalgflöße aus über 600 aufgeblasenen Schafbälgen zum Viehtransport.

Typ:	Schwimmhilfe; Kellek (Tierbalg-Floß)
Baujahr:	ab 5000 v. Chr.
Länge der Flöße:	bis ca. 8 m

Kanu
Indianisches Rindenboot

„Canoa" nannten die Kariben ihr Einbaumboot. Der Name ging über auf die Boote der Ureinwohner Nordamerikas. Über ein Gerüst aus Zweigen wurde Birkenrinde gespannt. Die Boote, zum Fischfang oder zur Jagd und auf den Kriegszügen benutzt, wurden auch aus Fell, nach der Eroberung und Kolonialisierung Nordamerikas meist aus imprägnierter Leinwand hergestellt. Das Kanu aus dem Wilden Westen ist Vorbild für das Sportboot.

Typ: Kanu, Rindenboot
Baujahr: ab 5000 v. Chr.
Länge: ca. 6 m

Plankenboot
Ruderboot

Vor etwa 6000 Jahren wurden die ersten Plankenboote gebaut. Die zunächst einfachen Fahrzeuge ohne Kiel und Spanten bestanden aus drei Planken – eine für den flachen Boden, zwei für die Bordwände. Am oberen Bootsrand wurden Querstreifen eingefügt. Größere Boote aus mehreren Planken entstanden, wurden mit Mast und Segel versehen. Übers Mittelalter, aus der diese Darstellung stammt, bis heute ist dieser Bootstyp gültig.

Typ: Plankenboot, Ruderboot
Baujahr: ab 4000 v. Chr.
Länge: ab 2 m

Tigris
Sumerisches Schilfrohrboot

Vor 5000 Jahren bauten die Sumerer Flöße und Boote aus Schilfrohr, mit denen sie Tigris, Euphrat, den Persischen Golf und den Indischen Ozean befuhren. Den Nachweis lieferte 1977 der norwegische Forscher Thor Heyerdahl, der mit dem nachgebauten Boot „Tigris" und einer Crew von zehn Mann durch den Golf, nach Pakistan und zum Roten Meer segelte. Aus Protest gegen den Krieg in Äthiopien wurde hier das Boot verbrannt.

Typ: Schilfrohrboot
Baujahr: um 3000 v. Chr.; Nachbau 1977
Länge: 18 m
Gewicht: 30 ts
Besegelung: 2 Segel
Ausstellung: Kon-Tiki-Museet, Oslo, Norwegen (ein früheres Floß von 1947)

Cheops-Schiff
Ägyptisches Nilschiff

In einer der Schiffsgruben neben der Pyramide des Pharao Cheops wurde 1954 das älteste erhaltene Schiff der Geschichte gefunden. Zehn Mann sollten den Herrscher auf dem Strom des Jenseits rudern. Das restaurierte Plankenschiff aus libanesischem Zedernholz ist heute in einem Museumsbau bei der Pyramide ausgestellt. Die grafische Rekonstruktion hat Horst Baerenz-Cao, bis 1972 Zeichner bei Ausgrabungen in Ägypten, vorgenommen.

Typ:	Ruderschiff, Plankenschiff
Baujahr:	2650 v. Chr.
Länge über alles:	46 m
Ausstellung:	Pharaonen-Bootsmuseum, Giseh, Ägypten

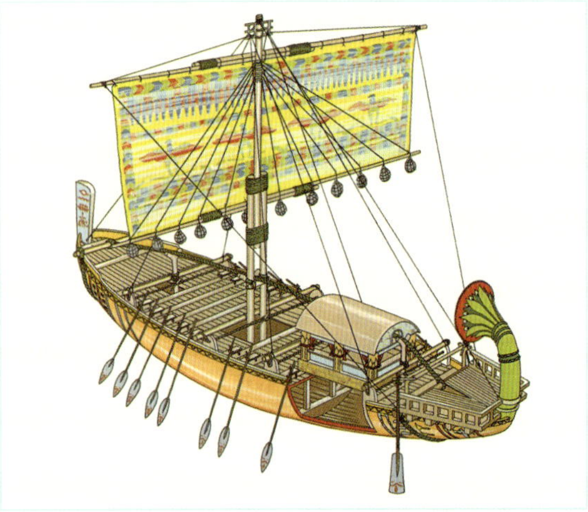

Pharaonenschiff
Ägyptisches Nilschiff

Die prächtigen Boote dieser Art wurden aus Akazienbrettern zusammengefügt, deren Zwischenräume wurden mit Papyruswerg abgedichtet. Die Spanten erhielten durch Taue oder Lianen die notwendige Spannung. Zusätzlich zu den 16 Riemen konnte ein Segel gesetzt werden. Es wurde unten nicht mit Tauen, sondern mit Steinen in Netzen gehalten. Größere Schiffe dieser Art befuhren als Handels- und Kriegsschiffe auch das Ägäische Meer.

Typ:	Nilschiff, Plankenschiff
Baujahr:	um 1600 v. Chr.
Länge über alles:	ca. 15 m

Ra II
Ägyptisches Papyrusboot

Thor Heyerdahl wollte 1969 mit dem Papyrusboot „Ra", dem Nachbau eines ägyptischen Papyrusboots, den Nachweis erbringen, dass Ägypter schon vor etwa 3500 Jahren Amerika erreichen konnten. Das Boot wurde im Sturm beschädigt – 960 Kilometer vor Barbados. Ein Jahr später erreichte Heyerdahl mit einer Crew von 6 Mann nach 6400 Kilometer Fahrt über den Atlantik auf der „Ra II" den Hafen Bridgetown auf Barbados.

Typ:	Papyrusboot
Baujahr:	um 1500 v. Chr.; Nachbau 1970
Länge über alles:	15 m
Besegelung:	1 Segel
Ausstellung:	Kon-Tiki-Museet, Oslo, Norwegen

Seeschiff
Ägyptisches Schiff

Königin Hatschepsut schickte seegehende Schiffe zum Land Punt, womit Somalia gemeint ist. Von dort brachten die Schiffe Luxusgüter wie Gold, Elfenbein, Ebenholz, auch Affen und Windhunde nach Ägypten. Der Aufbau eines solchen Schiffes erfolgte auf einer starken Kielplanke, die zu einem Vorsteven und zu einem Hintersteven, der wie eine Lotusblüte geformt war, ausgebildet wurde. Bis zu 30 Ruderer bewegten die Riemen.

Typ:	Ruder-Seeschiff
Baujahr:	um 1490 v. Chr.
Länge über alles:	bis 30 m
Besegelung:	1 Segel

Ruderboot
Ägyptisches Nilboot

Seit der Zeit um 2400 v. Chr. wurden in Ägypten auch Boote und Schiffe aus Holz gebaut, die nicht so leicht verrotteten wie die Papyrusboote. Dieses Ruderboot schleppt das Papyrusboot des Sennefer, das keinen eigenen Antrieb hat. Dargestellt ist die Rückfahrt nilaufwärts. Der Steuermann bedient das Ruder. Zusätzlich zum Antrieb, der mit den Riemen erfolgt, ist ein Segel gesetzt, um den Wind von achtern zu nutzen.

Typ:	Holzboot, Ruderboot
Baujahr:	um 1430 v. Chr.
Länge über alles:	ca. 12 m
Besegelung:	1 Segel

Papyrusboot
Ägyptisches Nilboot

In Ägypten wurden seit etwa 3200 v. Chr. solche Boote in der Fischerei, im Fracht- und Personenverkehr und im Kampf verwendet. Hier lässt sich Sennefer, Vorsteher Thebens in der Zeit des Pharao Amenophis II., mit seiner Frau zu einer Osiris-Pilgerstätte fahren. Das Boot, nur mit einem Paar Ruder ausgestattet, wurde von einem Ruderboot geschleppt. Es gab auch Schilfboote, die zusätzlich mit einem Segel ausgestattet waren.

Typ:	Papyrusboot
Baujahr:	um 1430 v. Chr.
Länge über alles:	ca. 12 m

Schiff des Tutenchamun
Nilbarke

Das Modell aus dem Grab des Pharao, aufbewahrt im Ägyptischen Museum Kairo, zeigt eines der prunkvollen Boote, mit denen der Herrscher seine Nilfahrten unternahm. Das aus Holz gebaute Fahrzeug, das nach dem Vorbild kretischer Mittelmeerschiffe konstruiert war, trug zwei Segel an einem Mast, die am Bug und am Heck bedient wurden. Für den Hauptantrieb sorgte eine Mannschaft mit Riemen für die Fortbewegung auf dem Fluss.

Typ:	Nilbarke
Baujahr:	um 1340 v. Chr.
Länge über alles:	ca. 16 m
Besegelung:	2 Segel
Ausstellung des Modells:	Ägyptisches Museum, Kairo, Ägypten

Schiff der Seevölker
Mittelmeerschiff

Die Ägypter bezeichneten Völker aus der Ägäis und anderen Regionen des Mittelmeers als Seevölker, zu denen auch Nachkommen älterer untergegangener Reiche gehörten. Diese Seevölker drangen ins Nildelta ein, unterwarfen zeitweise Syrien und Palästina, waren mal Verbündete und wieder Feinde des Pharaonenreichs. 1175 v. Chr. besiegte Ramses III. die Seevölker endgültig, die dann in den Völkern der Region aufgingen.

Typ:	Kriegsschiff
Baujahr:	um 1200 v. Chr.
Länge über alles:	ca. 15 m
Besegelung:	1 Segel

Galeere
Phönizisches Kriegsschiff

Die Kanaanäer, die sich Sidonier nannten, wegen ihres begehrten Purpurstoffs von den Griechen Phönikier, „die Roten", genannt, gründeten vom Libanon aus über Karthago bis nach Cádiz an der spanischen Atlantikküste neue Städte. Ihre seetüchtigen Schiffe unterschieden sich in Lastschiffe (Gauloi) und Kriegsschiffe (Hippoi, Kampfpferd). Im Auftrag des Pharao Necho II. umrundeten phönizische Schiffe um 500 v. Chr. Afrika.

Typ:	Galeere, Kriegsschiff
Baujahr:	um 900 v. Chr.
Länge über alles:	ca. 30 m
Besegelung:	1 Segel

Schiff des Dionysos
Griechische Diere

Die Malerei einer attischen Schale zeigt Dionysos, Gott des Weins und der Ekstase, der übers Meer gekommen war und als Begründer der griechischen Schifffahrt gilt. Als ihn Seeräuber gefangen genommen hatten, wuchs ein Weinstock aus dem Schiff, die Piraten sprangen aus Furcht über Bord und verwandelten sich in Delfine. Das Bild zeigt eine Diere, ein Kampfschiff mit zwei übereinanderliegenden Riemenreihen und einem Segel.

Typ:	Diere, Kampfschiff
Baujahr:	um 540 v. Chr.
Länge über alles:	ca. 25 m
Besegelung:	1 Segel

Griechische Diere
Kriegsschiff

Diese Rekonstruktion zeigt die Bauweise einer Diere, eines Schiffes mit zwei übereinanderliegenden Riemenreihen, wie sie sich seit 700 v. Chr. entwickelt hatte. Die Bugramme, mit der gegnerische Schiffe unter der Wasserlinie leckgerissen wurden, macht die Diere zum Kampfschiff. Auf den seitlichen Auslegern hatten die Ruderer Platz. Bei Bedarf konnte der Mast mit dem Segel aufgerichtet werden, um noch mehr Antrieb zu erhalten.

Typ:	Diere, Kampfschiff
Baujahr:	um 500 v. Chr.
Länge über alles:	ca. 20 m
Besegelung:	1 Segel

Griechische Triere
Kriegsschiff

Zur Zeit des Atheners Themistokles schuf der aus Korinth stammende Schiffbauer Amenokles anstelle der Pentekonteren, bei denen auf jeder Seite 25 Ruderer saßen, den neuen Schiffstyp der Triere mit drei übereinanderliegenden Riemenreihen. Bis zu 171 Ruderer sorgten auf den frühen Trieren für den Antrieb, der mit einem zusätzlichen Segel noch erhöht werden konnte. Die späteren Nachbauten der Römer heißen Triremen.

Typ:	Triere, Kampfschiff
Baujahr:	um 480 v. Chr.
Länge über alles:	ca. 40 m
Besegelung:	1 Segel

Tauchboot
Forschungsschiff Alexanders des Großen

Der Makedonier Alexander der Große, der Erbe des klassischen Griechenlands, eroberte den Vorderen Orient, Ägypten, das Perserreich, schließlich Indien. Überlieferungen erzählen von seiner Tauchfahrt auf den Grund des Meeres in einem gläsernen Gefährt, um das Leben im Meer zu erkunden. Nach dem Stand der Technik zu dieser Zeit, in der schon Automaten gebaut wurden, ist die Konstruktion eines Tauchboots nicht unmöglich. Das Bild entstammt einer illuminierten mittelalterlichen Handschrift des „Alexanderroman".

Typ:	Tauchboot
Baujahr:	um 325 v. Chr.

Römische Trireme
Kriegsschiff

Nach dem Vorbild der griechischen Triere konstruierten die Römer ihre schlagkräftigen Kampfschiffe des Typs Trireme. Seit dem Ersten Punischen Krieg gegen Karthago 264 bis 241 v. Chr. baute Rom Kampfschiffe und wurde Seemacht. Zusätzlich zu den Ruderern in drei übereinanderliegenden Reihen konnten die Triremen mit Segeln gefahren werden. Sogar zweimastige Galeeren sorgten für den Vorrang Roms auf dem Meer.

Typ:	Trireme, Kampfschiff
Baujahr:	um 250 v. Chr.
Länge über alles:	ca. 55 m
Besegelung:	4 Segel

Karthagische Trireme
Kriegsschiff

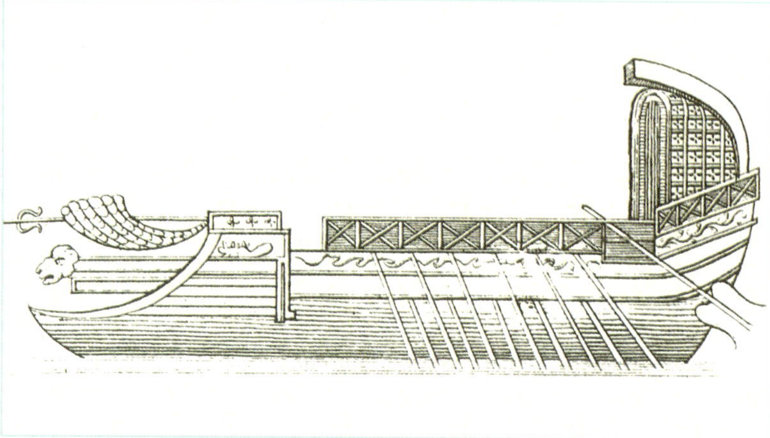

Die phönizischen Galeeren wurden, auch unter dem Einfluss des griechischen Schiffbaus, weiterentwickelt zu Biremen mit zwei Riemenreihen und Triremen mit drei Riemenreihen. Bei günstigem Wind konnte ein Mast aufgestellt werden, um den Antrieb zu erhöhen. Lange Jahre, von der Gründung der Stadt um 750 bis zur Zerstörung 146 v. Chr., konnte Karthago seine Stellung als See- und Handelsmacht behaupten, um dann unterzugehen.

Typ:	Trireme, Kampfschiff
Baujahr:	um 250 v. Chr.
Länge über alles:	bis ca. 50 m
Besegelung:	1 Segel

Frachtsegler
Karthagisches Schiff

Karthago war die Seemacht im Mittelmeer. Seine Schiffe fuhren bis in den Atlantik, wo Gades (Cádiz) eine karthagische Niederlassung war. Die schnellen Galeeren sorgten für die Vormachtstellung und den Schutz der behäbigen Handelsschiffe, die mit Segeln an zwei Masten ausgestattet waren. Das aufstrebende Rom musste in Konflikt mit Karthago geraten, das Kolonien auf Sizilien, Sardinien, Korsika, in Gallien und in Spanien hatte.

Typ:	Frachtschiff
Baujahr:	um 250 v. Chr.
Länge über alles:	ca. 30 m
Besegelung:	2 Segel

Syracusia
Syrakusisches Prunkschiff

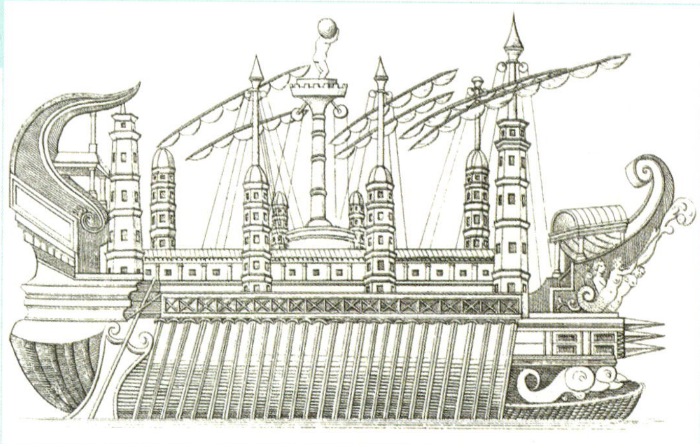

König Hieron II. ließ sich von Archimedes ein Schiff bauen, das zugleich Fracht-, Kriegs- und Palastschiff war. Wenn den Überlieferungen zu glauben ist, hatte es drei Decks, trug drei Masten und acht Kampftürme. Das riesige Schiff erregte zwar Staunen und Bewunderung, sein praktischer Nutzen allerdings war gering. Als „Alexandris" beendete es seine kurze ruhmreiche Laufbahn als Hulk, also als abgetakeltes Lagerschiff.

Typ:	Fracht- und Kampfschiff; Thalamegus (Palastschiff)
Baujahr:	um 240 v. Chr.
Länge über alles:	ca. 110 m
Vermessung:	ca. 2000 ts Deplacement
Besegelung:	6 Segel

Pentere
Syrakusisches Kriegsschiff

Es soll Dionysios I. von Syrakus gewesen sein, der als Erster ein Fünfreihenschiff bauen ließ, eine Pentere mit fünf Riemenreihen. Es gab auch Penteren, bei denen je fünf Ruderer, die übereinander saßen, einen Riemen bedienten. Dieser Schiffstyp war erfolgreich in den Kämpfen gegen die dreireihigen Triremen der Karthager. Nach dem Beispiel der großen Schiffe der griechischen Sizilianer bauten die Römer ihre Kriegsschiffe.

Typ:	Pentere, Kriegsschiff
Baujahr:	um 250 v. Chr.
Länge über alles:	ab 50 m
Vermessung:	ca. 1000 ts Deplacement
Besegelung:	5 Segel

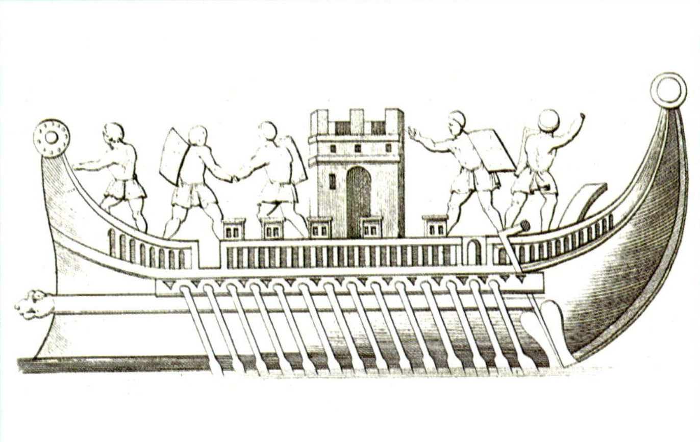

Turmschiff
Römische Monere

Über einen langen Zeitraum glichen die Schiffe der römischen Kriegsflotte den Fahrzeugen, wie sie die Griechen in ihrer Heimat und in Sizilien gebaut hatten. Nach den Siegen über Karthago, Makedonien, alle Staaten Griechenlands und des Nahen Ostens und schließlich der Unterwerfung der Keltiberer 133 v. Chr. konnten die Römer das Mittelmeer „mare nostrum" (Unser Meer) nennen. Der Typ der Monere hatte beiderseits je eine Riemenreihe.

Typ:	Monere, Kriegsschiff
Baujahr:	um 50 v. Chr.
Länge über alles:	ca. 22 m
Besegelung:	2 Segel konnten gefahren werden

Römische Trireme
Kriegsschiff

Die schematische Darstellung nach einem römischen Relief zeigt drei Riemenreihen, den Kampfturm, der bei Bedarf, wenn das Schiff zur Flucht gezwungen wurde, über Bord geworfen, und den Mast, der für das Segel aufgerichtet werden konnte. Die Triremen waren zusätzlich mit einer Enterbrücke, Corvus (Rabe) genannt, ausgerüstet. Die großen, schnellen Kampfschiffe, mit denen Rom seine Seemacht behauptete, konnten über 50 Meter lang sein.

Typ:	Trireme, Kampfschiff
Baujahr:	um 40 v. Chr.
Länge über alles:	ca. 55 m
Besegelung:	2 Segel

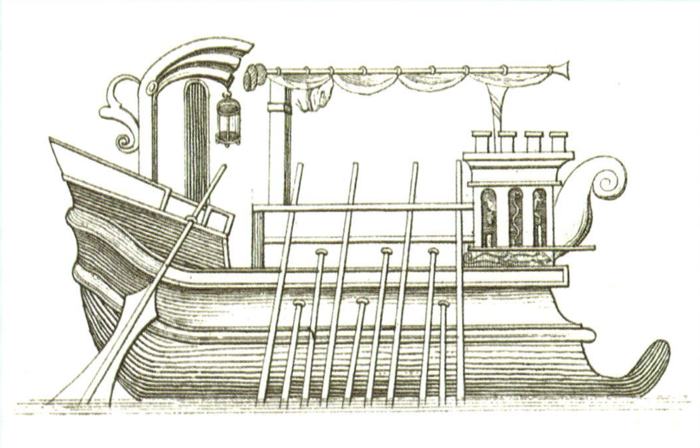

Prunkschiff der Kleopatra
Ägyptisches Ruderschiff

32 Ruderer bewegten das Luxusgefährt auf dem Nil, ausgestattet mit allen denkbaren Annehmlichkeiten, auf die eine verwöhnte Herrscherin nicht verzichten konnte. Auf diesem Schiff feierte Kleopatra, die frühere Geliebte Caesars, ihre Hochzeit mit Antonius. Die vereinigte Flotte des Antonius und der Kleopatra unterlag 31 v. Chr. bei Actium den Schiffen des Octavian, der sich später Augustus nannte und römischer Kaiser wurde.

Typ:	Monere, Thalamegus (Palastschiff)
Baujahr:	um 40 v. Chr.
Länge über alles:	ca. 50 m

Nemisee-Schiff
Römisches Prunkschiff

Kaiser Caligula ließ sich ein kostbar ausgestattetes Palastschiff für den Nemisee erbauen. Ein zweites kleineres Schiff diente dem Gefolge. Nach der Ermordung Caligulas kurz nach der Fertigstellung der Schiffe im Jahr 41 sanken die Fahrzeuge. Nach vielen Versuchen wurden sie bis 1932 geborgen und in ein Museum gebracht. 1943 setzten deutsche Soldaten das Museum in Brand, wobei ein großer Teil der Fundstücke zerstört wurde.

Typ:	Ruderschiff, Thalamegus (Palastschiff)
Baujahr:	41 n. Chr.
Länge über alles:	71,3 m
Ausstellung der Funde:	Museo delle Navi Romane, Nemi, Italien

Frachtschiff
Römischer Segler

Ein typischer Frachter, wie er fast unverändert über fast 300 Jahre lang gebaut wurde. Ein antikes Relief in Pompeji bildet das Schiff ab. Ein Groß-, ein Vor- und zwei Toppsegel trieben es übers Wasser. Es war ein breites, rundliches Schiff, dessen Hecksteven nach innen gebogen und zu einem Schwanenhals ausgeformt war. Eine ganze Flotte dieser Schwanensegler brachte vor allem Getreide in die Hauptstadt des Imperium Romanum.

Typ: Corbita, Frachtsegler
Baujahr: um 70 n. Chr.
Länge über alles: ab ca. 26 m

Transportsegler
Römisches Rheinboot

Auf dem Rhein und seinen Nebenflüssen setzten die Römer auch kleine Boote als Transportsegler ein. Bei Flaute oder Gegenwind wurden die Boote gestakt. Als Plattboot mit flachem Boden waren die tüchtigen Fahrzeuge auch für seichte Gewässer geeignet und konnten an flachen Ufern anlanden. Dieser Bootstyp, Prahm genannt, wurde in verschiedenen Regionen der Welt schon zu Beginn der Geschichte des Schiffbaus entwickelt.

Typ: Prahm
Baujahr: um 170 n. Chr.
Lange über alles: ca. 20 m
Besegelung: 1 Segel

Neumagener Weinschiff
Römisches Transportschiff

Die Darstellung des Schiffes, das die Mannschaft und die transportierten Weinfässer im Verhältnis zum Fahrzeug zu groß abbildet – diese künstlerische Freiheit des Bildhauers war wegen des großartigen Eindrucks notwendig – wurde auf einem römischen Grabmal in Neumagen an der Mosel gefunden. Es gibt verschiedene, nicht überzeugende Mutmaßungen über Typ und Größe des dargestellten Schiffes, das einer Trireme ähnelt.

Typ: Fluss-Transportschiff
Baujahr: um 250 n. Chr.
Ausstellung: Rheinisches Landesmuseum Trier, Deutschland

Corbita
Römisches Handelsschiff

Die römischen Frachtsegler wurden in den Jahren nach dem Ausbau des Hafens von Ostia seit dem 1. Jahrhundert immer größer. Ein antikes Relief in Ostia bildet das Schiff ab. Der Typ des behäbigen, breiten Fahrzeugs wurde Corbita (nach dem lateinischen corbis, Korb) genannt. Die Bauweise des Schiffes blieb über fast 300 Jahre gleich. Kennzeichen war der Hintersteven, der als Schwanenhals durch das Heck geführt wurde.

Typ:	Corbita, Frachtsegler
Baujahr:	um 250 n. Chr.
Länge über alles:	ab 30 m
Besegelung:	4 Segel

Judäisches Schiff
Frachtsegler

Nach dem Sieg im Jüdischen Krieg im Jahr 70 n. Chr. war Judäa, bislang eine römische Prokuratur, zur Provinz des Römischen Imperiums geworden. Judäische Händler transportierten ihre Waren mit kleinen, leicht zu segelnden Frachtschiffen zu den Häfen im östlichen Mittelmeer, fuhren auch bis nach Ostia, um in der riesigen römischen Hauptstadt, die einen unermesslichen Bedarf an Gütern aller Art hatte, ihre Waren abzusetzen.

Typ:	Frachtsegler
Baujahr:	um 300 n. Chr.
Länge über alles:	ca. 20 m
Besegelung:	1 Segel

Rhein-Kriegsschiff
Römisches Ruderschiff

Im antiken Hafenbereich der Stadt Mainz wurden 1981 Reste von Schiffen der Römischen Rheinflotte entdeckt. In einem eigenen Museum sind diese Reste und zwei Nachbauten zu sehen. Der Nachbau 1 zeigt ein schnelles Ruderschiff für 32 Mann an den Riemen, die zugleich Soldaten waren. Bei günstigem Wind konnte ein großes Segel gesetzt und von zwei Mann bedient werden. Der Steuermann war der Kommandant.

Typ:	Schnelles Fluss-Ruderschiff
Baujahr/Werft:	um 400 n. Chr.; Nachbau 1990
Länge über alles:	21,6 m
Besegelung:	1 Segel
Ausstellung:	Museum für Antike Schifffahrt, Mainz, Deutschland

Die Schiffe des Mittelalters

Die Zeit von 600 bis 1400

Die Schiffe des Mittelalters

Die Zeit von 600 bis 1400

Der Zerfall des Weströmischen Reichs vollendete sich im Sturm der Völkerwanderungen, die vom 4. bis zum 6. Jahrhundert andauerten. Bis zum Jahr 712 hatten sich die Araber vom Orient über Nordafrika bis nach Spanien ausgebreitet. Die antike Philosophie, Wissenschaft und Technik wurden von ihnen übernommen, bewahrt und angewandt. Aus den vielen germanischen Völkerschaften errangen die Franken die Vorherrschaft in Mitteleuropa. Diese Veränderungen stehen am Beginn des Mittelalters.

Die erprobten Schiffstypen des Altertums, ob gerudert, gesegelt oder in Kombination beider Antriebsarten, fanden weiterhin ihre Verwendung und wurden weiterentwickelt. Ein neuer Typ war die Karavelle, entstanden unter dem Einfluss des arabischen Schiffbaus. Zuerst als Fischereifahrzeug in Portugal benutzt, entstanden vor allem seit dem 14. Jahrhundert große seegehende Schiffe mit dreieckigen Lateinsegeln. Durch die Kraweelbauweise, bei der die Planken des Schiffskörpers nicht klinkerartig übereinanderlappen, sondern stumpf aneinanderstoßen, entsteht eine glatte Außenhaut, die dem Schiff Schnelligkeit gibt.

Zu Anfang des 13. Jahrhunderts wurde erstmals in Genua der Typ der Karacke erwähnt. Ursprünglich war die Karacke an Groß- und Vormast mit je einem Rahsegel getakelt. Die Karacke, schwer gebaut und mit Kastellaufbauten auf dem Vorschiff und mit langem Heckaufbau, wurde als Frachter wie als Kriegsschiff zu einem der wichtigsten Schiffstypen des Mittelmeers, dann auch des nördlichen Europa.

Aus dem Norden Europas kamen die Wikinger, auch Nordmannen oder Normannen genannt. Mit ihren schlanken Booten, die gerudert und gesegelt wurden, stießen sie im 8. Jahrhundert an die Küsten des Fränkischen Reichs, Englands und Irlands, fuhren die großen Flüsse hinauf, setzten sich fest, erhielten Gebiete in England und im Jahr 911 die Normandie als Lehen. Von hier aus überquerten sie 1066 den Kanal, landeten in England und unterwarfen sich das Land der Angelsachsen, die ihrerseits im 5. Jahrhundert von Norddeutschland aus das Land erobert hatten. Die Normannen waren zu Beginn des 11. Jahrhunderts auch ins Mittelmeer gefahren. In Sizilien und Unteritalien verdrängten sie die langobardischen, byzantinischen und arabischen Herrscher und schufen 1130 das Königreich Sizilien, das durch Verwandtschaft 1194 an die schwäbischen Staufer überging. Rurik, Anführer der normannischen Waräger, gründete im 9. Jahrhundert das Kiewer Reich. Seine Nachkommen herrschten bis 1598 als Zaren in Russland. Wikinger besiedelten Island und Grönland und gelangten unter Leif Eriksson um das Jahr 1000 nach dem später Nordamerika genannten Kontinent. Ihre Siedlungen hier waren nicht von lange andauerndem Bestand.

Das breite Segelschiff der Normannen und die friesischen Frachtsegler waren Vorläufer der nordeuropäischen Kogge, die zu einem der wichtigsten Schiffstypen wurde. Die Bezeichnung Kogge wurde erstmals 948 verwendet. Bei den Koggen wurden seit dem 12. Jahrhundert Heckruder benutzt, eine der wichtigsten Erfindungen im mittelalterlichen Schiffbau. In Arabien und China allerdings war das Heckruder damals schon in Gebrauch. Diese neue Technik, ein Schiff zu steuern, verdrängte die Seitenruder, die bislang gebräuchlich waren. Die Flotten der Hanseschiffe bestanden vor allem aus Koggen.

Die Hanse war ein Zusammenschluss privilegierter Kaufmannsgenossenschaften. Die Eroberung der westslawischen Gebiete durch den Deutschen Orden beförderte den Warenhandel in der Ostsee. Im 12. Jahrhundert wurden Hansekontore als Vertretungen von Nowgorod, Smolensk über Bergen und Brügge bis nach London eröffnet. 1356 wurde die Hanse zum förmlichen Städtebündnis, dem etwa 70 Städte angehörten, das unter Führung Lübecks die bestimmende Macht im Nord- und Ostseeraum war. Die Hanse führte Kriege gegen Dänemark und errang ein Mitspracherecht bei der dänischen Thronfolge. Gegen Ende des 15. Jahrhunderts begann der Niedergang der Hanse.

Linke Seite:
Das Heckruder ist die wichtigste Erfindung des mittelalterlichen Schiffbaus.

Vorige Doppelseite:
„Havhingsten" (Seehengst) heißt der 30 Meter lange Nachbau eines dänischen Wikingerschiffs, das schon Oslo und Dublin angelaufen hat.

Segelschiff
Javanischer Frachter

Von Europa unabhängig entwickelte sich der Schiffbau in Asien. Verschiedene ursprüngliche Schiffstypen erhielten sich über viele Jahrhunderte, zum Teil bis in die Gegenwart. Wenige Zeugnisse künden von den frühen Schiffen des Fernen Ostens. Als ein Beispiel ist hier ein großer Frachtsegler nach einem Relief auf Java gezeigt. Schiffe diesen Typs verkehrten auf Handelsfahrten im Indischen Ozean zwischen Inseln und Ländern.

Typ:	Frachtsegler
Baujahr:	um 700
Länge über alles:	ca. 20 m

Osebergschiff
Wikingerschiff

Im Jahr 1903 wurde dieses Schiff in einem Grabhügel am Westufer des Oslofjords gefunden. Es diente als Grabschiff für die Königin Åsa, Tochter von Harald Rotbart. Der Fund dieses Schiffes, das sorgfältig restauriert wurde, und anderer Wikingerschiffe offenbarte, mit welchen Hölzern und auf welche Weise die Nordmänner ihre seetüchtigen Schiffe gebaut hatten. Das Osebergschiff war für zwei mal zwölf Ruderer gebaut worden.

Typ:	Wikingerschiff, Langschiff
Baujahr:	um 820
Länge über alles:	22 m
Besegelung:	1 Segel, Segelfläche 90 m^2
Ausstellung:	Vikingskipshuset, Oslo, Norwegen

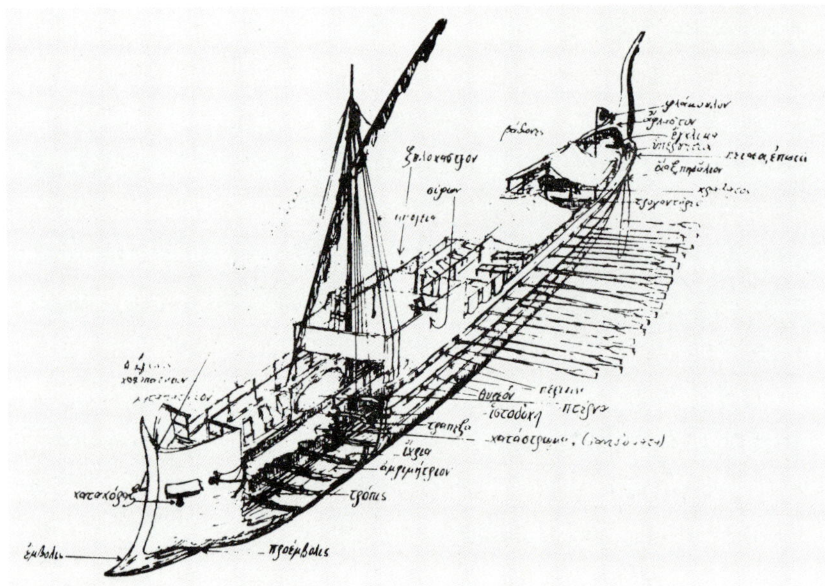

Dromone
Byzantinisches Kriegsschiff

Dromon heißt „Läufer", diese Weiterentwicklung der Bireme war ein schnelles Schiff, das zusätzlich zu den beiden Riemenreihen mit insgesamt 100 Ruderern bis zu drei Segel fahren konnte. Die Dromone war mit Metallplatten gepanzert, mit einem Rammsporn, Kampftürmen und Wurfmaschinen ausgerüstet. Bogenschützen und Werfer benutzten das „Griechische Feuer" gegen die Feinde, eine dem Napalm ähnliche, nicht löschbare Substanz.

Typ:	Dromone, Kriegsschiff
Baujahr:	um 850
Länge über alles:	ab 30 m
Besegelung:	bis 3 Segel

Gokstadschiff
Wikingerschiff

Das Langschiff wurde 1880 am Oslofjord in der Begräbnisstätte der Familie des Königs Olof Geirstadaalf gefunden. Das Schiff konnte von 32 Ruderern angetrieben werden. Am umlegbaren, 13 Meter hohen Mast wurde ein großes Segel gefahren. Zwei Nachbauten bewiesen die Seetüchtigkeit des Gokstadschiffs; das eine Boot fuhr 1893 zur Weltausstellung nach Chicago, das andere strandete nach mehreren Fahrten 1950 bei Pellworm.

Typ:	Wikingerschiff, Langschiff
Baujahr:	um 890
Länge über alles:	23,8 m
Besegelung:	1 Segel, Segelfläche 70 m^2
Ausstellung:	Vikingskipshuset, Oslo, Norwegen

Gislingeboot
Wikingerboot

Ribe am Fluss Å ist die älteste Stadt Dänemarks. Hier wurden schon seit Vorzeiten Schiffbau und Schifffahrt ausgeübt. Davon zeugen viele Funde im Museum der Stadt. Im Freigelände mit den Nachbauten von Wikingerhäusern liegt im Hafen ein Replikat des Bootes, das im Lammefjord gefunden wurde. Das Ruderboot wurde von drei Mann mit je einem Riemenpaar angetrieben, konnte auch mit einem Segel vor dem Wind gefahren werden.

Typ:	Wikingerboot
Baujahr:	um 900
Länge über alles:	7 m
Besegelung:	1 Segel
Liegeplatz des Nachbaus:	Skibbroen, Ribe, Dänemark

Helge Ask
Wikingerschiff

Gegen Ende des 11. Jahrhunderts wurden bei Skuldelev fünf Wikingerschiffe im Roskildefjord versenkt, um als Sperre der Stadt Roskilde Schutz vor feindlichen Schiffen zu geben. 1962 wurden die Wracks geborgen, restauriert und seit 1969 in der neuen Wikingerschiffshalle ausgestellt. Auf der Werft des Museums werden in der Art des Wikingerhandwerks fahrtüchtige Nachbauten der verschiedenen Skuldelev-Schiffe gefertigt.

Typ:	Wikingerschiff, Kriegsschiff
Baujahr:	um 1000; Nachbau 1991
Vermessung:	6 ts Deplacement
Länge über alles:	17,5 m
Besegelung:	1 Segel, Segelfläche ca. 50 m^2
Ausstellung des Originals:	Vikingeskibshallen, Roskilde, Dänemark
Liegeplatz des Nachbaus:	Museumshafen der Vikingeskibshallen

Tangaroa
Balsafloß

Fast 50 Jahre nach Thor Heyerdahls Floßfahrt, von der peruanischen Marine mit Kanonensalut feierlich verabschiedet, ging wieder ein Floß auf die Fahrt von Peru über den Pazifischen Ozean, um Tahiti zu erreichen. Unter den sechs Mitgliedern der Expedition, die der Meeresforschung diente und Heyerdahls These bestätigte, dass die Besiedlung Ozeaniens auch von Südamerika aus erfolgen konnte, war dessen Enkel Olav Heyerdahl.

Typ:	Inka-Floß
Baujahr:	um 1000; Nachbau 2006
Länge über alles:	ca. 12 m
Besegelung:	1 Segel
Ausstellung:	Maritime Veranstaltungen in aller Welt

Kon-Tiki
Balsafloß

Während die Wikinger um das Jahr 1000 bis Nordamerika segelten, gelangten die aus Balsaholz gefertigten Segelflöße der Inkas von Südamerika nach Polynesien. Die These, dass die Besiedlung der Inselwelt von Lateinamerika aus möglich war, bewies der Norweger Thor Heyerdahl. Mit dem Nachbau eines Floßes legte er 1947 zusammen mit fünf anderen Forschern die 4300 Seemeilen von Peru nach Raroia in drei Monaten zurück.

Typ:	Inka-Floß
Baujahr:	um 1000; Nachbau 1947
Länge über alles:	ca. 12 m
Besegelung:	1 Segel
Ausstellung:	Kon-Tiki-Museet, Oslo, Norwegen

Ruderboot
Slawisches Fahrzeug

Als Lübeck noch eine slawische Siedlung war, als Haithabu in Norddeutschland bis 1050 eine Wikingerstadt war, sorgten für den Frachtverkehr auf den Flüssen und in den Förden der Ostsee diese Ruderboote. Sie sorgten auch für den Warenaustausch zwischen den Wikinger- und den slawischen Gebieten. Als Fischerkahn wurde das Ruderboot, das mit einem zusätzlichen kurzen Mast zur Besegelung ausgestattet werden konnte, Rybniza genannt.

Typ:	Ruderboot
Baujahr:	um 1050
Länge über alles:	ab 5 m
Ausstellung eines Modells:	Wikinger Museum Haithabu, Schleswig, Deutschland

Normannenschiff
Kriegsschiff

Wilhelm, Herzog der Normandie, landete 1066 mit seiner Flotte in England, besiegte den angelsächsischen König Harold II. bei Hastings und wurde englischer König. Der etwa 70 Meter lange Teppich von Bayeux, im 11. Jahrhundert bestickt, aufbewahrt in einem eigenen Museum, erzählt auch vom Bau der Flotte und ihrer Fahrt nach England. Die meisten Normannenschiffe entsprachen den traditionellen Wikingerschiffen des Nordens.

Typ:	Normannenschiff
Baujahr:	1066/Normandie
Länge über alles:	bis zu 30 m
Besegelung:	1 Segel
Flotte:	Landungsflotte Wilhelms des Eroberers

Normannenschiff
Kriegs- und Handelsschiff

Aus dem Wikingerschiff entwickelte sich das gedeckte Normannenschiff. Es konnte Soldaten, Pferde, Waffen und Waren mit sich führen. Zusätzlich wurden an Vor- und Achterschiff Kastelle errichtet, auch um das Entern feindlicher Schiffe zu erleichtern. Zur Flotte Wilhelms des Eroberers, mit der er 1066 in England landete, sollen 3000 Schiffe und Boote gehört haben, mit denen 30 000 Menschen und 2000 Pferde übersetzten.

Typ:	Gedecktes Normannenschiff
Baujahr:	1066/Normandie
Länge über alles:	ca. 18 m
Besegelung:	1 Segel
Flotte:	Landungsflotte Wilhelms des Eroberers

Dau
Arabisches Handelsschiff

Ein Grundtyp verschiedener Schiffsarten Arabiens ist die Dau, deren Ursprünge etwa 2000 Jahre zurückreichen. Die unterschiedlichen Typen mit langem Vorsteven haben sich bis in die Gegenwart behaupten können. Das Bild aus einer arabischen Handschrift des 12. Jahrhunderts zeigt einen alten einmastigen Typ der Dau. Besonders bemerkenswert ist das Heckruder, das hier, mindestens 100 Jahre früher als in Europa, schon in Gebrauch ist.

Typ:	Dau
Baujahr:	um 1120
Länge über alles:	ab 20 m
Besegelung:	1 Segel

Frachtsegler
Venezianisches Schiff

Es ist ein typisches Frachtschiff, wie es in Venedig, in kleinerer Abmessung auch in Genua für den Handel im Mittelmeer gebaut wurde. An den beiden Masten, der Vormast ist stark nach vorn geneigt, wurden dreieckige Lateinsegel gefahren. Als Louis IX. seinen Kreuzzug gegen Tunis plante, bestellte er solche Schiffe, die im Jahr 1270 die Kreuzritter, Waffen und militärisches Gerät transportierten. Bei diesem Kolonialzug starb Louis.

Typ:	Frachtsegler
Baujahr/Werft:	um 1250/Arsenal, Venedig
Vermessung:	ab 75 ts Deplacement
Länge über alles:	bis 26 m
Besegelung:	2 Segel

Galeere
Venezianisches Handelsschiff

Die mittelalterlichen Mittelmeer-Galeeren mit zusätzlichen Segeln an meist zwei Masten waren Weiterentwicklungen der antiken Schiffe, in der Regel mit einer Riemenreihe. An jedem Riemen konnten oft mehrere Ruderer arbeiten. Die venezianischen Kaufleute schickten ihre Galeeren bis nach England, um Wein und Glaswaren, Silbergerät und Waffen gegen Pelze zu handeln. Die Gewinne aus diesen Geschäften waren beträchtlich.

Typ:	Galeere, Frachtschiff
Baujahr/Werft:	1275/Arsenal, Venedig
Länge über alles:	ca. 25 m
Besegelung:	2 Segel

Sandwich-Schiff
Englischer Segler

Die Siegel der Hafenstädte der damaligen Zeit zeigen Darstellungen von Schiffen und sind wertvolle Zeugnisse des Schiffbaus. Das Siegel der englischen Stadt Sandwich zeigt einen Lastsegler, der hier im Bild rekonstruiert wurde. Das Schiff ist eine Weiterentwicklung der Wikinger-Knorre, die als Frachtschiff bauchiger und kürzer war als die Langschiffe. Der Antrieb erfolgt jetzt nicht mehr durch Riemen, sondern allein durch das Segel.

Typ:	Fracht- und Kriegsschiff
Baujahr:	um 1280
Länge über alles:	ca. 20 m
Besegelung:	1 Segel

Dschunke
Chinesisches Flussschiff

Die ersten Dschunken entstanden vor mehr als 3000 Jahren in China für die Flüsse und küstennahen Gewässer. Das Grundprinzip der flachbodigen Schiffe hat sich bis heute nicht geändert. Der Schiffskörper ist durch Querschotten in einzelne wasserdichte Abteilungen unterteilt. Die Segel sind Bastmatten mit Bambusleisten, damit sich die Segelfläche leicht verkleinern lässt. Das Heckruder ist seit etwa 2500 Jahren gebräuchlich.

Typ:	Petschuli-Dschunke
Baujahr:	um 1300
Länge über alles:	ca. 50 m
Besegelung:	4 Segel

Kogge
Hanseschiff

Von den ursprünglichen Knorren, den geruderten Lastseglern der Wikinger, die völliger als die langen Kriegsschiffe waren, über die nur mit Segeln ausgestatteten Normannenschiffe und unter dem Einfluss der friesischen Schiffe entwickelte sich die Kogge. Diese Bezeichnung wird erstmals im Jahr 948 benutzt. Zunächst hatte die Kogge nur einen Mast. Durch die Handelstätigkeit der Hanse wurde die Kogge zum wichtigsten Schiffstyp der Zeit.

Typ:	Hansekogge
Baujahr:	um 1380
Länge über alles:	ab 20 m
Besegelung:	1 Segel, Segelfläche ab 150 m²

Ubena von Bremen
Hansekogge

In der Weser wurde 1962 eine Hansekogge von 1380 entdeckt. Das Bremer Gewürzhaus Ubena unterstützte großzügig den Nachbau ab 1987 durch einen gemeinnützigen Verein. Das Segel am 22,9 m hohen Mast zeigt das Wappen der Hansestadt Bremen. Aus Sicherheitsgründen sind dem seetüchtigen Schiff, das mit Passagieren Seereisen unternimmt, ein Dieselmotor und moderne Navigationsgeräte eingebaut worden.

Typ:	Hansekogge
Baujahr/Werft:	1380; Nachbau 1991/Hanse-Koggewerft e. V., Bremerhaven
Vermessung:	120 ts Deplacement
Länge über alles:	23,23 m
Segelfläche:	ca. 200 m²
Eigner:	Hanse-Koggewerft e. V.
Heimathafen:	Bremerhaven
Original-Kogge:	Deutsches Schiffahrtsmuseum, Bremerhaven, Deutschland

Roland von Bremen
Hansekogge

Ein weiterer Nachbau der Original-Kogge von Bremerhaven ist „Roland von Bremen". Als Arbeitsbeschaffungsmaßnahme wurde 1997 mit dem Bau begonnen. Da das Schiff seetüchtig ist und Fahrten mit Passagieren in die Nordsee unternimmt, wurde aus Sicherheitsgründen ein Hilfsmotor von 350 PS eingebaut. Zugleich ist „Roland von Bremen" ein Museumsschiff, führt eindrucksvoll Schiffbau und Schifffahrt zur Hansezeit vor.

Typ:	Hansekogge
Baujahr/Werft:	1380; Nachbau 2000/Bremer Bootsbau Vegesack
Länge über alles:	23,32 m
Besegelung:	1 Segel, Segelfläche 190 m²
Eigner:	Hal över, Gesellschaft für innovative Stadttouristik mbH
Heimathafen:	Bremen, Deutschland

Danziger Hulk
Handelsschiff

Treidelschiffe, die auf Flüssen stromaufwärts vom Ufer her von Menschen oder Zugtieren über Leinen geschleppt wurden, fanden ihre bauchige und flache Bauweise schon bei den Römern, lassen sich danach in Holland nachweisen und wurden als Hulk oder Holk bezeichnet. Die später auch seegehende Hulk nahm wichtige Baumerkmale der Kogge auf. Die hier gezeigte Hulk erhielt zusätzlichen Antrieb durch zehn Riemen.

Typ:	Hulk, Handelsschiff
Baujahr:	um 1400/Danzig
Vermessung:	ca. 100 Lasten (200 t Tragfähigkeit)
Länge über alles:	ca. 12 m
Besegelung:	1 Segel

Bunte Kuh
Hamburgisches Flaggschiff

„Die durch die See brausende bunte Kuh mit den starken Hörnern" war der vollständige Name der Hulk. Die „Bunte Kuh" war das Flaggschiff im Kampf gegen die Freibeuter um Klaus Störtebeker. Er und seine Vitalienbrüder standen einst im Dienst der Schweden, wurden aus der Ostsee vertrieben, verbündeten sich mit den Friesen. 1401 wurden Störtebeker und seine Mannen vor Helgoland besiegt. Er wurde in Hamburg geköpft.

Typ:	Hulk, Kriegsschiff
Baujahr:	um 1390
Vermessung:	ca. 200 Lasten (400 t Tragfähigkeit)
Länge über alles:	ca. 25 m
Besegelung:	2 Segel

Venezianisches Schiff
Frachtsegler

Die italienischen Stadtstaaten unterhielten große Handelsflotten mit unterschiedlichen Schiffen. Dieses venezianische Handelsschiff in seiner rundlichen Form kann seine Herkunft von den römischen Getreideschiffen des späten Altertums nicht leugnen. Aber im Unterschied zu diesen ist es mit einem Lateinsegel getakelt, das seit dem 8. Jahrhundert im Mittelmeer unter dem Einfluss der arabischen Schiffbaukunst weitgehend gebräuchlich war.

Typ:	Frachtsegler
Baujahr:	um 1400/Venedig
Länge über alles:	ca. 20 m
Besegelung:	1 Segel

Die Schiffe der Entdecker und Eroberer

Die Zeit von 1400 bis 1800

Die Schiffe der Entdecker und Eroberer

Die Zeit von 1400 bis 1800

Schon immer drängte es die Menschen in die Ferne, sei es aus Neugier, Neues zu sehen, sei es aus Notwendigkeit, neue Lebensräume zu finden, sei es aus Gier nach Gold und anderen Kostbarkeiten. Um das Jahr 1000 hatten Menschen aus Asien die ozeanische Inselwelt bevölkert; vielleicht kamen einige auch aus dem Inkaland. Um die gleiche Zeit siedelten Wikinger in Grönland und im heutigen Nordamerika. Möglich war es schon vor 3500 Jahren, von Ägypten nach Mittelamerika zu segeln. Aber erst seit dem 15. Jahrhundert begann die große Zeit der allgemeinen Entdeckungen und Eroberungen.

Das Zeitalter nahm seinen Anfang – von den Europäern gänzlich unbemerkt – mit den Fahrten chinesischer Flotten unter dem Kommando des Admirals Zheng He. Die Kunst der chinesischen Techniker erlaubte es, eine Flotte großer Dschunken zu bauen. Die Neunmaster waren die größten Schiffe, die jemals aus Holz gefertigt wurden – bis zu einer nachweislichen Länge von 150 Metern. An den Masten blähten sich Segel aus roter Seide. Für die Flotte Zheng Hes wurden weit über 1000 Schiffe gebaut. Von 1405 bis 1433 unternahm er sieben Erkundungs- und Handelsfahrten und gelangte nach Java, Sumatra, Malaysia, Kambodscha, Ceylon, Indien, zum Persischen Golf, nach Aden, Jiddah am Roten Meer, Mombasa an Afrikas Küste. Die Vermutung, Zheng He könnte Afrika umrundet und nach Amerika gesegelt sein, lässt sich nicht belegen. Ein neuer chinesischer Kaiser beendete die Reisen der großen Flotte und grenzte sein Reich von der übrigen Welt ab.

Prinz Heinrich von Portugal, genannt der Seefahrer, obwohl er nie zur See gefahren war, gründete 1418 eine Seefahrtsschule und sandte Schiffe aus, die afrikanische Westküste zu erkunden. Bis 1460 wurde das heutige Sierra Leone erreicht.

Kolumbus, ein Seefahrer aus Genua, wollte den Seeweg ins gewürz- und goldreiche Indien auf der Fahrt nach Westen erreichen. Er bot seine Dienste Portugal an, schließlich Spanien und segelte mit drei kleinen Schiffen über den Ozean, um 1492 eine neue Welt zu entdecken, die er für Indien hielt. Amerigo Vespucci, an den Vorbereitungen von zwei der vier Kolumbus-Reisen beteiligt, ging später auf eigene Erkundungsreisen. Nach ihm erhielt der neuentdeckte Kontinent den Namen „Amerika".

Der Portugiese Vasco da Gama umsegelte Afrika und erreichte 1498 Indien. Im selben Jahr entdeckte John Cabot im Norden Amerikas neue Länder, nannte sie Labrador, Neuschottland, Neufundland und nahm sie für England in Besitz. Zwei Jahre später segelten zwölf portugiesische Schiffe unter Pedro Cabral nach Brasilien, unterstellten es der Krone Portugals und fuhren weiter nach Indien.

Fernando Magellan, portugiesischer Seefahrer in spanischen Diensten, begann 1519 seine Weltumsegelung mit fünf Schiffen. 1520 entdeckte er die nach ihm benannte Magellanstraße, den Verbindungsweg vom Atlantischen zum Pazifischen Ozean. 1521 fand er beim Kampf gegen Bewohner der Philippinischen Inseln den Tod. Als einziges Schiff erreichte die „Victoria" 1522 die Heimat.

Die Geschichte der Entdeckungen und Eroberungen ist zugleich die der Unterwerfung und Ausbeutung fremder Völker, der Sklaverei und des Sklavenhandels, der Kriege der Kolonialmächte um die Reichtümer der Welt. James Cook allerdings scheint ein Forscher gewesen zu sein, der vor allem von der Entdeckerlust getrieben war. Auf der zweiten seiner drei Weltumsegelungen wurde erstmals die Erde in Ostrichtung umrundet. Er erkundete den Pazifischen Ozean vom südlichen Polarkreis bis zur Beringstraße im Norden. 1779 wurde er auf seiner dritten Südseereise bei Auseinandersetzungen mit den Einwohnern Hawaiis getötet.

Bis 1783 hatten sich im Krieg die Vereinigten Staaten vom britischen Kolonialjoch befreit, um in der Folge selbst zur Kolonialmacht zu werden. Die Erde war im wesentlichen erforscht, die Kriege um ihren Besitz dauerten jedoch an.

Bild links:
Bei seiner Weltumsegelung entdeckte Magellan 1520 den Verbindungsweg zwischen dem Atlantischen und dem Pazifischen Ozean, die Magellanstraße, dargestellt 1590 von Theodor de Bry.

Vorige Doppelseite:
„Santa Maria", Flaggschiff des Kolumbus (Nachbau).

Neunmaster
Dschunke des Admirals Zheng He

Für seine sieben Erkundungs- und Handelsreisen von 1405 bis 1433 ließ Zheng He die größte Flotte der Welt bauen. Erst die US Navy erreichte in der Gegenwart wieder eine solche Flottenstärke. Die größten Schiffe der chinesischen Flotte waren die Neunmaster, auf denen 1000 Menschen lebten und arbeiteten. Tierhaltung und Gartenbau wurde auf den Schiffen betrieben. Tankschiffe versorgten die Besatzungen der Schiffe mit Wasser.

Typ:	Hochsee-Dschunke
Baujahr/Werft:	1405/Kaiserliche Werft Nanjing, China
Länge über alles:	ca. 150 m
Besegelung:	12 Segel

Irawadiboot
Birmanischer Flusssegler

Ein Boot ursprünglichen Typs, wie er schon seit Jahrhunderten in Gebrauch war, bevor der venezianische Kaufmann Niccolò dei Conti bei seiner großen Asienreise von 1414 bis 1444, die ihn als ersten Europäer ins Innere Indiens führte, den Irawadi mit einem solchen Boot befuhr. Irawadiboote, noch Jahrhunderte danach in Gebrauch, konnten noch mit einem zusätzlichen Toppsegel fahren. Der Steuermann hatte einen überdachten Stand.

Typ:	Irawadiboot, Flusssegler
Baujahr:	um 1410
Länge über alles:	ca. 20 m
Besegelung:	1 Segel, Segelfläche ca. 100 m²

Sambuke
Arabisches Schiff

Zu den verschiedenen arabischen Dautypen, die auch von den europäischen Schiffbauern am Mittelmeer verwandt und abgewandelt wurden, gehört die schnelle hochseetaugliche Sambuke, die heute noch gebaut wird. Der Großmast war meist größer als der hintere Besanmast. Die Araber, Erben der antiken Wissenschaften, benutzten Sambuken und andere tüchtige Daus als Handels-, Erkundungs-, Fischerei-, Kampf- und Piratenschiffe.

Typ:	Sambuke
Baujahr:	um 1420
Länge über alles:	ca. 20 m
Besegelung:	2 Segel, ca. 250 m²

Mataró-Schiff
Spanische Karacke

In der Kirche von Mataró bei Barcelona hing ein einzigartiges Schiffsmodell aus der Zeit um 1450, das Rückschlüsse auf den Bau der damaligen Schiffe erlaubte. Das Modell gelangte in die USA, nach England, schließlich nach Rotterdam. Anhand des Modells fanden viele Rekonstruktionsversuche statt wie die hier gezeigte. Ursprünglich hatte das Mataró-Schiff wohl zwei Masten wie bei den Karacken seit dem 14. Jahrhundert üblich.

Typ:	Karacke
Baujahr:	um 1450
Länge über alles:	ca. 28 m
Besegelung:	1 oder 2 Segel
Ausstellung des Modells:	Maritiem Museum Prins Hendrik, Rotterdam, Niederlande

Kraweelschiff
Hanseschiff

Im Gegensatz zur Klinkerbauweise, bei der die Außenhautplanken längs des Schiffes übereinandergelappt liegen, sind beim Kraweel- oder Karweelschiff die Planken stumpf aufeinander gefügt, was einen glatten Rumpf ergibt. Auch kann eine doppelte Beplankung erfolgen. Schon im alten Ägypten war diese Bauweise bekannt. Über arabische Schiffe gelangte sie ins Mittelmeer, nach Portugal, Holland, schließlich Nordeuropa.

Typ:	Kraweelschiff, bewaffnetes Handelsschiff
Baujahr:	um 1470
Länge über alles:	34,5 m
Besegelung:	3 Segel, Segelfläche 272 m^2

Karacke
Englischer Frachter

Der Typ der Karacke verbreitete sich vom Mittelmeer über England bis nach Nordeuropa. England hatte 1474 mit der Hanse, dem Hauptkonkurrenten im Handel, einen „Ewigen Frieden" geschlossen. Unter Heinrich IV., der 1485 den Thron bestieg, wurde eine große Anzahl neuer Schiffe gebaut. Es waren Karacken für die Handelsfahrt, an jeder Bordseite mit je fünf Kanonen bestückt, um die Fracht nicht gegenüber Freibeutern preiszugeben.

Typ:	Karacke
Baujahr:	1485
Vermessung:	ca. 350 ts Deplacement
Länge über alles:	ca. 35 m
Besegelung:	3 Segel

Sparrow
Englischer Frachter

Noch ein Beispiel aus dem Flottenbauprogramm des englischen Königs Heinrich IV. Die Übereinstimmungen der „Sparrow" zum vorigen Schiff, dessen Namen nicht überliefert ist, sind größer als die kleinen baulichen Änderungen. Auch hier handelt es sich um eine dreimastige Karacke mit buntem Segel am Großmast. Das Lateinsegel am Besanmast diente vor allem als Steuersegel. In der Folgezeit entstanden größere, schnellere Karacken mit vier Masten.

Typ:	Karacke
Baujahr:	1485
Vermessung:	ca. 350 ts Deplacement
Länge über alles:	ca. 35 m
Besegelung:	3 Segel

Dogaressa
Venezianische Galeere

1489 schenkte Caterina Cornaro ihr Königreich Zypern, um es aus den mittelmeerischen Machtkämpfen herauszuhalten, der mächtigen Republik Venedig. Die Königin zu ehren, fand eine Flottenparade statt, angeführt von der Prunkgaleere „Dogaressa". Alljährlich im September findet die Regata Storica statt, deren Tradition bis ins 12. Jahrhundert reicht. Zur Eröffnung führt ein Nachbau der Galeere die Regattateilnehmer durch Venedig.

Typ:	Prunkgaleere
Baujahr/Werft:	1489/Arsenal, Venedig; Nachbau 2004
Länge des Originals:	ca. 25 m

Santa Maria
Flaggschiff des Kolumbus

Mit drei kleinen Schiffen brach der kühne Kolumbus 1492 auf, den westlichen Weg nach Indien zu finden und entdeckte einen neuen Kontinent. Bis an sein Lebensende war er überzeugt, in Indien gelandet zu sein. Über seine Schiffe sind keine genauen Angaben überliefert. Die „Santa Maria" war der Überlieferung nach eine Karacke. Die Bilder der Kolumbus-Schiffe hier und die Nachbauten sind gültige Versuche der Rekonstruktion.

Typ:	Karacke
Baujahr:	um 1490; Nachbau 1990/Viudes-Werft, Barcelona, Spanien
Vermessung:	224 ts Deplacement
Länge über alles:	29,6 m
Besegelung:	5 Segel, Segelfläche 270 m²
Heimathafen des Nachbaus:	Palos de la Frontera, Spanien

Pinta
Kolumbus-Schiff

Die anderen zwei Kolumbus-Schiffe waren Karavellen, unter dem Einfluss des arabischen Schiffbaus zuerst in Portugal im 13. Jahrhundert entstandene neuartige Schiffe, die zunächst einmastig waren und in der Küstenfahrt eingesetzt wurden. Bis zum 15. Jahrhundert waren diese schnellen Segler mit bis zu drei Masten weit verbreitet. Später gab es Karavellen, die vier Masten trugen. Auch andere Entdecker fuhren auf Karavellen.

Typ:	Karavelle
Baujahr:	um 1490; Nachbau 1990/Reunidos-Werft, Isla Cristina, Spanien
Vermessung:	115,5 ts Deplacement
Länge über alles:	22,75 m
Besegelung:	3 Segel, Segelfläche 187 m²
Heimathafen des Nachbaus:	Palos de la Frontera, Spanien

Niña
Kolumbus-Schiff

Diese Karavelle war das kleinste der Kolumbus-Schiffe, die am 3. August 1492 aus dem Hafen von Palos liefen und am 12. Oktober die Insel Guanahani erreichten, die Kolumbus San Salvador nannte; wahrscheinlich war es eine lange Zeit als Watlings-Insel bezeichnete Insel der Bahamas. Außer den seetüchtigen Nachbauten in Palos gibt es andere, die nach der Überfahrt von Spanien nach Amerika 1992 nun als Museumsschiffe in Corpus Christi, Texas, liegen.

Typ:	Karavelle
Baujahr:	um 1490; Nachbau 1990/Marinewerft Cartagena, Spanien
Vermessung:	100,3 ts Deplacement
Länge über alles:	21,4 m
Besegelung:	3 Segel, Segelfläche 179 m²
Heimathafen des Nachbaus:	Palos de la Frontera, Spanien

Mary Rose
Englisches Flaggschiff

Das Schiff war der Stolz Heinrichs VIII. Die viermastige Karacke war sein Flaggschiff und demonstrierte Englands Macht zur See. 1545 versank das Schiff mit seiner Besatzung vor Portsmouth. Nun ließ sich der König ein noch größeres Schiff, die „Great Harry", bauen. 1982 wurde das Wrack der „Mary Rose" aus dem Solent, der Wasserstraße zwischen Portsmouth und der Isle of Wight, geborgen und ins Museum verbracht.

Typ:	Karacke, Kriegsschiff
Baujahr/Werft:	1510/Royal Dockyard, Portsmouth
Vermessung:	1150 ts Deplacement
Länge über alles:	ca. 32 m
Besegelung:	7 Segel
Flotte:	Royal Navy
Ausstellung:	Royal Naval Museum, Portsmouth, England

Henry Grace à Dieu (Great Harry)
Englisches Kriegsschiff

Heinrich VIII. hatte befohlen, ein Kriegsschiff zu bauen, „wie es bislang in England nicht zu sehen war". Es entstand eine prachtvoll verzierte viermastige Karacke mit acht Decks, bestückt mit 184 Kanonen. Zur Besatzung zählten 300 Seeleute und 400 Soldaten. 1535 und 1536 wurde das Schiff umgebaut und die Anzahl der Kanonen auf 122 reduziert. 1547 wurde das stolze Schiff in „Edward" umbenannt, ein Feuer zerstörte es 1553.

Typ:	Karacke, Kriegsschiff
Baujahr/Werft:	1514/Schiffbaumeister W. Bond, Wolwich, England
Vermessung:	1500 ts Deplacement
Länge über alles:	57,9 m
Besegelung:	12 Segel
Flotte:	Royal Navy

Santa Catarina do Monte Sinai
Portugiesisches Kriegsschiff

Nach der „Great Harry" war dieses Schiff das größte seiner Zeit. Das Vorderkastell mit seinen Geschützen reichte weit über den Bug hinaus. Mit einem Laufgang mittschiffs war es mit dem mächtigen achteren Aufbau verbunden, der drei Decks hatte, Quarterdeck, Halbdeck und ein kleineres Poopdeck. Rundum war das viermastige Schiff mit 140 Kanonen bestückt, die Breitseiten abfeuern, voraus und achteraus schießen konnten.

Typ:	Karacke, Kriegsschiff
Baujahr:	1520
Länge über alles:	ca. 40 m
Besegelung:	7 Segel
Flotte:	Portugiesische Marine

Elefanten
Schwedische Karacke

1532 ließ König Gustav Wasa I. dieses mit 20 Kanonen bewaffnete Handelsschiff bauen. Es war ein typischer tüchtiger Dreimaster seiner Zeit. Er war besser getakelt als manches große Kriegsschiff. Es trug am Fockmast Fock- und Marssegel, Groß- und Marssegel am Großmast, mit Bugsprietsegel, der Blinde, und ein Lateinsegel am Besanmast, das vor allem der Steuerung dienten. Die Mastkörbe dienten auch zum Bedienen der Toppsegel.

Typ:	Karacke, bewaffnetes Handelsschiff
Baujahr:	1532
Länge über alles:	ca. 20 m
Besegelung:	6 Segel

Sant'Yago de Compostela
Spanische Galeone

Aus der römischen Galeone, einem Ruder-Segelschiff, entwickelte sich in Spanien die Galea, die sich zu einem neuen Mischtyp entwickelte. In der Regel viermastig, mit mehreren durchlaufenden Decks und ohne über den Bug reichende Aufbauten waren die Kennzeichen des neuen Typs. Diese neuartigen Galeonen waren große Fracht- und Kriegsschiffe. Auf ihren Fahrten von Amerika brachten sie Silber und Gold nach Spanien.

Typ:	Galeone, Kriegs- und Handelsschiff
Baujahr:	1540
Vermessung:	400 ts Deplacement
Länge über alles:	41 m
Besegelung:	9 Segel
Flotte:	Armada

Mittelmeer-Kogge
Venezianisches Handelsschiff

Spätestens seit 1304, als Seeräuber von der Bayonne auf Koggen ins Mittelmeer vorstießen, wurden auch in Barcelona, Genua und Venedig solche neuartigen Koggen gebaut, die für lange Zeit einen eigenen Schiffstyp darstellten. Die Weiterentwicklung dieses Typs, kraweel gebaut und nicht geklinkert, führte zu Fahrzeugen mit vier Masten und zu Übergangsformen wie der Hulk, aus der schließlich die Karacke hervorging.

Typ:	Mittelmeer-Kogge
Baujahr:	um 1550
Länge über alles:	ca. 22 m
Besegelung:	5 Segel

Karacke
Kriegs- und Handelsschiff

Vom 14. bis zum 17. Jahrhundert war die Karacke der wichtigste Schiffstyp des Mittelmeers und breitete sich über Spanien und Portugal ins nördliche Europa aus. Die schwer gebauten Schiffe mit Kastellaufbau im Vorschiff und langem Heckaufbau waren meist Drei-, manchmal auch Viermaster. Als bewaffnete Transportschiffe fuhren sie nach Indien und Südamerika. Als Kriegsschiffe konnten sie bis 1200 Soldaten an Bord nehmen.

Typ:	Karacke
Baujahr:	um 1550
Vermessung:	ca. 450 ts Deplacement
Länge über alles:	ca. 40 m
Besegelung:	6 Segel

Großer Adler von Lübeck
Lübische Karacke

Als Kriegsschiff mit hohen Kastellen und mehreren Batteriedecks erbaut, wurde die Karacke erst nach dem Friedensschluss im Nordischen Krieg, in dem Lübeck mit Dänemark gegen Schweden kämpfte, fertiggestellt. Nun als Frachtschiff umgebaut, schlug es auf der Fahrt von Lissabon nach Lübeck leck, lief zurück in den portugiesischen Hafen, wo es zur Nutzung der Schiffshölzer abgebrochen wurde.

Typ:	Karacke, Kriegsschiff; später Handelsschiff
Baujahr/Werft:	1566/Schiffbaumeister Sylvester Franke, Lübeck
Länge über alles:	64 m
Besegelung:	10 Segel
Eigner:	Hansestadt Lübeck; später Reederkonsortium, Lübeck

Galeasse
Spanisches Kriegsschiff

Aus der schweren und großen Galeere, der Galea grossa, die mit mehreren hundert Ruderknechten und Hilfsbesegelung an die Grenzen der Funktionstüchtigkeit gelangt war, entwickelte Francesco Bressan zu Venedig die Galeasse, ein Übergang zum großen Segelkriegsschiff. Galeassen entschieden die Seeschlacht bei Lepanto, in der die europäischen Mittelmeermächte 1571 die türkische Galeerenflotte vernichtend schlugen.

Typ:	Galeasse
Baujahr:	1571
Länge über alles:	ca. 40 m
Besegelung:	3 Segel
Flotte:	Armada

Golden Hind
Englischer Weltumsegler

Mit diesem Schiff unter dem Kommando von Francis Drake, Pirat und Forscher, glückte die erste englische Weltumsegelung. Mit insgesamt fünf Schiffen war er 1577 aufgebrochen, taufte in der Magellanstraße die „Pelican" in „Golden Hind" um und erreichte 1580 wieder Plymouth. Queen Elizabeth I. wollte das Schiff aufbewahren, aber schon 1660 war es völlig verrottet. 400 Jahre später ging ein Nachbau auf Weltumsegelung.

Typ:	Galion, Kriegsschiff
Baujahr/Werft:	1576/in Plymouth gebaut oder in Frankreich gekauft; Nachbau 1973/J. Hinks & Son, Appledore, Devon
Vermessung:	305 ts Deplacement
Länge über alles:	37 m
Besegelung:	6 Segel, Segelfläche 386 m^2
Eigner des Nachbaus:	Golden Hind Ltd., Salisbury
Liegeplatz:	St. Mary Overie Dock, London

Revenge
Englisches Flaggschiff

Als Flaggschiff des Admirals Francis Drake nahm die „Revenge" 1588 am Kampf gegen die Armada teil. Mit 130 Kriegsschiffen nahm die spanische Flotte Kurs auf England. Im Kanal wurde sie von der englischen Flotte eingekreist; Brander, brennende Boote, trieben die Spanier auf die Sandbänke. Ein Teil ihrer Flotte erlitt Schiffbruch bei der Umrundung Schottlands. Nur 50 Schiffe kehrten nach Spanien zurück, 10 000 Mann waren verloren.

Typ:	Galion, Kriegsschiff
Baujahr/Werft:	1577/Deptford, England
Vermessung:	ca. 900 ts Deplacement
Länge über alles:	36,6 m
Besegelung:	10 Segel
Flotte:	Royal Navy

San Matteo
Genuesische Galeone

Wie Venedig war der Stadtstaat Genua eine mittelmeerische Handelsmacht. Zum Schutz der Schiffe waren diese bewaffnet. Diese schwere Galeone war mit 60 Geschützen auf zwei Decks ausgerüstet, um sich vor allem türkischer oder berberischer Freibeuter erwehren zu können. Auf einer der Handelsfahrten im östlichen Mittelmeer soll die „San Matteo", eines der größten genuesischen Schiffe, zwei feindliche Feluken versenkt haben.

Typ:	Galeone, bewaffnetes Handelsschiff
Baujahr/Werft:	um 1580/Genua
Vermessung:	ca. 1000 ts Deplacement
Länge über alles:	ca. 40 m
Besegelung:	10 Segel
Eigner:	Republik Genua

The Royal Ark
Englisches Flaggschiff

Bei der für die spanische Armada vernichtenden Schlacht um England vom 31. Juli bis 8. August 1588 war die „Royal Ark" das Flaggschiff des englischen Admirals Lord Howard of Effingham. Als erstes Schiff segelte sie den Spaniern entgegen und eröffnete den Kampf. 50 Kanonen waren auf unterem und oberem Batteriedeck, auf dem Haupt- und Quarterdeck, im Vorderkastell und im Heck aufgestellt. 425 Mann gehörten zur Besatzung.

Typ:	Galion, Kriegsschiff
Baujahr:	1587/Deptford
Vermessung:	690 ts Deplacement
Länge über alles:	42,6 m
Besegelung:	9 Segel
Flotte:	Royal Navy

Ostindienfahrer
Niederländisches Handelsschiff

1592 wurde eine holländische Gesellschaft für den Handel mit Ostindien gegründet, 1602 entstand die Vereinigte Ostindische Kompanie. Die Gesellschaft fuhr immense Gewinne im Gewürzhandel ein. Um die kolonialen Ansprüche durchzusetzen, zum Schutz gegen Piraten und Schiffe anderer Kolonialmächte waren die großen, reich geschmückten und schnellsegelnden Ostindienfahrer mit Kanonen und anderen Geschützen gut bestückt.

Typ:	Galeone, bewaffnetes Handelsschiff
Baujahr:	um 1592
Vermessung:	ca. 1100 ts Deplacement
Länge über alles:	ca. 40 m
Besegelung:	6 Segel
Eigner:	Vereenigde Oostindische Compagnie

Flämische Galeone
Handelsschiff

Die burgundischen Niederlande fielen nach dem Tod Karls des Kühnen 1477 an die Habsburger. Die Tuchmanufakturen und der reiche Fischfang bewirkten den Wohlstand durch Export. Die Interessen der Hersteller und Händler mussten mit denen des spanischen Mutterlandes in Konflikt geraten. Seit 1567 erhoben sich die Niederländer und errangen bis 1581 ihre Unabhängigkeit als Republik, wozu ein Teil Flanderns gehörte.

Typ:	Galeone, bewaffnetes Handelsschiff
Baujahr:	1593
Länge über alles:	ca. 30 m
Besegelung:	8 Segel

Orlogschiff
Niederländische Galeone

Die Niederländer machten den Spaniern und Portugiesen, damals die größten Kolonialmächte, und England, der größten Seemacht, bald den Rang streitig. Die große Flotte an Handelsschiffen wurde geschützt von der Vielzahl der Schiffe, die für den Krieg (Orlog) gut gerüstet waren. Zunächst wurden die Niederlande zur größten Handelsmacht, erlangten in aller Welt Kolonien und gerieten bald in Kriege mit den anderen Mächten.

Typ:	Galeone, Orlogschiff (Kriegsschiff)
Baujahr:	um 1594
Länge über alles:	ca. 38 m
Besegelung:	10 Segel

Roter Löwe
Preußische Fregatte

Preußen war noch ein Herzogtum unter polnischer Lehenshoheit. Um sich mit dem Herzog gut zu stellen, kaufte ihm 1601 der Rat der Stadt Königsberg diese Fregatte, die im Küstenwachdienst vor Pillau in der Danziger Bucht kreuzte. Das Schiff war mit 12 Kanonen versehen, zusätzliche Geschütze konnten auf Deck aufgestellt werden. 1608 segelte es mit einer Ladung Holz nach Lissabon und wurde dort samt der Ladung verkauft.

Typ:	Fregatte
Baujahr:	1597/Niederlande
Vermessung:	120 Salzlasten (ca. 240–250 ts Deplacement)
Besegelung:	6 Segel
Eigner:	Herzog von Preußen

Peller-Modell
Hanseschiff

Das ist ein Bild des wohl ältesten deutschen Schiffsmodells. Es wurde 1603 in Lübeck gefertigt und ist 1324 Millimeter lang. Es gelangte nach Nürnberg, wo das Wappen der Kaufmannsfamilie Peller auf den Oberspiegel gemalt wurde. Das Modell wechselte mehrmals die Besitzer, 1870 wurde es durch das Germanische Nationalmuseum erworben und gelangte 1966 als Dauerleihgabe in das Altonaer Museum, wo es restauriert wurde.

Typ:	Pinasse
Baujahr des Modells:	1603/Lübeck
Länge des Modells:	1324 mm
Länge des Originals:	ca. 20 m
Besegelung:	10 Segel

Mayflower
Schiff der Pilgerväter

Das Handelsschiff, das zwischen englischen und französischen Häfen verkehrte, wurde 1620 von den Pilgervätern, strenggläubigen Puritanern, erworben, um in Amerika eine neue Heimat zu finden. 105 Auswanderer und etwa 20 Mann Besatzung segelten vom englischen Plymouth 67 Tage über den Atlantik, um das amerikanische Plymouth zu erreichen. 1957 segelte der Kapitän und Schriftsteller Alan Villiers den Nachbau in die USA.

Typ:	Galeone, Handelsschiff
Baujahr/Werft:	um 1606; Nachbau 1956/Stuart Uphams' Werft, Brixham, England
Vermessung:	260 BRT; 180 ts Deplacement
Länge über alles:	40 m
Besegelung:	6 Segel
Liegeplatz des Nachbaus:	Plymouth, Massachusetts, USA

Prince Royal
Britisches Kriegsschiff

Prinz Henry zu Ehren erhielt das große und prächtige Schiff, das als das größte seiner Zeit galt, seinen Namen. Es hatte drei vollständige Batteriedecks mit anfänglich 56 Geschützen. Bei einem der Umbauten erhöhte sich die Zahl auf 90. Auch der vierte Mast wurde entfernt. Eingesetzt wurde das Prunkschiff vor allem bei königlichen Besuchen im Ausland. Das Bild zeigt es beim Einlaufen in den holländischen Hafen Vlissingen.

Typ:	Galion, Kriegsschiff
Baujahr/Werft:	1610/Schiffbaumeister Phineas Pett
Vermessung:	1200 ts Deplacement
Länge über alles:	ca. 45 m
Besegelung:	8 Segel
Flotte:	Royal Navy

Orlogschiff
Niederländisches Kriegsschiff

Ein typisches Schiff mit drei Masten und zwei Batteriedecks mit insgesamt 40 Kanonen. Mit solchen Schiffen, die schon Merkmale der Fregatten aufwiesen, ließen sich die Unabhängigkeit von Spanien und der Ostindienhandel um das Kap der Guten Hoffnung herum gegen Spanien, Portugal, Frankreich und England gut verteidigen. Mit diesen Schiffen konnten Kolonien erobert und Kriege gegen andere Kolonialmächte geführt werden.

Typ:	Galeone, Orlogschiff (Kriegsschiff)
Baujahr:	um 1620
Länge über alles:	ca. 38 m
Besegelung:	10 Segel

Fleute
Niederländisches Handelsschiff

Zu Beginn des 17. Jahrhunderts gab es etwa 10 000 niederländische Handelsschiffe. Dazu gehörte eine beträchtliche Anzahl Fleuten. Dieser neue Schiffstyp mit seiner „fließenden" Form – daher rührt der Name – hatte eine gestreckte Form, niedrigen Tiefgang und mittschiffs einen schmalen Schiffsraum. Danach richtete sich die Berechnung der Zölle in Dänemark. Auch aus diesem Grund wurde die Fleute bald zu einem führenden Schiffstyp.

Typ:	Fleute, Handelsschiff
Baujahr:	um 1620
Vermessung:	ca. 300 ts Deplacement
Länge über alles:	ca. 32 m
Besegelung:	6 Segel

Venezianische Galeere
Kriegsschiff

Bis ins späte Mittelalter waren die großen Ruderschiffe nach römischem Vorbild Galeeren alla zenzile, sie hatten drei Ruderer mit je einem Riemen auf einer Bank. Seit 1500 wurde die Galeere a scaloccio entwickelt, bei der fünf Mann pro Riemen arbeiteten. Bei der Weiterentwicklung entstanden große Galeeren, bei denen bis zu acht Mann je einen der großen Riemen bedienten. Es gab Galeeren mit mehr als 500 Mann Besatzung.

Typ:	Galeere a scaloccio
Baujahr/Werft:	um 1620/Arsenal, Venedig
Vermessung:	ca. 280 ts Deplacement
Länge über alles:	ca. 46 m
Besegelung:	2 Segel

Mittelmeer-Galeere
Kriegsschiff

Das erste Buch über den Schiffbau in deutscher Sprache war das Werk „Architectura navalis" von Joseph Furttenbach, das 1629 in Ulm erschien. Dem Autor sind wesentliche Erkenntnisse der damaligen Schiffbautechnik zu verdanken. In seinen Bildern stellt Furttenbach verschiedene Details, die Fertigung der Fahrzeuge und Ansichten der Schiffe in Fahrt vor. Somit ist überliefert, wie zum Beispiel eine Galeere mit 27 Riemen je Seite funktioniert.

Typ:	Galeere a scaloccio
Baujahr/Werft:	um 1620/Arsenal, Venedig
Vermessung:	ca. 280 ts Deplacement
Länge über alles:	ca. 46 m
Besegelung:	2 Segel

Saint Louis
Französische Galeasse

Um Frankreich wieder zur bedeutenden Seemacht zu machen, kaufte Kardinal Richelieu, Erster Minister des Königs Louis XIII., dieses Schiff, das mit 60 Kanonen bestückt war und für eine Besatzung von 700 Mann gebaut wurde, sowie vier andere Schiffe in den Niederlanden, die damals die führende Rolle im Schiffbau innehatten. Am Beispiel dieser Galeassen wurden nun auf den französischen Werften die eigenen Kriegsschiffe gebaut.

Typ:	Galeasse, Kriegsschiff
Baujahr:	1626/Niederlande
Vermessung:	ca. 1000 ts Deplacement
Länge über alles:	36,5 m
Besegelung:	11 Segel
Flotte:	La Marine française

Vasa
Schwedisches Flaggschiff

König Gustav II. Adolf, unter dem Schweden zur Großmacht wurde, hatte ein großes Flottenbauprogramm aufgestellt. Die „Vasa", benannt nach dem Gründer der Dynastie, sollte Schwedens Macht demonstrieren. Bei der Jungfernfahrt der Fregatte, deren Abmessungen vom König festgelegt worden waren, krängte das Schiff im leichten Wind, nahm Wasser auf und sank. 1956 wurde das Wrack entdeckt, 1961 gehoben und restauriert.

Typ:	Fregatte, Kriegsschiff
Baujahr/Werft:	1628/Königliche Werft, Stockholm
Vermessung:	1210 ts Deplacement
Länge über alles:	54,8 m
Besegelung:	10 Segel, Segelfläche 1275 m^2
Ausstellung:	Vasamuseet, Stockholm, Schweden

La Couronne
Französische Galeone

Dieses Schiff war die Krone der damaligen französischen Schiffbaukunst. Es war prächtig und mit seinen 80 Geschützen zugleich mächtig. Der pompöse Salon auf dem Achterdeck bot über 100 Personen Platz. Das lange Galionsdeck, über das nach vorn gefeuert werden konnte, endete in der Figur des Herkules, der die Hydra besiegt. Die Königin stiftete 14 000 Taler für das große Seidenbanner, bestickt mit den Königslilien.

Typ:	Galeone
Baujahr:	1636/Schiffbaumeister Charles Morieu
Vermessung:	ca. 1080 ts Deplacement
Länge über alles:	ca. 40 m
Besegelung:	10 Segel, ca. 4000 m^2
Flotte:	La Marine française

Sovereign of the Seas
Britisches Flaggschiff

König Karl I. beauftragte den berühmten Schiffbauer Phineas Pett, ein neues Flaggschiff zu bauen. Es sollte das größte und schönste Schiff der Welt werden. Das Schiff überlebte den König, der 1649 hingerichtet wurde, auch Cromwell, der den 1. Englisch-Holländischen Krieg führte, und den neuen König Karl II. Nach Umbauten wurde es in „Royal Sovereign" umbenannt. Eine brennende Kerze ließ 1696 das Schiff in Flammen aufgehen.

Typ:	Galion, Kriegsschiff
Baujahr:	1637/Schiffbaumeister Phineas Pett und Sohn Peter
Vermessung:	1541 ts Deplacement
Länge über alles:	70,7 m
Besegelung:	13 Segel
Flotte:	Royal Navy

Aemelia
Niederländisches Kriegsschiff

Der Dreimaster war das Flaggschiff des Admirals Maarten Harpertszoon Tromp, der mit seiner Flotte eine spanische Armada von 70 Schiffen zerstörte. Als der Seeheld im 1. Englisch-Holländischen Krieg (1652–1654) die Engländer besiegte, hatte er schon das zweite Schiff des Namens „Aemilia". Das erste, von dem keine technischen Einzelheiten überliefert sind, war seit 1646 verschollen. Tromp befand sich damals nicht an Bord.

Typ:	Pinasse
Baujahr:	1637
Länge über alles:	ca. 36 m
Besegelung:	10 Segel
Flotte:	Niederländische Marine

Kuff
Niederländischer Küstensegler

Die Entwicklung dieses Schiffstyps begann um die Mitte des 17. Jahrhunderts und verbreitete sich über das Nordseegebiet, erlebte seine Blüte im 18. Jahrhundert. 1895 wurden an der Weser die letzten Kuffen gebaut, die noch zu Beginn des 20. Jahrhunderts in Fahrt waren. Die anderthalbmastigen Frachtsegler hatten Heckruder, die kleineren Kuffen Seitenschwerter. Ein Kennzeichen war der völlige Schiffskörper mit flachem Boden.

Typ:	Kuff
Baujahr:	ab etwa 1645
Vermessung:	40–90 BRT
Besegelung:	8 Segel

De Gouden Zon
Niederländische Galeone

„Die goldene Sonne" war in der Ostindienfahrt eingesetzt. Sie war ein mit 38 Kanonen schwer bewaffnetes Handelsschiff und ging mit ihrer großen Besegelung auf schnelle Fahrt. Nicht nur gegen Kaperfahrer konnte sie sich verteidigen, im Kriegsfall konnte sie auch als Kriegsschiff eingesetzt werden und entsprach einem Linienschiff 3. Ranges. Mit seinem barocken Zierrat und den Vergoldungen präsentierte es Macht und Reichtum.

Typ:	Galeone, bewaffnetes Handelsschiff
Baujahr:	um 1645
Länge über alles:	ca. 35 m
Besegelung:	9 Segel
Eigner:	Vereenigde Oostindische Compagnie

Niederländische Pinasse
Kriegsschiff

In England, Frankreich und vornehmlich in den Niederlanden des 16. und 17. Jahrhunderts wurden die schlanken, schnellen und bewaffneten Dreimaster mit zwei durchgehenden Decks Pinassen genannt. In ihrer Geschwindigkeit und Manövrierfähigkeit waren sie gegenüber den schweren Schiffen von Vorteil, ihr Nachteil bestand in ihrer geringeren Armierung. Eine Vielzahl der niederländischen Ostindienfahrer waren Pinassen.

Typ:	Pinasse
Baujahr:	um 1660
Länge über alles:	ca. 40 m
Besegelung:	10 Segel

Bremer Pinasse
Bewaffnetes Handelsschiff

Der Typ der Pinasse, die statt des Vorkastells einen ausgebauten Vorsteven, eine Galion, hatte, breitete sich schnell aus. Auch die Hansestädte bedienten sich dieses tüchtigen Schiffes auf vielerlei Art. Zur Verteidigung gegen Seeräuber trugen die Handelsschiffe Kanonen; kleinere Pinassen waren mit bis zu 18 Geschützen ausgerüstet. Die hier gezeigte Pinasse trägt am Besanmast nur ein Lateinsegel, kein zusätzliches Rahsegel.

Typ:	Pinasse
Baujahr:	um 1660/Bremen
Länge über alles:	ca. 25 m
Besegelung:	6 Segel

De Gouden Leeuw
Niederländisches Admiralsschiff

Während des 2. Englisch-Holländischen Krieges (1665–1667) wurde das 80-Kanonen-Linienschiff erbaut. Im zweiten Krieg gegen Frankreich nahm „Der Goldene Löwe" an der Seeschlacht bei Kijkduin 1673 als Flaggschiff des Admirals Cornelius Tromp teil. Im Gefecht wurde der Dreimaster schwer beschädigt, konnte jedoch wieder instand gesetzt werden. 1686 wurde das inzwischen überalterte Schiff außer Dienst gestellt.

Typ:	Galeone, Linienschiff
Baujahr/Werft:	1667/Werft der Admiralität, Amsterdam
Vermessung:	ca. 1200 ts Deplacement
Länge über alles:	ca. 45 m
Besegelung:	10 Segel
Flotte:	Niederländische Flotte

Wappen von Hamburg (I)
Hamburgisches Convoyschiff

Zum Schutz der nach Spanien und Portugal fahrenden Hamburger Handelsschiffe wurde die „Wappen von Hamburg", das erste Schiff dieses Namens, nach sechs Jahren Bauzeit in Dienst gestellt. Bestückt war sie mit 54 großen Kanonen. Fahrten führten auch nach Spitzbergen und Archangelsk. 1683 geriet das Schiff auf der Reede von Cádiz in Brand und explodierte. Admiral Karpfanger und 64 Mann der Besatzung verloren ihr Leben.

Typ:	Fregatte, Convoyschiff
Baujahr/Werft:	1669/unbekannter holländischer Schiffbaumeister in Hamburg
Länge über alles:	52 m
Besegelung:	10 Segel
Eigner:	Hansestadt Hamburg

Leopoldus Primus
Hamburgisches Convoyschiff

Schon 1663 geplant, wurde das Schiff erst fünf Jahre später aufgezimmert. Fahrten gingen nach Spanien und Portugal, Spitzbergen und Grönland. 1674 begegneten drei türkische Kaperschiffe der „Leopoldus Primus" und flüchteten vor ihren 54 Kanonen. 1678 focht das Convoyschiff in der Elbmündung 12 Stunden lang gegen fünf kühne französische Kaperer, zwei davon wurden versenkt. 1705 wurde das Schiff abgebrochen.

Typ:	Fregatte, Convoyschiff
Baujahr:	1669
Länge über alles:	ca. 42 m
Besegelung:	10 Segel
Eigner:	Hansestadt Hamburg

Le Soleil Royal
Französisches Flaggschiff

Von vier Schiffen dieses Namens war dies das erste. Der Dreidecker war mit 82 Geschützen bestückt und mit 836 Mann besetzt. Der Hofkünstler des Sonnenkönigs Louis XIV., Jean Bérain, schuf den reichen Zierrat und Goldschmuck für das prächtige Schiff. Während des Krieges gegen die Liga von Augsburg, zu der England gehörte, wurde das Schiff 1692 bei Barfleur so schwer beschädigt, dass es auf Grund lief und verloren ging.

Typ:	Fregatte, Flaggschiff
Baujahr:	1669
Vermessung:	ca. 1500 ts Deplacement
Länge über alles:	60,8 m
Besegelung:	11 Segel
Flotte:	La Marine française

Prince
Britisches Linienschiff

Linienschiffe fuhren in Kiellinie an der feindlichen Flotte vorbei und feuerten aus den Geschützen ihre Breitseiten ab. Nach der Größe der Schiffe richtete sich die Anzahl der Kanonen und die Stärke der Besatzung. Zum 1. Rang der Linienschiffe gehörten solche mit 100–130 Geschützen und etwa 900 Mann, in den 2. Rang gehörten Schiffe mit 84–90 Geschützen, Linienschiffe, die mit 64–80 Kanonen bewaffnet waren, zählten zum 3. Rang. Die „Prince" gehörte mit ihren 100 Kanonen zum 1. Rang.

Typ:	Fregatte, Linienschiff
Baujahr:	1670
Vermessung:	ca. 2000 ts Deplacement
Länge über alles:	ca. 45 m
Besegelung:	10 Segel
Flotte:	Royal Navy

Derfflinger
Brandenburgische Fleute

1681 erwarb Brandenburg die Danziger Fleute „Wolkensäule" und benannte sie nach dem Reiterführer und Generalfeldmarschall Georg Derfflinger. Seit 1628 gab es die Brandenburgisch-Afrikanische, seit 1684 die Brandenburgisch-Ostindische Compagnie. Die Schiffe betrieben Handel, auch mit Sklaven, und Kaperei. Die „Derfflinger" wurde 1693 von einer englischen Fregatte erobert, gegen Lösegeld freigegeben und verkauft.

Typ:	Fleute
Baujahr:	1675/Danzig
Vermessung:	170 Lasten
Länge über alles:	ca. 33 m
Besegelung:	7 Segel
Flotte:	Brandenburgische Flotte

San Felipe
Spanische Fregatte

Spanien hatte Mühe, seine Macht zu behaupten. Die Niederlande hatten ihre Unabhängigkeit erkämpft, spanische Kolonien gingen an andere Mächte verloren, die Schatzschiffe aus Südamerika wurden überfallen. Mit 96 Geschützen bewaffnet, sollte der Dreidecker „San Felipe" die Silberschiffe sicher nach Spanien geleiten. Die Fregatte, eines der größten Schiffe damals, kam niemals ins Gefecht und wurde 1736 abgebrochen.

Typ:	Fregatte, Convoyschiff
Baujahr:	1693
Vermessung:	ca. 1500 ts Deplacement
Länge über alles:	62,8 m
Besegelung:	10 Segel
Flotte:	Armada

Peter und Paul
Russische Fregatte

Peter Michailow, ein russischer Gastarbeiter in Amsterdam, half beim Bau dieses Schiffes. Peter ging anschließend nach Deptford, um in England seine Kenntnisse über Schiffbau und Schifffahrt zu erweitern. Während das Schiff, nach Russlands Schutzheiligen benannt, auf wehrhafte Handelsfahrt ging, kehrte Peter nach Petersburg zurück und bestieg wieder den Zarenthron. Er reformierte das Land, machte es zur Seemacht und ging als Peter der Große in die Geschichte ein.

Typ:	Fregatte
Baujahr/Werft:	1697/Werft der Ostindischen Kompanie, Amsterdam
Länge über alles:	32,85 m
Besegelung:	10 Segel
Flotte:	Russische Flotte

Britannia
Britisches Linienschiff

„Britannia rules the sea" – Britannien beherrscht das Meer. Diesen Machtanspruch setzte die starke Flotte durch. Als Linienschiff 1. Ranges besaß die „Britannia" 100 Kanonen, davon je 45 beidseitig für die Breitseitenbeschießung feindlicher Schiffe. Nach 1700 führte England eine Allianz gegen Frankreich in den Krieg und festigte seine Machtstellung. 1704 wurde Gibraltar, das den Eingang zum Mittelmeer kontrollierte, britisch.

Typ:	Fregatte, Linienschiff
Baujahr:	um 1700
Vermessung:	ca. 1500 ts Deplacement
Länge über alles:	ca. 45 m
Besegelung:	10 Segel
Flotte:	Royal Navy

Fregatte
Britisches Kriegsschiff

Seit dem 17. Jahrhundert hatten sich aus den Seglern der Ostindischen Kompanie die flinken, stark armierten britischen Fregatten entwickelt, die der Unterstützung der schwerfälligen Linienschiffe und dem Schutz der Konvois dienten. Als Aufklärer waren sie „die Augen der Flotte". Diese vollgetakelte Fregatte zählte mit ihren 60 Kanonen auf zwei Decks zum 4. Rang. Spätere Fregatten französischer Art hatten nur ein Batteriedeck.

Typ:	Fregatte, Linienschiff
Baujahr:	1707
Vermessung:	ca. 1000 ts Deplacement
Länge über alles:	ca. 45 m
Besegelung:	10 Segel
Flotte:	Royal Navy

Wappen von Hamburg (III)
Hamburgisches Convoyschiff

Dem militärischen Schutz der Kauffahrteischiffe dienten die mächtigen Convoyschiffe. Dieses dritte Fahrzeug gleichen Namens war das größte Hamburger Schiff seiner Zeit. Es unternahm nur wenige Fahrten, wurde 1728 nach einer Fahrt nach Cádiz außer Dienst gestellt und als schwimmende Batterie zur Verteidigung Hamburgs eingesetzt. 1737 wurde die „Wappen von Hamburg" verkauft und lässt sich seitdem nicht mehr nachweisen.

Typ:	Fregatte, Convoyschiff
Baujahr/Werft:	1720/Jacob Mencke, Schiffbaumeister
Länge über alles:	ca. 50 m
Besegelung:	10 Segel
Eigner:	Hamburger Convoy-Kollegium

Bucintoro
Venezianische Staatsgaleere

Ein Brauch, im 10. Jahrhundert nach einem Seesieg begründet, war die alljährliche Vermählung Venedigs mit dem Meer. Der Doge ließ sich am Himmelfahrtstag in einer vergoldeten Prunkgaleere zur Adria rudern und übergab dem Wasser einen Ring. Die letzte für diese Zeremonie gebaute Galeere war bis 1797 im Einsatz. Französische Truppen stahlen den Zierrat. Die österreichische Marine benutzte bis 1824 den Rumpf als Batterie.

Typ:	Rudergaleere, Prunkgaleere
Baujahr/Werft:	1728/Arsenal, Venedig
Länge über alles:	34,7 m

Schallach
Niederländischer Ostindienfahrer

Dieses große, schwer bewaffnete Schiff der Ostindischen Kompanie lief zwischen 1741 und 1744 Japan an. Das Land hatte sich streng vom Ausland isoliert, nachdem Spanier und Portugiesen missioniert und Aufstände angezettelt hatten. Handelsbeziehungen wurden nur mit China und Holland aufrechterhalten. Ein japanischer Künstler hat dieses für ihn fremdartige Fahrzeug trefflich mit allen Segeln und Kanonen ins Bild gesetzt.

Typ:	Fregatte, Ostindienfahrer
Baujahr:	1736
Vermessung:	ca. 1000 ts Deplacement
Länge über alles:	ca. 39 m
Besegelung:	9 Segel
Eigner:	Vereenigde Oostindische Compagnie

Die Stadt Elbing
Polnische Galiot

Von der spätrömischen Galiot über die italienische Galiotta führt der Weg dieses Typs in die Niederlande, wo die Galiot ein Anderthalbmaster für die schnelle Küstenfahrt war. Mit Elementen des Bojer, eines flachbodigen Watt- und Küstenseglers entstand dann für die Nord- und Ostsee die Galiot, die auch für Hochseefahrten benutzt wurde. Für den Kaufmann Heinrich Döring im polnischen Elbing war „Die Stadt Elbing" in Dienst.

Typ:	Galiot, Frachtsegler
Baujahr:	1738
Länge über alles:	41,4 m
Besegelung:	7 Segel, Segelfläche 425 m^2
Eigner:	Heinrich Döring, Elbing, Polen

Amsterdam
Niederländischer Ostindienfahrer

Im 17. und 18. Jahrhundert unternahmen die Ostindienfahrer fast 5000 Fahrten nach Asien. Nur etwa 100 Schiffe gingen dabei verloren. Bei der ersten Fahrt der „Amsterdam" mit fünf anderen Schiffen im Oktober 1748 gerieten die Kauffahrer im Kanal in einen Sturm. Nach Grundberührung verlor die „Amsterdam" das Ruder und suchte Schutz in einer Bucht bei Hastings und sank. Der Rumpf ist bei Niedrigwasser zu sehen.

Typ:	Fregatte, Ostindienfahrer
Baujahr:	1748; Nachbau 1989/Sonderhelling, Amsterdam
Vermessung:	1200 ts Deplacement
Länge über alles:	42,45 m
Besegelung:	21 Segel, Segelfläche 1940 m^2
Eigner des Nachbaus:	N. V. Oostindievaarder
Liegeplatz:	Oosterdock, Nederlands Scheepvaartmuseum, Amsterdam, Niederlande

Admiralitätsyacht
Hamburgisches Kriegsschiff

Kleine, schnelle Schiffe in yachtartiger Bauart wurden seit dem 17. Jahrhundert zu Flottenleitaufgaben, Aufklärungsfahrten, zur Nachrichtenübermittlung und bei Flottenparaden eingesetzt. Zur Stabilisierung waren die flachbodigen Schiffe mit Seitenschwertern ausgerüstet. Die hier gezeigte Yacht wurde vor allem als Zollfahrzeug eingesetzt, um von den Schiffen, die Hamburg passierten, das Stapelgeld einzufordern.

Typ:	Bewaffnete Yacht
Baujahr:	um 1755/Hamburg
Länge über alles:	ca. 10 m
Besegelung:	3 Segel
Eigner:	Hansestadt Hamburg

Formidable
Französisches Flaggschiff

Sir Edward Hawke blockierte 1759 mit 23 Schiffen Brest und hinderte die französische Flotte am Auslaufen, die in England und Schottland landen wollte. Als eine steife Brise die Engländer aus ihrer Stellung trieb, liefen die Franzosen aus. In der Bucht von Quiberon kam es zur Schlacht. Die mit 80 Kanonen bestückte „Formidable" führte die Nachhut an, wurde von allen britischen Schiffen bombardiert und als Prise genommen.

Typ:	Linienschiff 3. Ranges
Baujahr:	1759/Frankreich
Vermessung:	ca. 1650 ts Deplacement
Länge über alles:	ca. 50 m
Besegelung:	8 Segel
Flotte:	La Marine française

Le Protecteur
Französisches Linienschiff

Ein stolzer Dreidecker, ein Linienschiff 3. Ranges mit drei hohen Masten und 66 Kanonen. Unter dem Kommando des französischen Admirals de Grasse war die schlagkräftige „Protecteur" an den Kämpfen in der Karibik 1780/81 gegen die britische Flotte zur Unterstützung der um ihre Unabhängigkeit kämpfenden Nordamerikaner beteiligt. Gleichzeitig sollte Britannien empfindlich in seiner globalen Machtstellung geschwächt werden.

Typ:	Fregatte, Linienschiff
Baujahr:	1760
Vermessung:	1600 ts Deplacement
Länge über alles:	56 m
Besegelung:	12 Segel
Flotte:	La Marine française

Bark
Dänisches Handelsschiff

Im 18. Jahrhundert entwickelte sich die Bark, meist ein Dreimastschiff, um im 19. Jahrhundert der Schiffstyp mit der größten Verbreitung im nördlichen Europa und nördlichen Amerika zu werden. Das wesentliche Kennzeichen einer Bark ist die Takelung mit Rahsegeln an den zwei vorderen Masten, während der hintere, der Besanmast, neben einem Rahsegel auch ein oder zwei Längs-, auch Schratsegel genannt, führte.

Typ:	Bark
Baujahr:	um 1760
Länge über alles:	47 m
Besegelung:	9 Segel

Frachtsegler
Japanisches Seeschiff

Wie die chinesischen so sind auch die japanischen Dschunken Schiffe, deren Ursprünge weit in die Geschichte zurückreichen. Und der Bau der Boote und Schiffe mit ihrer langen Tradition erstreckt sich bis weit ins 20. Jahrhundert, manchmal sogar bis in unsere Zeit hinein. Dieser seegehende Frachtsegler war ein robustes Fahrzeug, das nicht nur zwischen den japanischen Inseln verkehrte, sondern auch die Küsten des Festlands besuchte.

Typ:	Japanische Dschunke, seegehend
Baujahr:	um 1760
Länge über alles:	ca. 15 m
Besegelung:	2 Segel

Triumph
Britische Fregatte

1764 war das Jahr, in dem nach dem 3. Englisch-Holländischen Krieg die britische Vorherrschaft auf dem Meer unangefochten blieb. Dieser Triumph war vor allem den Linienschiffen zu verdanken und ihrer neuen Taktik. Diese Fregatte – nicht zu verwechseln mit der Galion „Triumph", die genau 200 Jahre früher in Dienst war – stellte mit ihren 74 Kanonen, davon 58 auf den beiden Batteriedecks, ein Linienschiff 3. Ranges dar.

Typ:	Fregatte, Kriegsschiff
Baujahr:	1764
Länge über alles:	ca. 45 m
Besegelung:	12 Segel
Flotte:	Royal Navy

Victory
Britisches Linienschiff

Horatio Nelson führte am 21. Oktober 1805 auf seinem Flaggschiff „Victory" die britische Flotte bei Trafalgar gegen die französischen und spanischen Schiffe. Die Briten gewannen die Schlacht, Nelson wurde tödlich verwundet. Sein Schiff, mehrmals umgebaut und erst seit 1778 in aktivem Dienst, das mit 110 Geschützen auf drei Kanonendecks ausgerüstet war, ist als nationales Denkmal und Museum erhalten geblieben.

Typ:	Linienschiff 1. Ranges
Baujahr/Werft:	1765/Royal Dockyard, Chatham
Vermessung:	2142 ts Deplacement
Länge über alles:	69 m
Besegelung:	37 Segel
Flotte:	Royal Navy
Liegeplatz:	Trockendock 2, Royal Naval Dockyard, Portsmouth

Endeavour
Captain Cooks Schiff

Vor seiner ersten Weltumsegelung, die von 1768 bis 1771 währte, wählte James Cook sehr sorgfältig ein Schiff aus. Er entschied sich für die „Earl of Pembroke", einen tüchtigen Kohlefrachter, der zwischen England und Skandinavien verkehrte. Das Schiff wurde umgebaut und fast die gesamte Takelage erneuert. Es wurde mit zehn Kanonen und zwölf Drehbassen bestückt. So entstand ein neues Schiff, das mit 94 Mann aus Plymouth auslief.

Typ:	Bark, Forschungsschiff
Baujahr:	1768 (Umbau)
Länge über alles:	30 m
Besegelung:	9 Segel

Calie
Auslegerboot der Tongainseln

Durch die Forschungsfahrten von James Cook und anderen Entdeckern wurden die Boote Ozeaniens in Europa bekannt. Auslegerboote waren stabile Fahrzeuge, mit deren Hilfe um das Jahr 1000 viele Inseln im Pazifischen Ozean besiedelt wurden. Die Bauart hat sich bis in die Gegenwart erhalten. Bei der Calie ist das eine Boot kleiner als das andere, beide sind mit einem Deck verbunden. Das Fahrzeug konnte gerudert und gesegelt werden.

Typ:	Calie, Auslegerboot
Baujahr:	um 1768
Länge über alles:	ca. 20 m
Besegelung:	1 Segel

Katamaran
Tonga-Auslegerboot

Ein Auslegerboot wird gemeinhin als Katamaran bezeichnet. Das Wort tamilischen Ursprungs bedeutet „gebundenes Holz" und bezeichnete zunächst ein Wasserfahrzeug aus zwei Stämmen, das auch mit einem Segel ausgerüstet werden konnte. Daraus entwickelte sich das Zweirumpfboot aus verbundenen Einbäumen, schließlich das große seegehende Fahrzeug aus zwei Plankenbooten, die durch einen Deckaufbau verbunden waren.

Typ:	Katamaran, Auslegerboot
Baujahr:	um 1768
Länge über alles:	ca. 7 m
Besegelung:	1 Segel

Kriegsboot
Maori-Boot

Die Einwohner von Aotearoa – von den weißen Entdeckern Neuseeland genannt – waren stolze und kühne Fischer und Seefahrer. Vor allem die Kriegsboote der Maori, kunstvoll gefertigte Einbäume von oft beachtlicher Länge, trugen reichen Schmuck. Die geschickten Bootsführer galten als Verkörperung der Ahnen, die einst mit Booten übers Meer gekommen waren. Die Künstler, die die Boote verzierten, hatten den Rang von Priestern.

Typ:	Einbaum, Kriegsboot
Baujahr:	um 1768
Länge über alles:	ab 8 m

Pinke
Schwedischer Frachtsegler

Zur gleichen Zeit wie die Karavelle entstand im westlichen Mittelmeergebiet während des 15. Jahrhunderts die Pinke. Dieses dreimastige Schiff mit teilweiser Lateinbesegelung wurde zunächst in der Küstenfahrt eingesetzt. Dieser Typ entwickelte sich zu einem größeren und seegehenden Schiff. In Nordeuropa trat der Einfluss der Fleute noch hinzu, hier wurde auf Lateinsegel verzichtet. So ist eigentlich diese Pinke ein eigenständiger Typ.

Typ:	Nordeuropäische Pinke
Baujahr:	um 1768
Länge über alles:	19,8 m
Besegelung:	11 Segel

Spanische Schebeke
Mittelmeerschiff

Aus dem frühen „kleinen Schiff" – das bedeutet der arabische Name Schebecke – entwickelte sich der Typ des schnellen Dreimasters, der zunächst auch mit zusätzlichem Riemenantrieb versehen war. Der Fockmast stand weit vorn, dank des ausladenden Hecks konnte noch ein kleiner achterer Mast aufgestellt werden. Nicht nur die europäischen Mittelmeerstaaten bauten diese Schnellsegler, es gab Schiffe dieses Typs auch in Nordeuropa.

Typ:	Schebecke
Baujahr:	um 1770
Länge über alles:	ca. 12 m
Besegelung:	3 Segel

Kanonen-Schaluppe
Französisches Kriegsschiff

Ursprünglich wurde das größte an Bord eines Schiffes mitgeführte Beiboot Schaluppe genannt. Es konnte gerudert, gesegelt oder mit beiden Antriebsarten zugleich bewegt werden. Zugleich entwickelte sich die Schaluppe zum eigenständigen Kanonenboot im Küstendienst. Mit einem starken Buggeschütz bestückt, war der schnelle französische Segler, der seine Herkunft von den arabischen Schiffen nicht leugnet, sehr gefährlich.

Typ:	Kanonen-Schaluppe
Baujahr:	1770
Länge über alles:	ca. 20 m
Besegelung:	2 Segel
Flotte:	La Marine française

Roebuck
Britische Fregatte

Mit 44 Kanonen auf zwei Decks bewaffnet, wie eine große Bark getakelt, war die „Roebuck" schlagkräftig und schnell. Nach ihrem Muster wurden 25 weitere Fregatten gebaut. Die „Roebuck" wurde gegen die Amerikaner, die um ihre Unabhängigkeit kämpften, eingesetzt. 1802 wurde sie in die Gefechte gegen die französische Flotte einbezogen. Zwischendurch Truppentransporter, diente sie bis 1811 im Küstenschutz.

Typ:	Fregatte, Linienschiff
Baujahr:	1774
Länge über alles:	ca. 45 m
Besegelung:	11 Segel
Flotte:	Royal Navy

Druid
Britische Fregatte

Als Frachtsegler „Brilliant" wurde sie in der englischen Kolonie Virginia gebaut und transportierte Tabak ins britische Mutterland. Als 1775 der Unabhängigkeitskrieg der Nordamerikaner begann, wurde die Fregatte mit 16 Geschützen bestückt und erhielt den Namen „Druid". Mit 100 Seesoldaten an Bord griff sie bis 1783 in die Kämpfe ein, vor allem gegen die Flotte der Franzosen, die den Kampf der Amerikaner unterstützten.

Typ:	Bark, Fregatte
Baujahr:	1775
Länge über alles:	ca. 40 m
Besegelung:	13 Segel
Flotte:	Royal Navy

Turtle
Amerikanisches U-Boot

Im Amerikanischen Unabhängigkeitskrieg begann die Geschichte des U-Boot-Krieges. David und Ezra Bushnell hatten ein U-Boot aus Holz gebaut, das wie eine Schildkröte aussah. Der Antrieb erfolgte über Handkurbeln. Sergeant Ezra Lee näherte sich am 6. September 1776 vor Staten Island dem britischen Flaggschiff „Eagle", konnte aber die Mine nicht mit dem Bohrer anbringen. Er zündete die Mine im Hafen, die britische Flotte zog ab.

Typ:	Tauchboot
Baujahr:	1776
Vermessung:	2 ts Deplacement
Abmessung:	1,8 x 1,3 m

Bounty
Britisches Expeditionsschiff

Der Frachtsegler „Bethia" wurde als „Bounty" unter Kapitän Bligh 1787 nach Tahiti geschickt, um Brotbaumsetzlinge zu holen, deren Früchte als billige Sklavennahrung dienen sollten. Christian Fletcher und ein Teil der Mannschaft meuterten 1789, sie setzten Bligh und 18 Mann in einem Beiboot aus, die dann Timor erreichten. Die „Bounty" strandete auf der Insel Pitcairn, auf der heute noch Nachkommen der Meuterer leben.

Typ:	Vollschiff; Nachbau Museumsschiff
Baujahr/Werft:	1784; Nachbau für den Film „Meuterei auf der Bounty" 1960/Smith & Rhuland, Lunenburg, Nova Scotia
Vermessung:	415 BRT
Länge über alles:	51,4 m (ca. 9 m länger als die „Bounty" von 1784)
Besegelung:	18 Segel, Segelfläche ca. 950 m^2
Eigner:	Metro-Goldwyn-Mayer Inc.
Liegeplatz:	Vinoy Basin, St. Petersburg, Florida, USA (ein zweiter Nachbau geht von Sydney aus auf Tagestouren)

Aldebaran
Britischer Zollkutter

Seit der Mitte des 18. Jahrhunderts war in England der Kutter entstanden, der schnell durch die Wellen schnitt; die Bezeichnung kommt von „to cut", schneiden. Zunächst fast übergetakelt wie die „Aldebaran", die mit ihren acht Geschützen als kleines Kriegsschiff vor der Küste den Handel überwachte, vereinfachte sich später die Takelage. Der englische Fischkutter, als Smack oder Schmack bezeichnet, war überall in Gebrauch.

Typ:	Kutter
Baujahr:	1790
Länge über alles:	ca. 12 m
Besegelung:	7 Segel
Flotte:	Royal Navy

Heiliger Paul

Russische Fregatte

Mit ihren 86 Kanonen nahm die Fregatte 1791 unter Fjodor Fjodorowitsch Uschakow im 2. Türkisch-Russischen Krieg (1787–1792) teil und kämpfte im Schwarzen Meer. Gebiete beiderseits der Krim fielen an Russland, das nun endgültig seinen Anteil am Schwarzen Meer gesichert hatte. Während der Kriege gegen Napoleon war „Heiliger Paul" im Mittelmeer eingesetzt und wirkte an der Befreiung von Malta und Korfu mit.

Typ:	Fregatte
Baujahr:	1791
Vermessung:	ca. 1200 ts Deplacement
Länge über alles:	ca. 48 m
Besegelung:	11 Segel
Flotte:	Russische Schwarzmeerflotte

Le Tonnant

Französisches Kaperschiff

Es gab Piraten aller Art und jeden Glaubens; Provinzfürsten schickten ganze Kaperflotten aus, Freibeuter waren freie Unternehmer im Geschäft des Kaperns, und staatlich konzessionierte Korsaren kauften sich einen Kaperbrief und gingen ihrem Geschäft nach – auf schnellen, wendigen Schiffen dank hoher Besegelung und mit schlagkräftiger Bewaffnung wie „Le Tonnant" im Mittelmeer, die mit 24 Geschützen ausgerüstet war.

Typ:	Korvette, Kaperschiff
Baujahr:	1793
Vermessung:	ca. 450 ts Deplacement
Länge über alles:	ca. 35 m
Besegelung:	10 Segel
Flotte:	La Marine française

U-Boot

Entwurf von Robert Fulton

Der Amerikaner Robert Fulton, ein vielseitiger Erfinder, entwarf ein U-Boot, das über Wasser mit Segeln angetrieben wurde und unter Wasser mittels einer Heckschraube, die durch eine Handkurbel in Bewegung gesetzt wurde. Dieser Entwurf wurde verbessert und führte 1800 zur „Nautilus", die er im Auftrag Frankreichs erbaute und in Le Havre erfolgreich erprobte. Das Boot, namensgebend für spätere Fahrzeuge, war zu langsam für das Militär.

Typ:	Tauchboot
Entwurf:	um 1795
Länge über alles:	ca. 6 m

Shannon
Britische Fregatte

Von den Spaniern im 17. Jahrhundert entwickelt, von den Italienern mit dem Namen Fregatte bedacht, was „die Unüberwindliche" meint, war dieser Schiffstyp als Brigg, Bark oder Vollschiff getakelt. Der Schnellsegler wurde gegen Freibeuter eingesetzt, war als Aufklärer „das Auge der Flotte". Die mit 46 Kanonen bestückte „Shannon" brachte im Britisch-Amerikanischen Krieg um Kanada 1813 die US-Fregatte „Chesapeake" auf.

Typ:	Fregatte, Bark
Baujahr:	1796
Länge über alles:	41,2 m
Besegelung:	12 Segel
Flotte:	Royal Navy

Constitution
Amerikanische Fregatte

Erfolgreich gegen Freibeuter im Mittelmeer und britische Fregatten, wurde die „Constitution", an deren harten Eichenplanken Kanonenkugeln abprallten, „Old Ironsides" genannt. 1821 war sie Flaggschiff des Mittelmeergeschwaders und wurde 1828 für seeuntüchtig ernannt. Nach der Überholung bis 1905 in Dienst, ist sie nun Museumsschiff und als Flaggschiff des Kommandanten des First Naval District das älteste aktive Kriegsschiff der Welt.

Typ:	Fregatte, Vollschiff
Baujahr/Werft:	1797/Hart's Shipyard, Boston
Vermessung:	2200 ts Deplacement
Länge über alles:	93 m
Besegelung:	36 Segel, Segelfläche 3970 m²
Flotte:	US Navy
Liegeplatz:	Hafen Boston, Massachusetts, USA

Essex
Amerikanische Fregatte

1797 hatte der US-Kongress beschlossen, Fregatten zur Bekämpfung der algerischen Freibeuter und zum Schutz der Handelsfahrt zu bauen. Im Englisch-Amerikanischen Krieg kaperte die „Essex" 1813 zwölf britische Walfänger im Pazifik. Im Jahr darauf versuchte die „Essex" aus dem neutralen Valparaiso zwei britischen Fregatten, die den Hafen blockierten, zu entkommen. Sie wurde durch Beschuss beschädigt und musste die Flagge streichen.

Typ:	Fregatte, Vollschiff
Baujahr:	1799
Vermessung:	867 ts Deplacement
Länge über alles:	ca. 40 m
Besegelung:	20 Segel
Flotte:	US Navy

Bombenketsch
Französisches Kriegsschiff

Eine Vollkugel für die großen Schiffskanonen wog etwa 22 Kilogramm. Mörser konnten Kugeln mit einem Gewicht von etwa 90 Kilogramm verschießen. Für diese schweren Geschütze wurden eigens stabile, meist anderthalbmastige Segler des Typs Ketsch gebaut. 1682 kam erstmals eine Bombenketsch gegen Algier zum Einsatz. Die hier gezeigte Ketsch ist mit sechs Kanonen und einem Mörser vor dem Großmast bestückt.

Typ:	Bombenketsch
Baujahr:	um 1800
Länge über alles:	ca. 15 m
Besegelung:	3 Segel
Flotte:	La Marine française

Tjalk
Niederländisches Küstenfahrzeug

Der Bojer ist ein ursprünglich holländischer Küsten- und Wattensegler zum Transport von Waren und zum Legen von Bojen. Daraus entwickelte sich die Tjalk mit ebenfalls flachem Boden ohne Kiel. So konnte sie „trockenfallen", bei Ebbe auf Grund aufsitzen. Um 1800 entstand die zweimastige Tjalk als Küsten- und Fischereifahrzeug. Beibehalten wurden die Seitenschwerter, die dem kiellosen Schiff die notwendige Stabilität gaben.

Typ:	Tjalk
Baujahr:	um 1800
Länge über alles:	ca. 14 m
Besegelung:	6 Segel

Pattamar
Indisches Küstenfahrzeug

Eine Unterform des vielfältigen Typs der Dau ist die Pattamar, wie sie seit Jahrhunderten auf den Flüssen und an den Küsten von Indien und den benachbarten Ländern als Anderthalbmaster mit trapezförmigen Lateinsegeln bis in unsere Zeit gebräuchlich ist. Die großen, hochseetüchtigen Dreimaster sind allerdings nicht mehr in Fahrt. Die schnittigen Rumpflinien der Pattamar finden im modernen Yachtbau noch ihre Anwendung.

Typ:	Pattamar
Baujahr:	um 1800
Vermessung:	ca. 250 ts Deplacement
Länge über alles:	ca. 25 m
Besegelung:	2 Segel

Genuesische Pinke
Mittelmeer-Handelsschiff

Die Pinke hatte sich als Abart der arabischen Schebecke entwickelt, hatte längst die Schiffbauer des Nordens zu eigenen Pinkschiffen angeregt, und blieb lange Zeit im Mittelmeer in Gebrauch. Die Seeleute konnten je nach Windverhältnissen die Rahsegel fahren oder die drei Lateinsegel, die mit ihren langen Rahen an Bord bereit lagen, aber bei schlechtem Wetter oder bei Fahrten über Gibraltar hinaus wenig tauglich waren.

Typ:	Pinke
Baujahr:	um 1800
Länge über alles:	ca. 30 Meter
Besegelung:	4 Querrahsegel bzw. 3 Lateinsegel

Dschunke
Chinesisches Piratenschiff

Eine südchinesische Dschunke, wie sie als Handels-, Kriegs- und Piratenschiff genutzt wurde. Typisch war die breite Plattform, die über den Bug hinausragte. Das Ruder konnte mittels Takel auf unterschiedliche Tiefgänge eingestellt werden. Die Segel aus Bastmatten, durch eingefügte Querrahen leicht zu handhaben, konnten wie Jalousien ihre Fläche mindern oder vergrößern. Diese Piratendschunke ist mit 12 Kanonen bestückt.

Typ:	Südchinesische Dschunke
Baujahr:	um 1800
Länge über alles:	ca. 25 m
Besegelung:	3 Segel

Sambuke
Arabisches Schiff

Der frühen portugiesischen Karavelle ähnlich, die ihr Vorbild im Schnellsegler der im 15. Jahrhundert auf der Iberischen Halbinsel ansässigen Araber hatte, ist die Sambuke mit ihren anderthalb oder zwei Masten ein seit Jahrhunderten bewährter Dautyp. Um 1800 fand er seine größte Verbreitung und wird heute noch in der Tradition der Schiffbaukunst an den Küsten Ostafrikas, Arabiens und Indiens gebaut.

Typ:	Sambuke
Baujahr:	um 1800
Länge über alles:	ca. 20 m
Besegelung:	2 Segel

Badan
Arabisches Boot

Das schlanke Boot, ein kleiner Schnellsegler mit lange zurückreichender Tradition, verdankt seinen schlechten Ruf nicht seinen vorzüglichen Segeleigenschaften und seiner Fahrtüchtigkeit. Um 1800 wurde das Boot vor allem an der Südküste Arabiens und im Roten Meer zum Schmuggel und Sklavenhandel benutzt. Vom Typ ist der flinke Segler der großen Familie der Daus zuzurechnen, die in vielfältigen Formen verbreitet sind.

Typ:	Badan
Baujahr:	um 1800
Länge über alles:	ca. 18 m
Besegelung:	1 Segel

Ghanja
Arabisches Piratenschiff

Ein Dautyp, der als Sarazenenschiff bis um das Jahr 1100 zurückreicht. Charakteristisch für die Ghanja, die auch als schneller Frachtsegler eingesetzt wurde, ist die schlanke Form, der weit nach vorn ragende Steven und der ungewöhnlich überragende Hintersteven. Um bei Flauten beweglich zu bleiben, lagen Riemen bereit. Mit dem Ende der Piraterie im Mittelmeer verschwand die Ghanja aus der Schifffahrtsgeschichte.

Typ:	Ghanja
Baujahr:	um 1800
Länge über alles:	ca. 30 m
Besegelung:	2 Segel

Todt

Vom Segelschiff zum Dampfer

Das 19. Jahrhundert

Vom Segelschiff zum Dampfer

Das 19. Jahrhundert

Das 19. Jahrhundert war das Jahrhundert der Revolutionen. Beginnend mit der industriellen Revolution, die seit etwa 1785 in Großbritannien eingesetzt hatte und auf den europäischen und amerikanischen Kontinent und später auf Japan übergriff. Seit Anfang des 19. Jahrhunderts hatten sich Mechanisierung und Fabrikarbeit durchgesetzt. Damit verknüpft war der Aufstieg des Bürgertums, das in der Französischen Revolution mit Gewalt zur Macht gekommen war, in Großbritannien die Vorherrschaft des Adels zurückgedrängt hatte und sich im Amerikanischen Unabhängigkeitskrieg von Monarchie und Kolonialismus befreite.

Die Dampfmaschine revolutionierte die Produktion und den Verkehr. Eingesetzt in Lokomotiven und Schiffen, beförderte sie Menschen und Waren – und zugleich den Fortschritt. Das erste von Dampfkraft getriebene Schiff soll schon 1543 in Barcelona vorgeführt worden sein. Ab 1618 gibt es verschiedene Patente für Dampfmaschinen. 1681 unterbreitete der Franzose Denis Papin seinen Vorschlag, Schiffe mit Dampf anzutreiben, 1710 experimentierte er mit einem Schaufelradboot auf dem deutschen Fluss Fulda. Die Versuche, Dampfboote zu konstruieren, waren vielfältig. Der Engländer Jonathan Hull ließ sich 1736 einen Schleppdampfer patentieren. 1763 stellten der Amerikaner William Henry ein Dampfboot und der Russe Polsunow eine Dampfmaschine vor. 1764 schließlich überflügelte James Watt in England alle Erfinder mit seiner funktionstüchtigen Dampfmaschine.

Die ersten Dampfer, Boote und Schiffe, gingen auf Probefahrten. Sie waren meist mit Schaufelrädern ausgestattet, die an den Seiten oder am Heck für den Antrieb sorgten. Die ersten Vorschläge für Schiffsschrauben oder Propeller wurden unterbreitet. Bald fanden die ersten regelmäßigen Dampferfahrten auf den Flüssen, an den Küsten, über den Englischen Kanal und seit 1819 über den Atlantik statt. Doch damit war nicht das Schicksal der Segelschiffe besiegelt, wie es oft dargestellt wird. Die großen Dampfer konnten für lange Zeit nicht auf die zusätzliche Besegelung verzichten. Gleichzeitig wie der Dampf- entwickelte sich der Segelschiffbau weiter fort.

Für die Fischerei, die Küstenfahrt und für die großen transatlantischen Frachtfahrten wie die Salpeterfahrten nach Chile oder die Weizenfahrten nach Australien blieben die Segler unverzichtbar. Neue Typen wie die vielfältigen Schoner und Clipper entstanden. Zunächst waren die Segler sogar effektiver als die Dampfer. Sie benötigten den kostbaren Frachtraum nicht zum Bunkern der Kohle, sie erforderten auch keine Heizer und keine Maschinisten. Doch der Siegeszug der Dampfschiffe schritt voran, setzte sich auch beim Bau der Kriegsschiffe durch. Flüsse mussten kanalisiert werden, um den Dampfern freie Fahrt zu geben. Als größte neue Wasserstraße wurde 1869 der unter Leitung von Ferdinand de Lesseps er-

Bild rechts:
Blick in den Maschinenraum eines Dampfers.

Vorige Doppelseite:
Das Vollschiff „Seeadler" begegnet einem Dampfer.

baute Sueskanal eröffnet. Der 195 Kilometer lange Kanal verkürzte die Seestrecke von London nach Bombay um die Hälfte. Ihn konnten die Großsegler nicht befahren.

Im Schiffbau wurde immer mehr Eisen statt Holz verwendet. Kompositschiffe verwenden die speziellen Vorteile beider Materialien. Anfang der Zwanzigerjahre des vorigen Jahrhunderts wurden die ersten eisernen Dampfer in Dienst gestellt. Der Eisenschiffbau wurde um 1880 durch den Stahlschiffbau ersetzt. Durch Eisen und Stahl wurden die Schiffe größer und weniger anfällig für Beschädigungen. Die Kriegsschiffe erhielten eiserne Panzerungen als Schutz gegen Kanonenkugeln.

Europa und Amerika waren seit der Mitte des 19. Jahrhunderts mit Linienpassagierschiffen verbunden. Aus dem Konkurrenzkampf der Reedereien entwickelte sich der Wettkampf um die schnellste Atlantiküberquerung. Das „Blaue Band" für die Rekordfahrten ist eine imaginäre Trophäe, die deswegen nicht weniger begehrt wurde. Die Herkunft des Begriffs „Blue Riband of the Atlantic" ist jedoch ungewiss, er soll erstmals bei der Fahrt des Cunard-Dampfers „Britannia" 1840 aus dem Nebel der Erinnerung aufgetaucht sein. Fast 100 Jahre später wurde ein pompöser Pokal gestiftet, der mit einem blauen Band verziert ist.

Charlotte Dundas
Britischer Schleppdampfer

Nach vielen Versuchen zahlloser Konstrukteure eröffnete dieses kleine Fahrzeug die Geschichte der Dampfschifffahrt. Der aus Holz gebaute Schlepper ist das erste kommerziell genutzte Dampfschiff. Lord Dundas, Gouverneur des Forth and Clyde Canal, gab den Auftrag zu einem Schleppdampfer, der den Pferdetreidelbetrieb ersetzen sollte. Bei der Probefahrt schleppte „Charlotte Dundas" zwei schwere Kähne mit 5,3 km/h.

Typ:	Dampfschlepper
Baujahr:	1802/A. Hart (Bootskonstrukteur) und William Symington (Dampfmaschinenbauer)
Länge über alles:	17 m
Maschinenleistung:	10 PS

Clermont
Robert Fultons Dampfer

Der Amerikaner Fulton, der vor 1800 das U-Boot „Nautilus" entwickelt und 1804 ein nicht funktionstüchtiges Dampfboot gebaut hatte, schuf, nachdem er die „Charlotte Dundas" besichtigt hatte, „The Steam Boat", das dann „Clermont" hieß. Auf der 150 Seemeilen langen Strecke New York–Albany wurde ein Fahrgast- und Frachtdienst eingerichtet. Bis 1814 war die „Clermont", die 100 Personen beförderte, in Dienst.

Typ:	Seitenraddampfer
Baujahr/Werft:	1807/Ch. Brown, New York; Dampfmaschine von Boulton & Watt, Soho bei Birmingham, Großbritannien
Länge über alles:	46 m
Maschinenleistung:	20 PS
Besegelung:	2 Segel

Decatur
Amerikanischer Schoner

Noch waren die an der amerikanischen Ostküste gebauten Schoner die schnellsten Schiffe der Welt. Andrew Robinson, der 1713 das erste Schiff dieses Typs gebaut hatte, soll, nachdem beim Stapellauf eine Dame ausgerufen hatte: „Look how she scoons!" (Schaut, wie sie gleitet), gesagt haben: „Schoner soll sie heißen." Der Schoner „Decatur", 100 Jahre später gebaut, wurde 1814 im Krieg gegen England Opfer der Fregatte „Rhin".

Typ:	Schoner
Baujahr:	1813
Länge über alles:	34,4 m
Besegelung:	8 Segel
Flotte:	US Navy

Jekt
Norwegische Nordlandyacht

Aus dem Niederländischen übernommen, wurde das Wort Jacht in Jekt verwandelt. Das Boot erinnert an die Wikinger- und Normannenschiffe. Die leichte und wendige Jekt mit ihrem hohen Mast, an dem ein Toppsegel gefahren werden konnte, wurde im 19. Jahrhundert entwickelt, um den wechselnden Winden in den norwegischen Fjorden und Binnengewässern gewachsen zu sein. Als Transportkahn beförderte sie meist Agrarprodukte.

Typ:	Jekt
Baujahr:	um 1820
Länge über alles:	ca. 10 m
Besegelung:	2 Segel

Küstenwachboot
Amerikanischer Kutter

Die US-Marine hatte eine große Anzahl von Küstenwachbooten in Dienst, die vielerlei Aufgaben zu übernehmen hatten. Die kleinen Schiffe, eine Mischung aus Schoner und Fischkutter, überwachten und schützten die Fischerei, waren als Zollboote eingesetzt, brachten auch Hilfe in Seenot. Mit dem Mörser, angebracht auf einem Ring mit Lafette, konnte schlagkräftig den Befehlen der Mannschaft Nachdruck verliehen werden.

Typ:	Kutter, Wachboot
Baujahr:	1820
Länge über alles:	ca. 12 m
Besegelung:	6 Segel
Flotte:	US Navy

Toppsegelschoner
Französisches Handelsschiff

Der erfolgreiche Typ des Schoners fand auf allen Meeren seine Verbreitung. Es gab so viele Untertypen, Misch- und Übergangsformen, dass oft eine genaue Zuordnung nicht möglich ist. Toppsegel bei einem Schoner meinen immer Rahsegel. Dieser schnelle Frachter mit Toppsegeln, um auch leichten Wind auszunutzen, war im Mittelmeer in Dienst und gegen die Freibeuter, die von Algerien aus operierten, mit Kanonen bestückt.

Typ:	Toppsegelschoner
Baujahr:	1820
Länge über alles:	ca. 25 m
Besegelung:	9 Segel

Amity
Britisches Auswandererschiff

Die „Amity" brachte am 25. Dezember 1826 die ersten britischen Siedler nach Western Australia. An ihrem Landeplatz, an dem die Stadt Albany entstand, wurde 150 Jahre später ein Nachbau gefertigt, der als Museumsschiff und nationales Denkmal dient. Die originale „Amity", in vielfältiger Verwendung, zum Beispiel als Forschungsschiff, Tiertransporter und Walfänger, ging 1845 in einem Sturm nördlich von Tasmanien verloren.

Typ:	Brigg
Baujahr:	1826; Nachbau 1976
Vermessung:	100 ts Deplacement
Länge über alles:	35,3 m
Besegelung:	15 Segel, Segelfläche 545 m²
Liegeplatz:	Albany, Australien

Barbarossa
Deutsche Dampffregatte

Als Passagierdampfer „Britannia" für die Cunard Line errang das Schiff 1840 das Blaue Band. Dieser Transatlantikdampfer im regelmäßigen Liniendienst wurde 1849 vom Deutschen Bund für seine neue Flotte gekauft. Als „Barbarossa" eingesetzt beim Gefecht gegen dänische Schiffe vor Helgoland, wurde der Raddampfer 1852 von der Preußischen Marine übernommen, diente später als Hulk und als Zielschiff, wurde 1880 abgewrackt.

Typ:	Seitenraddampfer, Dampffregatte
Baujahr/Werft:	1840/Robert Duncan & Co., Greenock, Schottland
Vermessung:	1135 BRT
Länge über alles:	64,7 m
Maschinenleistung:	1500 PS
Besegelung:	8 Segel
Flotte:	Marine des Deutschen Bundes (Reichsflotte)

Baltimore-Schoner
Amerikanischer Segler

Ein Schiff aus der Blütezeit der Baltimore-Schoner, die auch als Baltimore-Klipper bezeichnet wurden, obwohl sie mit den späteren Großseglern nur die schnittige Form und die Schnelligkeit gemein haben. Diesen erstmals 1812 in Baltimore an der Chesapeake Bay in den USA gebauten Schonertyp, auch Virginia-Lotsenboot genannt, gab es mit verschiedenen Takelungen. Die tüchtigen Schoner wurden zivil und militärisch genutzt.

Typ:	Baltimore-Klipper, Zweimast-Gaffelschoner
Baujahr:	um 1840
Länge über alles:	ca. 22 m
Besegelung:	6 Segel

Auguste
Deutsche Brigg

Der am meisten verbreitete Schiffstyp auf der Ostsee und der auf deutschen Werften am häufigsten gebaute Typ war im 19. Jahrhundert die Brigg. Auch in den Kriegsmarinen Europas und der USA waren Briggs im Einsatz. Die Brigg, auch für die große Fahrt geeignet, ist ein Zweimaster mit Rahbesegelung und einem zusätzlichen Briggsegel am Großmast. Die „Auguste" wurde nach 48 Jahren Fahrt aus dem Schiffsregister gestrichen.

Typ:	Brigg
Baujahr/Werft:	1840/Johann Christian Marén, Schiffbaumeister, Wismar
Vermessung:	ca. 200–250 BRT
Länge über alles:	ca. 40 m
Besegelung:	15 Segel
Reederei:	Johann Christian Thormann, Wismar, Deutschland

Hamburg
Deutsche Dampfkorvette

Als Fracht- und Fahrgastschiff für den England-Dienst der Hanseatischen Dampfschiffahrts-Gesellschaft gebaut, wurde das Schiff von der Hamburgischen Admiralität für die neue Reichsflotte gekauft und mit vier Kanonen ausgerüstet. Beim Gefecht gegen dänische Schiffe vor Helgoland war die Korvette 1849 beteiligt. 1852 wurde sie nach England verkauft und war als „Denmark" in Fahrt. 1859 wurde sie abgewrackt.

Typ:	Seitenraddampfer, Dampfkorvette
Baujahr/Werft:	1841/Bernhard Wencke, Bremen, Deutschland
Vermessung:	520 BRT
Länge über alles:	53,3 m
Maschinenleistung:	700 PS
Besegelung:	7 Segel
Flotte:	Marine des Deutschen Bundes (Reichsflotte)

Victoria and Albert
Königliche Dampfyacht

Die Yacht für Queen Victoria und den Prinzgemahl Albert war die erste dampfgetriebene Yacht der britischen Majestäten. Sir William Symonds hatte die hölzerne Yacht entworfen, mit der das königliche Paar auch Reisen zum Kontinent unternahm. 1854 umbenannt in „Osborne" nach dem königlichen Sitz auf der Isle of Wight, war das Schiff bis 1867 in Fahrt. 1855 wurde eine neue Dampfyacht „Victoria and Albert" in Dienst gestellt.

Typ:	Dampfyacht
Baujahr/Werft:	1843/Pembroke Dock, London, England
Vermessung:	1034 ts Deplacement
Länge über alles:	60,9 m
Maschinenleistung:	430 PS
Flotte:	Royal Navy

Great Britain
Britischer Dampfer

„Mammut des Ozeans" wurde der Dampfer genannt. Der Konstrukteur Brunel hatte das größte eiserne Schiff mit Schraubenpropeller-Antrieb für den Atlantikverkehr geschaffen. Die sechs Masten wurden später bis auf drei reduziert. 1886 wurde die „Great Britain" vor Kap Hoorn schwer beschädigt und bis 1937 als Lagerschiff benutzt, dann auf Grund gesetzt. 1971 wurde die „Great Britain" geborgen und ist jetzt Museumsschiff in Bristol.

Typ:	Schraubendampfer
Baujahr/Werft:	1844/Isambard Kingdom Brunel Co., Bristol
Vermessung:	3200 ts Deplacement
Länge über alles:	98,5 m
Maschinenleistung:	1014 PS
Besegelung:	16 Segel, Segelfläche 4480 m^2
Reederei:	Great Western Steam-Ship Co., Bristol
Liegeplatz:	Great Western Dockyard, Bristol, Großbritannien

Sakoleva
Griechisches Segelschiff

Im östlichen Mittelmeerraum hatte sich in der langen Tradition des Schiffbaus ein schlankes Segelschiff mit zwei oder drei Masten entwickelt. In vielerlei Abwandlungen wurde dieser Typ in Griechenland, Ägypten, Syrien und in der Türkei gebaut. Vor allem als Frachtsegler benutzt, hatten die Griechen in den Zwanzigerjahren des vorigen Jahrhunderts eine ganze Flottille Sakolevas in ihrem Freiheitskrieg gegen das Osmanische Reich als Kaperer eingesetzt.

Typ:	Sakoleva
Baujahr:	1844
Länge über alles:	ca. 20 m
Besegelung:	8 Segel

Salamander
Preußischer Dampfer

Prinz Adalbert von Preußen hatte für die Preußische Flotte einen eisernen Aviso mit Segel- und Dampfantrieb entworfen, der in England gebaut wurde. Die „Salamander" war nicht so wendig wie erwartet und schwer unter Segeln zu manövrieren. Nach dem Tausch gegen die Fregatte „Thetis" wurde der Aviso als „Recruit" von den Briten im Krimkrieg von 1854 bis 1856 eingesetzt, verblieb dann im Mittelmeer und wurde 1869 verkauft.

Typ:	Seitenraddampfer, Aviso
Baujahr/Werft:	1850/Robinson & Russel, London, England
Vermessung:	530 BRT
Länge über alles:	53,85 m
Maschinenleistung:	160 PS
Besegelung:	5 Segel, Segelfläche ca. 350 m^2
Flotte:	Marine des Königreichs Preußen

Brandtaucher
Deutsches U-Boot

Der aus Bayern stammende Unteroffizier Wilhelm Bauer konstruierte ein Tauchboot, das mit Treträdern angetrieben wurde. Bei der ersten Tauchfahrt im Kieler Hafen sank das Boot mit Bauer und seinen zwei Begleitern, die sich retten konnten. 1887 wurde der Brandtaucher gehoben. Bauer führte einen neuen Brandtaucher Kaiser Franz Joseph I. und Queen Victoria vor. Zar Nikolaus I. ließ von Bauer funktionsfähige U-Boote bauen.

Typ:	Tauchboot, Brandtaucher
Baujahr/Werft:	1850/Maschinenfabrik Schweffel & Howaldt, Kiel
Vermessung:	32 ts Deplacement
Länge über alles:	8,07 m
Ausstellung:	Militärhistorisches Museum der Bundeswehr, Dresden, Deutschland

Bagalla
Arabisches Schiff

Als Untertyp der Dau weist die anderthalbmastige Bagalla die charakteristische Form und Besegelung auf. Das Heck ist nach europäischem Vorbild gestaltet und reich verziert. Die Handelsfahrten mit den Bagallas führten nach Ostafrika und über den Ozean bis nach Indien. Handelsfahrer konnten mit Geschützen bestückt sein – wie das gezeigte Schiff mit acht Stück. Die zweite Reihe der Geschützpforten täuscht nur eine stärkere Bewaffnung vor.

Typ:	Bagalla
Baujahr:	um 1850
Vermessung:	ca. 150 ts Deplacement
Länge über alles:	ca. 20 m
Besegelung:	2 Segel

Prau
Malaiisches Schiff

Ursprünglich bedeutet die Bezeichnung Prau in der Sprache der malaiischen Völker: Boot, Schiff. Die Praus waren oft mit Auslegern ausgestattet. Der traditionelle Typ der Prau reicht viele Jahrhunderte zurück. Die Prau Mayang verzichtete auf Ausleger. Sie wurde mit zwei Ruderblättern und einem Segel am Besanmast gesteuert. Ein Dach aus Blattgeflecht schützte die Mannschaft bei den langen Fahrten vor Sonne und Regen.

Typ:	Prau Mayang
Baujahr:	um 1850
Länge über alles:	19 m
Besegelung:	3 Segel

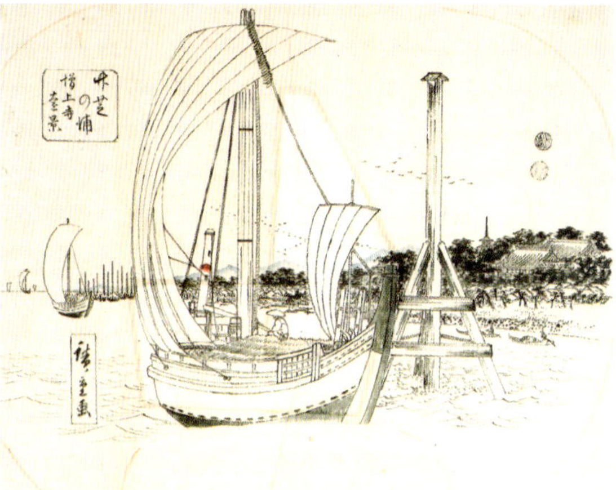

Segelschiff
Japanisches Fahrzeug

Um die Mitte des 19. Jahrhunderts, als sich Japan noch gegen die Außenwelt abschottete, benötigte es nur eine große Flotte für die Fischerei und den Fracht- und Personenverkehr auf den Binnengewässern, für die Küstenschifffahrt und als Verbindung zwischen den vielen Inseln. Neben den Dschunken gab es verschiedene ein- und mehrmastige Boote und Schiffe mit Kiel in Kraweelbauweise, oft mit weit nach oben gezogenem Vorsteven.

Typ:	Einmastsegler
Baujahr:	um 1850
Länge über alles:	ca. 8 m
Besegelung:	1 Segel

Riverboat
Mississippidampfer

Der erste Schaufelraddampfer auf dem Mississippi war die von Robert Fulton 1811 erbaute „New Orleans". Die Dampfer auf den großen Flüssen halfen, den Wilden Westen zu erschließen. Eine Vielzahl von Flussschiffen, mit Seiten- oder mit Heckrädern ausgestattet, beförderte Passagiere und Frachten. Für den Transport von Waren wie der Baumwolle waren die Flussdampfer noch zu Anfang des 20. Jahrhunderts unverzichtbar.

Typ:	Mississippidampfer, Heckraddampfer
Baujahr:	um 1850
Länge über alles:	ca. 45 m

America
Amerikanischer Schoner

Zur ersten Weltausstellung in London 1851 wurde um die Isle of Wight ein Segelwettbewerb ausgetragen. Als Pokal wurde eine Silberkanne ausgelobt. Wider Erwarten siegte die eigens für diese Regatta gebaute „America" und nahm den Pokal in die USA, die den nun „America's Cup" genannten Pokal 132 Jahre lang erfolgreich verteidigen konnte. Die „America" blieb bis 1944 erhalten. 1967 erfolgte ein Nachbau des legendären Schoners.

Typ:	Gaffelschoner
Baujahr/Werft:	1851/Goudy & Stevens, East Boothbay, Maine, USA; Nachbau 1967/Sparkman & Stevens
Vermessung:	149 ts Deplacement
Länge über alles:	39,5 m
Besegelung:	4 Segel
Eigner des Originals:	New York Yacht Club, USA

Sovereign of the Seas
Amerikanischer Klipper

Donald McKay, der berühmteste Schiffbauer seiner Zeit, schuf diese Königin der Meere, „so groß wie eine Kathedrale und so schön wie eine sich auftürmende Wolke". Der Goldrush in Kalifornien verlangte nach schnellen Schiffen, die mit ihrer Fracht um Kap Hoorn segelten. 1854 erwarb das Hamburger Handelshaus Godeffroy den Klipper, verkaufte ihn 1858 nach England. Bald danach strandete die „Sovereign" in der Straße von Malakka.

Typ:	Klipper, Vollschiff
Baujahr/Werft:	1852/McKay & Pickett, Newburyport, USA
Vermessung:	2421 ts Deplacement
Länge über alles:	78,6 m
Besegelung:	23 Segel

Electric
Amerikanischer Klipper

Aus dem schnellen Schoner entwickelten sich die großen Klipper nach dem Motto „Länge läuft". Das Verhältnis Länge zu Breite, dass bei der „Sovereign of the Seas" noch 5,8 zu 1 betragen hatte, änderte sich im Lauf der Zeit auf 8 zu 1. Die Klipper waren Frachtsegler und schneller als jedes Dampfschiff. Die Klipper lieferten sich Wettfahrten über die Meere, nach ihrer Ladung wurden sie auch Tee- oder Opium-Klipper genannt.

Typ:	Klipper, Vollschiff
Baujahr:	1854
Vermessung:	ca. 2300 ts Deplacement
Länge über alles:	75 m
Besegelung:	16 Segel

Medusa
Niederländische Korvette

Die Korvette war seit dem 17. Jahrhundert ein dreimastiges kleines Kriegsschiff, seit etwa 1940 wurde der Begriff auch auf motorgetriebene Geleitfahrzeuge und leichte Kreuzer angewendet. Die „Medusa" war das erste niederländische Kriegsschiff mit zusätzlichem Dampfantrieb. Vor allem zur Sicherung der niederländischen Kolonien in Fernost eingesetzt, war sie auch an der Aktion gegen Japan im September 1864 eingesetzt.

Typ:	Korvette
Baujahr:	1854/Amsterdam, Niederlande
Vermessung:	1241 ts Deplacement
Länge über alles:	51,5 m
Besegelung:	Vollschiff
Flotte:	Koninklijke Nederlandsche Zeemacht

Borussia
Deutscher Überseedampfer

Im Mai 1856 erfolgte die Ankündigung: „Post-Dampf-Packetfahrt der Hamburg-Amerikanischen Packetfahrt-Actien-Gesellschaft nach New York wird am 1. Juni expediert: das prachtvolle, neue Hamburger Dampfschiff Borussia". Das kombinierte Fracht- und Passagierschiff war im Jahr vorher an England als Truppentransporter für den Krimkrieg verchartert worden. 1879 versank die „Borussia" in einem Sturm im Atlantik.

Typ:	Schraubendampfer für Paket- und Passagiertransport
Baujahr/Werft:	1855/Caird & Co., Greenock, Schottland
Vermessung:	2026 BRT
Länge über alles:	85,34 m
Maschinenleistung:	1400 PS
Besegelung:	11 Segel
Reederei:	Hapag, Hamburg, Deutschland

Dévastation
Französisches Panzerschiff

Das mit 26 schweren Geschützen bestückte Schiff, dessen hölzerner Rumpf mit elf Zentimeter dicken Eisenplatten gepanzert war, stellte eine schwimmende Batterie dar und galt zu seiner Zeit in der Rangliste der stärksten Schlachtschiffe als Nummer 5. Während des Krimkriegs 1853 bis 1856 konnte die „Dévastation" noch im Schwarzen Meer eingesetzt werden. Bei der Niederkämpfung des russischen Forts Kinburn war sie beteiligt.

Typ:	Panzerschiff
Baujahr:	1855
Vermessung:	9650 ts Deplacement
Maschinenleistung:	1500 PS
Besegelung:	12 Segel
Flotte:	La Marine française

Pudel
Deutsche Bark

Die Anfänge der Reederei Laeisz führen ins Jahr 1839 zurück. Noch heute ist die Reederei ein erfolgreiches Unternehmen. Berühmt wurde Laeisz mit seinen schnellen Seglern, den Flying P-Linern. Der erste eigene Neubau, das erste Schiff, dessen Namen mit einem P anfängt, war die Bark „Pudel", die ihren Namen nach Sophie Laeisz erhalten haben soll. Wegen ihrer Frisur hatte die Frau des Reeders Carl Laeisz diesen Spitznamen erhalten.

Typ:	Bark
Baujahr/Werft:	1856/H. C. Stülcken, Hamburg
Vermessung:	485 BRT
Länge über alles:	39,5 m
Besegelung:	14 Segel
Reederei:	F. Laeisz, Hamburg, Deutschland

Frauenlob
Preußischer Schoner

Vor allem mit den Spendengeldern preußischer Frauen erbaut, sollte das Segel-Kriegsschiff „Frauengabe" heißen, aber König Friedrich Wilhelm IV. bestimmte den gültigen Namen für das mit einem schweren Geschütz bestückte Schiff. Nach Teilnahme an Manövern, Fahrten nach Madeira und zum La Plata ging „Frauenlob" mit der Fregatte „Thetis" nach Fernost. Vor Japan geriet der Schoner in einen Taifun und ging total verloren.

Typ:	Kriegsschoner, Gaffelschoner
Baujahr/Werft:	1856/Lübke, Wolgast, Deutschland
Vermessung:	305 ts Deplacement
Länge über alles:	32,1 m
Besegelung:	6 Segel
Flotte:	Marine des Königreichs Preußen

Bremen
Deutscher Dampfer

1857 wurde in Bremen der Norddeutsche Lloyd gegründet. Vier Dampfer nahmen den Dienst auf. Der erste Transatlantik-Dampfer der Reederei war die „Bremen", die mit ihrem Namen eine große Tradition begründete. Als Postdampfer beförderte das Schiff auch 400 Passagiere zwischen Bremen und New York. 1874 erfolgte in Liverpool der Umbau zum reinen Segler. 1882 strandete die „Bremen" vor South Farralone, Kalifornien.

Typ:	Postdampfer mit Passagierbeförderung
Baujahr/Werft:	1858/Caird & Co, Greenock, Schottland
Vermessung:	2674 BRT
Länge über alles:	101,46 m
Maschinenleistung:	1310 PS
Besegelung:	11 Segel
Reederei:	NDL Norddeutscher Lloyd, Bremen, Deutschland

Arcona
Preußische Korvette

Die Auflösung der Reichsflotte nach dem Scheitern der bürgerlichen Revolution in Deutschland führte zum Flottenprogramm Preußens. Die „Arcona" wurde als erstes großes Kriegsschiff gebaut. Sie versegelte 1860 nach Rio de Janeiro, anschließend nach Japan. 1866 war sie an den Gefechten mit dänischen Schiffen beteiligt. Nach vielen Einsätzen rund um die Welt wurde sie 1884 aus der Liste der Kriegsschiffe gestrichen.

Typ:	Korvette, Vollschiff
Baujahr/Werft:	1859/Königliche Werft, Danzig
Vermessung:	2391 ts Deplacement
Länge über alles:	71,95 m
Maschinenleistung:	ca. 2400 PS
Besegelung:	16 Segel
Flotte:	Marine des Königreichs Preußen

La Gloire
Französische Panzerfregatte

Das Panzerschiff war eine wesentliche Neuerung im Schiffbau. Die „Gloire" wurde in Kompositbauweise errichtet; sie hatte Kiel und Spanten aus Eisen, war mit Holz beplankt. Zum Schutz gegen feindliche Geschosse trug der Rumpf eine Panzerung aus geschmiedeten Eisenplatten. Zusätzlich zur Barktakelung hatte die Fregatte eine Dampfmaschine, mit der eine Geschwindigkeit von 13,5 Knoten erreicht werden konnte.

Typ:	Dampffregatte, Panzerschiff
Baujahr:	1859/Schiffbaumeister Dupuy de Lôme, Frankreich
Vermessung:	5675 ts Deplacement
Länge über alles:	78 m
Besegelung:	10 Segel
Maschinenleistung:	900 PS
Flotte:	La Marine française

Delphin
Preußisches Dampfkanonenboot

Nach Probefahrten 1860 wurde das Kanonenboot vier Jahre später während des Krieges um Schleswig-Holstein gegen Dänemark endgültig in Dienst gestellt. 1865 war „Delphin" im Mittelmeer und im Schwarzen Meer im Einsatz. An der Eröffnung des Sueskanals 1869 nahm sie ebenfalls teil. Nach vielen Auslandseinsätzen wurde sie zum Vermessungsschiff umgebaut und war ab 1874 in der Ost- und Nordsee in Dienst. 1881 wurde sie außer Dienst gestellt und abgewrackt.

Typ:	Dampfkanonenboot
Baujahr/Werft:	(1860), 1864/Königliche Werft, Danzig
Vermessung:	422 ts Deplacement
Länge über alles:	43,28 m
Besegelung:	7 Segel
Flotte:	Marine des Königreichs Preußen

Jylland
Dänische Fregatte

Das Schiff, mit 44 Kanonen bestückt, nahm 1864 im Gefecht bei Helgoland am Krieg Dänemarks gegen Preußen und Österreich teil. Es war das letzte Gefecht zwischen hölzernen Kriegsschiffen. „Jylland" wurde 1887 außer Dienst gestellt und als Kaserne genutzt. 1925 rettete ein Komitee das Schiff vor dem Abbruch. In den Fünfzigerjahren war eine Brauerei am Erhalt beteiligt, die ihre Etiketten auf den Bierflaschen mit der „Jylland" schmückt.

Typ:	Dampffregatte, Vollschiff, Museumsschiff
Baujahr/Werft:	1860/Orlogsværft, Kopenhagen
Vermessung:	2450 ts Deplacement
Länge über alles:	95 m
Maschinenleistung:	400 PS
Besegelung:	11 Segel
Flotte:	Dänische Marine
Liegeplatz:	Strandvejen, Ebeltoft, Dänemark

Great Eastern
Britisches Fracht- und Passagierschiff

Die Schiffbauingenieure Brunel und Russel entwarfen seit 1851 das größte Handelsschiff des 19. Jahrhunderts; der Bau begann 1854. Das Schiff, kommerziell ein Desaster, war für den Schiffbau zukunftsweisend. Der Antrieb erfolgte über Segel, Schaufelräder und einen Propeller. 4000 Auswanderer oder 10 000 Soldaten oder 6000 t Fracht fanden an Bord Platz. Später als Kabelleger verwendet, wurde das Großschiff ab 1888 abgewrackt.

Typ:	Fracht- und Passagierdampfer
Baujahr/Werft:	1860/Scott, Russel & Co., Milwall bei London
Vermessung:	18 915 BRT
Länge über alles:	210,9 m
Maschinenleistung:	3410 PS (Schaufelräder) plus 4890 PS (Propeller)
Besegelung:	8 Segel, Segelfläche 5300 m²
Reederei:	Great Eastern Steam Ship Co., Großbritannien

Warrior
Britisches Panzerschiff

Mit dem Panzerschiff „Gloire", aus Holz gebaut und mit Stahl gepanzert, hatte Frankreich eine neue Art Kriegsschiff in Dienst gestellt. Großbritanniens Antwort waren die „Warrior" und ihr Schwesterschiff „Black Prince". Durch die rasante technische Entwicklung war die „Warrior" schon Anfang der Siebzigerjahre des 19. Jahrhunderts nicht mehr zeitgemäß und wurde im Küstenwachdienst eingesetzt, 1883 ausgemustert und diente als Hulk. Ab 1978 wurde sie restauriert.

Typ:	Dampffregatte, Panzerschiff, Vollschiff, Museumsschiff
Baujahr/Werft:	1861/Thames Ironworks & Shipbuilding Co., Blackwell, London
Vermessung:	9210 ts Deplacement
Länge über alles:	127,4 m
Maschinenleistung:	1250 PS
Besegelung:	14 Segel, Segelfläche ca. 3600 m²
Flotte:	Royal Navy
Liegeplatz:	Victory Gate, H. M. Naval Base, Portsmouth, Großbritannien

Virginia (Merrimac)
Amerikanisches Panzerschiff

Als sich im Sezessionskrieg die Unionstruppen 1861 aus Norfolk zurückzogen, versenkten sie auch die 1855 gebaute Dampffregatte „Merrimac". Die Konföderierten bargen das Schiff, bauten es um, installierten zehn Kanonen in der Kasematte über Deck, nannten es „Virginia". Im Panzerschiff-Gefecht zwischen „Monitor" und ihr wurde sie beschädigt. Bei der Rückeroberung Norfolks durch die Union versenkte sie sich selbst.

Typ:	Panzerschiff
Baujahr/Werft:	1861 Umbau/Gosport Navy Yard, Norfolk
Länge über alles:	ca. 70 m
Flotte:	Navy der Konföderierten Staaten von Amerika

Monitor
Amerikanisches Panzerschiff

Das erste Panzerschiff der Welt mit drehbarem Geschützturm wurde nach den Plänen des schwedischen Ingenieurs Johan Ericsson für die Nordstaaten gebaut. Am 9. März 1862 kam es mit der Südstaaten-„Merrimac" – zwischenzeitlich in „Virginia" umbenannt – zum ersten Panzerschiff-Gefecht in der Geschichte. Die „Virginia" musste aufgeben. Als die „Monitor" nach North Carolina geschleppt wurde, drang bei einem Sturm Wasser ein, am 31. Dezember 1862 sank die „Monitor".

Typ:	Panzerschiff
Baujahr/Werft:	1862/Greenpoint Shipyard, Continental Iron Works, Brooklyn, USA
Vermessung:	987 ts Deplacement
Länge über alles:	52,4 m
Maschinenleistung:	320 PS
Flotte:	US Navy

New Ironsides
Amerikanisches Panzerschiff

In Erinnerung an die „Constitution" von 1797, die den Ehrennahmen „Old Ironsides" erhalten hatte, wurde das mächtige Panzerschiff für den Amerikanischen Bürgerkrieg gebaut. Die mit 18 schweren Geschützen bestückte schwimmende Batterie aus Holz mit dicker Panzerung erhielt 1863 im Gefecht von Charleston 50 Treffer. Erst bei einem Torpedoangriff nahm sie schwere Schäden. Ein Feuer 1865 zerstörte das mächtige Schiff.

Typ:	Panzerschiff
Baujahr/Werft:	1862/Cramp's Shipyard; Merrick & Sons
Vermessung:	4120 ts Deplacement
Länge über alles:	70,7 m
Maschinenleistung:	700 PS
Flotte:	US Navy

Pioneer
Amerikanisches U-Boot

Vier Männer legten Geld zusammen, zwei davon konstruierten ein U-Boot, worin drei von ihnen Platz fanden. Der Antrieb erfolgte mittels Handkurbel, die Bewaffnung bestand aus einem Torpedo. Die Regierung der amerikanischen Südstaaten stellte einen Kaperbrief aus und versprach 20 Prozent vom Wert jedes versenkten Unionsschiffs zu zahlen. Von einem Erfolg wird nirgends berichtet. Die „Pioneer" wurde vergraben und später gehoben.

Typ:	U-Boot
Baujahr:	1862/Konstrukteure: James McClintock und Baxter Watson, New Orleans
Vermessung:	4 ts Deplacement
Länge über alles:	10,3 m
Ausstellung:	Lousiana State Museum, New Orleans, USA

Buffel
Niederländisches Panzerschiff

Als „Panzer-, Turm- und Rammschiff" wurde die „Buffel" in Schottland gebaut, die niederländischen Schiffbauer sahen zu und bauten vier weitere Schiffe dieser Art in ihrer Heimat. Der Rammbug und die zwei Geschütze im Turm kamen nie zum Einsatz. Ab 1894 diente die „Buffel" als Kasernenschiff und Wohnschiff. Renoviert als wichtiges Zeugnis des Kriegsschiffbaus dient das Panzerschiff seit 1979 als Museumsschiff in Rotterdam.

Typ:	Panzerschiff, Museumsschiff
Baujahr/Werft:	1862/Robert Napier & Sons, Glasgow, Schottland
Vermessung:	2135 ts Deplacement
Länge über alles:	59,6 m
Maschinenleistung:	2200 PS
Flotte:	Koninklijke Nederlandsche Zeemacht
Liegeplatz:	Leuvehaven, Rotterdam, Niederlande

Esploratore
Italienischer Raddampfer

Das Schiff, in England gebaut, wurde von der italienischen Marine in Dienst genommen und war mit seinen zwei Kanonen an den Unabhängigkeitskämpfen beteiligt und unternahm dann Patrouillenfahrten. Mit 17 Knoten eines der schnellsten Schiffe der Marine, war die „Esploratore" 1879 zu Forschungszwecken im Roten Meer, dann war sie bis 1888 bei den Kämpfen um Abessinien eingesetzt. Ab 1895 diente sie als schwimmende Kaserne.

Typ:	Raddampfer, Aviso
Baujahr/Werft:	1863/Wigram, England
Länge über alles:	71,8 m
Maschinenleistung:	1070 PS
Besegelung:	5 Segel
Flotte:	Marina Militare Italiana

Minotaur
Britisches Panzerbatterieschiff

Als Fünfmastvollschiff und Zweischornsteiner war die „Minotaur" wie ihr Namensgeber aus dem Labyrinth auf Kreta ein monströses Ungetüm. Die schwimmende Batterie bot einen Furcht einflößenden Anblick, ihr militärischer Wert bestand neben den Geschützen vor allem in der Abschreckung. Insgesamt wurden drei Schiffe der Minotaur-Klasse gebaut, die ins Maßlose gesteigerte Weiterentwicklungen der „Warrior" von 1861 darstellten.

Typ:	Panzerbatterieschiff
Baujahr/Werft:	1864/Thames Ironworks & Shipbuilding Co., Blackwell, London
Vermessung:	10 690 ts Deplacement
Länge über alles:	121,9 m
Besegelung:	20 Segel
Flotte:	Royal Navy

Friederike von Papenburg
Deutsche Brigg

Auf der Meyer Werft in Papenburg wurde 1865 die Brigg „Berge" gebaut, die 1871 mit einer Ladung Holz auf der Fahrt von Kanada nach Falmouth verschollen ging. Nach den alten Plänen wurde bei Meyer von Auszubildenden der Nachbau gefertigt. Nun ist die „Friederike von Papenburg" das Flaggschiff der großen Flotte der Museumsschiffe von Papenburg. In der „Friederike" ist die Touristeninformation von Papenburg eingerichtet.

Typ:	Brigg, Museumsschiff
Baujahr/Werft:	1865/Meyer Werft, Papenburg; Nachbau 1989/Meyer Werft und Schiffbaubetrieb Haarmann, Papenburg
Vermessung:	225 ts Deplacement
Länge über alles:	38,3 m
Besegelung:	29 Segel, Segelfläche 660 m^2
Eigner:	Heimatverein Papenburg
Liegeplatz:	Hauptkanal vor dem Rathaus, Papenburg, Deutschland

Toppsegelschoner
Französisches Handelsschiff

Trotz des voranschreitenden Dampfschiffbaus, trotz der zunehmenden Verwendung von Eisen und Stahl, die Segelschiffe ließen sich nicht von den Flüssen und Meeren der Welt verdrängen. Tüchtige Schiffbauer pflegten weiterhin den Bau von hölzernen Schiffen. Dieser Toppsegelschoner von der Bretagne zum Beispiel, der über einem Kiel von 18,1 Metern aufgezimmert worden war, blieb für die Handelsschifffahrt lange unverzichtbar.

Typ:	Toppsegelschoner, Frachter
Baujahr:	1866
Länge über alles:	20,4 m
Besegelung:	10 Segel

Prins Hendrik der Nederlanden
Niederländisches Panzerschiff

Die Niederlande waren eine Großmacht, wegen des ausgedehnten Kolonialbesitzes sogar eine Weltmacht. Eine große und starke Flotte war unverzichtbar. Nach einem Baujahr auf einer schottischen Werft stellte man das Panzerturmschiff „Prins Hendrik" bereits in Dienst. Es war aus Eisen gebaut, trug eine Panzerung bis zu 276 Millimeter und war mit 22 Geschützen unterschiedlichen Kalibers bestückt. 267 Mann dienten an Bord des Panzerschiffs.

Typ:	Panzerturmschiff
Baujahr/Werft:	1866/Laird Bros., Birkenhead, Großbritannien
Vermessung:	3375 ts Deplacement
Länge über alles:	78,2 m
Maschinenleistung:	400 PS
Flotte:	Koninklijke Nederlandsche Zeemacht

Grönland
Deutsches Forschungsschiff

Kapitän Koldewey kaufte das Schiff 1868 im Auftrag des Bremer Komitees für die Nordpolarforschung. Er ließ Schiffskörper und Takelage verstärken und ging auf Fahrt. Nördlich von Spitzbergen zwang das Packeis zur Umkehr. Das Schiff wurde nach Norwegen verkauft. 1973 wurde die „Grönland" vom Deutschen Schiffahrtsmuseum gekauft und ein Hilfsmotor eingebaut. Als einer der ältesten Veteranen ist sie noch in aktivem Dienst.

Typ:	Nordland-Jagt, Forschungsschiff
Baujahr/Werft:	1867/Tollef Toleffsen, Skånevik, Norwegen
Vermessung:	49,9 BRT
Länge über alles:	25,8 m
Besegelung:	7 Segel, Segelfläche ca. 315 m^2
Maschinenleistung:	120 PS
Eigner:	Deutsches Schiffahrtsmuseum, Bremerhaven
Heimathafen:	Museumshafen, Bremerhaven, Deutschland

Johanne Dan
Dänischer Ewer

Dieser Ewer mit flachem Boden und Seitenschwertern konnte trockenfallen, also bei Ebbe aufsetzen. Das Original wurde für den Holzhändler Jørgen Lauritzen in Ribe gebaut, den Großvater der Reeder Ivar und Knud Lauritzen. Die „Johanne Dan" war nicht nur in der Küstenfahrt in Dienst. Die Reisen führten nach Norwegen, Schweden und in die Niederlande. 1972 erfolgte der originalgetreue Nachbau des historischen Seglers.

Typ:	Ewer
Baujahr:	1867; Nachbau 1972
Länge über alles:	ca. 18 m
Besegelung:	3 Segel
Liegeplatz:	Skibbroen, Ribe, Dänemark

Schorpioen
Niederländisches Panzerschiff

Eines der mächtigen Panzerschiffe der niederländischen Marine, das für die Küstenverteidigung gebaut wurde. Aber die „Schorpioen" brauchte nie die Heimat zu verteidigen. Im 19. Jahrhundert blieb das Land von Kriegen verschont, war im Ersten Weltkrieg neutral. Und während des Zweiten Weltkriegs war das Panzerschiff schon ein Veteran, war durch die technische Entwicklung überholt und gehörte längst zum alten Eisen.

Typ:	Panzerschiff
Baujahr/Werft:	1868/Société des forges et chantiers de la Méditerranée, Toulon, Frankreich
Vermessung:	2187 ts Deplacement
Länge über alles:	62,5 m
Maschinenleistung:	2225 PS
Flotte:	Koninklijke Nederlandsche Zeemacht

Thermopylae
Britischer Klipper

Die „Thermopylae" war ein typischer Renner. Bei der ersten Fahrt von London nach Melbourne erreichte sie nach 63 Tagen ihr Ziel. Bei einer Fahrt lief sie 9 Knoten bei einem Wind, der zu schwach war, eine Kerze an Bord auszulöschen. Sie brachte Wolle und Tee nach London. Seit 1907 nicht mehr in der Australien- und Chinafahrt, soll der Klipper noch als Schulschiff gedient haben. Über den weiteren Verbleib ist nichts bekannt.

Typ:	Klipper, Vollschiff
Baujahr/Werft:	1868/Walter Hood, Aberdeen, Schottland
Länge über alles:	64 m
Besegelung:	27 Segel
Eigner:	George Thomson & Co., London, Großbritannien

Cutty Sark
Britischer Klipper

Um bei den Teewettfahrten die „Thermopylae" zu schlagen, wurde die „Cutty Sark" gebaut. Ab 1877 vor allem in der Wollfahrt von Australien eingesetzt, fuhr der Klipper dann als Tramp und beförderte Kohle, Öl, Eisen und Stückgut. 1895 wurde das Schiff nach Portugal verkauft. 1922 kaufte Kapitän Wilfred Dowman aus Falmouth das Schiff, nannte es wieder „Cutty Sark" und ließ es restaurieren. Seit 1957 ist der Klipper ein Museum.

Typ:	Klipper, Vollschiff, Museumsschiff
Baujahr/Werft:	1869/Scott & Linton, Dumbarten/Clyde, Schottland
Vermessung:	2100 ts Deplacement
Länge über alles:	85,1 m
Besegelung:	34 Segel, Segelfläche 2970 m^2
Eigner:	Cutty Sark Preservation Society, London
Liegeplatz:	Trockendock, Greenwich, Großbritannien

Natchez
Mississippidampfer

Auf den großen Flüssen und Seen Nordamerikas transportierten die Schiffe Fracht und Passagiere. Auf den großen Dampfern gab es zudem Glücksspiel und anderen Spaß. Die „Natchez", benannt nach einem Indianervolk, legte 1870 die 1672 Kilometer von New Orleans bis St. Louis mit einer Geschwindigkeit von 11,2 Knoten zurück. Das Rennen gegen ihre Rivalin „Robt. E. Lee" auf derselben Strecke im selben Jahr verlor sie allerdings.

Typ:	Seitenrad-Flussdampfer
Baujahr/Werft:	1869/Cincinnati Marine Ways, Cincinnati, USA
Vermessung:	1547 ts Deplacement
Länge über alles:	93,6 m
Reederei:	Vicksburg Natchez and New Orleans Mail Line

König Wilhelm
Deutscher Kreuzer

Die Türkei bestellte in England die Panzerfregatte „Fatikh", kündigte den Auftrag, so kaufte Preußen das im Bau befindliche größte Panzerschiff seiner Zeit. Die Endausrüstung erfolgte 1869 in Kiel. Nach drei größeren Umbauten wurde aus der einst an drei Masten rahgetakelten Fregatte 1899 ein Großer Kreuzer. Ab 1904 war „König Wilhelm" ein stationäres Schulschiff, dann Lehrschiff in Mürwick. 1921 wurde es abgewrackt.

Typ:	Panzerfregatte, später Großer Kreuzer
Baujahr/Werft:	1869/Thames Ironworks & Shipbuilding Co., Blackwell, London
Vermessung:	10761 ts Deplacement (nach Umbau 9557 ts)
Länge über alles:	112,2 m
Maschinenleistung:	8345 PS
Flotte:	Preußische Marine, Kaiserliche Marine

Inconstant
Britische Fregatte

Die als Kreuzer eingestufte „Inconstant" wurde ihrer Länge wegen mit eisernem Schiffskörper gebaut, der mit Holz beplankt und mit einer Kupferhaut überzogen wurde. Bei den folgenden Kreuzern wurde diese Bauart zunächst beibehalten. Schiffe wie die „Inconstant" erreichten eine Geschwindigkeit von fast 17 Knoten, waren also so schnell wie ein Klipper. Die „Inconstant" war mit insgesamt 16 Geschützen bewaffnet und hatte ein Torpedorohr.

Typ:	Fregatte, Kreuzer, Vollschiff
Baujahr/Werft:	1869/Pembroke, Wales
Vermessung:	5782 ts Deplacement
Länge über alles:	106,4 m
Maschinenleistung:	7364 PS
Besegelung:	15 Segel
Flotte:	Royal Navy

River Queen
Mississippidampfer

Um die Seitenräder nicht durch Treibgut im Fluss zu beschädigen, wurde bei vielen Schaufelraddampfern das Heckrad als Antrieb genutzt. Die „River Queen" ist ein typischer Heckraddampfer seiner Zeit. Mit solchen Schiffen, die Waren und Personen beförderten, fand die Erschließung des Mittleren Westens in den USA statt. Die Flussdampfer erhielten Konkurrenz durch die Eisenbahnen, blieben aber noch für lange Jahre unentbehrlich.

Typ:	Heckrad-Flussdampfer
Baujahr:	um 1870
Länge über alles:	ca. 30 m

Branson Belle
Missouridampfer

Einige der Flussdampfer haben die Zeiten des Wilden Westens überstanden und dienen mit ihrem nostalgischen Charme dem Vergnügen der Touristen. Eines dieser schönen Ausflugsschiffe ist die „Branson Belle", die ihre gemächlichen Runden auf dem Table Rock Lake in Missouri dreht. Charakteristisch sind die hohen Schornsteine, die weit über die Aufbauten hinausragen, um diese mit ihrem Funkenflug nicht in Brand zu setzen.

Typ:	Heckrad-Flussdampfer
Baujahr:	um 1870
Länge über alles:	ca. 35 m
Heimathafen:	Branson, Missouri, USA

Devastation
Britisches Panzerschiff

Edward Reed, Chefkonstrukteur der britischen Admiralität, schuf mit der „Devastation" einen neuen, richtungsweisenden Schiffstyp. Er verzichtete auf die Besegelung, während die Aufbauten und die gepanzerte Brustwehr nur knapp über die Wasserlinie ragten. Die vier schweren Geschütze waren in zwei Türmen installiert. Das Schiff, schon 1869 auf Kiel gelegt, erfuhr während seiner langen Bauzeit immer wieder Änderungen und Verbesserungen.

Typ:	Panzerschiff, Brustwehr-Monitor
Baujahr:	1873
Vermessung:	9480 ts Deplacement
Länge über alles:	93,6 m
Maschinenleistung:	6650 PS
Flotte:	Royal Navy

Luise
Deutsche Korvette

Als Vollschiff in Dienst gestellt, wurde „Luise" 1878 zur Bark umgetakelt. Die Glattdeckkorvette war ein leichtes Kriegsschiff. Zunächst mit acht Geschützen bestückt, wurde die Armierung 1883 mit vier Revolverkanonen verstärkt. Nachdem sie vor allem in Ostasien eingesetzt worden war, wo „Luise" auch als Forschungsschiff Dienst tat, wurde sie 1881 Segelschulschiff. 1896 aus der Liste der Kriegsschiffe gestrichen, wurde sie verkauft und abgewrackt.

Typ:	Glattdeckkorvette, Bark
Baujahr/Werft:	1874/Kaiserliche Werft Danzig
Vermessung:	2072 ts Deplacement
Länge über alles:	68,16 m
Besegelung:	16 Segel plus Leesegel
Flotte:	Kaiserliche Marine

Torrens
Britischer Klipper

Der Seemann und Schriftsteller Joseph Conrad diente zwei Jahre als Offizier auf der „Torrens" und erklärte sie zu seinem Lieblingsschiff. Der Klipper war eines der letzten Kompositschiffe, bei denen die inneren Verbände aus Eisen waren, die Außenhaut war aus Holz und unter der Wasserlinie mit Metall beschlagen. Der perfekte Klipper, dessen bestes Etmal 336 Seemeilen betrug, wurde 1903 an Italien verkauft und 1910 abgewrackt.

Typ:	Klipper, Dreimastbark
Baujahr/Werft:	1875/James Laing, Sunderland
Vermessung:	1276 ts Deplacement
Länge über alles:	68 m
Besegelung:	21 Segel
Reederei:	Elder Line, Plymouth, Großbritannien

Dove
Amerikanischer Schoner

Als Fischereifahrzeug gebaut, erwies sich die schlanke „Dove" als so tüchtiger Segler, dass ihr wichtigere Aufgaben als Lotsenboot in Eastport zugeteilt wurden. Die Schiffbauer von der Chesapeake Bay hatten den Schoner und den Baltimore-Klipper als neue Schnellsegler-Typen entwickelt, die als Handels- und Fischereifahrzeuge, als Schmuggler, Kaperer, Lotsen und Kriegsschiffe in aller Welt vielfältige Verwendung fanden.

Typ:	Schoner, Lotse
Baujahr/Werft:	1875/Sylvester S. Baltzer, Port Maitland, USA
Länge über alles:	ca. 19 m
Besegelung:	4 Segel

Riberhuus
Dänischer Raddampfer

Einer der typischen kleinen Frachter, wie sie damals häufig in der Ostsee in Dienst waren. Wie üblich war die Brücke offen und der Steuermann musste den Unbilden der Witterungen trotzen. Eine kleine Besatzung von wenigen Mann reichte aus, die Dampfmaschine und die geringe Hilfsbesegelung zu bedienen. Die „Riberhuus" konnte bei den Trampfahrten in ihren vier Laderäumen Stückgut und Massengut transportieren.

Typ:	Seitenraddampfer, Frachter
Baujahr:	um 1875
Länge über alles:	ca. 50 m
Maschinenleistung:	ca. 150 PS
Besegelung:	3 Segel

Deutschland
Deutscher Kreuzer

1871 erhielt das Schiffbauunternehmen Samuda Brothers aus Berlin den Auftrag zum Bau einer Panzerfregatte mit Besegelung. In Wilhelmshaven erfolgte die Endausrüstung für das mächtige Schiff. Nach dem Umbau zum Großen Kreuzer begleitete es den Kaiser auf mehreren Fahrten, diente ab 1897 dem Prinzen Heinrich als Flaggschiff seines Ostasiengeschwaders. 1904 deklassiert zum Hafenschiff „Jupiter", wurde es 1910 in Hamburg abgewrackt.

Typ:	Panzerfregatte, Großer Kreuzer
Baujahr/Werft:	1875/Samuda Brothers, Poplar bei London
Vermessung:	8940 ts Deplacement (nach Umbau 8736 ts)
Länge über alles:	89,34 m
Flotte:	Kaiserliche Marine

Wespe
Deutsches Kanonenboot

Zur Küstenverteidigung stellte die Marine neue Kanonenboote in Dienst. Das Typschiff „Wespe" erhielt zehn Schwestern. Das Geschütz vom Kaliber 30,5 cm, dessen Geschosse auf weite Entfernung die Panzerung feindlicher Schiffe durchbohren konnte, wurde später mit vier weiteren kleineren Geschützen und zwei Torpedorohren ergänzt. „Wespe" wurde 1909 außer Dienst gestellt, nach Düsseldorf verkauft und dort als Prahm aufgebraucht.

Typ:	Panzerkanonenboot
Baujahr/Werft:	1876/A. G. Weser, Bremen, Deutschland
Vermessung:	1157 ts Deplacement
Länge über alles:	46,4 m
Maschinenleistung:	700 PS
Flotte:	Kaiserliche Marine

Nowgorod
Russisches Kanonenboot

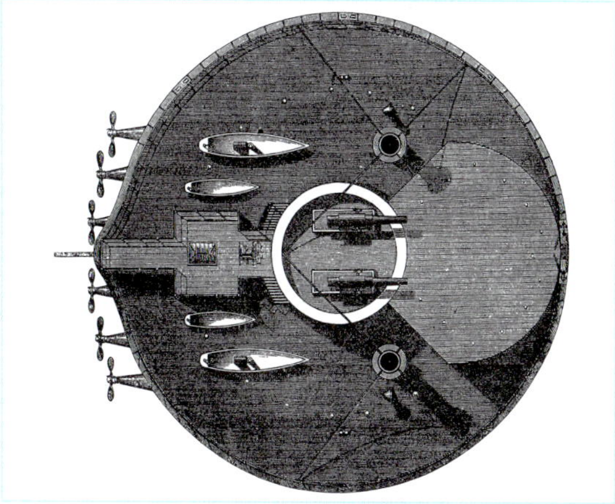

Auf zwölf Kielen aus Teakholz aufgezimmert, mit doppeltem Boden und mit Eisen gepanzert, wurde die „Nowgorod" als flaches, kreisrundes Batterieschiff für zwei Hinterlader-Geschütze und als Minenleger ab 1871 gebaut. Sechs Schiffsschrauben setzten das Kanonenboot in Fahrt, angetrieben von sechs Dampfmaschinen. Das Einsatzgebiet war die Mündung des Dnjepr in das Schwarze Meer und der Hafen von Nikolajew.

Typ:	Popowka, Kanonenboot
Baujahr/Werft:	1876/St. Petersburg und Nikolajew; Konstrukteur Vize-Admiral Popow
Vermessung:	2491 ts Deplacement
Durchmesser:	30,8 m
Maschinenleistung:	6 x 560 PS
Flotte:	Russische Flotte

Duilio
Italienisches Turmschiff

Nach der Schlacht bei Lissa, in der 1866 die österreichisch-ungarische Flotte unter Admiral Tegetthoff die italienische Flotte geschlagen hatte, musste Italien eine moderne Flotte aufbauen. Die „Duilio" und ihre Schwester „Dandolo" waren dann die größten Kriegsschiffe im Mittelmeer. Die riesigen Geschütze waren in Zwillingspanzertürmen installiert. Es trug 100-Tonnen-Geschütze vom Kaliber 45 cm, dazu kamen drei Torpedorohre.

Typ:	Turmschiff, Brustwehr-Monitor
Baujahr:	1876
Vermessung:	12 070 ts Deplacement
Länge über alles:	109,2 m
Maschinenleistung:	7711 PS
Flotte:	Marina Militare Italiana

Heringsfänger
Französisches Fischereifahrzeug

Ungeachtet der riesigen Kriegsschiffe, die ohne zusätzliche Besegelung gebaut wurden, konnten sich die Segelschiffe jeglicher Größe weiterhin behaupten. Dieser Heringsfänger konnte mit seiner großen Segelfläche den Fang im Netz mühelos schleppen. Mittels des Spills konnte das Netz über die Laufrollen an Bord geholt werden. Der Laderaum war mehrfach unterteilt, um ein Verrutschen des Fangs und dadurch ein Kentern zu verhindern.

Typ:	Schoner, Heringsfänger
Baujahr:	um 1876
Länge über alles:	25 m
Besegelung:	4 Segel, Segelfläche 367,5 m^2

Alexandra
Britisches Panzerschiff

Dieses Kasematt- oder Batterieschiff verzichtete noch nicht auf eine vollständige Besegelung. Bei Indienststellung war „Alexandra" das stärkste Schiff seiner Art in der Royal Navy. Es hatte einen Rammsporn und zwei übereinanderliegende Kasematten, bestückt mit vier Jagdgeschützen, sechs Breitseit- und zwei Heckgeschützen. Um einen weiten Feuerbereich von etwa 100 Grad zu erreichen, waren die Bordwände eingezogen.

Typ:	Panzerschiff, Kasemattschiff, Bark
Baujahr:	1877
Vermessung:	9492 ts Deplacement
Länge über alles:	99 m
Maschinenleistung:	8600 PS
Besegelung:	10 Segel
Flotte:	Royal Navy

Leipzig
Deutsche Kreuzerfregatte

Die „Leipzig" war zunächst auf zwei großen Reisen nach Mittelamerika und Ostasien unterwegs gewesen. Bei der Rückreise von der zweiten Fahrt erhielt sie 1884 den Befehl, in Südwestafrika die deutsche Flagge zu heißen und damit die Kolonie Deutsch-Südwestafrika zu begründen. Bei kolonialen Unternehmungen in Ostafrika war „Leipzig" beteiligt, auch bei der Niederschlagung des arabischen Aufstands 1888 bis 1890. 1894 erfolgte die Außerdienststellung.

Typ:	Gedeckte Korvette, Kreuzerfregatte, Bark
Baujahr/Werft:	1877/A. G. Vulcan, Stettin, und Kaiserliche Werft Kiel
Vermessung:	4626 ts Deplacement
Länge über alles:	87,5 m
Maschinenleistung:	4800 PS
Besegelung:	12 Segel
Flotte:	Kaiserliche Marine

Falls of Clyde
Britischer Klipper

In 20 Jahren hatte die „Falls of Clyde" 70 Reisen nach Asien, Afrika, Amerika und Australien unternommen. 1898 kaufte der Amerikaner William Matson das Schiff und ließ sie vom Vollschiff zur Bark umtakeln und ein Quartier für Passagiere einrichten. Ab 1907 diente der Klipper als Öltanker. Nach vielen Hawaiifahrten führte die letzte Reise 1921 nach Brasilien. Seit 1963 restauriert und wieder als Vollschiff dient sie heute als Museum.

Typ:	Klipper, Viermastvollschiff, Museumsschiff
Baujahr/Werft:	1878/Russel & Co., Glasgow, Schottland
Vermessung:	1195 ts Deplacement
Länge über alles:	81,13 m
Besegelung:	32 Segel
Eigner:	Hawaii Maritime Center, Honolulu
Liegeplatz:	Pier 4, Honolulu, Hawaii, USA

Moltke
Deutsche Kreuzerfregatte

Als Vollschiff getakelt und mit einer Dampfmaschine ausgerüstet, wurde die „Moltke" als gedeckte Korvette, als Schiff III. Ranges, in Dienst gestellt. Zunächst in Südamerika stationiert, beteiligte sie sich am Polarjahr 1882/83. Dann zur Kreuzerfregatte umgebaut, wurde sie schließlich 1891 zum Schulschiff und kreuzte von der Ostsee bis Westindien. 1910 aus der Liste der Kriegsschiffe gestrichen, wurde die „Moltke" 1920 abgewrackt.

Typ:	Kreuzerfregatte, später Schulschiff, Vollschiff
Baujahr/Werft:	1878/Kaiserliche Werft Danzig
Vermessung:	2994 ts Deplacement
Länge über alles:	82 m
Besegelung:	15 Segel
Flotte:	Kaiserliche Marine

Tourville
Französische Fregatte

Nach dem Ende des Krieges gegen Deutschland von 1870 bis 1871, bei dem die Flotten nur kleine Scharmützel ausfochten, beschloss die französische Marine, durch den Bau schneller Kreuzer wieder Seegeltung zu erlangen. Die „Tourville" war ein Kreuzer I. Klasse, mit 27 Geschützen bestückt, davon 18 mit Kaliber 14 cm in der Batterie, auf dem Oberdeck zwei vom Kaliber 18 cm und sieben vom Kaliber 16 cm. Die Fregatte war etwa 17 Knoten schnell.

Typ:	Fregatte, Kreuzer
Baujahr:	1878
Vermessung:	5440 ts Deplacement
Länge über alles:	ca. 100 m
Maschinenleistung:	6600 PS
Besegelung:	12 Segel
Flotte:	La Marine française

Rigault de Genouilly
Französische Korvette

Die „Rigault" war ein Kreuzer III. Klasse im neuen Flottenbauprogramm Frankreichs. Die Korvette trug nur acht Geschütze des Kalibers 14 cm. Die zurücklegbare Entfernung war ähnlich den Kreuzern I. Klasse. Voll gebunkert konnte die Korvette bei einer Geschwindigkeit von 10 Knoten Ziele in einer Entfernung von etwa 3000 Meilen erreichen. Dazu half auch die zusätzliche Besegelung, auf die noch nicht verzichtet wurde.

Typ:	Korvette, Kreuzer
Baujahr:	1879
Vermessung:	1643 ts Deplacement
Länge über alles:	74 m
Maschinenleistung:	1900 PS
Besegelung:	10 Segel
Flotte:	La Marine française

Stadt Wehlen
Sächsisches Ausflugsschiff

Dieses Schiff ist der älteste in Dienst befindliche Raddampfer der Weißen Flotte Dresdens. Als Glattdeckdampfer „Dresden" hatte das Schiff eine Zwillingsmaschine, die 1915 in eine Verbundmaschine umgebaut wurde, die immer noch in Betrieb ist, mit extraleichtem Heizöl befeuert wird. 1926 wurde das Schiff für 300 Fahrgäste in „Mühlberg", 1962 – inzwischen war der Aufbau des Oberdecks getätigt worden – in „Stadt Wehlen" umbenannt.

Typ:	Seitenraddampfer, Fahrgastschiff
Baujahr/Werft:	1879/Werft Blasewitz der Sächsisch-Böhmischen Dampfschiffahrt A. G., Dresden
Länge über alles:	59,2 m
Maschinenleistung:	180 PS
Reederei:	Sächsische Dampfschiffahrts GmbH & Co., Conti Elbschiffahrts KG, Dresden, Deutschland

Stein
Deutsche Kreuzerfregatte

Als gedeckte Korvette erbaut, galt die seit 1884 als Vollschiff mit einer Expansions-Dampfmaschine ausgestattete „Stein" als Kreuzerfregatte. 1883 ging sie nach Ostasien, wurde anschließend außer Dienst gestellt. 1885 wieder in Dienst, war sie eines der ersten Schulschiffe, teils auch Flaggschiff des Übungsgeschwaders. 1908 aus der Schiffsliste gestrichen, war „Stein" Wohnschiff in Wilhelmshaven und wurde 1920 abgewrackt.

Typ:	Kreuzerfregatte, Schulschiff, Vollschiff
Baujahr/Werft:	1880/A. G. Vulcan, Stettin
Vermessung:	2994 ts Deplacement
Länge über alles:	82 m
Besegelung:	15 Segel
Flotte:	Kaiserliche Marine

Iris
Britischer Aviso

Die „Iris" und ihre Schwester „Mercury" waren neuartige Schiffe der britischen Marine, die schon 1877 ihren Stapellauf erlebten. Der zu ihrer Zeit beste Stahl wurde zu ihren Schiffskörpern verarbeitet. Die Linien entsprachen denen der Rapid-Dampfbarkassen. Geschwindigkeiten bis zu 18 Knoten waren möglich. Die Bestückung bestand aus zehn Geschützen. Die 64-Pfünder waren beiderseits installiert, je ein Geschütz stand an Bug und Heck.

Typ:	Aviso, Bark
Baujahr/Werft:	um 1880/Landore Siemens Steel Company, Swansea, Wales
Vermessung:	3735 ts Deplacement
Länge über alles:	ca. 106 m
Maschinenleistung:	7000 PS
Besegelung:	12 Segel
Flotte:	Royal Navy

Maria
Deutscher Ewer

Der ursprüngliche Grundtyp des Ewers war der friesische Envarer, der von einem Mann leicht zu bedienen war. Daraus entwickelte sich ein Mehrzweckschiff, einmastig als Pfahlewer oder anderthalbmastig. Die „Maria" aus Finkenwerder ist ein See-Fischewer. 1930 im Helgoländer Hafen gesunken, wurde sie gehoben und war bis 1950 im Fischfang tätig. Als letztes Exemplar ihrer Gattung wurde sie 1957 nach München ins Deutsche Museum gebracht.

Typ:	See-Fischewer, Finkenwerder Ewer
Baujahr/Werft:	1880/Hinrich Sietas, Cranz an der Este, Deutschland
Vermessung:	35,9 BRT
Länge über alles:	19,2 m
Besegelung:	5 Segel, Segelfläche 173 m²
Ausstellung:	Deutsches Museum, München, Deutschland

Elbe
Deutscher Dampfer

Der erste deutsche Schnelldampfer war die „Elbe" der Flüsse-Klasse des Norddeutschen Lloyd. Die Jungfernreise des Dampfers führte von Bremerhaven nach New York, das in achteinhalb Tagen erreicht wurde. Der Passagier- und Paketpostdampfer trug zu Anfang Barktakelung. Nach Kollision mit dem britischen Dampfer „Crathie" in der Nordsee sank die „Elbe", wobei 332 Tote zu beklagen waren. Es gab zehn weitere Dampfer dieser Klasse.

Typ:	Schnelldampfer, Passagier- und Frachtdampfer
Baujahr/Werft:	1881/John Elder & Co., Glasgow, Schottland
Vermessung:	4510 BRT
Länge über alles:	127,46 m
Maschinenleistung:	5200 PS
Reederei:	NDL Norddeutscher Lloyd, Bremen, Deutschland

Iberia
Schwedischer Frachtdampfer

Der Frachter, ein typischer kleiner Dampfer seiner Zeit, trug als zusätzlichen Antrieb an zwei Masten eine Schonertakelung. Mittschiffs waren die Aufbauten mit Steuerhaus, Brücke und den Mannschaftsräumen, in denen auch in geringer Zahl anspruchslose Passagiere untergebracht werden konnten. Unauffällig verrichteten solche Dampfer auf allen Meeren der Welt ihren Dienst – in der Linienfahrt oder in der Trampfahrt von Hafen zu Hafen.

Typ:	Frachtdampfer
Baujahr:	1881
Vermessung:	1331 BRT
Länge über alles:	70,6 m
Maschinenleistung:	ca. 600 PS
Besegelung:	5 Segel

City of Rome
Britisches Fracht- und Passagierschiff

Zu ihrer Zeit galt das große Schiff als das eleganteste. Der Dreischornsteiner war ursprünglich wie eine Viermastbark getakelt. Und die „City of Rome" war das erste Schiff, das die Inman Line außerhalb Schottlands bauen ließ. Die Jungfernfahrt verlief enttäuschend, das Schiff brauchte neuneinhalb Tage für die Atlantiküberquerung und wurde an die Werft zurückgegeben. Die Anchor Line erwarb es und behielt es 20 Jahre in Fahrt. 1902 wurde es verschrottet.

Typ:	Schnelldampfer, Fracht- und Passagierschiff
Baujahr/Werft:	1881/Barrow Shipbuilding Co., England
Vermessung:	8415 BRT
Länge über alles:	170,75 m
Maschinenleistung:	18 500 PS
Reederei:	Inman Line, Liverpool; ab1882 Anchor Line, Großbritannien

Polyphemus
Britisches Torpedo-Rammschiff

Diese eigenwillige Konstruktion verband Angriffskraft mit einer Geschwindigkeit von 17,8 Knoten und guter Manövrierfähigkeit. Zum Angriff dienten der Rammsporn und fünf Torpedorohre, wovon eins im Sporn untergebracht war. Zur Verteidigung dienten die Panzerung und die sechs Panzertürme auf dem Sturmdeck, die mit Nordenfeld-Maschinengewehren bestückt waren, die 100 Schuss pro Minute abgeben konnten.

Typ:	Torpedo-Rammschiff
Baujahr:	1881
Vermessung:	2640 ts Deplacement
Länge über alles:	73,2 m
Maschinenleistung:	7000 PS
Flotte:	Royal Navy

Chicago
Amerikanischer Dampfkreuzer

Ein modernes Kriegsschiff seiner Zeit, in der die USA ihren Einfluss mehrten, war die „Chicago". Getakelt wie eine Bark und mit zwei Verbunddampfmaschinen ausgerüstet, konnte der Kreuzer mit einer maximalen Geschwindigkeit von 15 Knoten laufen und hatte eine Reichweite von 3000 Meilen. Bei einer Geschwindigkeit von 10 oder 11 Knoten betrug die Reichweite 6000 Meilen. Zur Besatzung zählten 300 Mann, zur Bewaffnung 14 Geschütze.

Typ:	Dampfkreuzer, Bark
Baujahr:	1883
Vermessung:	4500 ts Deplacement
Länge über alles:	102 m
Maschinenleistung:	5000 PS
Besegelung:	12 Segel, Segelfläche 4535 m^2
Flotte:	US Navy

Dolphin
Amerikanischer Aviso

Als neues Schiff für Melde- und Aufklärungsfahrten, auch als Vorpostenschiff stellte die US-Regierung die moderne „Dolphin" in Dienst. Getakelt wie ein Gaffelschoner, sorgte die Verbunddampfmaschine zusammen mit der Besegelung für eine Geschwindigkeit von 15 Knoten. 80 Mann Besatzung gehörten zur „Dolphin", die mit fünf Geschützen bewaffnet war. Der Aviso wurde seiner Aufgabe gerecht, schnell zu jedem Punkt der Küste zu eilen.

Typ:	Aviso, Dispatch boat
Baujahr:	1883
Vermessung:	1485 ts Deplacement
Länge über alles:	78,2 m
Maschinenleistung:	2300 PS
Besegelung:	9 Segel
Flotte:	US Navy

Westernland
Belgisches Passagierschiff

Um den Liniendienst zwischen Antwerpen und Philadelphia und New York erfolgreich durchzuführen, ließ die Red Star Line, die drei Schiffe besaß, die „Westernland" und die „Noordland" erbauen. Es waren die ersten Stahlschiffe der Reederei. Die „Westernland", ursprünglich als Viermast-Schonerbark getakelt, wurde 1901 renoviert und an die American Line verchartert und fuhr im Liniendienst Liverpool–Philadelphia. 1912 wurde sie abgebrochen.

Typ:	Passagierschiff
Baujahr/Werft:	1883/Laird Bros., Birkenhead, Großbritannien
Vermessung:	5736 BRT
Länge über alles:	134,1 m
Maschinenleistung:	7000 PS
Besegelung:	13 Segel
Reederei:	American-Belgian Red Star Line, Antwerpen, Belgien

Atalanta
Amerikanische Dampfyacht

Das war die größte und schnellste amerikanische Yacht ihrer Zeit. Viel Mahagoni wurde beim Bau der eleganten „Atalanta" benutzt. Die Besatzung bestand aus dem Kapitän, 42 Mann, einem Steward, drei Köchen und sechs Kabinendienern. Beim Rennen der Dampfyachten des Amerikanischen Yacht Clubs am 10. August 1884 über eine Strecke von 90 Meilen gewann mit großem Vorsprung „Atalanta" in 4 Stunden und 45 ¾ Minuten.

Typ:	Dampfyacht
Baujahr/Werft:	1884/Messrs. Cramp, Philadelphia, USA
Länge über alles:	70,87 m
Maschinenleistung:	1000 PS
Besegelung:	6 Segel

Etruria
Britisches Passagierschiff

Die „Etruria" war der letzte Schnelldampfer der Cunard Line, der mit nur einem Propeller ausgestattet war. Auf ihrer zweiten Reise 1885 holte sich die „Etruria" mit einer Durchschnittsgeschwindigkeit von 18,73 Knoten das Blaue Band. 1888 wiederholte sich der Triumph mit 19,36 Knoten. 1902, nach ihrer Glanzzeit, verlor die „Etruria" auf dem Atlantik ihren Propeller. 1908 wurde sie verschrottet.

Typ:	Passagierdampfer
Baujahr/Werft:	1884/John Elder & Co., Glasgow, Schottland
Vermessung:	7718 BRT
Länge über alles:	152,85 m
Maschinenleistung:	7000 PS
Reederei:	Cunard Steam Ship Co., Liverpool, Großbritannien

Diesbar
Sächsisches Ausflugsschiff

Der einzige Dampfer der Sächsischen Dampfschiffahrts GmbH, der noch mit Kohle befeuert wird. Als Glattdeckdampfer „Pillnitz" in Dienst gestellt, erfolgte die Umbenennung 1927. Später stillgelegt, wurde „Diesbar" 1985 als technisches Denkmal durch den Kulturbund der DDR rekonstruiert. 1989 erfolgte die neuerliche Indienststellung als eines der Ausflugsschiffe der Weißen Flotte, die mit fröhlichen Fahrgästen auf der Elbe unterwegs ist.

Typ:	Seitenraddampfer, Fahrgastschiff
Baujahr/Werft:	1884/Werft Blasewitz der Sächsisch-Böhmischen Dampfschiffahrt A. G., Dresden
Länge über alles:	53,5 m
Maschinenleistung:	110 PS
Reederei:	Sächsische Dampfschiffahrts GmbH & Co., Conti Elbschiffahrts KG, Dresden, Deutschland

Meißen
Sächsisches Ausflugsschiff

Als „König Albert" erfolgte die Indienststellung, 1898 die Umbenennung in „Sachsen". Nach der Verlängerung des Schiffskörpers, dem Aufbau von Oberdeck und Decksalon hieß der Seitenraddampfer 1928 „Meißen". Unter Tarnanstrich ging 1943 die Fahrt nach Hamburg, um Obdachlose nach den Bombenangriffen zu evakuieren. Danach gab es Reparaturen, Erneuerungen und die historische Rekonstruktion des Veteranen im aktiven Dienst.

Typ:	Seitenraddampfer, Fahrgastschiff
Baujahr/Werft:	1885/Werft Blasewitz der Sächsisch-Böhmischen Dampfschiffahrt A. G., Dresden
Länge über alles:	65,7 m
Maschinenleistung:	230 PS
Reederei:	Sächsische Dampfschiffahrts GmbH & Co., Conti Elbschiffahrts KG, Dresden, Deutschland

Walfänger
Britisches Fangschiff

Für die langen Fahrten im Eismeer war dieser Walfänger zusätzlich als Vollschiff getakelt. Noch waren die Wale in ihrem Bestand nicht gefährdet, und der Walfang war notwendig, um Tran zu gewinnen als Nahrungsfett, zur Herstellung von Margarine, Seifen und pharmakologischen Präparaten. Die Trangewinnung erfolgte an Bord der Fangschiffe. In Fässern wurde das dickflüssige Öl zur Weiterverarbeitung in die Häfen transportiert.

Typ:	Walfänger, Vollschiff
Baujahr:	um 1885
Länge über alles:	65 m
Besegelung:	15 Segel

China
Deutscher Frachter

Ein Flensburger Kapitän kaufte den Dampfer, verkaufte ihn nach wenigen Jahren 1895 an die Dampfschiffahrts-Gesellschaft Swatow in Hamburg, die spätere Chinesische Küstenfahrt-Gesellschaft. 1901 wurde die „China" von der Reederei Menzell in Hamburg erworben. Wie bei den meisten Fracht- und Passagierdampfern dieser Zeit üblich, hatte das Schiff eine zusätzliche Besegelung. Auf einer Chinafahrt im Jahr 1904 ging es verloren.

Typ:	Frachtdampfer
Baujahr/Werft:	1885/Flensburger Schiffbau-Gesellschaft
Vermessung:	1741 BRT
Länge über alles:	77,8 m
Maschinenleistung:	720 PS
Reederei:	Chinesische Küstenfahrt-Gesellschaft, Hamburg; ab 1901 Reederei Menzell, Hamburg, Deutschland

Plus
Deutscher Klipper

Der berühmte Seefahrer Alan Villiers rühmte den Flying P-Liner: „Sie manövrierte wie eine Yacht und pflügte durch das Wasser wie ein Klipper." Das 48 Jahre lang in Fahrt befindliche Schiff, 1908 von Laeisz verkauft, streifte im Dezember 1933 bei einem Schneesturm unweit des Hafens Mariehamn auf Åland einen unter Wasser verborgenen Felsen, riss sich den Rumpf auf und sank mit elf Mann der 15-köpfigen Besatzung.

Typ:	Bark, Handelssegler
Baujahr/Werft:	1885/Blohm & Voss, Hamburg
Vermessung:	1268 BRT
Länge über alles:	69,1 m
Besegelung:	23 Segel
Reederei:	F. Laeisz, Hamburg, Deutschland

Nixe
Deutsches Schulschiff

Die Kreuzerkorvette mit zwölf Geschützen war als Vollschiff getakelt. Nach Probefahrten stellte man „Nixe" mit ihrer ersten Überseefahrt nach Südamerika in Dienst. Fahrten nach Afrika, ins Mittelmeer und in die Ostsee folgten. 1911 erfolgte die Streichung aus dem Register der Kriegsschiffe. Bis 1925 diente das Schiff als Hulk, wurde dann von der Stettiner Firma Retzlaff zum Seeleichter umgebaut, um fünf Jahre später abgewrackt zu werden.

Typ:	Kreuzerkorvette, Schulschiff, Vollschiff
Baujahr/Werft:	1886/Kaiserliche Werft Danzig
Vermessung:	1982 ts Deplacement
Länge über alles:	63,3 m
Besegelung:	25 Segel (mit Leesegeln)
Flotte:	Kaiserliche Marine

Pillnitz
Sächsisches Ausflugsschiff

Als Glattdeckdampfer „Königin Carola" in Dienst gestellt, wurde das Schiff 1919 in „Diesbar" umbenannt. Nach der Verlängerung und dem Erhalt der Aufbauten hieß das Schiff 1927 „Pillnitz". 1943 ging es unter Tarnanstrich nach Hamburg, um Bombenopfer zu evakuieren. 1952 erhielt der Dampfer den Namen „Weltfrieden". Nach der historischen Rekonstruktion ist er nun als „Pillnitz" mit 254 Fahrgästen auf der Elbe unterwegs.

Typ:	Seitenraddampfer, Fahrgastschiff
Baujahr/Werft:	1886/Werft Blasewitz der Sächsisch-Böhmischen Dampfschiffahrt A. G., Dresden
Länge über alles:	65,7 m
Maschinenleistung:	230 PS
Reederei:	Sächsische Dampfschiffahrts GmbH & Co., Conti Elbschiffahrts KG, Dresden, Deutschland

Balclutha
Klipper

Die Jungfernreise führte von Dumbarton rund Kap Hoorn nach San Francisco. Das Schiff unternahm Reisen nach Kalifornien, Chile, Neuseeland, Birma. Von 1899 bis 1902 fuhr die „Balclutha" unter der Flagge von Hawaii, ab 1902 unter US-Flagge und war in der Lachsfahrt nach Alaska tätig. Seit 1904 im Besitz von Alaska Packers fuhr sie als „Alaska Queen". Ab 1933 außer Dienst wurde sie als Piratenschiff vorgeführt. 1954 begann die Restaurierung.

Typ:	Klipper, Vollschiff, Museumsschiff
Baujahr/Werft:	1886/Charles Connell & Co., Glasgow, Schottland
Vermessung:	1689 BRT
Länge über alles:	91,5 m
Besegelung:	25 Segel, Segelfläche ca. 1900 m²
Eigner:	US Department of Interior, National Park Service Golden Gate
Liegeplatz:	Pier 43, Fisherman's Wharf, San Francisco, USA

Thistle
Britische Segelyacht

Ein großes Geheimnis umgab den Entwurf und Bau der stählernen „Thistle" (Distel), die beim America's Cup ihre Konkurrenten ausstechen sollte. Die Abmessungen, die bekannt wurden, erwiesen sich als Irreführung. Nur einem kleinen Kreis ausgewählter Personen wurde die Yacht vorgeführt. Ihr erstes Rennen am 28. Mai 1887, 50 Meilen zwischen Southend und Harwich, gewann sie überragend; mit 18 Knoten querte sie die Ziellinie.

Typ:	Segelyacht
Baujahr/Werft:	1887/Messrs. Henderson & Co., Glasgow
Vermessung:	100 BRT
Länge:	25,9 m KWL
Eigner:	James Bell, Glasgow, Großbritannien

Seeadler
Deutscher Hilfskreuzer

Das amerikanische Vollschiff „Pass of Balmaha", 1915 von „U 36" gekapert, wurde auf der Tecklenborg-Werft in Geestemünde zum Hilfskreuzer umgebaut. Als „Seeadler" unter dem Kommando von Felix Graf Luckner, dem berühmten „Seeteufel", versenkte es 14 Handelsschiffe, deren Mannschaften verschont wurden. Im August 1917 strandete die „Seeadler", das letzte Segelkriegsschiff der Geschichte, auf Mopelia im Pazifik.

Typ:	Vollschiff, Hilfskreuzer
Baujahr/Werft:	1888/R. Duncan, Glasgow
Vermessung:	1852 BRT
Länge über alles:	75 m
Besegelung:	24 Segel
Maschinenleistung:	1000 PS
Flotte:	Kaiserliche Marine

Elbe 3
Deutsches Feuerschiff

Es gibt zwei Feuerschiffe „Elbe 3“. In Bremerhaven liegt das Schiff Baujahr 1909, in Hamburg ist das Schiff aus dem Jahr 1888 als Museumsschiff in Fahrt. Als Dreimastschoner war es zunächst auf der Station „Weser“. Ab 1924 erfolgten Modernisierungen, 1936 bis 1937 der Umbau. Während des Zweiten Weltkriegs war Leuchtschiff R auf der Station Bremen, wurde 1966 zu „Elbe 3“, ist seit 1979 Museumsschiff.

Typ:	Feuerschiff, Museumsschiff
Baujahr/Werft:	1888/Werft Johann Lange, Grohn, Weser; Umbau 1937/Seebeck-Werft, Bremerhaven-Geestemünde
Vermessung:	255 BRT
Länge über alles:	45,1 m
Maschinenleistung:	300 PS
Eigner:	Museumshafen Oevelgönne e. V., Hamburg
Heimathafen:	Museumshafen Oevelgönne, Hamburg, Deutschland

City of Paris
Britisches Passagierschiff

Das Schiff und seine Schwester „City of New York“, die ersten Zweischrauben-Schnelldampfer im Nordatlantik-Liniendienst, waren zu ihrer Zeit „... das Beste, was bislang geschwommen ist“. 1889 und 1892 holte die „Paris“ das Blaue Band für die schnellste Atlantiküberquerung. 1893 musste die Inman Line, die nicht mehr dem finanziellen Druck der Konkurrenz standhalten konnte, ihre Schiffe an die American Line verkaufen.

Typ:	Passagierschiff, Schnelldampfer
Baujahr/Werft:	1889/J. & G. Thomson, Clydebank, Schottland
Vermessung:	10 499 BRT
Länge über alles:	170,6 m
Maschinenleistung:	18 500 PS
Reederei:	Inman Line, Liverpool, Großbritannien; ab 1893: American Line, New York, USA

Teutonic
Britisches Passagierschiff

Mit einer Dreifachexpansions-Dampfmaschine und zwei Propellern ausgerüstet, verzichtete die „Teutonic“ wie ihr Schwesterschiff „Majestic“ auf eine zusätzliche Besegelung. Mit 20,1 Knoten holte die „Majestic“ 1891 das Blaue Band, das sie noch im selben Monat an die „Teutonic“ weiterreichen musste, die 20,35 Knoten erzielte. Ab 1914 dienten die Schiffe als Hilfskreuzer und Truppentransporter. 1921 wurde die „Teutonic“ verschrottet.

Typ:	Passagierschiff, Schnelldampfer
Baujahr/Werft:	1889/Harland & Wolff Ltd., Belfast, Irland
Vermessung:	9984 BRT
Länge über alles:	172,45 m
Maschinenleistung:	ca. 5000 PS
Reederei:	White Star Line, Liverpool, Großbritannien

Palmyra
Deutsches Vollschiff

Ein Flying P-Liner, der nur in der Chilefahrt war. Auf der Reise von Vlissingen nach Valparaiso 1908 strandete die „Palmyra" nach der Umrundung von Kap Hoorn auf Wellington Island. 21 Todesopfer waren zu beklagen. Nur Kapitän Lessel und 1. Offizier Thiel konnten sich mit der Gig, dem Beiboot des Kapitäns, retten. Nach drei Wochen auf See erreichten sie die Leuchtturm-Insel Evangelistas. Ein Regierungsdampfer holte sie ab.

Typ:	Handelssegler, Vollschiff
Baujahr/Werft:	1889/Blohm & Voss, Hamburg
Vermessung:	1797 BRT
Länge über alles:	79,6 m
Besegelung:	23 Segel
Reederei:	F. Laeisz, Hamburg, Deutschland

France
Französische Fünfmastbark

Bei ihrem Stapellauf war die „France" das größte Segelschiff der Welt. Sie wurde für die Salpeterfahrt nach Chile gebaut. 1897 hatte sie eine Kollision mit dem britischen Kreuzer „Blenheim". Die Besatzung des Kriegsschiffs sah die Lichter an Bug und Heck, konnte sich die Länge der „France" nicht vorstellen und wollte zwischen den beiden Lichtern, die sie von verschiedenen Schiffen wähnten, hindurchfahren. 1901 sank die „France" vor Brasilien.

Typ:	Handelssegler, Fünfmastbark
Baujahr/Werft:	1890/D. & W. Henderson, Glasgow, Schottland
Vermessung:	3784 BRT
Länge über alles:	110 m
Besegelung:	25 Segel
Reederei:	A. D. Bordes et fils, Le Havre, Frankreich

Futschou-Dschunke
Chinesisches Handelsschiff

Bis in die Zeit des Ersten Weltkriegs waren die Futschou-Dschunken in Fahrt. Vornehmlich transportierten sie Nutzhölzer vom Peiho im Norden nach Kanton am Perlfluss im Süden. Gegen Piraten hatten sie meist zwei Kanonen auf Deck. Ein charakteristisches Merkmal war ihre schöne Heckbemalung, die den Fenghuang, den chinesischen Vogel Phönix zeigte, umgeben von Drachen und anderen allegorischen Figuren.

Typ:	Futschou-Dschunke, Handelssegler
Baujahr:	um 1890
Länge über alles:	ca. 35 m
Besegelung:	3 Segel

Normannia
Deutsches Fracht- und Passagierschiff

Zu den Schnelldampfern der Augusta Victoria-Klasse zählt die „Normannia", die ab 1895 im Winter zwischen Genua und New York im Liniendienst war. Sie beförderte mit 300 Mann Besatzung 700 Passagiere und Post und Fracht nach Nordamerika. Ab 1898 diente sie als „Patriota" in der spanischen Marine. Ein Jahr später war sie die französische „L'Aquitaine", ihr Heimathafen war Le Havre. 1906 schließlich wurde das Schiff abgewrackt.

Typ:	Fracht- und Passagierschiff, Schnelldampfer
Baujahr/Werft:	1890/Fairfield Shipbuilding & Engineering Co. Ltd., Govan, Schottland
Vermessung:	8716 BRT
Länge über alles:	159 m
Maschinenleistung:	14 840 PS
Reederei:	Hapag, Hamburg, Deutschland

Maine
Amerikanisches Linienschiff

Ursprünglich wurden die „Maine" und ihre Schwester „Texas" als Kreuzer bezeichnet. Die Takelung wurde während des Baus zugunsten der zwei Gefechtsmasten aufgegeben. Mit zehn Geschützen und vier Torpedorohren waren es Linienschiffe 1. Ranges. Um US-Interessen zu wahren, weilte die „Maine" 1898 in Havanna, Kuba. Das Schiff explodierte im Hafen, die USA erklärten Spanien den Krieg, nach dem Spanien Kuba an die USA abtreten musste.

Typ:	Linienschiff
Baujahr:	1890
Vermessung:	7180 ts Deplacement
Länge über alles:	97,3 m
Maschinenleistung:	9000 PS
Flotte:	US Navy

Royal Sovereign
Britisches Schlachtschiff

Mit dem Naval Defence Act von 1889 wurde festgelegt, dass die britische Flotte so stark wie zwei andere Flotten sein sollte. Das Typschiff der neuen Klasse wurde die gepanzerte „Royal Sovereign", bestückt mit 14 Geschützen und sieben Torpedorohren. Als Weiterentwicklung der Panzer-, Batterie- und Kasemattschiffe entstanden die Barbettschiffe, bei denen die Geschütze in besonderen Drehtürmen, den Barbettetürmen, aufgestellt waren.

Typ:	Schlachtschiff
Baujahr:	1891
Vermessung:	14 370 ts Deplacement
Länge über alles:	115,8 m
Maschinenleistung:	11 500 PS
Flotte:	Royal Navy

Beowulf
Deutsches Panzerschiff

Als Küstenpanzerschiff zur Küstenverteidigung gebaut, war die „Beowulf" wie ihre fünf Schwesterschiffe ein Panzerschiff IV. Klasse, ungeeignet für schweres Wetter oder einen größeren Aktionsradius. 1902 wurden die Schiffe in Danzig umgebaut, sie erhielten einen größeren Kohlenbunker und einen zweiten Schornstein. Die „Beowulf" wurde 1915 Vorpostenschiff in der Nordsee, 1916 Zielschiff für U-Boote, 1918 Eisbrecher in der Ostsee, 1921 abgewrackt.

Typ:	Küstenpanzerschiff
Baujahr/Werft:	1892/A. G. Weser, Bremen
Vermessung:	3741 ts Deplacement (nach Umbau 4225 ts)
Länge über alles:	76,7 m (nach Umbau 86,13 m)
Flotte:	Kaiserliche Marine

Ophir
Britisches Passagierschiff

Die luxuriöse „Ophir" wurde als die „Königin des Indischen Ozeans" gerühmt. Im Dienst zwischen London und Australien lief sie Sues, Colombo zum Bunkern von Kohle, Melbourne und Sydney an. 1915 wurde die schöne und stolze Königin zum Hilfskreuzer, 1918 zum Lazarettschiff der Royal Navy. 1919 lag sie mit anderen Schiffen, die nicht mehr benötigt wurden, im Clyde, um 1922 schließlich aus dem Schiffsregister gestrichen zu werden.

Typ:	Passagierschiff
Baujahr/Werft:	1891/Robert Napier, Glasgow, Schottland
Vermessung:	6814 BRT
Länge über alles:	141,7 m
Reederei:	Orient-Royal Mail Line, London, Großbritannien

Campania
Britisches Passagierschiff

Für den Liniendienst Liverpool–New York stellte Cunard mit der „Campania" und ihrer Schwester „Lucania" die ersten Neubauten seit acht Jahren in Dienst. Auf der Rückreise von der Jungfernfahrt holte die „Campania" 1893 das Blaue Band, im Jahr darauf auch für die Westfahrt. 1914 sollte das Schiff abgewrackt werden, die Navy kaufte es und baute es zum Flugzeugträger um. 1918 kollidierte „Campania" mit dem Schlachtschiff „Revenge" und sank.

Typ:	Passagierschiff, Schnelldampfer
Baujahr/Werft:	1892/Fairfield Shipbuilding & Engineering Co. Ltd., Govan, Schottland
Vermessung:	12 950 BRT
Länge über alles:	189,6 m
Maschinenleistung:	28 000 PS
Reederei:	Cunard Line, Liverpool, Großbritannien

Krippen
Sächsisches Ausflugsschiff

Als Glattdeckdampfer „Tetschen" in Dienst gestellt, erfolgte die Umbenennung in „Krippen" 1946. Seit 1980 unter Denkmalschutz, verblieb sie 18 Jahre an Land, wurde dann nach Lüneburg verkauft, auf der Werft Laubegast rekonstruiert, an eine Eignergemeinschaft verkauft, von 1997 bis 1999 an die KD Köln-Düsseldorfer Rheinschiffahrt verchartert, fuhr auf Rhein und Main. 2000 ist sie nach Dresden zurückgekehrt.

Typ:	Seitenraddampfer, Fahrgastschiff
Baujahr/Werft:	1892/Werft Blasewitz der Sächsisch-Böhmischen Dampfschiffahrt A. G., Dresden
Länge über alles:	56,1 m
Maschinenleistung:	110 PS
Reederei:	Sächsische Dampfschiffahrts GmbH & Co., Conti Elbschiffahrts KG, Dresden, Deutschland

Fram
Fridtjof Nansens Expeditionsschiff

Nansen ließ sich vom berühmten Schiffbauer Colin Archer sein Expeditionsschiff „Fram" erbauen. Es sollte rund und schlüpfrig wie ein Aal sein, damit es nicht vom Eis erfasst, sondern nach oben gedrückt würde. Das stabilste Holzschiff der Welt entstand. Auf drei Reisen in die Arktis und Antarktis unter Fridtjof Nansen, 1893 bis 1896, Otto Sverdrup, 1898 bis 1902, und Roald Amundsen, 1910 bis 1912, bewährte sich das Schiff vortrefflich.

Typ:	Expeditionsschiff, Dreimast-Toppsegelschoner
Baujahr/Werft:	1892/Colin Archer Verft, Larvik, Norwegen
Vermessung:	402 BRT
Länge über alles:	39 m
Besegelung:	9 Segel, Segelfläche 600 m²
Maschinenleistung:	220 PS
Ausstellung:	Frammuseet, Oslo, Norwegen

Hohenzollern II
Deutsche Kaiseryacht

Als Ersatz für den wenig repräsentativen Aviso „Grille", der als Kaiseryacht diente, wurde 1880 die erste „Hohenzollern" in Dienst gestellt. 1893 zum Aviso „Kaiseradler" umgewidmet, wurde diese Yacht von der zweiten „Hohenzollern" ersetzt, mit der Wilhelm II. auf Auslandsreisen und Flottenbesuch ging. 1914 außer Dienst gestellt, 1923 abgewrackt. Der Bau der dritten „Hohenzollern" wurde 1914 begonnen und nicht beendet.

Typ:	Dampfyacht, Kaiseryacht
Baujahr/Werft:	1893/A. G. Vulcan, Stettin
Vermessung:	4460 ts Deplacement
Länge über alles:	122 m
Flotte:	Kaiserliche Marine

Lucania
Britisches Passagierschiff

Es ist die jüngere und etwas größere Schwester der 1892 abgelieferten „Campania". Die „Lucania" war von der Indienststellung bis 1897 das größte Schiff der Welt. Im Nordatlantikdienst eingesetzt, errang sie dreimal das Blaue Band, indem sie bis 1894 ihre Geschwindigkeit auf 21,81 Knoten steigern konnte. Das Luxusschiff hatte für 2000 Fahrgäste Platz. 1909 fing die „Lucania" im Hafen von Liverpool Feuer und brannte völlig aus.

Typ:	Passagierschiff, Schnelldampfer
Baujahr/Werft:	1893/Fairfield Shipbuilding & Engineering Co. Ltd., Govan, Schottland
Vermessung:	12 952 BRT
Länge über alles:	190,5 m
Maschinenleistung:	30 000 PS
Reederei:	Cunard Line, Liverpool, Großbritannien

Susanna
Deutsches Vollschiff

Vor allem in der Salpeterfahrt nach Südamerika war dieser schnelle Segler unterwegs. Er brauchte zum Beispiel 1903 vom Kanal bis Valparaiso nur 35 Tage, schaffte aber auch 1905 – wegen der widrigen Winde – mit 99 Tagen die längste bekannte Umrundung eines deutschen Schiffes von Kap Hoorn; die gesamte Reise dauerte 188 Tage. Im August 1913 strandete die „Susanna" beim Einsegeln in den Englischen Kanal und ging total verloren.

Typ:	Handelssegler, Vollschiff
Baujahr/Werft:	1893/Blohm & Voss, Hamburg
Vermessung:	1975 BRT
Besegelung:	22 Segel
Reederei:	G. J. H. Siemers & Co., Hamburg, Deutschland

Marguerite
Britischer Lotsenschoner

Dieses Schiff war einer der besten und größten Lotsenschoner ihrer Zeit. Die „Marguerite" war ausgestattet wie eine Yacht; die gläsernen Salontüren waren mit Margueriten verziert. Mit ihrem Eigner Frank Trott errang sie bei den Regatten von Cardiff 1895, 1896, 1897, 1905 und 1907 den Sieg. Dann wurde sie verkauft und mit einem Hilfsmotor ausgestattet. In den Sechzigerjahren des vorigen Jahrhunderts versetzte ein neuer Eigner den Schoner in den Originalzustand.

Typ:	Lotsenschoner, Yacht
Baujahr/Werft:	1893/Edwin Rowles, Pill bei Bristol
Länge über alles:	16,15 m
Besegelung:	4 Segel
Heimathafen:	Padstow, Cornwall, Großbritannien

Oregon
Amerikanisches Schlachtschiff

Das war das Typschiff der Oregon-Klasse, der ersten Großkampfschiffe der US Navy seit etwa 30 Jahren. Neben der „Oregon" gab es die „Indiana" und die „Massachusetts". Gepanzert und schwer bewaffnet, dienten sie vor allem der Küstenverteidigung. 16 Geschütze und sechs Torpedorohre sorgten für die Kampfkraft. Im Krieg gegen Spanien 1898 gehörte „Oregon" zur Pazifikflotte. 1942 war sie noch als Munitionsschiff bei Guam.

Typ:	Schlachtschiff
Baujahr:	1893
Vermessung:	11 688 ts Deplacement
Länge über alles:	107 m
Maschinenleistung:	9700 PS
Flotte:	US Navy

Kurfürst Friedrich Wilhelm
Deutsches Panzerschiff

Nach Indienststellung wurde das neuartige Schiff Flaggschiff der I. Division der Aktiven Heimatflotte. Bei der Einweihung des Kaiser-Wilhelm-Kanals (heute: Nord-Ostsee-Kanal) 1895 nahm Wilhelm II. an Bord dieses Panzerschiffs I. Klasse an taktischen Vorführungen teil. Seit 1907 zur Reserveformation Nordsee gehörig, wurde es 1910 an die Türkei verkauft. Als „Hayreddin Barbarossa" wurde es 1915 vom britischen U-Boot „E 11" versenkt.

Typ:	Panzerschiff
Baujahr/Werft:	1894/Kaiserliche Werft Wilhelmshaven, Deutschland
Vermessung:	10 670 ts Deplacement
Länge über alles:	115,7 m
Maschinenleistung:	9000 PS
Flotte:	Kaiserliche Marine

Sissoi Veliky
Russisches Schlachtschiff

Die russische Flotte vor der Jahrhundertwende mit 17 Schlachtschiffen galt als modern und stark, auch wenn sie nur ein Viertel der Stärke der Royal Navy aufweisen konnte. Als Schlachtschiff 1. Klasse galt die gepanzerte „Sissoi Veliky". Mit 26 Geschützen, zwei Maschinengewehren und sechs Torpedorohren bestückt und mit 825 Mann Besatzung war dieses Schiff von beträchtlicher Kampfkraft. Ähnlich waren „Zwölf Apostel" und „Rostislaw".

Typ:	Schlachtschiff
Baujahr:	1894
Vermessung:	8880 ts Deplacement
Länge über alles:	ca. 100 m
Maschinenleistung:	ca. 10 000 PS
Flotte:	Russische Flotte

Phoenicia
Deutsches Fracht- und Fahrgastschiff

Als einer der P-Dampfer der Hapag war die „Phoenicia" im Atlantik-Liniendienst. 1904 wurde sie nach Aalesund entsandt, wo nach einem Großbrand 13 000 Menschen zu versorgen waren. 1905 gelangte das Schiff nach Russland und wurde als „Kronstadt" in die Marine eingefügt. 1917 erbeuteten die Deutschen das Schiff, übergaben es den Weißgardisten. 1920 interniert und in die französische Marine eingliedert, wurde es 1937 abgewrackt.

Typ:	Fracht- und Fahrgastschiff
Baujahr/Werft:	1894/Blohm & Voss, Hamburg
Vermessung:	6761 BRT
Länge über alles:	140,56 m
Maschinenleistung:	4000 PS
Reederei:	Hapag, Hamburg, Deutschland

Turbinia
Erstes Dampfturbinenschiff

Charles Algenon Parsons ließ ein Boot erbauen, in dem drei Dampfturbinen als Antrieb dienten. Bei Probefahrten erreichte er eine Geschwindigkeit von 34,5 Knoten. Als beim 60. Thronjubiläum Queen Victorias 1897 ein Wettrennen zwischen den neuen Zerstörern, die 27 Knoten liefen, veranstaltet wurde, überholte die „Turbinia" diese. Die „Times" entschuldigte das respektlose Verhalten mit der immensen Bedeutung der neuen Erfindung.

Typ:	Dampfturbinenschiff, Yacht
Baujahr/Werft:	1894/Brown & Hood, Wallsend, Großbritannien
Vermessung:	44,5 ts Deplacement
Länge über alles:	31,5 m
Maschinenleistung:	960 PS
Ausstellung:	Tyne & Wear Museum, Newcastle-upon-Tyne, Großbritannien

Potosi
Deutsche Fünfmastbark

Dieser Flying P-Liner war schneller als jeder Frachtdampfer seiner Zeit. Sein bestes Etmal, die von Mittag bis Mittag zurückgelegte Strecke, betrug 379 Seemeilen. Die „Potosi" war ein Frachtsegler. In der Chilefahrt eingesetzt, jagte sie oft mit Vollzeug um Kap Hoorn. 1920 abgeliefert, geriet das Schiff in diesem Jahr als chilenische „Flora", beladen mit Kohle, vor der argentinischen Küste in Brand und wurde zum Wrack.

Typ:	Handelssegler, Fünfmastbark
Baujahr/Werft:	1895/Joh. C. Tecklenborg, Geestemünde
Vermessung:	4026 BRT
Länge über alles:	111,6 m
Besegelung:	39 Segel
Reederei:	F. Laeisz, Hamburg, Deutschland

Destero
Deutsches Fracht- und Fahrgastschiff

Für die Brasilienfahrt wurde die „Destero" gebaut, die außer Fracht zehn Passagiere der ersten Klasse und 228 im Zwischendeck beförderte. Von 1911 bis 1913 fuhr sie unter argentinischer Flagge. 1917 gehörte sie als „Uhlenhorst" dem Reeder Bolten, wurde 1919 beschlagnahmt und gelangte nach London. 1921 als „Fricka" nach Stettin, 1931 als „Selonija" nach Riga. Auf einer Fahrt in der Biscaya 1932 sank das Schiff und ging verloren.

Typ:	Fracht- und Fahrgastschiff
Baujahr/Werft:	1895/Blohm & Voss, Hamburg
Vermessung:	2543 BRT
Länge über alles:	91,67 m
Maschinenleistung:	1150 PS
Reederei:	Hamburg-Süd, Hamburg-Südamerikanische Dampfschiffahrts-Gesellschaft, Hamburg, Deutschland

Olympia
Amerikanischer Kreuzer

Der Kreuzer war an der Seeschlacht 1898 während des Krieges gegen Spanien in der Bucht von Manila beteiligt. Im Ersten Weltkrieg fuhr „Olympia" Geleitschutz im Atlantik. Im Russischen Bürgerkrieg war sie in Murmansk Flaggschiff der alliierten Streitkräfte gegen Räterussland, dann Flaggschiff des amerikanischen Geschwaders in Schwarz- und Mittelmeer. 1922 außer Dienst gestellt, ist „Olympia" heute ein nationales Denkmal.

Typ:	Kreuzer, Museumsschiff
Baujahr:	1895/San Francisco
Vermessung:	6558 ts Deplacement
Länge über alles:	104,9 m
Maschinenleistung:	17 313 PS
Flotte:	US Navy
Liegeplatz:	Penn's Landing, Philadelphia, USA

Vegesack
Deutscher Heringslogger

Der letzte Heringslogger aus einer einst großen Flotte, der noch in Fahrt ist. Das Schiff mit der Kennung BV für Bremen-Vegesack war bis zum Ersten Weltkrieg auf Heringsfang, dann mit Fracht in der Küstenfahrt tätig. 1921 wurde ein Motor eingebaut. 1939 wurde das Schiff nach Schweden verkauft, war in der Frachtfahrt unterwegs und gehörte als Ausbildungsschiff einer Seefahrtschule. Als „Nostra" kehrte sie 1979 an die Weser zurück.

Typ:	Heringslogger, Gaffelketsch
Baujahr/Werft:	1895/Bremer Vulcan A. G.
Vermessung:	84 BRT
Länge über alles:	35,4 m
Besegelung:	6 Segel, Segelfläche 430 m²
Maschinenleistung:	108 PS
Eigner:	Maritime Tradition Vegesack Nautilus e. V., Bremen
Heimathafen:	Bremen-Vegesack, Deutschland

Fyrskib XVII
Dänisches Feuerschiff

Feuerschiffe sind Zeugen einer Zeit, in der allein ihr Licht und das der Leuchttürme Orientierung auf See gaben. Im Laternenmast trugen die Feuerschiffe, die auf fester Station verankert lagen, die große Leuchtfeuerlaterne – etwa 16 Meter über Wasser und etwa 28 Seemeilen entfernt noch zu sehen. Später erhielten die Schiffe eine Funkanlage. Dann übernahmen Leuchtbojen ihren Dienst. Die Erfindung des Radars erfolgte erst 1935.

Typ:	Feuerschiff, Museumsschiff
Baujahr/Werft:	1895/Hansen, Odense, Dänemark
Vermessung:	169 BRT
Länge über alles:	35,3 m
Maschinenleistung:	135 PS
Liegeplatz:	Nyhavn, Kopenhagen, Dänemark

Rickmer Rickmers
Deutsche Bark

Als Vollschiff für die Ostasienfahrt gebaut, wurde der Dreimaster 1905 als Bark getakelt. 1916 wurde das Schiff von Portugal beschlagnahmt, fuhr als „Flores" Kriegsmaterial über den Atlantik, wurde 1924 als „Sagres" Schulschiff, lag ab 1962 als Depotschiff in Alfeite. 1983 erwarb es der Verein „Windjammer für Hamburg" und ließ es sorgfältig restaurieren. Heute dient die „Rickmer Rickmers" als Museumsschiff mit Restaurant.

Typ:	Dreimastbark, Museumsschiff
Baujahr/Werft:	1896/Rickmers-Werft, Bremerhaven
Vermessung:	3067 ts Deplacement
Besegelung:	24 Segel, Segelfläche 3500 m²
Maschinenleistung:	2 x 350 PS
Reederei:	R. C. Rickmers, Geestemünde
Eigner:	Verein Windjammer für Hamburg e. V.
Liegeplatz:	Fiete-Schmidt-Anleger, Hamburg, Deutschland

Prinzessin Heinrich
Deutscher Raddampfer

Albert Ballin, Chef der Hamburg-Amerika Linie, hatte einen Dampfer bei der Werft bestellt, die später viele Schiffe für die Hapag bauen sollte. Mit einer illustren Gesellschaft fand die Jungfernfahrt statt. Die „Prinzessin Heinrich", die wegen ihrer weichen Bewegungen „Schaukelprinzessin" genannt wurde, war während des Baus und danach vielen Veränderungen und Verbesserungen unterworfen, für die Ballin nicht zahlen wollte.

Typ:	Seitenraddampfer, Fahrgastschiff
Baujahr/Werft:	1896/Blohm & Voss, Hamburg
Vermessung:	930 BRT
Länge über alles:	76,2 m
Maschinenleistung:	1800 PS
Reederei:	Ballins Dampfschiff-Rhederei, Hamburg, Deutschland

Volldampf
Deutscher Dampfschlepper

Bis 1977 im aktiven Dienst unter dem Namen „Else Otto" war der Schlepper auf Elbe und Oder und im Berliner Raum in Fahrt. Von seinem letzten Eigner erwarb das Deutsche Technik Museum Berlin, das frühere Museum für Verkehr und Technik, den Dampfer. Sorgfältig restauriert und mit dem neuen Namen „Volldampf" geht der alte Schlepper mit Fahrgästen auf Berlins Gewässern auf Fahrt. 25 Passagiere haben Platz an Bord.

Typ:	Dampfschlepper
Baujahr/Werft:	1896/A. G. Vulcan, Stettin
Vermessung:	72 ts Deplacement
Länge über alles:	17,9 m
Maschinenleistung:	96 PS
Eigner:	Deutsches Technik Museum Berlin
Heimathafen:	Museumshafen, Deutsches Technik Museum Berlin, Deutschland

CA 3 Brooklyn
Amerikanischer Panzerkreuzer

Das Schiff mit seinen acht Geschützen in vier Doppeltürmen hatte eingezogene Seiten, um auch längsseits feuern zu können. Zum Einsatz kam die „Brooklyn" im Krieg gegen Spanien, als sie 1898 an der Blockade von Santiago de Cuba beteiligt war, um die spanischen Schiffe daran zu hindern, nach Havanna zu laufen. Während des Ersten Weltkriegs war die „Brooklyn" im Fernen Osten stationiert. 1921 wurde sie aus der Flottenliste gestrichen.

Typ:	Panzerkreuzer
Baujahr:	1896
Vermessung:	10 068 ts Deplacement
Länge über alles:	122,7 m
Maschinenleistung:	18 769 PS
Flotte:	US Navy

Odin
Deutsches Panzerschiff

Für den Küstenschutz gebaut, hatte die „Odin" einen geringen Aktionsradius, musste schweres Wetter und hohe See meiden. 1900 war sie Versuchsschiff für die Einführung der drahtlosen Telegrafie. Nach dem Umbau war sie größer und hatte zwei Schornsteine. Ab 1916 diente sie als Wohnschiff. Von der Hamburger Reederei Arnold Bernstein gekauft, wurde „Odin" 1922 zum Motor-Schwergutfrachter umgebaut und 1935 abgewrackt.

Typ:	Küstenpanzerschiff
Baujahr/Werft:	1896/Kaiserliche Werft Danzig
Vermessung:	3754 ts Deplacement (nach Umbau 4292 ts)
Länge über alles:	79 m (nach Umbau 86,15 m)
Flotte:	Kaiserliche Marine

Rossia
Russischer Panzerkreuzer

Das Wettrüsten auf See während der instabilen Weltlage, die immer wieder Konflikte hervorbrachte, führte bei allen Großmächten zu einem gesteigerten Flottenbau. Als Russland die ältere „Rurik" durch die moderne „Rossia" ersetzte, baute Großbritannien die „Terrible" und die „Powerful". Die „Rossia" war ein gepanzerter Dreischrauben-Dampfer, bewaffnet mit 20 Geschützen und fünf Torpedorohren und mit einer Besatzung von 843 Mann.

Typ:	Panzerkreuzer
Baujahr:	1896
Vermessung:	13 675 ts Deplacement
Länge über alles:	146,5 m
Maschinenleistung:	18 466 PS
Flotte:	Russische Flotte

Zeeland
Niederländisches Panzerschiff

Das niederländische Flottenbauprogramm diente vor allem der Küstenverteidigung und der Sicherung der überseeischen Kolonien. In den Neunzigerjahren des 19. Jahrhunderts wurde eine ganze Reihe von Panzer- und Panzerdeckschiffen gebaut. Die „Zeeland", ein Zweischornsteiner, war mit 28 Geschützen unterschiedlicher Kaliber und mit vier Torpedorohren stark bestückt. Die damaligen Kriegsschiffe der Niederlande mussten ihre Schlagkräftigkeit jedoch nie unter Beweis stellen.

Typ:	Panzerdeckschiff
Baujahr/Werft:	1897/Koninklijke Maatschappij de Schelde, Vlissingen, Niederlande
Vermessung:	4000 ts Deplacement
Länge über alles:	93,3 m
Maschinenleistung:	9818 PS
Flotte:	Koninklijke Nederlandsche Zeemacht

Viking
Dänischer Zollkutter

Als Toldkrydsjagd Nr. XVI war die „Viking" einst im Inselmeer südlich von Fünen, das mit seinen vielen Inseln und Buchten ein günstiges Gebiet für Schmuggler war, im aktiven Dienst. Seit 1979 ist sie Teil der großen Sammlung von Museumsschiffen in Svendborg, die im Sommerhalbjahr mit Touristen im Sund auf Fahrt gehen. Sie ist eine schmucke spitzgattige Yacht mit Pfahlmast für die Besegelung und einem zusätzlichen Hilfsmotor.

Typ:	Zollkreuzyacht, Kutter
Baujahr/Werft:	1897/N. F. Hansen, Odense
Vermessung:	19,57 BRT
Länge über alles:	13,7 m
Besegelung:	3 Segel, Segelfläche 115 m^2
Maschinenleistung:	135 PS
Eigner:	Söfartssamlingerne i Troense, Svendborg
Heimathafen:	Maritimt Center, Svendborg, Dänemark

San Nicolas
Deutsches Fracht- und Fahrgastschiff

Für die Hamburg-Süd in der Südamerikafahrt in Dienst, unternahm die „San Nicolas" ihre Jungfernfahrt nach San Nicolas. Bei Ausbruch des Krieges 1914 nahm sie Zuflucht in einem brasilianischen Hafen in Pernambuco. Hier wurde sie 1917 beschlagnahmt und fuhr unter brasilianischer Flagge als „Alfenas". 1923 erfolgte die Umbenennung des Dampfers in „Campos Salles". Nach langen Jahren in Fahrt wurde die ehemalige „San Nicolas" 1962 abgewrackt.

Typ:	Fracht- und Fahrgastschiff
Baujahr/Werft:	1897/Blohm & Voss, Hamburg
Vermessung:	4739 BRT
Länge über alles:	114,54 m
Maschinenleistung:	5300 PS
Reederei:	Hamburg-Süd, Hamburg, Deutschland

Iltis
Deutsches Kanonenboot

Als Ersatz für die erste „Iltis" von 1880, die 1896 in einem Taifun vor China gestrandet war, wurde das neue Kanonenboot auch in Fernost eingesetzt und war 1900 an den Kämpfen zur Niederschlagung des chinesischen Boxeraufstands beteiligt. Bei Kriegsausbruch 1914 lag „Iltis" in Tsingtau. Als die Übergabe der Festung unvermeidlich war, erfolgte die Selbstversenkung der Kanonenboote „Iltis", „Fuchs" und „Cormoran".

Typ:	Kanonenboot
Baujahr/Werft:	1898/F. Schichau, Danzig
Vermessung:	1048 ts Deplacement
Länge über alles:	65,2 m
Flotte:	Kaiserliche Marine

Alabama
Amerikanisches Schlachtschiff

Das Schlachtschiff 1. Klasse war der erste Typ weiterer Kriegsschiffe wie der „Illinois" und der „Wisconsin", die erneut die Bedeutung der Seemacht USA zur Geltung bringen sollten. Die „Alabama", deren zwei Schornsteine nebeneinander standen, war schwer gepanzert, in der Hauptbatterie mit 18 schweren Geschützen bestückt, außerdem mit 23 zum Teil leichteren Geschützen und vier Torpedorohren. Die Besatzung bestand aus 489 Mann.

Typ:	Schlachtschiff
Baujahr:	1898
Vermessung:	11 525 ts Deplacement
Länge über alles:	114,6 m
Maschinenleistung:	ca. 12 000 PS
Flotte:	US Navy

Ermak
Russischer Eisbrecher

Ursprünglich für die Ostsee gebaut, wurde die „Ermak" zwischen Murmansk, Hafenstadt und Flottenstützpunkt am Nordmeer, und Wladiwostok, Hafenstadt und Hauptstützpunkt der russischen Pazifikflotte, eingesetzt. Die riesige Verbindungsstrecke nördlich Sibiriens sollte für die zivile und militärische Schifffahrt passierbar bleiben. Die „Ermak" war der Marine unterstellt. Der Eisbrecher, der für viele andere als Vorbild diente, wurde erst 1964 ausgemustert.

Typ:	Eisbrecher
Baujahr/Werft:	1898/Armstrong, Mitchell & Co. Ltd., Walker-on-Tyne, Großbritannien
Vermessung:	8730 ts Deplacement
Länge über alles:	97,55 m
Maschinenleistung:	9390 PS
Flotte:	Russische Flotte, ab 1917 Sowjetische Marine

Kaiser Friedrich III.
Deutsches Linienschiff

Es war das erste Dreischrauben-Linienschiff der Kaiserlichen Marine. Von guter Manövrierfähigkeit, war es zeitweise Geschwader-Flaggschiff. Die Besatzung war 690 Mann stark. 1808 bis 1809 wurde das Panzerschiff I. Klasse modernisiert und erhielt eine neue Bewaffnung. 1916 desarmiert, diente es als Wohnschiff für Kriegsgefangene, nach 1918 als Lehr- und Wohnschiff der Flottenschule. 1919 aus der Flottenliste gestrichen und abgewrackt.

Typ:	Panzerschiff, Linienschiff
Baujahr/Werft:	1898/Kaiserliche Werft Wilhelmshaven, Deutschland
Vermessung:	11 758 ts Deplacement (nach Umbau 11 894 ts)
Länge über alles:	125,3 m
Maschinenleistung:	13 053 PS
Flotte:	Kaiserliche Marine

Potemkin
Russischer Panzerkreuzer

Mit dem Aufstand der Matrosen an Bord des Schiffes wurden 1905 die revolutionären Ereignisse gegen die zaristische Herrschaft in Russland eingeleitet. Als „Knjas Potemkin Tawrischeskij" wurde der Panzerkreuzer für die Schwarzmeerflotte in Dienst genommen. Die Matrosen übergaben nach dem Aufstand das Schiff der rumänischen Regierung, die es nach Russland auslieferte. Als „Pantelejmon" wurde es wieder in Dienst genommen, 1922 abgebrochen.

Typ:	Panzerkreuzer, Linienschiff
Baujahr/Werft:	1898/Staatswerft, Nikolajew, Russland
Vermessung:	12 784 ts Deplacement
Länge über alles:	115,3 m
Maschinenleistung:	10 600 PS
Flotte:	Russische Flotte

Pirna
Sächsisches Ausflugsschiff

Als Oberdeckdampfer „König Albert" in Dienst gestellt, wurde das Schiff nach Abschaffung der Monarchie in Sachsen in „Pirna" umbenannt. 1960 bis 1961 wurde der vordere Decksalon aufgebaut. Der Dampfer wurde wie alle anderen Dampfer der Weißen Flotte Dresdens – mit Ausnahme der „Diesbar" von 1884, die noch mit Kohle befeuert wird – auf extraleichtes Heizöl umgestellt. Die historisch rekonstruierte „Pirna" dient dem nostalgischen Fahrvergnügen.

Typ:	Seitenraddampfer, Fahrgastschiff
Baujahr/Werft:	1898/Schiffswerft Blasewitz der Sächsisch-Böhmischen Dampfschiffahrt A. G., Dresden
Länge über alles:	57,1 m
Maschinenleistung:	140 PS
Reederei:	Sächsische Dampfschiffahrt GmbH & Co., Conti Elbschiffahrts KG, Dresden, Deutschland

Meteor II
Deutsche Kaiseryacht

Kaiser Wilhelm II. ließ sich für 168 147 Goldmark in England eine Yacht bauen. Das Segelschiff, „a new dashing racing cutter of Britannia type", ein neuer schnittiger Renner des Britannia-Typs, hatte als Vorbild die „Britannia", die sich der Prince of Wales, der spätere King Edward VII., 1893 bauen ließ, mit der er zahlreiche Regatten erfolgreich absolvierte. Kaiser Wilhelm II. beteiligte sich mit seiner Yacht an den Regatten der Kieler Woche.

Typ:	Segelyacht, Yawl
Baujahr:	1899/England
Länge über alles:	37,6 m
Besegelung:	6 Segel, Segelfläche 1045 m^2
Eigner:	Kaiser Wilhelm II.; ab 1902 als „Comet" und „Orion" bei der Kaiserlichen Marine

Großer Kurfürst
Deutscher Postdampfer

Der Postdampfer war zwischen Bremerhaven und abwechselnd New York und Sydney in Fahrt. 1913 rettete „Großer Kurfürst" die Überlebenden des brennenden britischen Dampfers „Volturno". 1914 in New York aufgelegt, wurde das Schiff 1917 beschlagnahmt und als „Aeolus" der US Navy übergeben. Ab 1922 war es zehn Jahre lang als „City of Los Angeles" in Dienst. 1937 ging es nach Japan und wurde dort abgewrackt.

Typ:	Postdampfer, Fracht- und Passagierschiff
Baujahr/Werft:	1900/F. Schichau, Danzig
Vermessung:	13 182 BRT
Länge über alles:	177,05 m
Maschinenleistung:	8250 PS
Reederei:	NDL Norddeutscher Lloyd, Bremen, Deutschland

Bremen (Prinzess Irene)
Deutscher Postdampfer

Als „Prinzess Irene" war der Dampfer von Bremerhaven nach New York und Yokohama, auch von Genua nach New York in Fahrt. 1904 rettete sie die Besatzung des österreichischen Schoners „Marije", 1909 die 109 Schiffbrüchigen des britischen Dampfers „Slavonia". 1914 in New York aufgelegt, wurde das Schiff 1917 beschlagnahmt und war als „Pocahontas" in Fahrt. 1922 erfolgte der Rückkauf und die Umbenennung in „Bremen".

Typ:	Postdampfer, Fracht- und Passagierschiff
Baujahr/Werft:	1900/Maschinenbau A. G. Vulcan, Stettin
Vermessung:	10 881 BRT
Länge über alles:	166,1 m
Maschinenleistung:	8000 PS
Reederei:	NDL Norddeutscher Lloyd, Bremen, Deutschland

Deutschland
Deutscher Schnelldampfer

Die Jungfernreise führte nach New York. 1911 wurde die „Deutschland" zum Kreuzfahrtschiff „Victoria Luise" für 487 Passagiere umgebaut. 1914 wurde sie Hilfskreuzer der Marine, wurde aber nicht eingesetzt. 1920 bis 1921 erfolgte wieder ein Umbau, das Schiff wurde in „Hansa" umbenannt und wieder in den Dienst nach New York gestellt. 1288 Passagiere hatten an Bord Platz. 1925 wurde das Schiff in Hamburg abgewrackt.

Typ:	Passagierschiff, Kreuzfahrtschiff
Baujahr/Werft:	1900/Maschinenbau A. G. Vulcan, Stettin
Vermessung:	16 502 BRT
Länge über alles:	208,5 m
Maschinenleistung:	34 000 PS
Reederei:	NDL Norddeutscher Lloyd, Bremen, Deutschland

Kiautschou
Deutscher Ostasien-Dampfer

Vor allem im Ostasiendienst nach Yokohama eingesetzt, wurde „Kiautschou" 1904 als „Princess Alice" an den NDL übergeben. 1914 in Cebu aufgelegt, 1917 beschlagnahmt, war sie dann unter amerikanischer Flagge als „Princess Matoika" in Fahrt. Nach mehreren Verkäufen gelangte die ehemalige „Kiautschou" 1926 an die Los Angeles Steam Ship Co., wurde zum Luxusliner „City of Honolulu" umgebaut. 1930 brannte sie in Honolulu aus.

Typ:	Fracht- und Passagierschiff
Baujahr/Werft:	1900/Maschinenbau A. G. Vulcan, Stettin
Vermessung:	10 911 BRT
Länge über alles:	166,1 m
Maschinenleistung:	8000 PS
Reederei:	Hapag, Hamburg; ab 1904 NDL Norddeutscher Lloyd, Bremen, Deutschland

Kronprinz
Deutscher Ostafrika-Dampfer

Die Jungfernreise führte nach Ostafrika, 1901 fand die erste Fahrt rund um Afrika statt. Das Deutsche Reich hatte in Afrika einige Kolonien, so war die Afrikafahrt lohnend. Bei Kriegsausbruch 1914 wurde „Kronprinz" in Lourenço Marques (heute: Maputo, Hauptstadt von Mosambik) aufgelegt und zwei Jahre später von der portugiesischen Regierung beschlagnahmt. Als „Quelmane" war die ehemalige „Kronprinz", als es in Deutschland keine Monarchie mehr gab, bis 1927 in Dienst.

Typ:	Fracht- und Passagierschiff
Baujahr/Werft:	1900/Blohm & Voss, Hamburg
Vermessung:	5645 BRT
Länge über alles:	125,3 m
Maschinenleistung:	3200 PS
Reederei:	Deutsche Ost-Afrika Linie, Hamburg, Deutschland

Kaiser Wilhelm
Deutsches Ausflugsschiff

Von Lauenburg, kurz vor Hamburg an der Elbe, geht der Dampfer, der noch mit Kohle befeuert wird, auf nostalgische Vergnügungsfahrten. Seine erste Fahrt unternahm „Kaiser Wilhelm" von der Werft in Dresden über die Elbe, durch die Nordsee die Weser hinauf, wo er für die Oberweserdampfschiffahrt F. W. Meyer zwischen Hameln und Hann. Münden bis 1970 in Dienst war. Dr. Ernst Schmidt rettete das Schiff vor der Verschrottung.

Typ:	Seitenraddampfer, Fahrgastschiff
Baujahr/Werft:	1900/Dresdner Maschinenfabrik & Schiffswerft A. G., Dresden
Länge über alles:	46 m; nach Verlängerung auf der Bauwerft 1910: 57,2 m
Maschinenleistung:	168 PS
Betriebsführung:	RD Kaiser Wilhelm, Lauenburg
Heimathafen:	Lauenburg an der Elbe, Deutschland

Kaiser Wilhelm II.
Deutsches Linienschiff

Bis 1906 war das Panzerschiff I. Klasse das Flottenflaggschiff der Aktiven Schlachtflotte, die ab 1907 Hochseeflotte hieß. Nach Umbau und Modernisierung zum Linienschiff diente es der Reserve-Division-Ostsee als Stammschiff bis 1912. Nicht mehr den Anforderungen genügend, wurde es ab 1915 Verwaltungsschiff in Wilhelmshaven. 1921 wurde das ehemalige Linienschiff aus der Liste der Kriegsschiffe gestrichen, verkauft und abgewrackt.

Typ:	Panzerschiff, Linienschiff
Baujahr/Werft:	1900/Kaiserliche Werft Wilhelmshaven, Deutschland
Vermessung:	11 785 ts Deplacement (nach Umbau 11 894 ts)
Länge über alles:	125,3 m
Maschinenleistung:	13 053 PS
Flotte:	Kaiserliche Marine

Kearsage
Amerikanisches Schlachtschiff

Die Geschützanordnung der „Kearsage" und ihrer Schwester „Kentucky" sorgten für Aufsehen. Vier 330-mm-Geschütze waren vorn und achtern in Zwillingstürmen untergebracht. Auf diese Türme waren Zwillingstürme für 203-mm-Geschütze aufgesetzt. Die beiderseits je sieben 127-mm-Geschütze waren in Batterien innerhalb der Aufbauten installiert. Die „Kearsage", bis 1904 Flaggschiff der Nordatlantikflotte, wurde 1955 außer Dienst gestellt.

Typ:	Schlachtschiff
Baujahr:	1900
Vermessung:	12 850 ts Deplacement
Länge über alles:	114,4 m
Maschinenleistung:	10 000 PS
Flotte:	US Navy

Retvisan
Russisches Schlachtschiff

Seine Ähnlichkeit mit amerikanischen Schiffen verdankt die stark bestückte und gepanzerte „Retvisan" der Werft in Philadelphia. 1904 wurde das Schlachtschiff im Krieg gegen Japan eingesetzt und vor Port Arthur durch Treffer versenkt. 1908 wurde das Schiff durch die Japaner gehoben und als „Hizen" bei der japanischen Marine in Dienst gestellt. Zuletzt war es Zielschiff für Schießübungen und versank zum zweiten Mal 1924.

Typ:	Schlachtschiff
Baujahr/Werft:	1900/William Cramp & Sons, Philadelphia, USA
Vermessung:	12 900 ts Deplacement
Länge über alles:	117,8 m
Maschinenleistung:	17 000 PS
Flotte:	Russische Flotte

Luise Horn
Deutscher Frachtdampfer

Ein typischer Tramp-Frachtdampfer aus der Zeit vom Ende des 19. bis zum Anfang des 20. Jahrhunderts für den Nord-Ostsee-Verkehr in der damaligen Art des Dreiinseltyps mit Back, Aufbauten und Poop. Es hatte drei Laderäume mit drei Luken und ein Ladegeschirr bis maximal 3 Tonnen. Und wie bei den Ostseefahrern bis in die Dreißigerjahre des vorigen Jahrhunderts üblich, mit offener Brücke statt Steuerhaus. Das Einschraubenschiff konnte vorn am Mast noch ein Stützsegel fahren.

Typ:	Tramp-Frachtdampfer
Baujahr:	um 1900
Vermessung:	1326 BRT
Länge über alles:	ca. 63 m
Maschinenleistung:	900 PS
Reederei:	H. C. Horn, Schleswig/Lübeck, Deutschland

Washington
Amerikanischer Tankdampfer

Bislang waren Öl und andere flüssige Güter in Fässern transportiert worden. Seit 1886 gab es die ersten Tankdampfer. Die „Petrolea" war in Schweden, der deutsche Tanker „Glückauf" in England gebaut worden. Das Öl wurde nun in großen Tanks verschifft. Um 1900 gab es etwa 180 Tankdampfer in der ganzen Welt, das entsprach einem Anteil von 1,5 Prozent aller Handelsschiffe. 1905 ging der erste Tanker ohne Hilfsbesegelung in Fahrt.

Typ:	Tankdampfer
Baujahr:	um 1900
Vermessung:	ca. 3000 ts Deplacement
Länge über alles:	ca. 95 m
Besegelung:	10 Segel

Aurora
Russischer Kreuzer

Als eines der wenigen russischen Schiffe entging die „Aurora" 1905 in der Seeschlacht bei Tsushima der Vernichtung durch die Japaner. Am 25. Oktober (alter russischer Zeitrechnung) 1917 gab die Aurora durch einen Signalschuss das Zeichen zum Sturm auf das Winterpalais, Sitz der Regierung im damaligen Petrograd. Während der Oktoberrevolution wurden die Anordnungen Lenins und der Sowjets per Funk von der „Aurora" gesendet.

Typ:	Panzerkreuzer, Museumsschiff
Baujahr/Werft:	1900/Galernij-Werft, St. Petersburg
Vermessung:	6731 ts Deplacement
Länge über alles:	126,8 m
Maschinenleistung:	11 610 PS
Flotte:	Russische Flotte, ab 1917 Sowjetische Marine
Liegeplatz:	Newa-Ufer, St. Petersburg, Russland

Neue Schiffe für moderne Zeiten

Das 20. Jahrhundert

Neue Schiffe für moderne Zeiten

Das 20. Jahrhundert

Das 20. Jahrhundert war eine Zeit der großen Hoffnungen und großen Enttäuschungen. Der technische Fortschritt – in Industrie und Landwirtschaft, im Schiffbau und allen anderen Verkehrstechniken, im Nachrichtenwesen – versprach eine bessere Welt für alle Menschen. Man glaubte, Hunger und Not wären überwindbar geworden. Die Globalisierung, längst durch Industrialisierung und Kapitalismus in Gang gesetzt, nahm weiter an Fahrt zu. Die internationalen Interessen und Verflechtungen schienen Garanten für den Frieden zu sein. Anfangs des 20. Jahrhunderts war die Welt fast vollständig aufgeteilt. Die Weltordnung schien stabil zu sein.

Doch das Wettrüsten der großen Mächte hielt an. Abschreckung eventueller Gegner sollte den Frieden sichern. Auch in den Kriegsmarinen wurden Turbinendampfer eingesetzt, die Maschinenleistung erhöhte sich, die Schiffe wurden größer, waren stärker bewaffnet. Der Typ des modernen Schlachtschiffs entwickelte sich. Zur neuen Waffe wurde das U-Boot.
Durch die Eröffnung des Panamakanals 1914 war eine direkte Verbindung zwischen Atlantik und Pazifik geschaffen worden. Im pazifischen Raum führten 1905 die gegensätzlichen Interessen des japanischen und russischen Imperiums zum Krieg, in dem ein Großteil der russischen Flotte vernichtet wurde. Das Deutsche Reich war zu dieser Zeit die größte Industriemacht in Europa, Großbritannien aber war die stärkste Seemacht. Kaiser Wilhelm II. bestimmte: „Der Dreizack gehört in unsere Faust!" Und er erklärte: „Mir ist ein gutes Verhältnis zu England um den Preis des Ausbaus der Flotte Deutschlands nicht erwünscht." Großbritannien verbündete sich mit Frankreich und Russland. Nachdem Österreich-Ungarn wegen der Ermordung seines Thronfolgers in Sarajevo den Krieg gegen Serbien erklärt hatte, befand Wilhelm II. „Jetzt oder nie!" und erklärte Russland und Frankreich den Krieg. Der Erste Weltkrieg hatte 1914 begonnen und endete 1918 mit der Niederlage der Mittelmächte. Die Kaiser gingen, die Generale und Admirale blieben. In Russland siegte die Revolution.
Nach dem Krieg setzte sich immer mehr der Dieselmotor als Antrieb für Schiffe durch. Die ersten Motorschiffe waren schon Anfang des Jahrhunderts in Betrieb genommen worden.
Doch auch nach dem Ersten Weltkrieg gab es keinen Frieden. Briten, Franzosen, Amerikaner und Japaner griffen mit Interventionstruppen Sowjetrussland an, Japan überfiel China, Italien eroberte Abessinien und Albanien. In Deutschland wurde die Regierungsgewalt Hitler und seinen Nationalsozialisten übergeben. Sie wollten wieder Weltgeltung erlangen und zusammen mit den verbündeten Staaten Italien und Japan die Weltherrschaft erobern. Ein großes Flottenprogramm sollte helfen, dieses Ziel zu erreichen. Die Reichsmarine wurde in Kriegsmarine umbenannt. 1939 begann das Deutsche Reich den Krieg, der sich zum Zweiten Weltkrieg ausweitete. Mit der Kapitulation Deutschlands und Japans 1945 endete der Krieg.
Mit dem Ende des Krieges war auch das Ende der großen Schlachtschiffe gekommen. Flugzeugträger und U-Boote waren nun die Hauptwaffen. Der Nuklearantrieb für Schiffe fand vor allem bei U-Booten Verwendung. Der Kalte Krieg begann; auf der einen Seite die USA und das westliche Militärbündnis NATO, auf der anderen Seite die Sowjetunion und die sozialistischen Länder des Warschauer Paktes. Gleichzeitig befreiten sich – bis auf wenige kleine Gebiete – die Kolonien und wurden eigenständige Staaten. Erst mit dem Ende der Sowjetunion 1991 endete der Kalte Krieg. Doch immer neue

Kriege überall auf der Welt ließen die Hoffnung auf Frieden im vergangenen Jahrhundert immer wieder schwinden.
Zu Anfang des 20. Jahrhunderts betrug die Tonnage der Handelsschiffe in aller Welt etwa 26 Millionen Tonnen. 10 Millionen davon erbrachten die kleinen und großen Segler, die bis in die Dreißigerjahre des vorigen Jahrhunderts von großer Bedeutung waren. Zu Ende des 20. Jahrhunderts betrug die Handelstonnage der Welt 500 Millionen Tonnen. Schiffe sind damit die wichtigsten Transportmittel der Welt.
Die Passagierschifffahrt erlebte in den Zwanziger- und Dreißigerjahren ihren Höhepunkt. Nach dem Krieg übernahmen jedoch allmählich Flugzeuge den Hauptteil des Personenverkehrs. Die „United States", Inhaberin des Blauen Bandes, stellte 1969 außer Dienst. Doch gegen Ende des 20. Jahrhunderts befuhren wieder Traumschiffe die Meere der Welt. Die Tradition der luxuriösen Kreuzfahrten lebte auf und begeisterte unzählige Menschen auf den Flüssen und Meeren. Auch die Segelschiffe erlebten eine Renaissance. Es ist wieder ein Vergnügen, mit vollen Segeln über See zu jagen.

Bild oben:
Blick in den Maschinenraum eines Dieselmotorschiffs.

Vorige Doppelseite:
Die „Ecstasy" der Carnival Cruise Lines.

Good Hope
Britischer Panzerkreuzer

Während des Italienisch-Türkischen Krieges 1911 bis 1912 war „Good Hope" Flaggschiff der britischen Mittelmeerflotte. Als veraltet wurde der Panzerkreuzer 1913 der Reserveflotte zugewiesen, aber bei Beginn des Ersten Weltkriegs reaktiviert. Mit einem kleinen Geschwader traf „Good Hope" vor der chilenischen Küste auf Admiral Graf Spees größeres deutsches Ostasiengeschwader. Im Gefecht wurden „Good Hope" und „Monmouth" versenkt.

Typ:	Panzerkreuzer
Baujahr/Werft:	1901/Fairfield Shipbuilding & Engineering Co. Ltd., Govan, Schottland
Vermessung:	14 100 ts Deplacement
Länge über alles:	161,4 m
Maschinenleistung:	30 000 PS
Flotte:	Royal Navy

Blücher
Deutsches Passagierschiff

Die Jungfernreise des Hapag-Nordatlantik-Dampfers führte nach New York. Auch bei Kreuzfahrten wurde „Blücher" eingesetzt. 1912 erfolgte der Umbau für den Südamerika-Dienst und Luxuskabinen wurden hinzugefügt. 1914 in Pernambuco aufgelegt, wurde der Dampfer von der brasilianischen Regierung beschlagnahmt und fuhr als „Leopoldina". 1918 nach Frankreich gegeben, wurde er in „Suffren" umbenannt, 1929 in Genua abgewrackt.

Typ:	Passagierschiff
Baujahr/Werft:	1901/Blohm & Voss, Hamburg
Vermessung:	12 334 BRT
Länge über alles:	167,5 m
Maschinenleistung:	9500 PS
Reederei:	Hapag, Hamburg, Deutschland

Walter
Deutsches Binnengüterschiff

Als „Fritz" erhielt der eiserne Schleppkahn später einen Motor eingebaut. Insgesamt 90 Jahre war das Schiff in Dienst, transportierte Getreide, Kohle, Schrott und andere Massengüter auf der Elbe, ihren Nebenflüssen und Kanälen. Bevor sich der letzte Eigner, Kapitän Scharlipp aus Hitzacker an der Elbe, zur Ruhe setzte, brachte er „Walter" nach Lübeck. Im Museumshafen ist das Schiff restauriert worden und dient jetzt als Vereinsheim.

Typ:	Binnen-Massengüterschiff
Baujahr/Werft:	1901/Droescher, Rathenow, Brandenburg
Vermessung:	558 t Tragfähigkeit
Länge über alles:	60,25 m
Maschinenleistung:	320 PS
Eigner:	Museumshafen Lübeck e. V.
Liegeplatz:	Museumshafen, Holstenhafen, Lübeck, Deutschland

Mikasa
Japanisches Schlachtschiff

Während des Russisch-Japanischen Krieges 1904 bis 1905, der mit dem Überfall auf die russische Pazifikflotte in Port Arthur begann, war „Mikasa" im Einsatz. Ein neues russisches Geschwader mit der „Aurora" traf ein. Bei der entscheidenden Seeschlacht von Tsushima war „Mikasa" unter Admiral Togo das Flaggschiff. In der Reparaturwerft explodierten die Munitionsräume und sie sank. Wieder gehoben, war sie bis 1922 in Dienst.

Typ:	Schlachtschiff, Museumsschiff
Baujahr/Werft:	1901/Vickers Sons & Maxim, Barrow-in-Furness, England
Vermessung:	15 179 ts Deplacement
Länge über alles:	131,7 m
Maschinenleistung:	25 000 PS
Flotte:	Japanische Kriegsmarine
Ausstellung:	Hafen Yokosuka, Honshu, Japan

Gauss
Deutsches Forschungsschiff

Das Schiff wurde für die erste deutsche Südpolarexpedition gebaut. Unter der Leitung des Polarforschers Erich von Drygalski erbrachte die Reise die bislang umfangreichsten wissenschaftlichen Erkenntnisse, die vor allem gewonnen wurden, als die „Gauss" von Februar 1902 an für ein Jahr im Eis eingeschlossen lag. Die Polarbegeisterung in Deutschland erlosch, das Schiff wurde 1904 nach Kanada verkauft und erhielt den Namen „Arctis".

Typ:	Schonerbark, Forschungsschiff
Baujahr/Werft:	1901/Howaldtswerke A. G., Kiel
Vermessung:	1442 ts Deplacement
Länge über alles:	64,8 m
Besegelung:	16 Segel
Maschinenleistung:	324 PS
Eigner:	Gesellschaft für Erdkunde zu Berlin, Deutschland

Uri
Schweizerisches Ausflugsschiff

Von den vier Original-Dampfschiffen, die noch auf dem Vierwaldstättersee in Dienst sind, ist die „Uri" das älteste. Früher ein Fahrgastschiff, das die Orte am See miteinander verband, erfüllt es heute noch diese Funktion. Vor allem ist die „Uri", immer wieder liebevoll renoviert, für die begeisterten Touristen in Fahrt, die ein technisches Denkmal in Betrieb und dabei die wundervolle Natur, den See und die umkränzenden Berge erleben.

Typ:	Seitenraddampfer, Fahrgastschiff
Baujahr/Werft:	1901/Gebr. Sulzer, Winterthur
Vermessung:	353,6 ts Deplacement
Länge über alles:	61,8 m
Maschinenleistung:	650 PS
Reederei:	SGV Schifffahrtsgesellschaft des Vierwaldstättersees, Luzern, Schweiz

Lucie Woermann
Deutsches Fracht- und Passagierschiff

Die Woermann-Linie hatte 1891 mit der Kolonialgesellschaft für Südwestafrika einen Vertrag geschlossen und landete in Swakopmund Fracht und Passagiere an. Die „Lucie Woermann" war in der Afrikafahrt tätig. Nach dem Krieg musste der Dampfer an Großbritannien abgeliefert werden, fuhr ab 1921 als „Aviateur Roland Garros" unter französischer Flagge. Neuer Heimathafen war Marseille. 1931 dampfte das Schiff nach Italien zum Abwracken.

Typ:	Fracht- und Passagierschiff
Baujahr/Werft:	1902/Blohm & Voss, Hamburg
Vermessung:	4630 BRT
Länge über alles:	111,7 m
Maschinenleistung:	2600 PS
Reederei:	Afrikanische Dampfschiffs-AG, Woermann-Linie, Hamburg, Deutschland

Stephan
Deutscher Kabeldampfer

Mit dem Morseapparat war seit 1837 das Telegrafieren möglich. Das erste Übersee-Telegrafenkabel wurde in den Jahren 1857 und 1858 zwischen den USA und Europa gelegt. Deutschland verlegte erst spät Überseekabel. Bis 1904 wurden zwei Kabel von Emden über Vigo in Spanien nach New York verlegt. Auch im Pazifik, wo einige kleine deutsche Besitzungen bestanden, wurden Kabel verlegt, wie hier im Bild bei den Karolinen-Inseln in Mikronesien.

Typ:	Kabelleger
Baujahr/Werft:	1902/A. G. Vulcan, Stettin
Vermessung:	4600 BRT
Maschinenleistung:	2400 PS
Eigner:	Norddeutsche Kabelwerke AG, Deutschland

Unterwalden
Schweizerisches Ausflugsschiff

Ein richtiger Dampfer, der immer noch in Dienst ist. Regelmäßig renoviert und gewartet, fährt die „Unterwalden" über den Vierwaldstättersee. Das schmucke Schiff bietet bis zu 800 Fahrgästen Platz. Es ist wie die anderen schönen Dampfschiffe der SGV ein Zweideck-Salondampfer, verbindet die Orte am See, dient dem nostalgischen Fahrvergnügen der Touristen und kann als Event- oder Konferenzschiff gechartert werden.

Typ:	Seitenraddampfer, Fahrgastschiff
Baujahr/Werft:	1902/Escher-Wyss & Cie., Zürich
Vermessung:	354,5 ts Deplacement
Länge über alles:	61 m
Maschinenleistung:	650 PS
Reederei:	SGV Schifffahrtsgesellschaft des Vierwaldstättersees, Luzern, Schweiz

Preußen
Deutsches Fünfmastvollschiff

Der größte aller Flying P-Liner war zugleich das einzige Fracht-Fünfmastvollschiff der Geschichte. Das bis zu 17 Knoten schnelle Schiff segelte nach Chile, USA und Japan. 1910 hatte die „Preußen" im Englischen Kanal eine Kollision mit einem vorschriftswidrig fahrenden Dampfer. Beim Versuch, mit drei Schleppern Dover als Nothafen anzulaufen, strandete sie. Abbringungsversuche scheiterten. Über die Zeiten zerstörte die See das Wrack.

Typ:	Klipper, Fünfmastvollschiff, Handelssegler
Baujahr/Werft:	1902/Joh. C. Tecklenborg, Geestemünde
Vermessung:	5081 BRT
Länge über alles:	133,5 m
Besegelung:	45 Segel, Segelfläche 5560 m²
Reederei:	F. Laeisz, Hamburg, Deutschland

Parma
Deutsche Viermastbark

Die Reederei Laeisz kaufte 1911 die Bark „Arrow" von der Anglo-American Oil Co. und nannte sie „Parma". Bis 1914 segelte sie in der Chilefahrt, lag bis 1920 in Iquique und wurde an Großbritannien ausgeliefert. 1921 wieder von Laeisz gekauft, wurde sie 1931 an Alan Villiers und Ruben de Cloux verkauft. Sie segelte Weizenregatten zwischen Australien und Europa, belegte 1933 unter 271 Schiffen den zweiten Platz. Nach einer Havarie wurde sie 1936 abgetakelt.

Typ:	Klipper, Viermastbark, Handelssegler
Baujahr/Werft:	1902/A. Rodger & Co., Port Glasgow, Schottland
Vermessung:	3090 BRT
Länge über alles:	99,8 m
Besegelung:	31 Segel
Reederei:	F. Laeisz, Hamburg, Deutschland

Herzogin Cecilie
Deutsches Schulschiff

Auch die Handelsmarine bildete ihren Offiziersnachwuchs auf Schulschiffen aus. „Herzogin Cecilie" war der Stolz des Norddeutschen Lloyd und in aller Welt als Schnellsegler berühmt. Nach dem Ersten Weltkrieg kam das Schiff in den Besitz des auf den Åland-Inseln ansässigen Reeders Gustaf Eriksson und war in der Weizenfahrt. Bei der Wettfahrt mit der schwedischen Bark „Beatrice" 1927/28 siegte „Cecilie". 1936 strandete sie und ging total verloren.

Typ:	Klipper, Viermastbark, Schulschiff
Baujahr/Werft:	1902/Rickmers Reismühlen, Rhederei & Schiffbau AG, Geestemünde
Vermessung:	3242 BRT
Länge über alles:	94,5 m
Besegelung:	31 Segel
Reederei:	NDL Norddeutscher Lloyd, Bremen, Deutschland

Suomen Joutsen
Finnisches Schulschiff

Ursprünglich als „Laennec" in der französischen Salpeterfahrt eingesetzt, wurde das Schiff 1923 an die Hamburger Reederei Hans Hinrich Schmidt verkauft und wurde frachtfahrendes Schulschiff mit Namen „Oldenburg". 1928 nach Bremen verkauft, 1931 an die finnische Regierung, die es in „Suomen Joutsen" (Schwan von Finnland) umbenannte. Mit einem Hilfsmotor ausgerüstet, machte das Schiff Ausbildungsreisen. Heute dient es als stationäres Ausbildungsschiff.

Typ:	Vollschiff, Schulschiff
Baujahr/Werft:	1902/Chantiers et Ateliers de Saint-Nazaire, Frankreich
Vermessung:	2260 BRT
Länge über alles:	96 m
Besegelung:	27 Segel, Segelfläche 2250 m^2
Maschinenleistung:	400 PS
Eigner:	Seemannsschule Turku
Liegeplatz:	Aura-Kai, Turku, Finnland

Zähringen
Deutsches Linienschiff

An Manövern nahm das Linienschiff zwar teil, wurde aber schon sechs Jahre nach Indienststellung während des Ersten Weltkriegs desarmiert und diente als Exerzier- und Zielschiff. 1920 aus der Liste der Kriegsschiffe gestrichen, wurde es 1926 bis 1928 zum ferngelenkten Zielschiff umgebaut. Bei einem Luftangriff 1944 auf Gotenhafen (heute Gdynia in Polen) wurde die „Zähringen" getroffen und brannte aus. Als Blockschiff wurde es in der Hafenzufahrt versenkt.

Typ:	Linienschiff
Baujahr/Werft:	1902/Friedrich Krupp AG, Germaniawerft, Kiel, Deutschland
Vermessung:	12 798 ts Deplacement
Länge über alles:	127,63 m
Maschinenleistung:	14 000 PS
Flotte:	Kaiserliche Marine

Mecklenburg
Deutsches Linienschiff

Das große Flottenprogramm des Deutschen Reiches, mit dem machtvolle Weltgeltung errungen werden sollte, führte vor dem Ersten Weltkrieg zum Bau vieler Kriegsschiffe, die wenige Jahre später außer Dienst gestellt wurden. Die „Mecklenburg" war an wenigen Einsätzen in der Ostsee beteiligt. 1916 desarmiert, diente sie als Wohnschiff. 1920 aus der Liste der Kriegsschiffe gestrichen, wurde sie 1921 in Kiel abgewrackt.

Typ:	Linienschiff
Baujahr/Werft:	1903/A. G. Vulcan, Stettin
Vermessung:	12 798 ts Deplacement
Länge über alles:	126,8 m
Maschinenleistung:	14 000 PS
Flotte:	Kaiserliche Marine

Grete Cords (Vorwärts)
Deutscher Frachtdampfer

Für Fahrten in der Ost- und Nordsee gebaut, wurde die „Grete Cords" 1914 in Brest beschlagnahmt und konnte erst 1920 die Heimreise antreten. Von der Reederei Erich Ahrends übernommen erhielt sie den Namen „Johann Ahrends". Nach 1945 wurde sie in Stralsund überholt und war als „Vorwärts" das erste Handelsschiff der DDR. 1954 außer Dienst gestellt, diente der Dampfer bis 1988 als Ausbildungszentrum für junge Matrosen.

Typ:	Frachtdampfer; bis 1988 Ausbildungszentrum
Baujahr/Werft:	1903/Rostocker A.-G. Neptun, Schiffswerft und Maschinenfabrik, Deutschland
Vermessung:	873 BRT
Länge über alles:	67 m
Maschinenleistung:	450 PS
Reederei:	Cords & Schmidt, Rostock; Deutsche Seereederei der DDR

Carpathia
Britischer Dampfer

Die für den Dienst Triest–New York und Liverpool–Boston gebaute „Carpathia" wurde berühmt, als sie auf der Rückreise ins Mittelmeer 1912 als einziges Schiff die sinkende „Titanic" erreichte und 711 Schiffbrüchige rettete, wie genaue Untersuchungen ergaben, und nach New York brachte. Gegen Ende des Ersten Weltkriegs versank die „Carpathia" selbst in den Fluten des Atlantiks, als sie von dem deutschen U-Boot „U 55" mit Torpedos beschossen worden war.

Typ:	Fracht- und Passagierschiff
Baujahr/Werft:	1903/Swan Hunter & Wigham Richardson Ltd., Wallsend
Vermessung:	13 555 BRT
Länge über alles:	164,6 m
Reederei:	Cunard Steam Ship Co., Liverpool, Großbritannien

Arny Maud
Norwegischer Stagsegelschoner

Der Zweimaster fuhr mit einer Besatzung von 18 Mann als Frachter an der Küste und als Robbenfänger nach Spitzbergen und Grönland. 1924 wurde ein Hilfsmotor eingebaut, der heute noch in Betrieb ist. Nach dem Verkauf 1953 hieß der Schoner „Laksen", nach einem weiteren Verkauf 1974 „Finkampen". 1980 erwarb ihn der jetzige Eigner, renovierte das Schiff und gab ihm seinen Namen wieder. Mit Fahrgästen geht es auf Abenteuertörns.

Typ:	Stagsegelschoner
Baujahr/Werft:	1904/Darlfjord, Norwegen
Länge über alles:	28,35 m
Besegelung:	6 Segel, Segelfläche 350 m^2
Maschinenleistung:	140 PS
Heimathafen:	Kappeln, Schleswig-Holstein, Deutschland

Amerika
Deutsches Passagierschiff

Das neue Flaggschiff der Hamburg-Amerika Linie war wegen seines Komforts berühmt. Zusammen mit „Kaiserin Auguste Victoria", die als Schwesterschiff galt, setzte der Dampfer neue Maßstäbe im Transatlantikverkehr. Die „Amerika" kollidierte 1912 vor Dover mit dem britischen U-Boot „B 2", das mit 15 Mann sank. Im Krieg wurde die „Amerika" 1917 in Boston beschlagnahmt. Erst 1949 aufgelegt, wurde sie 1957 abgewrackt.

Typ:	Passagierdampfer
Baujahr/Werft:	1905/Harland & Wolff Ltd., Belfast, Nordirland
Vermessung:	22 225 BRT
Länge über alles:	213,4 m
Maschinenleistung:	15 000 PS
Reederei:	Hapag, Hamburg, Deutschland

Pamir
Deutsche Viermastbark

Als Flying P-Liner in der Salpeterfahrt eingesetzt, blieb das Schiff bei Kriegsbeginn 1914 mit voller Ladung in einer Bucht der Kanareninsel La Palma. Nach dem Krieg wurde die „Pamir" an Italien ausgeliefert, 1924 zurückgekauft, 1931 verkauft. Sie fuhr unter finnischer und neuseeländischer Flagge. Schließlich von der Stiftung „Pamir-Passat" als Frachtschulschiff übernommen, kenterte sie am 21. September 1957 in einem Hurrikan. Nur sechs Mann überlebten.

Typ:	Viermastbark, Handelssegler, Schulschiff
Baujahr/Werft:	1905/Blohm & Voss, Hamburg
Vermessung:	3020 BRT
Länge über alles:	96,3 m
Besegelung:	34 Segel, Segelfläche 4100 m^2
Reederei:	F. Laeisz, Hamburg, Deutschland

Bussard
Deutscher Tonnenleger

Er ist einer der letzten seegehenden kohlebefeuerten Dampfer Deutschlands, der in seinen späten Jahren als Ziel- und Startschiff der Kieler Woche diente, war als Tonnenleger und Bereisungsschiff für die Königliche Wasserbau-Inspektion Sonderburg gebaut worden. „Bussard" setzte Tonnen, schwimmende Seezeichen, aus und holte sie ein. 1979 wurde der Dampfer außer Dienst gestellt und in die kleine Flotte der Kieler Museumsschiffe aufgenommen.

Typ:	Dampf-Tonnenleger
Baujahr/Werft:	1905/Jos. L. Meyer, Papenburg
Vermessung:	267 BRT
Länge über alles:	37,54 m
Maschinenleistung:	390 PS
Eigner:	Kieler Stadt- und Schifffahrtsmuseum, Kiel
Liegeplatz:	Seegartenbrücke, Kiel, Deutschland

Freya
Deutscher Raddampfer

Bis 1927 fuhr der Dampfer zwischen dem dänischen Højer und Sylt. Verkauft nach Memel, kam „Freya" 1945 mit 300 Flüchtlingen über Kopenhagen nach Hamburg. Zunächst zwischen Travemünde und Lübeck in Dienst, wurde der Dampfer nach Amsterdam verkauft. Seit 2000, vollständig renoviert, ist „Freya" auf der Ostsee, im Nord-Ostsee-Kanal und bei maritimen Veranstaltungen mit Fahrgästen unterwegs.

Typ:	Seitenraddampfer, Fahrgastschiff
Baujahr/Werft:	1905/J. & K. Smit, Kinderdijk, Niederlande
Länge über alles:	51,6 m
Maschinenleistung:	140 PS
Reederei:	Insel- und Halligreederei Adler-Schiffe, Westerland/Sylt, Deutschland

O 1 Luctor et emergo
Niederländisches U-Boot

Das erste niederländische U-Boot versprach mit seinem Namen „Ich kämpfe und tauche auf". Der Antrieb erfolgte wie bei vielen frühen U-Booten über eine Dampfmaschine. „O 1" war mit einem Torpedorohr ausgerüstet, hatte zehn Mann Besatzung und konnte über Wasser eine Geschwindigkeit von fast 10, unter Wasser gut 8 Knoten erreichen. Bei Beginn des Ersten Weltkriegs, in dem die Niederlande neutral waren, war „O 1" noch in Dienst.

Typ:	U-Boot
Baujahr/Werft:	1905/Koninklijke Maatschappij de Schelde, Vlissingen, Niederlande
Vermessung:	120 ts Deplacement (unter Wasser)
Länge über alles:	20,4 m
Maschinenleistung:	218 PS
Flotte:	Koninklijke Nederlandsche Zeemacht

K 1 Michiel Gardeyn
Niederländisches U-Boot

Der umfangreiche U-Boot-Bau in den Niederlanden diente auch der Sicherung der Kolonien. Die „Michiel Gardeyn", hier vor Surabaya auf Java in Indonesien, hatte eine Besatzung von zwölf Mann und war mit zwei Bordgeschützen und zwei Torpedorohren bestückt. Dank der gewonnenen Erfahrungen war es größer und leistungsfähiger als das erste niederländische U-Boot aus dem selben Jahr und geeignet für den Einsatz in Übersee.

Typ:	U-Boot
Baujahr/Werft:	1905/Maatschappij voor Scheeps- en Werktuigbouw, Rotterdam, Niederlande
Länge über alles:	30 m
Maschinenleistung:	580 PS
Flotte:	Koninklijke Nederlandsche Zeemacht

Kieler Sprotte
Deutsches Fahrgastschiff

Als Dampfer „Großherzogin Alexandra" für die Ribnitz-Wustrower Dampfschiffs-Gesellschaft in Dienst gestellt, erwarb Kapitän Walter Krusemark aus Barth 1931 das Schiff, nannte es „Walter" und baute es zum Motorschiff um. Die Stadt Ueckermünde kaufte es 1963, als „Ueckermünde" diente es der Touristenfahrt. Schließlich übernahm ein Kieler Verein das hübsche Schiff, das nun als „Kieler Sprotte" in der Kieler Förde fährt.

Typ:	Fahrgastschiff, Motorschiff
Baujahr/Werft:	1905/Schiffswerft und Maschinenfabrik Neptun A. G., Rostock
Vermessung:	94 ts Deplacement
Länge über alles:	21,8 m
Maschinenleistung:	409 PS
Eigner:	Kieler Sprotte e. V., Kiel
Heimathafen:	Hafen Kiel, Deutschland

Kronprinzessin Cecilie
Deutsches Passagierschiff

Der Mittelamerika-Dampfer der Hapag wurde als „Wittelsbach" auf Kiel gelegt, beim Stapellauf auf den Namen „Kronprinzessin Cecilie" getauft. Die Jungfernfahrt führte nach Mexiko. Neben dem Liniendienst unternahm sie Kreuzfahrten. 1913 rettete „Cecilie" im Atlantik die 22 Mann Besatzung der französischen Bark „Patrie". 1914 wurde der Dampfer in Falmouth beschlagnahmt, war bis 1926 in Fahrt und wurde dann abgebrochen.

Typ:	Passagierschiff
Baujahr/Werft:	1906/Friedrich Krupp AG, Germaniawerft, Kiel
Vermessung:	8689 BRT
Länge über alles:	149,7 m
Maschinenleistung:	6070 PS
Reederei:	Hapag, Hamburg, Deutschland

Blümlisalp
Schweizerisches Ausflugsschiff

Der Salondampfer „Blümlisalp" war 1971 dem Abbruch geweiht. Doch die Genossenschaft Vaporama, die das Schweizerische Dampfmaschinen-Museum in Thun betreibt, rettete den Dampfer, renovierte ihn von 1989 bis 1992. So erlebte die „Blümlisalp" ihre zweite Jungfernfahrt, befeuert mit extraleichtem Heizöl. 800 Personen kann der Dampfer tragen. Betreiber ist der Schiffsbetrieb Thuner- und Brienzersee der BLS.

Typ:	Seitenraddampfer, Fahrgastschiff
Baujahr/Werft:	1906/Escher-Wyss & Cie., Zürich
Länge über alles:	63,45 m
Maschinenleistung:	650 PS
Eigner:	Genossenschaft Vaporama, Thun
Heimathafen:	Thun am Thunersee, Schweiz

Schiller
Schweizerisches Ausflugsschiff

Der Zweideck-Salon-Raddampfer „Schiller" ist seit über 100 Jahren in Fahrt. Regelmäßig überholt und renoviert, statt mit Kohle inzwischen mit extra leichtem Heizöl befeuert, dient er der Personenschifffahrt und dem nostalgischen Fahrvergnügen der unzähligen Touristen auf dem Vierwaldstättersee. 900 Personen haben auf dem Haupt- und Oberdeck bequem Platz. „Schiller" kann auch als Event- und Konferenzschiff gechartert werden.

Typ:	Seitenraddampfer, Fahrgastschiff
Baujahr/Werft:	1906/Gebr. Sulzer, Winterthur
Vermessung:	353,5 ts Deplacement
Länge über alles:	63 m
Reederei:	SGV Schifffahrtsgesellschaft des Vierwaldstättersees, Luzern, Schweiz

Kaiserin Auguste Victoria
Deutsches Passagierschiff

Bei Indienststellung war das Schiff der größte Dampfer der Welt. Es beförderte mit einer Besatzung von 593 Mann fast 3000 Passagiere zwischen Hamburg und New York. 1919 an England abgeliefert, fuhr sie als „Empress of Scotland" für die Canadian Pacific Line zwischen Southampton und Quebec und machte auch Kreuzfahrten. 1930 wurde sie zum Abwracken verkauft. Bei den Abbrucharbeiten fing sie Feuer und brannte völlig aus.

Typ:	Passagierschiff, Schnelldampfer
Baujahr/Werft:	1906/A. G. Vulcan, Stettin
Vermessung:	24 581 BRT
Länge über alles:	214,9 m
Maschinenleistung:	16 700 PS
Reederei:	Hapag, Hamburg, Deutschland

Empress of Ireland
Kanadisches Passagierschiff

Vor allem um Einwanderer aus ganz Europa von Liverpool nach Quebec in Kanada zu bringen, wurden die Schwestern „Empress of Britain" und „Empress of Ireland" gebaut. Neben 600 Passagieren der ersten Klasse hatten 800 der zweiten Klasse auf den Schiffen Platz. Die „Empress of Ireland" wurde 1914 auf dem Sankt-Lorenz-Strom in dichtem Nebel vom norwegischen Dampfer „Storstad" gerammt und sank. 1024 Tote waren zu beklagen.

Typ:	Passagierschiff
Baujahr/Werft:	1906/Fairfield Shipbuilding & Engineering Co. Ltd., Govan, Schottland
Vermessung:	14 191 BRT
Länge über alles:	173,75 m
Reederei:	Canadian Pacific Steamships Ltd. (Canadian Pacific Railway), Montreal, Kanada

U 1
Deutsches U-Boot

Nach verschiedenen Versuchen und dem Bau des Bootes „Forelle" 1903, wurden die ersten zwei U-Boote für die Marine drei Jahre später gebaut und in Dienst gestellt. Durch die technische Entwicklung überholt, wurden im Ersten Weltkrieg „U 1" bis „U 4" in der Ostsee belassen und dienten nach erfolglosen Angriffsfahrten nur noch zu Ausbildungszwecken für neue Besatzungen. „U 1" wurde schließlich ins Museum verfrachtet.

Typ:	U-Boot, Museumsschiff
Baujahr/Werft:	1906/Friedrich Krupp AG, Germaniawerft, Kiel
Vermessung:	283 ts Deplacement
Länge über alles:	42,3 m
Maschinenleistung:	400 PS
Flotte:	Kaiserliche Marine
Ausstellung:	Deutsches Museum, München, Deutschland

Deutschland
Deutsches Linienschiff

Als die Zeit der Großkampfschiffe begonnen hatte, wurden in Deutschland noch traditionelle Linienschiffe gebaut. Das Typschiff der Deutschland-Klasse und seine vier Schwesterschiffe ähnelten den Vorläufern. Im Ersten Weltkrieg waren sie von geringer Bedeutung. Für wenige Tage war „Deutschland" Flottenflaggschiff, ansonsten im Sicherungsdienst an der Küste eingesetzt. 1917 wurde das Linienschiff außer Dienst gestellt.

Typ:	Linienschiff
Baujahr/Werft:	1906/Friedrich Krupp AG, Germaniawerft, Kiel, Deutschland
Vermessung:	14 218 ts Deplacement
Länge über alles:	127,6 m
Maschinenleistung:	17 000 PS
Flotte:	Kaiserliche Marine

Dreadnought
Britisches Schlachtschiff

Admiral Lord Fisher, seit 1904 Erster Seelord, und der Chefkonstrukteur der Navy, W. H. Gard, schufen ein neuartiges Schlachtschiff, das geeignet war, mit seiner schweren Bewaffnung auf große Distanz Treffer zu erzielen. Die „Dreadnought" (Fürchte nichts) hatte zehn Geschütze des Kalibers 30,5 cm in fünf Türmen, 26 kleinere Geschütze und fünf Torpedorohre. Das erste Turbinen-Kriegsschiff der Welt lief eine Geschwindigkeit von 21 Knoten.

Typ:	Schlachtschiff
Baujahr/Werft:	1906/Naval Dockyard, Portsmouth, England
Vermessung:	22 500 ts Deplacement
Länge über alles:	158,5 m
Maschinenleistung:	23 000 PS
Flotte:	Royal Navy

Derfflinger
Deutsches Fracht- und Passagierschiff

Der NDL-Dampfer war für die Ostasienfahrt bestimmt, machte aber seine Jungfernfahrt nach New York. Seit 1908 nach Ostasien unterwegs, wurde „Derfflinger" 1914 im Sueskanal britische Kriegsbeute. 1923 kaufte der NDL das Schiff zurück, baute es um und schickte es auf seine erste Nachkriegsreise nach New York. 1927 erfolgte ein weiterer Umbau im Kabinenbereich. 1933 wurde das Schiff in Bremerhaven abgewrackt.

Typ:	Fracht- und Passagierschiff
Baujahr/Werft:	1907/F. Schichau, Danzig
Vermessung:	9060 BRT
Länge über alles:	146,75 m
Maschinenleistung:	6000 PS
Reederei:	NDL Norddeutscher Lloyd, Bremen, Deutschland

Lusitania
Britischer Dampfer

Der Vierschrauben-Schnelldampfer errang 1907 das Blaue Band mit einer Geschwindigkeit von 23,99 Knoten. Während einer Fahrt von New York nach Liverpool wurde die „Lusitania" am 7. Mai 1915 von einem Torpedo des deutschen U-Boots „U 20" getroffen und sank. 1198 Menschen verloren ihr Leben. Die weltweite Empörung führte schließlich dazu, dass die neutralen USA 1917 in den Ersten Weltkrieg gegen Deutschland eintraten.

Typ:	Passagierschiff, Schnelldampfer
Baujahr/Werft:	1907/John Brown & Co., Glasgow, Schottland
Vermessung:	31 550 BRT
Länge über alles:	240 m
Maschinenleistung:	68 000 PS
Reederei:	Cunard Steam Ship Co., Liverpool, Großbritannien

Scharnhorst
Deutscher Kreuzer

Der Kreuzer war eines der letzten Schiffe seiner Art in der Kaiserlichen Marine und das letzte Großschiff, das von einer Dreizylinder-Dampfmaschine angetrieben wurde. Es hatte acht schwere Geschütze Kaliber 21 cm, die Mittelartillerie bestand aus 24 Geschützen, außerdem gab es vier Torpedorohre. „Scharnhorst" geriet mit dem Geschwader von Graf Spee 1914 vor den Falkland-Inseln in ein Gefecht mit einem weit überlegenen britischen Geschwader und sank mit 860 Mann.

Typ:	Großer Kreuzer, Panzerkreuzer
Baujahr/Werft:	1907/Blohm & Voss, Hamburg, Deutschland
Vermessung:	12 985 ts Deplacement
Länge über alles:	144,6 m
Maschinenleistung:	21 180 PS
Flotte:	Kaiserliche Marine

Corcovado
Deutscher Passagierdampfer

Die „Corcovado" war ein Hapag-Südamerika-Dampfer, der dann auch Fahrten nach New York und ins Schwarze Meer machte. 1914 diente der Dampfer in Konstantinopel als Wohnschiff der Kaiserlichen Marine und ging 1916 als „Sueh" an die türkische Marine. Sie wechselte noch viermal die Eigner, dreimal die Namen, war in Sizilien, Triest und Luanda beheimatet und wurde nach vielen Jahren in Fahrt 1954 in Savona abgewrackt.

Typ:	Fracht- und Passagierschiff
Baujahr/Werft:	1907/Friedrich Krupp AG, Germaniawerft, Kiel
Vermessung:	7976 BRT
Länge über alles:	138,2 m
Maschinenleistung:	4500 PS
Reederei:	Hapag, Hamburg, Deutschland

Weser
Deutsches Feuerschiff

Mit seinem Leuchtfeuer von 19 Seemeilen Tragweite lag das Feuerschiff, die ehemalige „Norderney 1", von 1954 bis 1981 als Stammfeuerschiff auf der Position „Weser". Der Dampfantrieb war 1953 durch einen Dieselmotor ersetzt worden. Als die „Weser" außer Dienst gestellt wurde, erwarb die Stadt Wilhelmshaven das Feuerschiff und übergab es der Segelkameradschaft Klaus Störtebeker, die es als Museum mit Restaurant betreibt.

Typ:	Feuerschiff, Museumsschiff
Baujahr/Werft:	1907/AG Weser, Bremen
Vermessung:	382 BRT
Länge über alles:	52,5 m
Maschinenleistung:	150 PS
Eigner:	Stadt Wilhelmshaven
Liegeplatz:	Bonte-Kai, Wilhelmshaven, Deutschland

Mauretania
Britisches Passagierschiff

Das Turbinenschiff, liebevoll „Maurie“ genannt, bot anfänglich einer Besatzung von 812 Mann und 2165 Passagieren in der Nordatlantikfahrt Platz; später erhöhte sich die Passagierzahl auf 2335. Schon auf ihrer ersten Fahrt errang die „Mauretania“ das Blaue Band mit einer Geschwindigkeit von 23,61 Knoten; nach Erhöhung des Kesseldrucks erreichte sie 1909 sogar 25,88 Knoten, 1929 schließlich 27,22 Knoten. Die Außerdienststellung erfolgte 1931.

Typ:	Passagierschiff, Schnelldampfer
Baujahr/Werft:	1907/Swan Hunter & Wigham Richardson Ltd., Wallsend
Vermessung:	31 550 BRT
Länge über alles:	232 m
Maschinenleistung:	68 000 PS, max. 70 925 PS
Reederei:	Cunard Steam Ship Co., Liverpool, Großbritannien

Baltimore Arethusa
Amerikanischer Fischereischoner

Während die Ozeanriesen mit großer Geschwindigkeit über die Meere der Welt rauschten, war die Zeit der Segelschiffe noch lange nicht zu Ende. Die tüchtigen und schnellen Segler wie zum Beispiel die Schoner dienten nicht nur als Yachten dem sportlichen Vergnügen. Als Fischereifahrzeuge waren sie unverzichtbar und wurden bis weit in die Dreißigerjahre des vorigen Jahrhunderts an der Ostküste der USA, ihrer ursprünglichen Heimat, gebaut und genutzt.

Typ:	Gaffelschoner, Fischereifahrzeug
Baujahr:	1907/Baltimore, Maryland, USA
Länge über alles:	ca. 25 m
Besegelung:	8 Segel

Loth Loriën
Niederländischer Gaffelschoner

36 Jahre lang diente die ehemalige „Njord“ als Heringsfänger vor Norwegens Küste. Zuletzt fuhr sie nur noch ein Stützsegel. Nach der Außerdienststellung verlor das Schiff die Aufbauten und die Inneneinrichtung. Von 1989 bis 1992 wurde das Schiff zu einem Zweimast-Bermudaschoner, 2003 schließlich zu einem Dreimast-Gaffelschoner umgebaut. Mit Gästen, die selbst Hand anlegen, ist die „Loth Loriën“ auf abenteuerlichen Segeltörns.

Typ:	Dreimast-Gaffelschoner
Baujahr/Werft:	1908/Asselem & Karsten, Bergen, Norwegen; Umbau 1992, 2003
Vermessung:	148 BRT
Länge über alles:	37,6 m
Besegelung:	10 Segel, Segelfläche 572 m^2
Heimathafen:	Amsterdam, Niederlande

Dießen
Bayerisches Ausflugsschiff

100 Jahre lang ist die „Dießen“ schon auf dem Ammersee in Oberbayern in Fahrt. Bis 1974 sorgte eine Dampfmaschine für den Antrieb, seither bewegen zwei Dieselmotoren die Schaufelräder. Früher ein wichtiges Fahrzeug im Personenverkehr, dient das Schiff heute bei besonderen Gelegenheiten dem nostalgischen Fahrvergnügen der Gäste, die das Panorama der Voralpenlandschaft mit dem Kloster Andechs an sich vorüberziehen lassen.

Typ:	Seitenrad-Motorschiff, Fahrgastschiff
Baujahr/Werft:	1908/J. A. Maffei A. G., München
Vermessung:	170 ts Deplacement
Länge über alles:	38,8 m
Maschinenleistung:	230 PS
Eigner:	Staatliche Bayerische Schifffahrt Ammersee
Heimathafen:	Greifenberg/Ammersee, Deutschland

Alexandra
Deutscher Salondampfer

Für den öffentlichen Personennah- und den Frachtverkehr auf der Flensburger Förde wurde als erstes Schiff 1866 die „Seemöwe" eingesetzt. 1908, als die „Alexandra" dazukam, bestand die Flotte der Vereinigten Flensburg-Ekensunder und Sonderburger Dampfschiffs-Gesellschaft aus 20 Schiffen. Für die Olympischen Spiele 1936 und 1972 war „Alexandra" Regattabegleitschiff. Inzwischen tadellos renoviert, legt sie zu Sonderfahrten ab.

Typ:	Salondampfer, Fahrgastschiff
Baujahr/Werft:	1908/Schiffswerft & Maschinenfabrik, vormals Janssen & Schmilinsky, Hamburg
Vermessung:	140 BRT
Länge über alles:	33,62 m
Maschinenleistung:	420 PS
Eigner:	Förderverein Salondampfer Alexandra e. V., Flensburg
Heimathafen:	Schiffbrücke Flensburg, Deutschland

Schaarhörn
Hamburgischer Staatsdampfer

Der Peil- und Bereisungsdampfer im Dienst der Hansestadt Hamburg wurde im Ersten Weltkrieg der Marine unterstellt. Damals diente der Dichter Joachim Ringelnatz auf der „Schaarhörn". 1925 nach Cuxhaven verlegt, wurde der Dampfer 1972 ausgemustert, nach Hamburg verlegt und renoviert. Die Dampfmaschine mit Kohlebefeuerung blieb erhalten. Nach 100 Jahren geht „Schaarhörn" als Museumsschiff auf Sonder- und Charterfahrten.

Typ:	Dampfyacht, Fahrgastschiff
Baujahr/Werft:	1908/Schiffswerft & Maschinenfabrik, vormals Janssen & Schmilinsky, Hamburg
Vermessung:	225 BRT
Länge über alles:	41,7 m
Maschinenleistung:	2 x 412 PS
Eigner:	Verein Dampfer Schaarhörn e. V., Pinneberg
Heimathafen:	Anleger Norderelbstraße, Hamburg, Deutschland

Nassau
Deutsches Linienschiff

Nach dem Beispiel des britischen Schlachtschiffs „Dreadnought" (Fürchte nichts) von 1906 entstanden in vielen Ländern große, schwer bewaffnete Schiffe. Der erste deutsche Dreadnought war die „Nassau". Die Armierung bestand aus zwölf Geschützen mit Kaliber 28 cm, zwölf Geschützen mit Kaliber 15 cm und 16 Geschützen mit Kaliber 8,8 cm. Das Schiff nahm 1916 an der Schlacht am Skagerrak teil und wurde 1920 an Japan ausgeliefert.

Typ:	Linienschiff, Schlachtschiff
Baujahr/Werft:	1908/Kaiserliche Werft Wilhelmshaven, Deutschland
Vermessung:	18 500 ts Deplacement
Länge über alles:	146 m
Maschinenleistung:	20 000 PS
Flotte:	Kaiserliche Marine

Gneisenau
Deutscher Kreuzer

Nach der Ostasienfahrt 1914 sollte „Gneisenau" mit dem Schwesterschiff „Scharnhorst" und einem Kreuzergeschwader die deutschen Südsee-Gebiete besuchen. Nach Kriegsausbruch aber marschierte der Verband Richtung Südamerika. Vor Coronel kam es zu einem Gefecht, bei dem „Gneisenau" den britischen Panzerkreuzer „Monmouth" kampfunfähig schoss. Bei der Schlacht vor den Falkland-Inseln wurden die deutschen Schiffe versenkt.

Typ:	Großer Kreuzer, Panzerkreuzer
Baujahr/Werft:	1908/AG Weser, Bremen, Deutschland
Vermessung:	12 985 ts Deplacement
Länge über alles:	144,6 m
Maschinenleistung:	26 000 PS
Flotte:	Kaiserliche Marine

Fehmarnbelt
Deutsches Feuerschiff

Bis 1954 lag das Feuerschiff als „Außeneider" für das Wasser- und Schiffahrtsamt Tönning auf Station. Dann wurde es als Reserve für die Stationen „Kiel", „Flensburg" und „Fehmarnbelt" nach Kiel gelegt. 1956 erfolgte ein Umbau und die Umbenennung in „Reserve Holtenau", ab 1965 der Einsatz als Stamm-Feuerschiff „Fehmarnbelt". 1984 ersetzte eine Tonne das letzte deutsche Feuerschiff in der Ostsee. Zu Sonderfahrten läuft es noch aus.

Typ:	Feuerschiff, Museumsschiff
Baujahr/Werft:	1908/G. H. Thyen, Brake an der Unterweser
Vermessung:	486 BRT
Länge über alles:	45,44 m
Maschinenleistung:	300 PS
Eigner:	Feuerschiff für Lübeck e. V.
Heimathafen:	Holstenhafen, Lübeck, Deutschland

Nürnberg
Deutscher Kleiner Kreuzer

„Nürnberg" ging mit dem Flaggschiff „Scharnhorst" 1910 zu den Samoa-Inseln, beteiligte sich 1911 an der Niederschlagung eines Aufstands auf der Karolinen-Insel Ponape. 1914 Marsch zur chilenischen Küste, wo das Seegefecht bei Coronel stattfand. Hier versenkte „Nürnberg" den beschädigten britischen Panzerkreuzer „Monmouth". Beim Seegefecht vor den Falkland-Inseln wurde „Nürnberg" vom Kreuzer „Kent" getroffen und versenkte sich selbst.

Typ:	Kleiner Kreuzer
Baujahr/Werft:	1908/Kaiserliche Werft Kiel, Deutschland
Vermessung:	4002 ts Deplacement
Länge über alles:	117,3 m
Flotte:	Kaiserliche Marine

New Hampshire
Amerikanisches Linienschiff

Höhepunkt des amerikanischen Linienschiffbaus war die Connecticut-Klasse, zu der auch die „New Hampshire" gehört. Gut gepanzert und bestückt mit je zwölf Geschützen schwerer und mittlerer Artillerie, waren diese Linienschiffe ein Entwicklungsschritt zum „all big-gun battleship". Typisch für amerikanische Kriegsschiffe waren für lange Zeit die Gittermasten, eigentlich Vielrohrmasten, die „paper basket masts" (Papierkorbmasten) genannt wurden.

Typ:	Linienschiff
Baujahr:	1908
Vermessung:	ca. 18 000 ts Deplacement
Flotte:	US Navy

Vulcan
Deutsches U-Boot-Hebeschiff

Eines der ersten Dampfturbinenschiffe mit turboelektrischem Antrieb. Den Schiffskörper bildeten zwei Pontons, je fünf Meter breit, im Abstand von 6,5 Metern, die vorn und achtern mit Brücken verbunden waren. Die Hebelast betrug 500 Tonnen. Bis 1918 hob „Vulcan" fünf gesunkene U-Boote. Während der Reparations-Ablieferungsfahrt nach dem Krieg sank „Vulcan" auf dem Weg nach Harwich, Großbritannien, 1919 bei Helgoland.

Typ:	U-Boot-Hebe- und Dockschiff
Baujahr/Werft:	1908/Howaldtswerke A. G., Kiel, Deutschland
Vermessung:	1595 ts Deplacement
Länge über alles:	85,3 m
Maschinenleistung:	986,3 kW (Dampf), 450 kW (E-Motoren)
Flotte:	Kaiserliche Marine

Berlin
Deutsches Passagierschiff

Als einziger deutscher Neubau für den Dienst zwischen dem Mittelmeer und New York entstand die „Berlin" des NDL. Die Jungfernreise ging allerdings von Bremerhaven aus, weil die Werft in Bremen war. Die Rückfahrt führte nach Genua. 1914 wurde das Schiff in Trondheim interniert, 1919 nach Großbritannien ausgeliefert. 1920 übernahm die White Star Line den Dampfer, der nun „Arabic" hieß. 1931 wurde das Schiff in Genua abgewrackt.

Typ:	Passagierschiff
Baujahr/Werft:	1908/AG Weser, Bremen
Vermessung:	17 324 BRT
Länge über alles:	186,8 m
Maschinenleistung:	14 000 PS
Reederei:	NDL Norddeutscher Lloyd, Bremen, Deutschland

Cleveland
Deutsches Fracht- und Fahrgastschiff

Der Nordatlantik-Dampfer wurde auch als Kreuzfahrtschiff eingesetzt. Bei Beginn des Krieges wurde „Cleveland" in Hamburg aufgelegt, 1919 an die USA abgeliefert, wo das Schiff als „Mobile" in Fahrt war. Ab 1920 fuhr es als „King Alexander" unter britischer Flagge, ab 1923 wieder als „Cleveland" unter amerikanischer Flagge. 1926 kaufte die Hapag den Dampfer zurück. 1933 wurde das Schiff in Hamburg zum Abwracken verkauft.

Typ:	Fracht- und Fahrgastdampfer
Baujahr/Werft:	1909/Blohm & Voss, Hamburg
Vermessung:	16 960 BRT
Länge über alles:	185 m
Maschinenleistung:	9300 PS
Reederei:	Hapag, Hamburg, Deutschland

George Washington
Deutscher Dampfer

Das schöne Schiff, vor 1913 der größte Dampfer des Norddeutschen Lloyd, unternahm 1909 von Bremerhaven nach New York seine Jungfernreise. 1914 wurde der Dampfer in New York aufgelegt, 1917 beschlagnahmt und als amerikanischer Truppentransporter, in den Zwanzigerjahren von der US Mail und der United States Line eingesetzt, dann wieder als Truppentransporter. Nach Brandschäden 1947 und 1951 wurde der Dampfer endgültig verschrottet.

Typ:	Passagier- und Frachtdampfer
Baujahr/Werft:	1909/A. G. Vulcan, Stettin
Vermessung:	25 570 BRT
Länge über alles:	220,2 m
Maschinenleistung:	20 000 PS
Reederei:	NDL Norddeutscher Lloyd, Bremen, Deutschland

Teniers
Belgischer Dampfschlepper

Für die Rheinische Kohlenhandel- und Rhederei-Gesellschaft mbH gebaut, soll der Schlepper schon im Ersten Weltkrieg in Belgien gefahren sein. Ab 1920 war er als „Ville de Liège", ab 1928 als „Teniers" in Lüttich registriert. Der kunstsinnige Eigner, Kapitän A. van Dyck gab ihm den Namen nach einem Maler. Seit den Sechzigerjahren gehörte er verschiedenen Eignern und gelangte schließlich als fahrender Veteran nach Waltrop.

Typ:	Dampfschlepper, Museumsschiff
Baujahr/Werft:	1909/Machinefabriek en Scheepswerf van P. Smit jun., Rotterdam, Niederlande
Vermessung:	123 ts Deplacement
Länge über alles:	24,18 m
Maschinenleistung:	154 PS
Eigner:	Westfälisches Industriemuseum, Schiffshebewerk Henrichenburg, Waltrop, Deutschland

Fortuna
Deutscher Dampfschlepper

Der immer noch fahrtüchtige Dampfer wurde als „Max" für die Firma W. Gramens in Berlin gebaut. Dann wechselte er Eigner und Namen. Als „Midgard" gehörte er 1928 nach Oldenburg, als „Zufall" 1937 nach Wesermünde, als „Helgoland" 1943 nach Landsberg/Warthe. Bis in die Sechzigerjahre war der Schlepper in Dienst. 1974 erwarb ihn Binkey Kok aus der DDR und überführte ihn in die Niederlande. Als „Fortuna" kam er 1985 nach Waltrop.

Typ:	Dampfschlepper, Museumsschiff
Baujahr/Werft:	1909/Gebr. Wiemann, Brandenburg
Vermessung:	121 BRT
Länge über alles:	17,5 m
Maschinenleistung:	75 PS
Eigner:	Westfälisches Industriemuseum, Schiffshebewerk Henrichenburg, Waltrop, Deutschland

Elbe 3
Deutsches Feuerschiff

Hamburg-Oevelgönne ist der Heimathafen des Feuerschiffs „Elbe 3", Baujahr 1888. Das gleichnamige Schiff von 1909 war zuerst als „Eider" bis 1914 in der Eidermündung in Dienst. Im Ersten Weltkrieg als Sperrfeuerschiff in der Nordsee, war es ab 1919 wieder in der Eidermündung. 1925 an Cuxhaven abgegeben, wurde es als „Bürgermeister Abendroth" Reservefeuerschiff für „Elbe 4" und „Elbe 2", 1945 als „Elbe 3" war es Feuerschiff bis 1966.

Typ:	Feuerschiff, Museumsschiff
Baujahr/Werft:	1909/Eiderwerft AG, Tönning
Vermessung:	450 BRT
Länge über alles:	44 m
Eigner:	DSM Deutsches Schiffahrtsmuseum, Bremerhaven
Liegeplatz:	Museumshafen, Bremerhaven, Deutschland

Emden
Deutscher Kleiner Kreuzer

Ab 1910 gehörte die „Emden" zum Ostasiengeschwader von Admiral Graf Spee. Nach einem Gefecht mit dem britischen Kreuzer „Sydney" im November 1914 wurde sie bei den Keeling-Inseln (Kokos-Inseln) auf Strand gesetzt. Ein Teil der Besatzung besetzte den dort liegenden Schoner „Ayesha" und setzte unter Kriegsflagge die Fahrt fort. Das Wrack der „Emden" war bis 1956 zu sehen. Der Ersatz für das verlorene Schiff war die „Emden (II)", 1916.

Typ:	Kleiner Kreuzer
Baujahr/Werft:	1909/Kaiserliche Werft Danzig
Vermessung:	4268 ts Deplacement
Länge über alles:	118,3 m
Flotte:	Kaiserliche Marine

Temeraire
Britisches Schlachtschiff

Die verbesserten Nachfolgeschiffe der „Dreadnought" waren die drei der Bellerophon-Klasse: „Bellerophon", „Superb" und „Temeraire". Die 21 Knoten schnellen gepanzerten Schiffe waren gegen Torpedos gewappnet. Die schwere Artillerie bestand aus zehn Geschützen Kaliber 30,5 cm und 16 Stück Mittelartillerie Kaliber 10,2 cm. 1918 erhielt „Temeraire" – aus diesem Jahr stammt das Bild – noch zwei 10,2-cm-Flugabwehrkanonen.

Typ:	Schlachtschiff
Baujahr:	1909
Vermessung:	22 102 ts Deplacement
Flotte:	Royal Navy

De Zeven Provinciën
Niederländisches Panzerschiff

Das schwer gepanzerte und reich bestückte Schiff trug zwei Kanonen Kaliber 28 cm, vier Kaliber 15 cm, zehn Kaliber 7,5 cm, vier Kaliber 3,7 cm und ein weiteres Geschütz Kaliber 7,5 cm. Die Besatzung bestand aus 453 Mann. Die Höchstgeschwindigkeit lag bei 16,3 Knoten. Bei Beginn des Ersten Weltkriegs, in dem die Niederlande neutral geblieben waren, war „De Zeven Provinciën" im indonesischen Seegebiet zur Sicherung der Kolonie eingesetzt.

Typ:	Panzerschiff
Baujahr/Werft:	1909/Rijkswerf, Amsterdam, Niederlande
Vermessung:	6530 ts Deplacement
Länge über alles:	101,5 m
Maschinenleistung:	8520 PS
Flotte:	Koninklijke Nederlandsche Zeemacht

Elsie
Amerikanischer Schoner

Für die Fischerei vor Neufundland entstand ein eigener Schonertyp. Weil die meisten dieser Schoner in der Art der Baltimore-Schoner in Gloucester, Massachusetts, gebaut wurden, erhielten sie zunächst die Bezeichnung Gloucester-Schoner. Dieser Typ entwickelte sich weiter zum schnellen Klipperfischer und schließlich zum Neufundland-Schoner. Von April bis Oktober liefen diese Schoner zum Kabeljau-, Herings- und Makrelenfang aus.

Typ:	Neufundland-Schoner, Fischereifahrzeug
Baujahr/Werft:	1910/Thomas F. McManus, USA
Vermessung:	98 NRT
Länge über alles:	36,6 m
Besegelung:	8 Segel, Segelfläche 861 m²

Großherzogin Elisabeth
Deutsches Schulschiff

Das Schiff hatte eine Vorgängerin, die „Großherzogin Elisabeth", Jahrgang 1901, die als „Duchesse Anne" in Dünkirchen liegt. Die neue „Lissy", wie sie liebevoll genannt wird, fuhr als holländische „San Antonio" als Frachtsegler an der afrikanischen Küste, wurde als Motorschiff mit Hilfsbesegelung umgebaut, fuhr unter schwedischer Flagge, hatte verschiedene Eigner und Namen. Ab 1973 restauriert, segelte sie zunächst als „Ariadne" in der Kreuzfahrt.

Typ:	Dreimast-Gaffelschoner, Schulschiff
Baujahr/Werft:	1909/Jan Smit, Alblasserdam, Niederlande
Vermessung:	463 BRT
Länge über alles:	63,7 m
Besegelung:	12 Segel, Segelfläche 1010 m²
Maschinenleistung:	400 PS
Eigner:	Schulschiffverein Großherzogin Elisabeth e.V., Elsfleth
Heimathafen:	Elsfleth an der Unterweser, Deutschland

Dar Pomorza
Polnisches Vollschiff

Als Schulschiff „Prinzess Eitel Friedrich" nach dem Ersten Weltkrieg an Frankreich abgeliefert, erhielt es den Namen „Colbert" und sollte Schulschiff werden. Die Polnische Seefahrtsschule brauchte ein neues Schiff, und mit Spenden der Einwohner von Pomorze wurde die einstige „Prinzess" 1929 gekauft. Als „Dar Pomorza" (Gabe von Pomorze) ging das Schiff 1939 bis 1945 ins schwedische Exil. Seit 1982 dient sie als Museum.

Typ:	Vollschiff, Schulschiff, Museumsschiff
Baujahr/Werft:	1909/Blohm & Voss, Hamburg, Deutschland
Vermessung:	1561 BRT
Länge über alles:	91 m
Besegelung:	25 Segel, Segelfläche 1900 m²
Maschinenleistung:	430 PS
Eigner:	Stiftung Dar Pomorza
Liegeplatz:	Hafen Gdynia, Polen

Von der Tann
Deutscher Großer Kreuzer

Wegen des Baus großer britischer Schlachtkreuzer wurde „Von der Tann", allerdings als Einzelschiff, gebaut. Fast 1000 Mann Besatzung dienten auf dem Kreuzer, der mit 34 Geschützen und vier Torpedorohren ausgerüstet war. An der Skagerrak-Schlacht 1916, an Gefechten und Beschießungen in Nord- und Ostsee war „Von der Tann" beteiligt. Bei der Selbstversenkung der deutschen Flotte vor Scapa Flow ging das Schiff 1919 unter.

Typ:	Großer Kreuzer, Schlachtkreuzer
Baujahr/Werft:	1910/Blohm & Voss, Hamburg, Deutschland
Vermessung:	21 300 ts Deplacement
Länge über alles:	171,7 m
Maschinenleistung:	41 000 PS
Flotte:	Kaiserliche Marine

Augsburg
Deutscher Kleiner Kreuzer

Als erstes Schiff der Kaiserlichen Marine eröffnete „Augsburg" im Ersten Weltkrieg das Feuer; der Kreuzer beschoss mit Granaten den russischen Kriegshafen Libau (heute Liepaja in Lettland). In der Ostsee eingesetzt, nahm „Augsburg" an mehreren Gefechten teil. Mit einigen anderen Einheiten als Träger mit je einem Flugzeug an Bord war der Kreuzer am Luftangriff auf Reval beteiligt. Nach dem Krieg wurde das Schiff Japan zugesprochen, das den Kreuzer 1922 abbrechen ließ.

Typ:	Kleiner Kreuzer
Baujahr/Werft:	1910/Kaiserliche Werft Kiel, Deutschland
Vermessung:	4915 ts Deplacement
Länge über alles:	130,5 m
Flotte:	Kaiserliche Marine

B 11
Britisches U-Boot

Die Boote der B-Klasse waren Küsten-U-Boote mit Benzinmotor. Das erste Schiff dieser Klasse wurde schon 1904 in Dienst gestellt. Berühmt wurde „B 11", seit Dezember 1914 auf der Mittelmeerinsel Limnos stationiert, das die Dardanellen mit seinen Minensperren durchfuhr und bedroht war von den Kanonen an der Küste. Das kleine U-Boot gelangte bis nach Charnak und versenkte das hier vor Anker liegende türkische Schlachtschiff „Messudieh".

Typ:	Küsten-U-Boot
Baujahr:	um 1910
Vermessung:	284 ts Deplacement (unter Wasser 319 ts)
Länge über alles:	41 m
Flotte:	Royal Navy

Franconia
Britischer Passagierdampfer

Die Schwestern „Laconia" und „Franconia" wurden für den Liniendienst zwischen Liverpool und Boston gebaut, fuhren manchmal auch nach New York und während der Wintermonate als Kreuzfahrtschiffe im Mittelmeer. Für diesen Zweck waren die erste und zweite Klasse großzügig ausgestattet. Die beiden Schwestern waren Unglücksschiffe, beide wurden im Ersten Weltkrieg von deutschen U-Booten versenkt, die „Franconia" 1916 bei Malta.

Typ:	Passagierschiff
Baujahr/Werft:	1910/Swan Hunter & Wigham Richardson Ltd., Wallsend
Vermessung:	18 150 BRT
Länge über alles:	182,95 m
Reederei:	Cunard Steam Ship Co., Liverpool, Großbritannien

Minas Gerais
Brasilianisches Schlachtschiff

Die „Minas Gerais" und die „Sao Paulo" waren die zwei Schlachtschiffe die als Dreadnought-Typen in Großbritannien für Brasilien gebaut wurden. 1910 beschoss „Minas Gerais" bei einem Putsch Rio de Janeiro. Im Ersten Weltkrieg wollte Brasilien seine Schlachtschiffe Großbritannien unterstellen, was in London abgelehnt wurde. In den Jahren 1920 und 1921 wurde „Minas Gerais" in den USA modernisiert. 1954 wurde sie schließlich abgewrackt.

Typ:	Schlachtschiff
Baujahr:	1910/Großbritannien
Vermessung:	21 200 ts Deplacement
Länge über alles:	165,5 m
Maschinenleistung:	23 827 PS
Flotte:	Brasilianische Marine

La Suisse
Schweizerisches Ausflugsschiff

Der schmucke Zweideck-Salondampfer ist immer noch in Fahrt und bietet bis zu 1200 Passagieren Platz. Diese genießen das Jugendstil-Ambiente an Bord, wenn der Dampfer auf seinen nostalgischen Vergnügungsfahrten auf dem schönen Lac Léman unterwegs ist. Die CGN hat auf dem See eine ganze Reihe historischer Dampfer in Dienst. Neben den acht aktiven Veteranen ergänzen zusätzlich acht moderne Fahrgastschiffe die Weiße Flotte von Lausanne.

Typ:	Seitenraddampfer, Fahrgastschiff
Baujahr/Werft:	1910/Gebr. Sulzer, Winterthur
Vermessung:	461 ts Deplacement
Länge über alles:	78,5 m
Maschinenleistung:	1450 PS
Reederei:	CGN Compagnie Générale de Navigation sur le Lac Léman, Lausanne, Schweiz

Imperator Pavel I.
Russisches Schlachtschiff

Durch den Krieg mit Japan hatte sich die Fertigstellung von „Pavel I." und anderen Schlachtschiffen verzögert. Als nach über siebenjähriger Bauzeit die Schiffe in Dienst gestellt wurden, waren sie von der technischen Entwicklung überholt und waren an den Kämpfen in der Ostsee während des Ersten Weltkriegs kaum beteiligt. 1917 wurde aus dem „Kaiser Paul I." durch Umbenennung „Respublika", die bis zum Jahr 1923 in der Roten Flotte diente.

Typ:	Schlachtschiff
Baujahr:	1910
Vermessung:	18 306 ts Deplacement
Länge über alles:	140,2 m
Maschinenleistung:	17 845 PS
Flotte:	Russische Flotte, ab 1917 Sowjetische Marine

Passat
Deutsche Viermastbark

Die großen Segler der Reederei Laeisz wurden nach den Anfangsbuchstaben ihrer Namen die Flying P-Liner genannt. Die stählerne „Passat" wurde in der Salpeterfahrt nach Südamerika eingesetzt. Ab 1932 segelte sie für den Reeder Gustaf Eriksson in der Weizenfahrt. 1951 wurde sie nach Hamburg zurückgekauft und wurde Schulschiff. Nach dem Untergang der „Pamir" 1957 wurde das Schiff aus der Fahrt genommen, dient als Veranstaltungs- und Herbergsschiff.

Typ:	Viermastbark, Handelssegler, Schulschiff
Baujahr/Werft:	1911/Blohm & Voss, Hamburg
Vermessung:	3180 BRT
Länge über alles:	115 m
Besegelung:	34 Segel, Segelfläche 4100 m^2
Maschinenleistung:	900 PS (Hilfsmotor seit Umbau 1951)
Reederei:	F. Laeisz, Hamburg
Liegeplatz:	Priwall, Lübeck-Travemünde, Deutschland

Cap Finisterre
Deutsches Fracht- und Fahrgastschiff

Die Jungfernreise des Hamburg-Süd-Dampfers führte wie die der anderen Cap-Schiffe nach La Plata. Die Südamerikafahrt wurde 1914 eingestellt. 1919 wurde die „Cap Finisterre" an die USA abgeliefert und diente der US Navy als Truppentransporter. 1920 wurde das Schiff an Japan übergeben und als „Taiyo Maru" in Dienst genommen. 1942 wurde es von dem amerikanischen U-Boot „Grenadier" südwestlich Kyushu versenkt.

Typ:	Fracht- und Fahrgastschiff
Baujahr/Werft:	1911/Blohm & Voss, Hamburg
Vermessung:	14 503 BRT
Länge über alles:	180,14 m
Maschinenleistung:	10 000 PS
Reederei:	Hamburg-Süd, Hamburg, Deutschland

Cöln
Deutscher Kleiner Kreuzer

Konteradmiral Hipper setzte seine Flagge auf „Cöln", womit das Schiff Führungskreuzer der Torpedoboote wurde. Zu Beginn des Ersten Weltkriegs war der Kreuzer Flaggschiff des Konteradmirals Maaß. Zusammen mit dem Kleinen Kreuzer „Mainz" geriet „Cöln" in der Deutschen Bucht in ein Gefecht mit dem britischen Kreuzer „Arethusa" und acht Zerstörern. Als sechs feindliche Kreuzer eingriffen, wurde „Cöln" zusammengeschossen.

Typ:	Kleiner Kreuzer
Baujahr/Werft:	1911/Friedrich Krupp AG, Germaniawerft, Kiel, Deutschland
Vermessung:	4915 ts Deplacement
Länge über alles:	130,5 m
Flotte:	Kaiserliche Marine

Oktjabrskaja Revolucija
Russisches/Sowjetisches Schlachtschiff

Als „Gangut" wurde das Schiff des Dreadnought-Typs in Dienst gestellt. Für Fahrten im Winter war es mit einem Eisbrecherbug ausgestattet. Im Ersten Weltkrieg war es in der Ostsee eingesetzt. Nach der Revolution 1917 wurde das Schlachtschiff in „Oktoberrevolution" umbenannt. Im Zweiten Weltkrieg nahm das Schiff an der Verteidigung Leningrads teil und wurde schwer beschädigt. Bis 1956 blieb das modernisierte Schiff in Dienst.

Typ:	Schlachtschiff
Baujahr:	1911
Vermessung:	25 850 ts Deplacement
Länge über alles:	182,9 m
Maschinenleistung:	50 695 PS
Flotte:	Russische Flotte, ab 1917 Sowjetische Marine

Indefatigable
Britischer Schlachtkreuzer

Von der Bewaffnung waren die britischen Schlachtkreuzer der damaligen Zeit den Schlachtschiffen gleichberechtigt. Die „Indefatigable" war mit acht Geschützen schwerer Artillerie Kaliber 30,5 cm, mit 16 Geschützen Kaliber 10,2 cm und zwei Torpedorohren bestückt. Bei der Seeschlacht vor dem Skagerrak 1916 eröffnete der deutsche Große Kreuzer „Von der Tann" das Feuer auf die „Indefatigable" und vernichtete den britischen Schlachtkreuzer.

Typ:	Schlachtkreuzer
Baujahr:	1911
Vermessung:	22 080 ts Deplacement
Länge über alles:	179,8 m
Maschinenleistung:	44 612 PS
Flotte:	Royal Navy

Voltaire
Französisches Linienschiff

Die Linien- oder Schlachtschiffe der Danton-Klasse waren unverkennbar durch ihre fünf Schornsteine, die in zwei Gruppen angeordnet waren. Es waren die ersten großen Kriegsschiffe Frankreichs mit Turbinenantrieb. Sie waren mit 32 Geschützen unterschiedlichen Kalibers und zwei Torpedorohren bestückt. Die „Voltaire" wurde im Ersten Weltkrieg von Torpedos getroffen. In den Zwanzigerjahren modernisiert, wurde sie 1938 abgewrackt.

Typ:	Linienschiff, Schlachtschiff
Baujahr:	1911
Vermessung:	19 450 ts Deplacement
Länge über alles:	146,6 m
Maschinenleistung:	22 813 PS
Flotte:	La Marine française

Kaiser Franz Joseph I.
Österreichisch-ungarisches Passagierschiff

Die k. u. k. Monarchie war bis zum Ende des Ersten Weltkriegs auch ein Mittelmeerstaat. 1903 gründeten die Brüder Cosiluch die kleine Schifffahrtslinie Unione Austriaca. Mit ihrem Dampfer „Kaiser Franz Joseph I." wurden vor allem Auswanderer nach USA befördert. 1919 in „Presidente Wilson" umbenannt, ging das Schiff als „Gange" an Lloyd Triestino, als „Marco Polo" an die Adriatica-Linie. In La Spezia wurde das Schiff 1944 versenkt.

Typ:	Passagierschiff
Baujahr/Werft:	1911/Cantiere Navale Triestino, Monfalcone, damals Österreich
Vermessung:	12 567 BRT
Länge über alles:	145,55 m
Maschinenleistung:	12 500 PS
Reederei:	Unione Austriaca, Triest, damals Österreich

Medusa
Niederländischer Minenleger

Um die niederländische Küste mit Minen vor angreifenden Schiffen zu schützen, wurde die „Medusa" in Dienst gestellt. Der Minenleger hatte 59 Mann Besatzung und war mit vier Geschützen zur Verteidigung bewaffnet. Im Ernstfall brauchte „Medusa" nie Minen zu legen. Im Ersten Weltkrieg blieben die Niederlande neutral. Und vor dem Zweiten Weltkrieg, in dem das Land vom Deutschen Reich besetzt wurde, war „Medusa" nicht mehr in Dienst.

Typ:	Minenleger
Baujahr/Werft:	1911/Rijkswerf, Amsterdam, Niederlande
Vermessung:	593 ts Deplacement
Länge über alles:	49,7 m
Maschinenleistung:	800 PS
Flotte:	Koninklijke Nederlandsche Zeemacht

Aki
Japanisches Schlachtschiff

„Satsuma" und „Aki" sollten die ersten großen schweren Schlachtschiffe Japans werden. Doch durch den Krieg mit Russland 1904 bis 1905 war Japan finanziell geschwächt, so wurden statt der teuren 30,5-cm-Geschütze die billigeren Geschütze Kaliber 25,4 cm in Großbritannien bestellt. Durch die Einsparung konnten die Turbinen in den USA bezahlt werden. Vor dem Zweiten Weltkrieg diente „Aki" als Zielschiff für Torpedos und Bombenabwürfe.

Typ:	Schlachtschiff
Baujahr:	1911
Vermessung:	19 500 ts Deplacement
Flotte:	Japanische Kriegsmarine

Titanic
Britischer Schnelldampfer

Das stolze Schiff galt als unsinkbar. Bei der Jungfernfahrt in die USA kollidierte die „Titanic" am 14. April 1912 mit einem Eisberg, der den Rumpf aufriss. Nach zweieinhalb Stunden sank das Schiff auf den Grund. 1503 Menschen fanden den Tod, 711 konnten von der „Carpathia" gerettet werden. 1981 konnte das Wrack in 3658 m Tiefe geortet werden. Robert D. Ballard und seinem Team gelang es ab 1986, mit einem U-Boot zur „Titanic" zu gelangen.

Typ:	Schnelldampfer, Passagierschiff
Baujahr/Werft:	1912/Harland & Wolf, Belfast, Nordirland
Vermessung:	46 329 BRT
Länge über alles:	267 m
Maschinenleistung:	37 536 kW
Reederei:	White Star Line, Liverpool, Großbritannien

Kawachi
Japanisches Schlachtschiff

Zusammen mit der „Setsu" entstanden wieder zwei neue Schlachtschiffe, die mit zwölf schweren Geschützen Kaliber 30,5 cm und zwölf Geschützen Kaliber 25,4 cm, außerdem mit 18 Mittelartillerie-Geschützen bewaffnet war. Bei der Entzündung von Kordit explodierte 1918 die Munition auf der „Kawachi" und zerstörte das Schiff total. Das Wrack wurde später am Unglücksort abgebrochen. Die „Setsu" sank 1945 nach einem Bombentreffer.

Typ:	Schlachtschiff
Baujahr:	1912
Vermessung:	23 000 ts Deplacement
Flotte:	Japanische Kriegsmarine

Goeben
Deutscher Großer Kreuzer

Mit zehn Geschützen vom Kaliber 28 cm und einer Besatzung von 1050 Mann wurde die 28 Knoten schnelle „Goeben" im Mittelmeer eingesetzt, wo sie während des Balkankriegs operierte. Bei Kriegsausbruch 1914 schlug sich das Schiff in die Türkei durch, wurde als „Yavuz Sultan Selim" Teil der türkischen Flotte. Bis 1950 im aktiven Marinedienst, 1954 aus der Liste der Kriegsschiffe gestrichen, wurde die „Yavuz" bis 1976 abgewrackt.

Typ:	Großer Kreuzer, Schlachtkreuzer
Baujahr/Werft:	1912/Blohm & Voss, Hamburg, Deutschland
Vermessung:	22 979 ts Deplacement
Länge über alles:	186,5 m
Maschinenleistung:	52 000 PS
Flotte:	Kaiserliche Marine, ab 1914 Türkische Marine

Viribus Unitis
Österreichisch-ungarisches Schlachtschiff

Der Wahlspruch von Kaiser Franz Joseph I. lautete „Mit vereinten Kräften", und so hieß das Schiff. Es gehörte zur Klasse der letzten k. u. k. Schlachtschiffe des Dreadnought-Typs. Bewaffnet war es mit zwölf Geschützen Kaliber 30,5 cm, zwölf Geschützen 14,7 cm und 18 Geschützen 7,6 cm. Das mächtige, von vier Turbinen angetriebene Schiff wurde 1918 im Adriahafen Pola von einem kleinen italienischen Kriegsschiff angegriffen und versenkt.

Typ:	Schlachtschiff
Baujahr/Werft:	1912/Stabilimento tecnico Triestino, San Rocco bei Muggia
Vermessung:	21 370 ts Deplacement
Länge über alles:	160 m
Maschinenleistung:	25 000 PS
Flotte:	Österreichisch-ungarische k. u. k. Marine

BB 33 Arkansas
Amerikanisches Schlachtschiff

Die „Arkansas" gehörte im Ersten Weltkrieg zur Atlantikflotte und wurde 1918 vorübergehend der Royal Navy überstellt. 1925 und 1926 erfolgten größere Umbauten und der Gittermast wurde durch einen Dreibeinmast ersetzt. 1942 wurde das Schlachtschiff mit neuen Flakgeschützen ausgerüstet. Im Zweiten Weltkrieg war „Arkansas" im Atlantik und Pazifik eingesetzt. Als Versuchsschiff bei einem Atombombentest beim Bikini-Atoll sank sie 1945.

Typ:	Schlachtschiff
Baujahr:	1912
Vermessung:	27 243 ts Deplacement
Länge über alles:	171,3 m
Maschinenleistung:	28 000 PS
Flotte:	US Navy

Hohentwiel
Bodensee-Ausflugsschiff

Für die Königlich Württembergische Staatseisenbahn gebaut, ergänzte der Salondampfer das Schienennetz zu Lande für den Personenverkehr auf dem See. Die „Hohentwiel" gehörte immer der Eisenbahn, zuletzt ab 1952 der Deutschen Bundesbahn. 1962 aufgelegt, wurde der Dampfer von 1986 bis 1990 von Grund auf restauriert. Als Museumsschiff ist der Dampfer nun von Mai bis Oktober für öffentliche und Charterfahrten auf dem See.

Typ:	Seitenraddampfer, Fahrgastschiff
Baujahr/Werft:	1912/Escher-Wyss & Cie., Zürich, Schweiz
Vermessung:	358 ts Deplacement
Länge über alles:	56,85 m
Maschinenleistung:	950 PS
Eigner:	Internationaler Verein Bodensee-Schifffahrtsmuseum
Heimathafen:	Hard am Bodensee, Österreich

Mainkette 1
Deutsches Kettenschiff

Ab 1850 verbreitete sich die Kettenschifffahrt in ganz Europa. Besonders auf seichten Flüssen war diese Art lange von Vorteil. Eine Kette wurde im Fluss verlegt, das dampfgetriebene Kettenschiff zog sich an der Kette, die am Bug aufgenommen, über Deck geführt und am Heck wieder in den Fluss gegeben wurde, vorwärts. Auf dem Main zum Beispiel waren Kettenschleppdampfer und Motorschlepper mit Schleppzügen bis 1938 im Einsatz.

Typ:	Kettenschleppdampfer
Baujahr/Werft:	1912/Schiffswerft Roßlau, Neckarsulm
Länge über alles:	52 m
Maschinenleistung:	140 PS
Reederei:	bis 1918 Königlich Bayerische Kettenschleppschiffahrts-Ges., München, Deutschland

Imperator
Deutscher Schnelldampfer

Im internationalen Wettlauf um das größte und schnellste Schiff ließ die Hamburg-Amerika-Linie als damals größten Dampfer die „Imperator" bauen. Die vier Turbinen gaben dem Schiff eine Geschwindigkeit bis zu 24 Knoten. Wegen des Krieges konnte das Blaue Band nicht errungen werden 1919 wurde die „Imperator" an England ausgeliefert, erhielt den Namen „Berengaria" und war für die Cunard Line auf Fahrt. Nach einem Brand 1938 in New York wurde sie abgewrackt.

Typ:	Turbinen-Schnelldampfer, Passagierschiff
Baujahr/Werft:	1913/Vulcan Werft, Hamburg
Vermessung:	52 117 BRT
Länge über alles:	280,18 m
Maschinenleistung:	45 630/52 200 kW
Reederei:	Hapag, Hamburg, Deutschland

Oceana
Deutscher Passagierdampfer

Als „Sierra Salvada" für den Norddeutschen Lloyd gebaut, 1917 in Brasilien beschlagnahmt und als „Avaré" 1922 beim Ausdocken in Hamburg gesunken, gelangte sie 1923 als Kreuzfahrtschiff „Peer Gynt" zur Reederei Viktor Schuppe. Als „Neptunia" war sie 1924 in Triest. 1927 wurde sie als „Oceana" der Hapag berühmt. 1945 wurde sie als „Empire Tarne" britisch, ging 1946 an die UdSSR, wurde 1958 als „Sibir" abgewrackt.

Typ:	Passagierschiff
Baujahr/Werft:	1913/Bremer Vulkan, Vegesack
Vermessung:	8227 BRT
Länge über alles:	133 m
Motorleistung:	4200 kW
Reederei:	Hapag, Hamburg, Deutschland

Goethe
Deutscher Rheindampfer

Das prächtige Schiff ist der letzte Dampfer auf dem Rhein. Ursprünglich als Halbsalon-Güterschiff in Fahrt, wurde es 1925 als Doppeldeck-Salonschiff umgebaut. 1945 wurde die „Goethe" durch eine Bombe im Rhein versenkt, später gehoben und neu aufgebaut. Eine neue Zweizylinder-Verbund-Heißdampfmaschine treibt das Schiff an, mit dem Touristen aus aller Welt den romantischen Rhein zwischen Koblenz und Rüdesheim genießen.

Typ:	Seitenraddampfer, Fahrgastschiff
Baujahr/Werft:	1913/Gebr. Sachsenberg, Köln-Deutz
Länge über alles:	83,25 m
Maschinenleistung:	750 PS
Reederei:	KD Köln-Düsseldorfer Deutsche Rheinschifffahrt AG, Deutschland

Gallia
Schweizerisches Ausflugsschiff

Der Zweideck-Salonraddampfer wird immer noch mit einer leistungsstarken Dampfmaschine angetrieben. Bis 850 Passagiere haben an Bord des schönen Schiffes Platz. Früher auch im Personenverkehr zwischen den Orten am Vierwaldstättersee in Fahrt, dient die „Gallia" wie die anderen Dampf- und Motorschiffe der SGV, die auch gechartert werden können, dem nostalgischen Fahrvergnügen der Touristen auf dem schönen See.

Typ:	Seitenraddampfer, Fahrgastschiff
Baujahr/Werft:	1913/Escher-Wyss & Cie., Zürich
Vermessung:	328 ts Deplacement
Länge über alles:	63,85 m
Maschinenleistung:	1080 PS
Reederei:	SGV Schifffahrtsgesellschaft des Vierwaldstättersees, Luzern, Schweiz

Claus D.
Deutscher Schleppdampfer

Der Schlepper wurde als „Schulau" in Dienst gestellt, 1933 an die Firma Lütgens verkauft und in „Moorfleet" umbenannt. 1956 wurden Firma und Dampfer von C. R. Eckelmann übernommen. Als „Claus D." weiterhin unter Dampf in Fahrt, wurde das Schiff 1984 für den symbolischen Preis von einer Deutschen Mark an den Förderkreis zur Erhaltung des Dampfers verkauft. Inzwischen renoviert, ist „Claus D." immer noch auf der Elbe in Fahrt.

Typ:	Dampfschlepper
Baujahr/Werft:	1913/Schiffswerft & Maschinenfabrik, vormals Janssen & Schmilinsky, Hamburg
Vermessung:	46 BRT
Länge über alles:	17,76 m
Maschinenleistung:	220 PS
Eigner:	Förderkreis Claus D., Museumshafen Oevelgönne
Heimathafen:	Museumshafen Oevelgönne, Hamburg, Deutschland

Dante Alighieri
Italienisches Schlachtschiff

Es war das erste italienische Großkampfschiff des Dreadnought-Typs. Und das erste der Welt, in dem die zwölf Geschütze Kaliber 30,5 cm in je zwei Doppeltürmen in einer Linie angeordnet waren. Die Turbinenanlage lief auf vier Wellen und gab der „Dante Alighieri" eine Geschwindigkeit von 23 Knoten. Das Flaggschiff der italienischen Marine in der südlichen Adria war nicht in Gefechte einbezogen. 1928 wurde es schließlich verschrottet.

Typ:	Schlachtschiff
Baujahr/Werft:	1913/Castellammare, Italien
Vermessung:	21 800 ts Deplacement
Länge über alles:	168,1 m
Maschinenleistung:	32 647 PS
Flotte:	Marina Militare Italiana

Tegetthoff
Österreichisch-ungarisches Schlachtschiff

Die Adria wurde beherrscht von den Flotten Italiens und Österreich-Ungarns. Im Wettrüsten zwischen beiden Mächten ließ die k. u. k. Monarchie vor dem Ersten Weltkrieg elf Großkampfschiffe erbauen. Die „Tegetthoff" gehörte zu den modernsten Schlachtschiffen. 1915 beschoss es Ancona, lag dann bis Kriegsende in Pola, verließ den Hafen nur zu Probefahrten und zum Übungsschießen. 1919 Italien zugesprochen, wurde es ohne Verwendung 1925 abgebrochen.

Typ:	Schlachtschiff
Baujahr/Werft:	1913/Stabilimento tecnico Triestino, San Rocco bei Muggia
Vermessung:	21 370 ts Deplacement
Länge über alles:	160 m
Maschinenleistung:	25 000 PS
Flotte:	Österreichisch-ungarische k. u. k. Marine

Courbet
Französisches Schlachtschiff

Die „Courbet" und die anderen drei Schlachtschiffe ihrer Klasse waren die ersten französischen Dreadnoughts mit über 1100 Mann. Die Bewaffnung, darunter zwölf Geschütze Kaliber 30,5 cm, war vor allem in sechs Geschütztürmen, davon je ein Turm mittschiffs an den Seiten, untergebracht. Die „Courbet" versenkte 1914 den österreichisch-ungarischen Kreuzer „Zenta" in der Adria. In den Zwanzigerjahren umgebaut, wurde sie 1941 außer Dienst gestellt.

Typ:	Schlachtschiff
Baujahr:	1913
Vermessung:	28 850 ts Deplacement
Länge über alles:	168 m
Maschinenleistung:	28 389 PS
Flotte:	La Marine française

U 29
Deutsches U-Boot

Von etwa 300 im Ersten Weltkrieg eingesetzten deutschen U-Booten, mit Minen, Torpedos und Bordgeschützen bewaffnet, gingen 199 verloren. „U 29", das zu Beginn des Krieges die Britischen Inseln umrundet hatte, versenkte den französischen Dampfer „Sussex". Otto Weddigen, der mit „U 9" die britischen Kreuzer „Aboukir", „Cressy" und „Hawke" versenkt hatte, griff 1915 mit „U 29" die „Dreadnought" an, das U-Boot wurde gerammt und sank.

Typ:	U-Boot
Baujahr:	1914
Vermessung:	650 ts Deplacement (unter Wasser 837 ts)
Länge über alles:	64,2 m
Maschinenleistung:	1724 PS Dieselmotor plus 1217 PS Elektromotor
Flotte:	Kaiserliche Marine

Kongo
Japanisches Schlachtschiff

Die vier schnellen Schlachtschiffe der Kongo-Klasse entstanden 1911 bis 1913 und wurden in den Zwanzigerjahren modernisiert (aus dieser Zeit stammt das Bild). 1937 erfolgte der Umbau der „Kongo" zum modernen Schlachtschiff. Die leichtere Bewaffnung wurde durch zwölf Flakgeschütze ersetzt, im Zweiten Weltkrieg wurden 118 Maschinengewehre installiert. Im Krieg im Pazifik eingesetzt, wurde „Kongo" 1944 vom amerikanischen U-Boot „Sealion" versenkt.

Typ:	Schlachtschiff
Baujahr:	1913
Vermessung:	27 500 ts Deplacement, nach Umbau 1937 36 300 ts
Länge über alles:	214,6 m, nach Umbau 222 m
Maschinenleistung:	64 000 PS, nach Umbau 136 000 PS
Flotte:	Japanische Kriegsmarine

Derfflinger
Deutscher Großer Kreuzer

Das Großkampfschiff nahm im Ersten Weltkrieg an der Beschießung der englischen Küste teil, wurde in der Doggerbank-Schlacht beschädigt, in der Schlacht vor dem Skagerrak war „Derfflinger" maßgeblich an der Versenkung der britischen Schlachtkreuzer „Queen Mary" und „Invincible" beteiligt, wurde selbst schwer beschädigt. 1919 versenkte sich das Schiff nach der Überlieferungsfahrt vor Scapa Flow selbst und wurde ab 1938 gehoben.

Typ:	Großer Kreuzer, Schlachtkreuzer
Baujahr/Werft:	1914/Blohm & Voss, Hamburg, Deutschland
Vermessung:	31 200 ts Deplacement
Länge über alles:	210,4 m
Maschinenleistung:	63 876 PS
Flotte:	Kaiserliche Marine

Giulio Cesare
Italienisches Schlachtschiff

Nach dem Schwesterschiff „Conte di Cavour", das 1940 beim Torpedoangriff eines Flugzeugs des britischen Trägers „Illustrious" sank, gehörte „Giulio Cesare" zur Conte di Cavour-Klasse. Beide Schiffe wurden 1924 bis 1926 modernisiert. 1929 wurde „Conte" in Reserve gelegt und „Giulio Cesare" diente als Artillerieschulschiff. In Vorbereitung eines neuen Krieges wurden beide 1933 bis 1937 zu modernen Schlachtschiffen umgebaut.

Typ:	Schlachtschiff
Baujahr/Werft:	1914/La Spezia, Italien
Vermessung:	25 086 ts Deplacement, nach Umbau 1937 29 100 ts
Länge über alles:	176,1 m, nach Umbau 186,4 m
Maschinenleistung:	31 000 PS, nach Umbau 93 000 PS
Flotte:	Marina Militare Italiana

France
Französisches Schlachtschiff

Die Indienststellung der „France", einem Großkampfschiff der Courbet-Klasse, erfolgte zu Kriegsbeginn im Juli 1914. Von Malta aus, wo sich die französische Flotte versammelt hatte, erfolgte der Vorstoß in die Adria, um die österreichische Seeblockade Montenegros zu durchbrechen. Während eines Sturms in der Bucht von Quiberon 1922 lief die „France" auf einen Felsen, der nicht in den Seekarten verzeichnet war, sank und ging total verloren.

Typ:	Schlachtschiff
Baujahr/Werft:	1914/Ateliers et Chantiers de la Loire, Saint-Nazaire, Frankreich
Vermessung:	28 850 ts Deplacement
Länge über alles:	239,7 m
Maschinenleistung:	28 389 PS
Flotte:	La Marine française

Marlborough
Britisches Schlachtschiff

Die Schlachtschiffe der Iron Duke-Klasse, zu der „Marlborough" gehört, waren bis in die Zwanzigerjahre in Dienst. Seine Feuertaufe erhielt „Marlborough" 1916 in der Schlacht beim Skagerrak. Ein Torpedo des Kreuzers „Wiesbaden" beschädigte das Schiff schwer, das heimwärts geschleppt wurde. Bis 1929 blieb „Marlborough" in Dienst, nachdem sie wie die anderen ihrer Klasse im Mittelmeer war und im Schwarzmeer 1919 bis 1920 die Konterrevolutionäre unterstützt hatte.

Typ:	Schlachtschiff
Baujahr:	1914
Vermessung:	30 380 ts Deplacement
Länge über alles:	189,8 m
Maschinenleistung:	29 403 PS
Flotte:	Royal Navy

Aquitania
Britisches Passagierschiff

Die „Aquitania" wurde das Flaggschiff der Cunard Line. Bis zu Beginn des Ersten Weltkriegs konnten nur drei Reisen durchgeführt werden, bevor der Schnelldampfer als Truppentransporter und Lazarettschiff diente. Nach dem Krieg war er als Liniendampfer zwischen Southampton und New York eingesetzt. Im Zweiten Weltkrieg war „Aquitania" wieder als Truppentransporter in Fahrt. 1950 wurde das schöne Schiff zum Verschrotten verkauft.

Typ:	Passagierschiff
Baujahr/Werft:	1914/John Brown & Co., Clydebank, Schottland
Vermessung:	45 647 BRT
Länge über alles:	274,6 m
Maschinenleistung:	56 000 PS
Reederei:	Cunard Steam Ship Co. Ltd., Southampton, Großbritannien

Tiger
Britischer Schlachtkreuzer

Bei Erscheinen der japanischen Kongo-Klasse wurde „Tiger" umgerüstet und erhielt neben den acht 34,3-cm-Geschützen zwölf Kanonen Mittelartillerie Kaliber 15,2 cm und vier Torpedorohre. Die Geschwindigkeit wurde auf 29 Knoten erhöht. Bei den Schlachten vor der Doggerbank und vor dem Skagerrak wurde der Schlachtkreuzer beschädigt. Die Startplattform wurde 1924 durch Flak ersetzt. 1932 wurde „Tiger" zum Verschrotten verkauft.

Typ:	Schlachtkreuzer
Baujahr:	1914
Vermessung:	35 160 ts Deplacement
Länge über alles:	214,6 m
Maschinenleistung:	109 500 PS
Flotte:	Royal Navy

Sachsenwald
Deutscher Dampfschlepper

Als „Ida-Erna" war der Schlepper bis 1972 auf den märkischen Wasserstraßen um Berlin und auf der Elbe zwischen Magdeburg und Hamburg in Dienst. 1980 erwarb der Dresdner Bernd Frenzel das Schiff und restaurierte es mit Unterstützung der Werft Postelwitz und eines Kunstseidewerks. Nach dem Umbau auf der Werft Laubegast 1991 zum Fahrgastschiff, fährt die „Sachsenwald" nun von Potsdam aus mit bis zu 100 Passagieren.

Typ:	Dampfschlepper, Fahrgastschiff
Baujahr/Werft:	1914/Gebr. Wiemann, Brandenburg
Länge über alles:	25,5 m
Maschinenleistung:	220 PS
Eigner:	Bernd Frenzel, Pirna
Heimathafen:	Museumshafen Haveldampfschifffahrt, Potsdam, Deutschland

Paris
Französisches Schlachtschiff

Eine Schwester der „France", mit Turbinenantrieb und vier Schrauben versehen, bestückt mit zwölf Geschützen Kaliber 30,5 cm, 22 Geschützen Kaliber 13,7 cm und vier Torpedorohren. Zweimal in den Zwanzigerjahren zu einem modernen Schlachtschiff umgebaut, wurde sie, nachdem sich das französische Vichy-Regime Nazi-Deutschland unterstellt hatte, unter britische Flagge genommen. 1945 wieder in Frankreich, wurde „Paris" 1956 abgewrackt.

Typ:	Schlachtschiff
Baujahr:	1914
Vermessung:	28 850 ts Deplacement
Länge über alles:	239,7 m
Maschinenleistung:	28 389 PS
Flotte:	La Marine française

BB 35 Texas
Amerikanisches Schlachtschiff

Die Schwestern „New York" und „Texas" waren die ersten Super-Dreadnoughts der US Navy. Mit fünf anderen Großkampfschiffen wurde „Texas" 1917 zum VI. Kampfgeschwader der britischen Flotte abkommandiert. Als erstes amerikanisches Schlachtschiff erhielt „Texas" Flugplattformen. In den Zwanzigerjahren modernisiert, diente „Texas" ab 1941 zur Deckung von Konvois im Atlantik. 1948 außer Dienst gestellt, wurde sie als Denkmal aufgestellt.

Typ:	Schlachtschiff, Museumsschiff
Baujahr:	1914
Vermessung:	28 367 ts Deplacement
Länge über alles:	174,6 m
Maschinenleistung:	28 490 PS
Flotte:	US Navy
Liegeplatz:	Houston, Texas, USA

Barham
Britisches Schlachtschiff

Als eines von fünf Schiffen der Queen Elizabeth-Klasse, wobei die Namensgeberin erst 1915 fertiggestellt wurde, war „Barham" ein mit 24 Knoten schnelles Schlachtschiff, zum ersten Mal mit Geschützen des vergrößerten Kalibers 38,1 cm bestückt. 337 Schuss feuerte es in der Skagerrakschlacht 1916 ab. In den Zwanzigerjahren wurde es modernisiert. 1939 erhielt „Barham" einen Torpedotreffer. 1941 wurde sie vor Ägypten durch das deutsche U-Boot „U 331" durch drei Torpedotreffer versenkt.

Typ:	Schlachtschiff
Baujahr:	1914
Vermessung:	33 000 ts Deplacement
Länge über alles:	195 m
Maschinenleistung:	76 042 PS
Flotte:	Royal Navy

Vaterland
Deutsches Passagierschiff

Einer der größten deutschen Passagierdampfer musste 1914 nach drei Reisen in New York wie viele andere deutsche Schiffe aufgelegt werden. 1917, nach dem Eintritt der USA in den Weltkrieg, wurde „Vaterland" beschlagnahmt, transportierte als „Leviathan" Truppen. Nach dem Krieg wieder als Passagierschiff für die United States Lines in Dienst, fand die letzte Fahrt 1938 von New York nach Rosyth in Schottland statt, wo das Schiff abgewrackt wurde.

Typ:	Passagierschiff
Baujahr/Werft:	1914/Blohm & Voss, Hamburg
Vermessung:	54 282 BRT
Länge über alles:	289,55 m
Maschinenleistung:	61 000 PS
Reederei:	Hapag, Hamburg, Deutschland

Pungo (Möwe)
Deutscher Bananendampfer

Der Bananendampfer wurde 1915 zum Hilfskreuzer „Möwe" umgerüstet. Auf Kaperfahrten vernichtete das Schiff 178 400 BRT Handelsschiffsraum, seiner Minensperre fiel das Linienschiff „King Edward" zum Opfer. Als „Vineta" und als „Möwe" wurden weitere Dampfer und das russische Kanonenboot „Dobr" gekapert. 1919 abgegeben, erfolgte 1925 der Rückkauf und die Indienststellung als Bananendampfer „Oldenburg". 1945 wurde dieser durch britische Fliegerbomben versenkt.

Typ:	Fruchtkühlschiff, Hilfskreuzer
Baujahr/Werft:	1914/Joh. C. Tecklenborg, Geestemünde
Vermessung:	3602 BRT
Länge über alles:	123,9 m
Maschinenleistung:	3200 PS
Reederei:	F. Laeisz, Hamburg, Deutschland

Anny von Hamburg
Deutscher Gaffelschoner

Die Jungfernfahrt der „Anny" führte nach St. Petersburg, wo das Schiff bei Beginn des Krieges beschlagnahmt wurde. Als Torso kehrte das Schiff 1925 zurück und wurde als Motorschiff „Hanna" und später als „Kurt Both" als Frachtschiff benutzt. 1957 nach Schweden verkauft und als „Ringo" in Fahrt. Als finnisches Schiff bis 1979 in Betrieb, dann teilweise ausgebrannt, wurde es nach Hamburg verlegt und nach alten Plänen restauriert.

Typ:	Dreimast-Gaffelschoner, Lastsegler, Kreuzfahrtschiff
Baujahr/Werft:	1914/C. Lühring, Hammelwarden
Vermessung:	124 BRT
Länge über alles:	38 m
Besegelung:	12 Segel, Segelfläche 520 m^2
Maschinenleistung:	280 PS
Heimathafen:	Neuer Hafen, Bremerhaven, Deutschland

Skjelskør
Dänischer Passagierdampfer

Der schmucke Dampfer wird immer noch mit einer Dampfmaschine angetrieben, und „Skjelskør" ist immer noch als Fahrgastschiff in Dienst. Bis 125 Passagiere gehen mit dem Dampfer und seiner Besatzung von drei Mann auf nostalgische Ausflugsfahrten im schönen Roskildefjord, der sich von der Wikinger- und Königsstadt Roskilde im Süden über Frederikssund bis nach Hundested gegenüber von Rørvig in die offene See erstreckt.

Typ:	Fahrgastschiff
Baujahr/Werft:	1915/J. Ring Andersens Skibsværft, Svendborg
Vermessung:	49 BRT
Länge über alles:	20,6 m
Maschinenleistung:	75 PS
Eigner:	Dansk Veteranenskibsklubb
Heimathafen:	Frederikssund, Dänemark

Flussschifferkirche
Deutscher Lastkahn

Der Weser-Küstenleichter, im Zweiten Weltkrieg als WK 6 im Dienst der Kriegsmarine, von den Amerikanern beschlagnahmt und 1951 zurückgegeben, wurde 1952 bei der Norderwerft in Hamburg zur schwimmenden Kirche für die Binnenschiffer umgebaut. Ein kleiner Turm mit Glocke und Kreuz charakterisiert das Schiff. An Bord gibt es einen Altar, eine Kanzel, ein Taufbecken, eine Orgel und Sitzgelegenheiten für etwa 150 Menschen.

Typ:	Lastkahn, schwimmende Kirche
Baujahr:	1915, Umbau 1952
Länge über alles:	26,1 m
Eigner:	Evangelisch-lutherische Flussschiffergemeinde, Hamburg
Liegeplatz:	Billwerder Bucht, Hamburg, Deutschland

Lützow
Deutscher Großer Kreuzer

Das Schwesterschiff der „Derfflinger" wurde am 8. August 1915 in Dienst gestellt und ging am 1. Juni 1916 beim deutschen Flottenvorstoß gegen die englische Küste, an dem der Kreuzer beteiligt war, verloren. Bei der Seeschlacht vor dem Skagerrak stand „Lützow" an der Spitze der Schlachtkreuzer. Im Feuer von „Lützow" und „Derfflinger" explodierte „Invincible". „Lützow" wurde getroffen, war am Kentern, zwei deutsche Torpedos versenkten das Schiff.

Typ:	Großer Kreuzer, Schlachtkreuzer
Baujahr/Werft:	1915/F. Schichau, Danzig
Vermessung:	30 700 ts Deplacement
Länge über alles:	210,4 m
Maschinenleistung:	63 876 PS
Flotte:	Kaiserliche Marine

Sevastopol
Russisches/Sowjetisches Schlachtschiff

Die „Sevastopol", 1925 in „Parizskaja Kommuna" umbenannt, wurde 1929/30 ins Schwarze Meer verlegt. Ab 1938 wurde das Großkampfschiff modernisiert und umgebaut. Bei der Verteidigung Sewastopols gegen den deutschen Angriff waren Schiffe der Schwarzmeerflotte, darunter die zurückbenannte „Sevastopol" beteiligt, bis Festung und Stadt aufgegeben werden mussten. 1956 wurde „Sevastopol" in Sewastopol verschrottet.

Typ:	Schlachtschiff
Baujahr:	1915
Vermessung:	25 850 ts Deplacement
Länge über alles:	182,9 m
Maschinenleistung:	50 695 PS
Flotte:	Russische Flotte/Sowjetische Marine

Queen Elizabeth
Britisches Schlachtschiff

Nach Fertigstellung wurde das Schlachtschiff gleich im Mittelmeer eingesetzt, wo sie mit anderen Kriegsschiffen die Truppen beim Dardanellenfeldzug unterstützte. In den Zwanzigerjahren und wieder von 1937 bis 1940 erfolgten Modernisierungen und Umbauten. Bei einem Angriff italienischer Froschmänner in Alexandria 1941 schwer beschädigt, wurde „Queen Elizabeth" in den USA repariert und im Indischen Ozean eingesetzt. 1948 wurde sie verschrottet.

Typ:	Schlachtschiff
Baujahr:	1915
Vermessung:	33 000 ts Deplacement
Länge über alles:	195 m
Maschinenleistung:	76 042 PS
Flotte:	Royal Navy

Provence
Französisches Schlachtschiff

Der erste französische Super-Dreadnought war die „Provence", seit den Zwanzigerjahren dreimal modernisiert und umgebaut. Als Frankreich im Zweiten Weltkrieg besiegt war, lag 1940 ein Teil der Flotte in Mers-el-Kebir, Algerien. Damit er nicht den Deutschen zufallen sollte, forderte ein britisches Geschwader die Übergabe. Als diese verweigert wurde, entkamen unter Beschuss einige Schiffe, andere sanken oder wurden, wie die „Provence", auf Grund gesetzt.

Typ:	Schlachtschiff
Baujahr:	1915
Vermessung:	28 500 ts Deplacement
Länge über alles:	166 m
Maschinenleistung:	29 403 PS
Flotte:	La Marine française

Marat
Russisches/Sowjetisches Schlachtschiff

Als „Petropavlovsk" in Dienst gestellt, blieb das Schwesterschiff der „Sevastopol" bei der Baltischen Flotte. In den Dreißigerjahren in Leningrad modernisiert, nahm das Schiff als „Marat" 1937 bei der Flottenschau anlässlich der Krönung von King George VI. teil. 1941 nahmen „Marat" und andere mit ihrer Artillerie die vorrückenden Deutschen unter Beschuss. Schwer getroffen, wieder in „Petropavlovsk" umbenannt, diente das Schiff bis 1945 als Batterie.

Typ:	Schlachtschiff
Baujahr:	1915
Vermessung:	25 850 ts Deplacement
Länge über alles:	182,9 m
Maschinenleistung:	50 695 PS
Flotte:	Russische Flotte/Sowjetische Marine

Moreno
Argentinisches Schlachtschiff

Zu Beginn des Ersten Weltkriegs stellte Argentinien zwei Schlachtschiffe in Dienst. Die „Rivadavia" und die Schwester „Moreno" wurden in den USA gebaut. Die schwere Artillerie war in sechs Türmen angeordnet. 1937 gingen die Schwestern auf Europafahrt. Zu militärischen Einsätzen kam es nicht. Die „Morena" diente in den Fünfzigerjahren als Depot- und Gefängnisschiff. 1957 schließlich wurde das Schlachtschiff in Japan verschrottet.

Typ:	Schlachtschiff
Baujahr/Werft:	1915/New York Shipbuilding Co., New York, USA
Vermessung:	30 600 ts Deplacement
Länge über alles:	181,4 m
Maschinenleistung:	40 050 PS
Flotte:	Armada Argentina

Deutschland
Deutsches Handels-U-Boot

Um die Blockade deutscher Häfen zu brechen, wurden drei U-Boote zu unbewaffneten Transportschiffen umgebaut. Aus „U 155" wurde „Deutschland", das eine Handelsfahrt in die USA unternahm. „Bremen" ging bei der ersten Fahrt verloren, „Oldenburg" wurde nicht als Handels-U-Boot in Dienst gestellt. Nach dem Kriegseintritt der USA wurden die U-Boote zu U-Kreuzern umgerüstet. Die „Deutschland" wurde 1922 in England verschrottet.

Typ:	Handels-U-Boot, U-Boot-Kreuzer
Baujahr/Werft:	1916/Friedrich Krupp AG, Germaniawerft, Kiel, Deutschland
Vermessung:	1512 ts Deplacement (unter Wasser 1875 ts)
Länge über alles:	65 m
Maschinenleistung:	811 PS
Flotte:	Kaiserliche Marine

Andrea Doria
Italienisches Schlachtschiff

Mit der Schwester „Caio Duilio" war „Andrea Doria" ein abgeändertes Schiff der Cavour-Klasse. Im Ersten Weltkrieg in der Adria eingesetzt, wurden sie bis 1940 weitgehend umgebaut. Bei einigen Aktionen gegen die Alliierten eingesetzt, so 1941 in der Schlacht in der Großen Syrte, wurde „Andrea Doria" 1942 aus dem aktiven Dienst genommen. Nach dem Krieg war sie Flaggschiff der Marine, wurde 1961 aus der Liste der Kriegsschiffe gestrichen.

Typ:	Schlachtschiff
Baujahr:	1916
Vermessung:	25 200 ts Deplacement
Länge über alles:	176,1 m
Maschinenleistung:	31 431 PS
Flotte:	Marina Militare Italiana

Renown
Britischer Schlachtkreuzer

Die „Renown" und die Schwester „Repulse" wurden wegen ihrer Störanfälligkeit als „Refit" und „Repair" verspottet. Gründlich modernisiert, operierte „Renown" im Zweiten Weltkrieg. Im Atlantik wurde sie gegen „Admiral Graf Spee" eingesetzt, hatte Gefechte mit „Scharnhorst" und „Gneisenau", nahm mit der „Repulse" an der Jagd auf die „Bismarck" teil. Im Januar 1945 verlegte man sie zur Eastern Fleet der Royal Navy nach Fernost.

Typ:	Schlachtkreuzer
Baujahr:	1916
Vermessung:	32 727 ts Deplacement
Länge über alles:	242 m
Maschinenleistung:	113 557 PS
Flotte:	Royal Navy

Valiant
Britisches Schlachtschiff

„Valiant" war ein Schiff der Queen Elizabeth-Klasse. An der Skagerrakschlacht beteiligt, feuerte sie 288 Schuss aus ihren Kanonen Kaliber 38,1 cm. Ihre Schwestern wurden beschädigt, sie ging unbeschädigt aus der Schlacht. „Valiant" wurde ab 1929 und erneut wieder ab 1937 modernisiert. 1940 war sie vor Norwegen in Aktion, 1941 wurde sie in Alexandria beschädigt. In den USA repariert, diente sie erst im Fernen Osten und nahm ab 1943 an der Eroberung Siziliens teil.

Typ:	Schlachtschiff
Baujahr:	1916
Vermessung:	33 000 ts Deplacement
Länge über alles:	195 m
Maschinenleistung:	76 042 PS
Flotte:	Royal Navy

BB 37 Oklahoma
Amerikanisches Schlachtschiff

Nach dem Motto „all or nothing" wurden „Nevada" und „Oklahoma" schwer gepanzert. 1918 war sie in der Bantry Bay, Irland, stationiert. Von 1927 bis 1930 modernisiert und umgebaut (das Bild zeigt diesen neuen Zustand), lag „Oklahoma" am 7. Dezember 1941 in Pearl Harbor, Hawaii, als japanische Flugzeuge, von Flugzeugträgern herantransportiert, die amerikanische Pazifikflotte bombardierten. „Nevada" wurde schwer beschädigt, „Oklahoma" versenkt.

Typ:	Schlachtschiff
Baujahr:	1916
Vermessung:	28 400 ts Deplacement
Länge über alles:	177,7 m
Maschinenleistung:	26 868 PS
Flotte:	US Navy

Bayern
Deutsches Linienschiff

Die Schiffe der Bayern-Klasse trugen als schwere Artillerie acht Geschütze vom Kaliber 38,1 cm. Nach der Schlacht am Skagerrak in Dienst gestellt, nahm „Bayern" an Aktionen der Hochseeflotte teil. Beim Einsatz in der Ostsee 1917 erhielt sie einen Minentreffer. Nach provisorischer Reparatur erfolgte in Kiel die Instandsetzung. 1918 mit anderen Kriegsschiffen zur Übergabe nach Scapa Flow, wo 1919 die Selbstversenkung stattfand.

Typ:	Linienschiff, Schlachtschiff
Baujahr/Werft:	1916/Howaldtswerke, Kiel, Deutschland
Vermessung:	32 200 ts Deplacement
Länge über alles:	180 m
Maschinenleistung:	38 636 PS
Flotte:	Kaiserliche Marine

Gredo
Deutscher Dampfschlepper

Der Schlepper diente als „Christel" bis 1945 im Dortmunder Hafen. Ein neuer Eigner benannte den Dampfer nach den Namen seiner Töchter Grethel und Dora in „Gredo" um. In den Sechzigerjahren ausgemustert, erwarb Hans-W. Dörich vom Dampfmaschinenmuseum Hanau im Jahr 1986 den mit Kohle befeuerten Dampfer, renovierte ihn und unternahm mit Fahrgästen auf dem Main Vergnügungsfahrten. 2007 wurde „Gredo" an eine Eignergemeinschaft übergeben.

Typ:	Dampfschlepper, Fahrgastschiff
Baujahr/Werft:	1916/Bodan-Werft, Kressbronn am Bodensee, Deutschland
Länge über alles:	15,6 m
Maschinenleistung:	62 PS
Heimatsee:	Lago Maggiore, Italien

Mare Frisium
Niederländischer Toppsegelschoner

Als anderthalbmastiger Fischlogger war das Schiff bis Ende der Vierzigerjahre auf der Doggerbank in Dienst. Nach Deutschland verkauft, erhielt es den Namen „Helmut", sein Rumpf wurde auf 40 Meter verlängert. Als Frachter fuhr es von Hamburg nach Schweden und Leningrad. Ab 1995 arbeiteten die jetzigen Eigner das nun „Mare Frisium" getaufte Schiff um, nach zwei Jahren erfolgte die Indienststellung als Kreuzfahrt- und Charterschiff.

Typ:	Dreimast-Toppsegelschoner
Baujahr/Werft:	1916/Weert, Niederlande
Länge über alles:	52 m
Besegelung:	8 Segel, Segelfläche 634 m²
Eigner:	Gebr. Bruinsma, Traditional Sailing Charter, Niederlande
Heimathafen:	Harlingen, Niederlande

Krassin
Sowjetischer Eisbrecher

Die „Sviatogor" wurde 1917 von Matrosen zur Blockierung der Dwina versenkt. Britische Interventionstruppen hoben das Schiff. 1922 erfolgte die Rückgabe. Als „Krassin" wurde es 1928 zur Rettung der Nobile-Expedition eingesetzt, leistete auch der „Monte Cervantes" Hilfe. Im Winter 1928/29 rettete „Krassin" viele Schiffe in der Lübecker Bucht, im Nord-Ostsee-Kanal und vor Warnemünde. Nach Umbau in Wismar ab 1953 war sie bis 1972 in Dienst.

Typ:	Eisbrecher
Baujahr/Werft:	1917/Armstrong Whitworth, Newcastle-upon-Tyne, England
Vermessung:	6048 BRT (nach Umbau)
Länge über alles:	99,8 m
Maschinenleistung:	8385 kW
Eigner:	Sowjetunion

Imperator Aleksandr III.
Russisches Schlachtschiff

Nach der bürgerlichen Revolution im Frühjahr 1917 verlor das Schiff seinen Zarennamen und hieß „Volja" (Freiheit). Die Deutschen besetzten das Schiff 1918 vor Sewastopol und nannten es „Wolga". Sie übergaben es den Konterrevolutionären, die es „General Alekse'ev" nannten. Beim Rückzug 1920 erreichte das Schiff den französischen Hafen Bizerta in Nordafrika. Eine sowjetische Kommission fand es 1924 verrottet vor und verzichtete auf eine Rückgabe.

Typ:	Schlachtschiff
Baujahr/Werft:	1917/Russische Schiffbau-Gesellschaft, Petrograd
Vermessung:	24 000 ts Deplacement
Länge über alles:	167,8 m
Maschinenleistung:	26 500 PS
Flotte:	Russische Flotte/Sowjetische Marine

Yamashiro
Japanisches Schlachtschiff

In den Zwanzigerjahren erfolgte der Umbau, bei dem das Schiff einen Pagodenturm erhielt; aus dieser Zeit stammt das Bild. Zehn Jahre später wurden „Yamashiro" und andere Schlachtschiffe modernisiert. Im Zweiten Weltkrieg wurden 1944 in der Seeschlacht in der Surigao-Straße, Philippinen, viele japanische Schiffe zerstört. Die „Yamashiro" erhielt Torpedotreffer, setzte den Marsch fort und wurde schließlich im amerikanischen Feuer versenkt.

Typ:	Schlachtschiff
Baujahr:	1917
Vermessung:	35 900 ts Deplacement
Länge über alles:	205,1 m
Maschinenleistung:	40 555 PS
Flotte:	Japanische Kriegsmarine

BB 41 Mississippi
Amerikanisches Schlachtschiff

Die Seeschlacht in der Surigao-Straße der Philippinen, bei der 1944 die zwei japanischen Schlachtschiffe „Fuso" und „Yamashiro" und andere Kriegsschiffe versenkt wurden, gilt als die letzte klassische Seeschlacht. Beteiligt auf amerikanischer Seite waren sechs alte, inzwischen modernisierte Schlachtschiffe wie die „Mississippi". Nach dem Krieg diente „Mississippi" als Artillerieschul- und Versuchsschiff. 1956 erfolgte die Außerdienststellung.

Typ:	Schlachtschiff
Baujahr:	1917
Vermessung:	33 000 ts Deplacement
Länge über alles:	190,2 m
Maschinenleistung:	32 445 PS
Flotte:	US Navy

Logger
Dänisches Fischereifahrzeug

Zur gleichen Zeit, als in aller Welt gigantische Schlachtschiffe aus Stahl gebaut wurden, entstanden kleine Segler aus Holz. Wie zum Beispiel im dänischen Løkken, einer Hafenstadt am Skagerrak. Dieser anderthalbmastige Logger von bescheidenen Ausmaßen und mit einem umlegbaren Mast fuhr noch in den Siebzigerjahren auf Fischfang. Der Typ des Logger hatte sich aus einem schnellen Küstensegler des 18. Jahrhunderts entwickelt.

Typ:	Logger, Fischereifahrzeug
Baujahr:	1917
Länge über alles:	9 m
Besegelung:	2 Segel
Maschinenleistung:	30 PS

U 122
Deutscher U-Kreuzer

Dieses große U-Boot des Typs UE II für Hochsee-Minenaufgaben wurde wie viele U-Boote im letzten Kriegsjahr gebaut, am 4. Mai 1918 an die Kaiserliche Marine abgeliefert, und schon am 26. November des selben Jahres nach Kriegsende an Großbritannien übergeben. Bemerkenswerte Aktionen während der aktiven Dienstzeit haben nicht stattgefunden. 1921 strandete „U 122" auf der Fahrt zum Abbruchplatz an der britischen Ostküste.

Typ:	U-Kreuzer
Baujahr/Werft:	1918/Blohm & Voss, Hamburg, Deutschland
Vermessung:	1164 ts Deplacement (unter Wasser 1512 ts)
Länge über alles:	81,52 m
Maschinenleistung:	2400 PS
Flotte:	Kaiserliche Marine

BB 42 Idaho
Amerikanisches Schlachtschiff

Das Schwesterschiff der „Mississippi" wurde der Pazifikflotte zugeteilt. In den Dreißigerjahren wurde das Schlachtschiff umgebaut und umgerüstet, wie das Bild zeigt. Nach kurzer Überstellung zur Atlantikflotte 1941 kehrte es in den Pazifik zurück, war bei den Gilbert-Inseln, bei Kwajalein, Saipan, Guam, Palau, Iwo Jima und Okinawa, wo es auf Grund lief, im Einsatz. Nach dem Krieg wurde „Idaho" wie viele andere Kriegsschiffe abgewrackt.

Typ:	Schlachtschiff
Baujahr:	1919
Vermessung:	33 000 ts Deplacement
Länge über alles:	190,2 m
Maschinenleistung:	32 445 PS
Flotte:	US Navy

Seute Deern
Deutsche Bark

Als „Elizabeth Bandi" transportierte der Viermastschoner Holz. 1931 wurde der Segler nach Finnland verkauft, 1938 erwarb ihn der Hamburger Reeder Essberger und ließ ihn bei Blohm & Voss zur Bark umtakeln. Als „Seute Deern" (Süßes Mädchen) war sie ein frachtfahrendes Schulschiff. Nach 1945 wechselte sie die Eigner, war Restaurant und Jugendherberge, lag in Holland und in Emden. Seit 1966 schließlich ist ihre Heimat Bremerhaven.

Typ:	Bark, Museumsschiff
Baujahr/Werft:	1919/Gulfport Shipbuilding Co., Gulfport, USA
Vermessung:	813 BRT
Länge über alles:	75,7 m
Besegelung:	18 Segel, Segelfläche 1418 m^2
Eigner:	DSM Deutsches Schifffahrtsmuseum, Bremerhaven
Liegeplatz:	Museumshafen Bremerhaven, Deutschland

Saatsee
Deutscher Schwimm-Dampfkran

1917 wurde mit dem Bau des Schwimmkrans „Simson" für das Kaiserliche Kanalamt begonnen. Durch den Krieg verzögerte sich die Fertigstellung bis 1920. Bis 1986 war der Kran im Einsatz, zuletzt im Nord-Ostsee-Kanal. Der damalige Eigner war die Bundesrepublik Deutschland, Wasserstraßen-Maschinenamt, Rendsburg. Die „Saatsee" ohne eigenen Fahrantrieb hat drei Hubwerke für 30, 75 und 100 Tonnen und ist immer noch funktionsfähig.

Typ:	Schwimm-Dampfkran
Baujahr/Werft:	1920/Schiffs- und Maschinenbau AG, Mannheim
Länge über alles:	22,45 m
Eigner:	Museum der Arbeit, Hamburg
Heimathafen:	Museumshafen Oevelgönne, Hamburg, Deutschland

Porta

Deutscher Dampfeimerbagger

Der Bagger gehörte zum Einsatzbereich des Wasser- und Schiffahrtsamts Hann. Münden und wurde vor allem zu Arbeiten in der Fahrrinne der Weser eingesetzt. Auf beiden Uferseiten wurde „Porta" mit Eisenketten als Verholketten befestigt, an denen sie sich mithilfe der Dampfmaschine, die auch die Eimerkette antrieb, seitwärts und vorwärts bewegte. Zur Arbeitseinheit gehörten Prähme zum Abtransport des Baggerguts und ein Schleppboot.

Typ:	Dampfeimerbagger, Museumsschiff
Baujahr/Werft:	1925/Caesar Wollheim, Cosel bei Breslau
Vermessung:	81 m^3 Verdrängung
Länge über alles:	24 m
Maschinenleistung:	35 PS
Eigner:	Westfälisches Industriemuseum, Museum Schiffshebewerk Henrichenburg, Waltrop, Deutschland

Città di Milano

Italienischer Dampfer

Nach einer ersten Überfahrt des Nordpols in einem Luftschiff, 1926 zusammen mit Roald Amundsen, unternahm Umberto Nobile im Luftschiff „Italia" eine zweite Expedition. Das Luftschiff stürzte im Sturm aufs Packeis, Nobile und ein Teil der Mannschaft überlebte. Von der „Città di Milano", dem Versorgungsschiff der Expedition, und aus Italien kam keine Hilfe. Bei einem Rettungsversuch blieb Amundsen verschollen. Der sowjetische Eisbrecher „Krassin" rettete schließlich die Überlebenden.

Typ:	Frachter, Expeditions-Versorgungsschiff
Baujahr:	um 1925
Vermessung:	ca. 400 BRT
Maschinenleistung:	ca. 450 PS

Dresden

Sächsischer Raddampfer

Die „Dresden" ist das Flaggschiff der sächsischen Flotte, die in Dresden beheimatet ist. Nach 20 Jahren Dienst in der Fahrgast-Schifffahrt brannte der Dampfer 1946 aus. Drei Jahre später erfolgte die Wiederindienststellung. 1978 havarierte „Dresden" mit dem Schleppzug „Sumava", bei dessen Schlepper die Ruderanlage ausgefallen war. Nach historischer Rekonstruktion ist der mit Heizöl befeuerte Dampfer wieder für 379 Passagiere in Fahrt.

Typ:	Seitenraddampfer, Fahrgastschiff
Baujahr/Werft:	1926/Schiffswerft Laubegast der Sächsisch-Böhmischen Dampfschiffahrt A. G., Dresden
Länge über alles:	68,7 m
Maschinenleistung:	300 PS
Reederei:	Sächsische Dampfschiffahrts GmbH & Co., Conti Elbschiffahrts KG, Dresden, Deutschland

Evertsen
Niederländischer Torpedoboot-Zerstörer

Torpedoboote wurden seit etwa 1880 in großer Zahl für alle Flotten gebaut und dienten zu Beginn vor allem dem Küstenschutz. Da sie durch ihre Geschwindigkeit rasch den Gegner erreichten und schnell wieder ablaufen konnten und durch ihre Entwicklung bald hochseetüchtig waren, musste eine wirkungsvolle Gegenwaffe eingesetzt werden. Die „Evertsen" zum Beispiel war mit sechs Geschützen, fünf MGs, sechs Torpedos und zwei Minen bewaffnet.

Typ:	Torpedoboot-Zerstörer
Baujahr/Werft:	1926/Burgerhout's Machinefabriek en Scheepswerf, Rotterdam, Niederlande
Vermessung:	1316 ts Deplacement
Länge über alles:	98,1 m
Maschinenleistung:	31 000 PS
Flotte:	Koninklijke Nederlandsche Zeemacht

Ludwig Feßler
Bayerischer Ausflugsdampfer

Bei der Taufe erhielt der Halbsalondampfer von den Töchtern des Reeders den Namen ihres Vaters „Ludwig Feßler". Die Chiemsee-Schifffahrt unterhält eine ganze Flotte von Schiffen, die zu den Ausflugszielen wie der Herren- und Fraueninsel fahren. Und eine Dampfeisenbahn, die vom Bahnhof Prien zum Hafen fährt. Die „Ludwig Feßler" wird seit 1973 nicht mehr durch Dampf, sondern durch einen dieselhydraulischen Motor angetrieben.

Typ:	Seitenradschiff, Fahrgastschiff
Baujahr/Werft:	1926/Th. Hitzler, Regensburg
Länge über alles:	53 m
Maschinenleistung:	552 PS
Reederei:	Chiemsee-Schifffahrt, Ludwig Feßler KG, Prien am Chiemsee, Deutschland

Elbe
Deutsches Fahrgastschiff

Durch das Grünheider Wald- und Seengebiet östlich von Berlin fahren zwei historische Fahrgastschiffe. „Rhein" von 1928, die in der Vergangenheit „Zukunft" hieß, und „Elbe". Beide Schiffe gehören zur Reederei Kutzker, die hier seit 1910 die Fahrgast-Schifffahrt im Linien- und Charterdienst betreibt und Sonderfahrten unternimmt. An Bord der „Elbe" haben 99 Passagiere Platz, die frohgemut das nostalgische Fahrvergnügen genießen.

Typ:	Fahrgastschiff
Baujahr/Werft:	1926/Ertel, Woltersdorf
Vermessung:	14 ts Deplacement
Länge über alles:	23,8 m
Maschinenleistung:	150 PS
Reederei:	Reederei Kutzker, Grünheide bei Berlin, Deutschland

Helvétie
Schweizerisches Fahrgastschiff

1873 schlossen sich drei Reedereien zur Genfer Schifffahrtsgesellschaft zusammen, die heute eine Reihe historischer Raddampfer, zu Motorschiffen umgerüstete Dampfer und moderne Fahrgastschiffe unterhält. Die „Helvétie" erhielt 1977 einen diesel-elektrischen Antrieb, der die Dreizylinder-Dampfmaschine ersetzte. Seit 2002 wartet das elegante Schiff auf die Entscheidung der Reederei, eine moderne Dampfmaschine einbauen zu lassen.

Typ:	Seitenraddampfer, Fahrgastschiff
Baujahr/Werft:	1926/Gebr. Sulzer, Winterthur
Vermessung:	469 ts Deplacement
Länge über alles:	78,5 m
Reederei:	CGN Compagnie Générale de Navigation sur le Lac Léman, Lausanne, Schweiz

Kruzenshtern
Russische Viermastbark

Als letzte frachtführende Viermastbark war der Flying P-Liner „Padua" der Hamburger Reederei F. Laeisz in der Salpeter- und Weizenfahrt in Dienst. Der legendäre Windjammer lag bei Kriegsende in Flensburg fest und wurde an die Sowjetunion abgeliefert. Als Schulschiff mit Namen „Kruzenshtern" nimmt es gern Passagiere an Bord. Inzwischen mit einem Hilfsmotor ausgerüstet, 1993 in der Wismarer Werft generalüberholt, ist sie einer der schnellsten Segler der Welt.

Typ:	Viermastbark, Schulschiff
Baujahr/Werft:	1926/Joh. C. Tecklenborg, Wesermünde (Bremerhaven), Deutschland
Vermessung:	3545 BRT
Länge über alles:	114,5 m
Besegelung:	34 Segel, Segelfläche 3400 m^2
Eigner:	Akademie der Fischereiflotte, Kaliningrad, Russland

Soemba
Niederländische Fregatte

Mit einer Geschwindigkeit von 15 Knoten war „Soemba" kein schnelles Kriegsschiff seiner Zeit. Mit 136 Mann Besatzung und bestückt mit drei Geschützen Kaliber 15 cm und einem Geschütz Kaliber 7,5 cm sowie mit sechs Maschinengewehren war es weder mit Torpedos noch mit Minen ausgerüstet. Bei den neuen Fregatten der folgenden Jahre wurden Größe, Bewaffnung und Geschwindigkeit gesteigert, um die Kampfkraft zu stärken.

Typ:	Fregatte
Baujahr/Werft:	1926/N. V. Wilton's Machinefabriek en Scheepswerf, Rotterdam, Niederlande
Vermessung:	1457 ts Deplacement
Länge über alles:	75,6 m
Maschinenleistung:	2000 PS
Flotte:	Koninklijke Nederlandsche Zeemacht

Béarn
Französischer Flugzeugträger

Der erste französische Flugzeugträger entstand durch Umbau des noch nicht fertiggestellten Schlachtschiffs „Vendée". Im Juni 1940 war die „Béarn" nach Martinique entkommen. 1944 in New Orleans neu bewaffnet, wurde sie für die Freien Französischen Streitkräfte unter de Gaulle als Flugzeugtransporter eingesetzt, später war sie in Indochina als Truppentransporter im Einsatz. 1952 wurde „Béarn" zur Reserve eingestuft, 1967 abgewrackt.

Typ:	Flugzeugträger
Baujahr:	1926
Vermessung:	28 400 ts Deplacement
Länge über alles:	182,6 m
Maschinenleistung:	40 000 PS
Flotte:	La Marine française

Neptun
Deutscher Kabeldampfer

Für die Aufnahme der Kabel gab es vier kreisrunde Kabeltanks. Für flüssige Ladung konnte der Raum zwischen diesen Tanks und den Bordwänden genutzt werden, sodass „Neptun" auch als Tankschiff eingesetzt wurde. 1939 wurde der Kabelleger von der Kriegsmarine übernommen und fuhr als Tanker. 1945 an Großbritannien abgeliefert, war das Schiff von 1947 an als „Thule" in Fahrt – bis zu seinem endgültigen Abbruch 1961 in Antwerpen.

Typ:	Kabelleger
Baujahr/Werft:	1926/Blohm & Voss, Hamburg
Vermessung:	7250 BRT
Länge über alles:	139,4 m
Maschinenleistung:	2700 PS
Eigner:	Norddeutsche Seekabelwerke AG, Nordenham, Deutschland

Nelson
Britisches Schlachtschiff

Das Flottenabkommen von Washington 1922 war ein Abrüstungsvertrag zwischen den größten damaligen Seemächten. Die USA, Großbritannien, Frankreich, Italien und Japan verpflichteten sich zur Begrenzung ihrer Flotten. Innerhalb des Abkommens baute Großbritannien die Schlachtschiffe „Rodney" und „Nelson", die bei der Landung der Alliierten in der Normandie mit ihrer schweren Artillerie Hilfe leisteten. 1949 wurden sie abgebrochen.

Typ:	Schlachtschiff
Baujahr:	1927
Vermessung:	38 000 ts Deplacement
Länge über alles:	216,4 m
Maschinenleistung:	45 625 PS
Flotte:	Royal Navy

CC 1 Lexington
Amerikanischer Flugzeugträger

Wegen des Flottenabkommens zur Rüstungsbegrenzung wurde in den USA 1922 der Bau neuer Schlachtschiffe gestoppt. Die „Lexington" wurde erneut in Auftrag gegeben – als Flugzeugträger. Im Zweiten Weltkrieg wurde sie im Pazifik eingesetzt. Bei der Schlacht im Korallenmeer zur Abwehr der japanischen Besetzung Neuguineas 1942 wurde die „Lexington" von Torpedos und Bomben getroffen, musste aufgegeben werden und wurde vom Zerstörer „Phelps" versenkt.

Typ:	Flugzeugträger
Baujahr:	Umbau 1927
Vermessung:	43 055 ts Deplacement
Länge über alles:	270,7 m
Maschinenleistung:	182 502 PS
Flotte:	US Navy

Kortenaer
Niederländischer Torpedobootjäger

Gegen die schnellen Torpedoboote wurde der Typ des Torpedobootjägers entwickelt. Mit hoher Geschwindigkeit liefen sie den Torpedobooten entgegen und konnten nach dem Feuer auf den Gegner wieder schnell ablaufen. Die „Kortenaer" erzielte die beachtliche Geschwindigkeit von 34 Knoten, bewaffnet war sie mit sechs Geschützen der Kaliber 12 cm und 7,5 cm, mit fünf MGs, sechs Torpedorohren und zwei Minenwerfern.

Typ:	Torpedobootjäger
Baujahr/Werft:	1927/Burgerhout's Machinefabriek en Scheepswerf, Rotterdam, Niederlande
Vermessung:	1316 ts Deplacement
Länge über alles:	98,1 m
Maschinenleistung:	31 000 PS
Flotte:	Koninklijke Nederlandsche Zeemacht

Cap Arcona
Deutsches Passagierschiff

Sie sollte die Königin des Südatlantik werden, ein Luxusschiff der Sonderklasse. Im November 1927 ging die „Cap Arcona" auf Jungfernfahrt Hamburg–La Plata. 1940 wurde sie Wohnschiff der Kriegsmarine. Am 3. April 1945 wurde sie in der Lübecker Bucht durch britische Flugzeuge versenkt. Was die Piloten nicht wissen konnten: Auf dem Schiff waren 6000 KZ-Häftlinge eingeschifft worden. Über 5000 verloren ihr Leben.

Typ:	Passagierschiff
Baujahr/Werft:	1927/Blohm & Voss, Hamburg
Vermessung:	27 561 BRT
Länge über alles:	205,9 m
Maschinenleistung:	24 000 PS
Reederei:	Hamburg-Süd, Hamburg, Deutschland

CC 3 Saratoga
Amerikanischer Flugzeugträger

Das seit 1921 in Bau befindliche Schlachtschiff wurde ab 1925 zum Flugzeugträger umgebaut und 1927 als modernstes Schiff seiner Art in Dienst gestellt. Es hatte zehn Decks und etwa 1900 Mann Besatzung. Bis zu 120 Flugzeuge konnten an Bord genommen werden. Im Krieg wurde die „Saratoga" im Pazifik bei Angriffen schwer beschädigt. Bei den Bikini-Atombombenversuchen wurde sie als Zielobjekt benutzt und sank 1946.

Typ:	Flugzeugträger
Baujahr/Werft:	Umbau 1927/Fore River Quincey New York Shipbuilding, USA
Vermessung:	ca. 40 000 ts Deplacement
Länge über alles:	270,6 m
Maschinenleistung:	ca. 180 000 PS
Flotte:	US Navy

Île de France
Französisches Passagierschiff

Der Luxusliner setzte neue Maßstäbe in der Nordatlantikfahrt. Bis 1930 führte die „Île de France" ein Bordflugzeug mit, das mit einem Katapult gestartet wurde. Nach Beginn des Zweiten Weltkriegs wurde das Schiff als Truppentransporter an die Briten verchartert. Seit 1949 war es wieder im zivilen Dienst. 1956 rettete es 750 Überlebende der „Andrea Doria". 1959 zum Abwracken nach Japan verkauft, wurde sie noch für den Film „Die letzte Reise" gechartert.

Typ:	Passagierschiff
Baujahr/Werft:	1927/Chantiers et Ateliers de Saint-Nazaire
Vermessung:	44 356 BRT
Länge über alles:	241,7 m
Maschinenleistung:	60 000 PS
Reederei:	Compagnie Générale Transatlantique, Paris, Frankreich

Augustus
Italienisches Passagierschiff

Für den Liniendienst zwischen Genua und New York gebaut, fuhr sie bis 1928 auf der Südroute nach Montevideo und Rio de Janeiro. 1934 wurde „Augustus" umfassend renoviert. 2034 Passagieren bot „Augustus" Platz an Bord. Bei Beginn des Zweiten Weltkriegs gab es Pläne, das Schiff zum Flugzeugträger umzubauen, die aber nicht verwirklicht wurden. Wahrscheinlich wurde es als Blockade vor Genua versenkt.

Typ:	Passagierschiff
Baujahr:	1927
Vermessung:	30 418 BRT
Länge über alles:	216,6 m
Maschinenleistung:	28 000 PS
Reederei:	Navigazione Generale Italiana, Genua, Italien

Deutschland
Deutsches Schulschiff

Mit etwa 120 auszubildenden Seeleuten ging das Schiff des Deutschen Schulschiff-Vereins bei den Sommerreisen in die Ostsee, bei den Winterreisen nach Südamerika. Im Krieg wurde „Deutschland" 1940 von Elsfleth in die Ostsee verlegt. 1945 als Lazarettschiff in Lübeck, 1948 als Wohnschiff des Minensuchverbands in Cuxhaven, kam das Schiff nach Bremen und diente als Jugendherberge. Seit 1952 ist „Deutschland" stationäres Ausbildungsschiff.

Typ:	Vollschiff, Schulschiff
Baujahr/Werft:	1927/Joh. C. Tecklenborg, Geestemünde
Vermessung:	1257 BRT
Länge über alles:	88,2 m
Besegelung:	25 Segel, Segelfläche 1900 m^2
Eigner:	Deutscher Schulschiff-Verein, Seemannsschule Bremen
Liegeplatz:	Weserbrücke, Bremen-Vegesack, Deutschland

Sørlandet
Norwegisches Schulschiff

Der Bau des Schiffes verdankt sich einer Stiftung des Reeders A. O. T. Skjelbred. 1933 segelte „Sørlandet" zur Weltausstellung nach Chikago. Im Zweiten Weltkrieg beschlagnahmten die Deutschen das Schiff, entfernten die Masten und benutzten es als Militärgefängnis und Depotschiff in Norwegen. Nach dem Krieg wurde es restauriert, 1960 wurde ein Hilfsmotor eingebaut. Als Abenteuer-Schulschiff und Charterschiff ist „Sørlandet" weiterhin in Fahrt.

Typ:	Vollschiff, Schulschiff
Baujahr/Werft:	1927/Høivolds Mek. Verksted A/S, Kristiansand
Vermessung:	568 BRT
Länge über alles:	65 m
Besegelung:	26 Segel, Segelfläche 1000 m^2
Maschinenleistung:	564 PS
Eigner:	Stiftelsen Fullriggeren Sørlandet, Kristiansand
Heimathafen:	Kristiansand, Norwegen

Watussi
Deutsches Fracht- und Fahrgastschiff

Für die Afrikafahrt gebaut, führte die Jungfernfahrt nach Südafrika. 1934 wurde das Vorschiff der „Watussi" auf ihrer Bauwerft um gut fünf Meter verlängert. Bei Kriegsbeginn 1939 versuchte das Schiff, das in Mosambik lag, nach Südamerika durchzubrechen. Südafrikanische Flugzeuge führten den britischen Kreuzer „Sussex" heran. Die „Watussi" versenkte sich selbst, Besatzung und Passagiere wurden von dem Kreuzer übernommen.

Typ:	Fracht- und Passagierschiff
Baujahr/Werft:	1928/Blohm & Voss, Hamburg
Vermessung:	9521 BRT nach Umbau
Länge über alles:	141,1 m nach Umbau
Maschinenleistung:	4200 PS
Reederei:	Woermann-Linie, Hamburg, Deutschland

Rhein
Deutsches Fahrgastschiff

Die Reederei Langwaldt & Schmolke stellte das Motorschiff „Zukunft" in Dienst, das 1953 von der volkseigenen Fahrgastschiffahrt Weiße Flotte, Berlin, als „Müggelturm" übernommen wurde. 1970 hieß das Schiff „Fähre IV", wurde ab 1978 als Vereinsheim „Undine" benutzt. Die Firma Hollensteiner kaufte und verkaufte es 1993. Seitdem fährt es, überholt und renoviert, als „Rhein" im Grünheider Wald- und Seengebiet östlich von Berlin.

Typ:	Fahrgastschiff
Baujahr/Werft:	1928/Bergmann & Westphal, Berlin
Vermessung:	39 ts Deplacement
Länge über alles:	30 m
Maschinenleistung:	280 PS
Reederei:	Reederei Kutzker, Grünheide bei Berlin, Deutschland

Otto Lauffer
Deutsche Dampfbarkasse

Der Dampfer wurde als „Hafenpolizei VI" für die Finanzdeputation Hamburg gebaut, war dann als „Wasserschutzpolizei 6" unter Dampf in Dienst – bis zur Ausmusterung 1986. Heute gehört die Barkasse als „Otto Lauffer" zur Flotte der Museumsschiffe des Museums für Hamburgische Geschichte. Mit drei Mann Besatzung und bis zu 30 Fahrgästen geht es bei maritimen Veranstaltungen auf Fahrt und kann auch gechartert werden.

Typ:	Dampfbarkasse
Baujahr/Werft:	1928/H. C. Stülcken Sohn, Hamburg
Vermessung:	33,6 BRT
Länge über alles:	17 m
Maschinenleistung:	100 PS, ursprünglich 147 PS
Eigner:	Museum für Hamburgische Geschichte
Heimathafen:	Museumshafen Oevelgönne, Hamburg, Deutschland

Stadt Luzern
Schweizerisches Ausflugsschiff

Der Zweideck-Salondampfer ist seit 1928 unter Dampf in Dienst. 1200 Fahrgäste haben Platz an Bord, davon etwa 340 an Restaurationsplätzen. Gepflegt und immer wieder restauriert, fährt die „Stadt Luzern" als einer von fünf historischen Seitenraddampfern auf dem Vierwaldstättersee. Die SGV-Flotte, zu der auch Motorschiffe gehören, verbindet die Orte am See miteinander und dient dem touristischen Vergnügen vor überwältigender Alpenkulisse.

Typ:	Seitenraddampfer, Fahrgastschiff
Baujahr/Werft:	1928/Gebr. Sachsenberg AG, Rosslau an der Elbe, Deutschland
Vermessung:	505 ts Deplacement
Länge über alles:	63,5 m
Maschinenleistung:	1300 PS
Reederei:	SGV Schifffahrtsgesellschaft des Vierwaldstättersees, Luzern, Schweiz

Leipzig
Sächsischer Raddampfer

Der jüngste und größte Schaufelraddampfer der Sächsischen Dampfschifffahrt wurde als Konzert- und Luxusdampfer in Dienst gestellt. 1943 bis 1945 wurde „Leipzig" als Lazarettschiff benutzt, nach Bombentreffern sank das Schiff. Nach Bergung und Reparatur war es ab 1947 in Fahrt. Seit 1977 erfolgten immer wieder Erneuerungen, die Umstellung von Kohlebefeuerung auf extraleichtes Heizöl und die historische Rekonstruktion.

Typ:	Seitenraddampfer, Fahrgastschiff
Baujahr/Werft:	1929/Werft Laubegast der Sächsisch-Böhmischen Dampfschiffahrt AG, Dresden
Länge über alles:	70,1 m
Maschinenleistung:	350 PS
Reederei:	Sächsische Dampfschiffahrts GmbH & Co., Conti Elbschiffahrts KG, Dresden, Deutschland

Mannheim
Deutsches Fahrgastschiff

Als letzter Dampfschiff-Neubau der Köln-Düsseldorfer Deutsche Rheindampfschiffahrts AG wurde die „Mainz" als tausendstes Schiff der Werft gebaut. Nach dem Krieg diente es der US Army als Ausflugsschiff, ab 1949 wieder der KD. Nach einer Havarie 1956 mit der „Elise" nahe Koblenz sank die „Mainz", wurde instandgesetzt und mit einer Ölfeuerung versehen. 1985 wurde der Dampfer an die Gesellschaft zur Förderung des Deutschen Rheinschiffahrtsmuseums übergeben und in „Mannheim" umbenannt.

Typ:	Seitenraddampfer, Fahrgastschiff, Museumsschiff
Baujahr/Werft:	1929/Chr. Ruthof, Mainz-Kastel
Länge über alles:	83 m
Maschinenleistung:	900 PS
Eigner:	Landesmuseum für Technik und Arbeit, Mannheim
Liegeplatz:	An der Kurpfalzbrücke, Mannheim, Deutschland

DO-X 1
Deutsches Flugschiff

Der Konstrukteur Claude Dornier schuf neben Flugzeugen und Flugbooten dieses größte Flugschiff aller Zeiten, das damals zugleich das größte Flugzeug war. Seine Spannweite betrug 48 m. Elf Mann Besatzung – meist Seeleute – und bis zu 185 Passagiere gingen mit der DO-X auf Reise. Nach der Außerdienststellung wurde sie im Deutschen Museum München ausgestellt, wo sie bei einem Bombenangriff im Zweiten Weltkrieg verbrannte.

Typ:	Verkehrs-Flugschiff
Baujahr/Werft:	1929/Dornier-Werke, Friedrichshafen (Bodensee)
Länge über alles:	40,1 m
Maschinenleistung:	12 Motoren in 2 Reihen, je 400 kW
Verkehrsgesellschaft:	Deutsche Lufthansa AG, Deutschland

Rütenen
Schweizerischer Nauen

Nauen ist im süddeutschen und im schweizerischen Raum die Bezeichnung für einen großen Kahn. So ist der Nauen „Rütenen" eines der kleineren Schiffe der großen SGV-Flotte auf dem Vierwaldstättersee. Innen haben 50, außen zehn Fahrgäste Platz, die während der Fahrt die Aussicht auf den See und die umgebenden Alpen genießen. Und der Nauen kann wie die anderen Schiffe – Raddampfer und Motorschiffe – gechartert werden.

Typ:	Nauen, Fahrgastschiff
Baujahr/Werft:	1930/Hasler Werft, Rotzloch, Schweiz
Vermessung:	80 ts Deplacement
Länge über alles:	22,7 m
Maschinenleistung:	100 PS
Reederei:	SGV Schifffahrtsgesellschaft des Vierwaldstättersees, Luzern, Schweiz

Empress of Britain
Britisches Passagierschiff

Für den Liniendienst zwischen Southampton in England und Quebec in Kanada wurde diese zweite „Empress of Britain" gebaut. 1195 Passagiere hatten Platz an Bord. Während des Zweiten Weltkriegs als Truppentransporter in Dienst, wurde sie 1940 von einem deutschen Bomber angegriffen und stark beschädigt. Zwei Tage später wurde sie vom deutschen U-Boot „U 32" versenkt. Sie war eines von 57 Schiffen, die 1940 im Nordatlantik versenkt wurden.

Typ:	Passagierschiff
Baujahr/Werft:	1931/John Brown & Co. Ltd., Clydebank bei Glasgow, Schottland
Vermessung:	42 348 BRT
Länge über alles:	231 m
Reederei:	Canadian Pacific Line, Southampton, Großbritannien

Monte Rosa
Deutsches Passagierschiff

Die Hamburg-Südamerikanische Dampfschiffahrts-Gesellschaft – kurz: Hamburg-Süd – stellte 1931 zwei neue Motorschiffe in Dienst, die „Monte Pascal" und die „Monte Rosa". Beide wurden auch für Kreuzfahrten eingesetzt. Die „Monte Rosa" diente im Krieg als Wohnschiff, Werkstattschiff, Lazarett, Flüchtlingstransporter. 1945 an Großbritannien übergeben, fuhr sie als „Empire Windrush". 1954 geriet sie vor Algier in Brand und sank.

Typ:	Passagierschiff
Baujahr/Werft:	1931/Blohm & Voss, Hamburg
Vermessung:	13 882 BRT
Länge über alles:	159,7 m
Maschinenleistung:	5800 PS
Reederei:	Hamburg-Süd, Hamburg, Deutschland

Savarona
Türkische Motoryacht

Unter den Top 200 der größten Yachten der Welt rangiert die „Savarona" zur Zeit auf Platz 7, müsste ihres Vorstevens wegen sogar einen Platz vorrücken. Gebaut für Emily Cadwalder in New York, wurde die Yacht verkauft, um als Geschenk des türkischen Volkes dem Staatsgründer Kemal Atatürk 1938 übergeben zu werden. Die Staatsyacht diente von 1952 bis 1992 als Schulschiff der Marine, fährt heute als privates Charterschiff.

Typ:	Motoryacht
Baujahr/Werft:	1931/Blohm & Voss, Hamburg, Deutschland
Vermessung:	4581 BRT
Länge über alles:	133,96 m
Maschinenleistung:	7200 PS

L'Atlantique
Französisches Passagierschiff

Sie war die Königin des Südatlantiks und übertraf an Größe und Geschwindigkeit ihre deutsche Konkurrentin „Cap Arcona". Nach neun Südamerikareisen fuhr der Turbinendampfer zur Überholung nach Le Havre. Aus unbekannten Gründen brach ein Feuer an Bord aus. Tapfer kämpfte die Mannschaft gegen die Flammen. Marineschiffe und Rettungsschlepper brachten das Schiff nach Cherbourg, wo es bis 1936 als Wrack lag und dann verschrottet wurde.

Typ:	Passagierschiff
Baujahr/Werft:	1931/Chantiers et Ateliers de Saint-Nazaire
Vermessung:	42 000 BRT
Länge über alles:	218,5 m
Maschinenleistung:	55 000 PS
Reederei:	Compagnie de Navigation Sud-Atlantique, Frankreich

Excalibur
Amerikanisches Fracht- und Passagierschiff

Die „vier Asse" der American Export Lines waren „Excalibur", „Excambion", „Exeter", „Exochorda". Vom Mittelmeer – Beirut, Haifa, Alexandria, Piräus, Neapel, Genua, Marseille, Gibraltar – ging es nach Boston und New York. Die Asse wurden während des Krieges als Transporter eingesetzt. Die „Excalibur" als „Joseph Hewes". Nur „Exochorda" überlebte den Krieg. „Excalibur" wurde 1942 vor Casablanca durch Torpedotreffer versenkt.

Typ:	Fracht- und Passagierschiff
Baujahr/Werft:	1931/Shipbuilding Corporation, Camden, New Jersey
Vermessung:	9359 BRT
Länge über alles:	137,2 m
Reederei:	American Export Lines, USA

Carthage
Britisches Fracht- und Passagierschiff

Als „Canton" war das Schiff zwischen London und Hongkong in Fahrt, beförderte Passagiere und Stückgut. Ab 1940 diente das Schiff der Royal Navy als Hilfskreuzer, bestückt mit acht Geschützen Kaliber 15,2 cm. 1943 wurde es entwaffnet und als Truppentransporter eingesetzt. Nach dem Krieg wieder zum Passagierschiff umgebaut, war das nun „Carthage" genannte Schiff bis 1961 im Liniendienst nach Fernost tätig und wurde in Osaka verschrottet.

Typ:	Fracht- und Passagierschiff
Baujahr/Werft:	1931/A. Stephen & Sons Ltd., Glasgow, Schottland
Vermessung:	14 182 BRT
Länge über alles:	165 m
Reederei:	P&O Palestine & Oriental Line, Großbritannien

Conte di Savoia
Italienisches Passagierschiff

Das schöne und elegante Schiff für den Atlantikdienst fasste 2200 Passagiere. Bei der Jungfernfahrt von Genua nach New York trat ein Leck unterhalb der Wasserlinie auf, das aber geschlossen werden konnte. Die Passagiere ahnten nicht, welcher Katastrophe sie entgangen waren. Bis 1940 blieb „Conte di Savoia" in Dienst. Bei einem Luftangriff wurde sie versenkt. 1945 wieder gehoben, war das Schiff bis 1950 in Fahrt und wurde dann verschrottet.

Typ:	Passagierschiff
Baujahr/Werft:	1931/Cantieri Riuniti dell'Adriatico, Triest
Vermessung:	48 502 BRT
Länge über alles:	248,3 m
Reederei:	Lloyd Sabaudo, dann Italian Line, Genua, Italien

Qualle
Griechischer Stagsegelschoner

Kahjik ist ein im Schwarzmeer und im östlichen Mittelmeer seit dem 16. Jahrhundert viel verwendeter Typ eines Ruderboots, das auch als Halbmaster gesegelt wurde. Als Kahjik segelte das später „Qualle" genannte Schiff als Frachter in der Ägäis, diente dann bis 1988 als Basisschiff für Schwamm- und Muscheltaucher. Die heutigen Eigner restaurierten das Schiff, das als Schoner geriggt wurde. Mit Fahrgästen ist es auf der Ostsee unterwegs.

Typ:	Stagsegelschoner
Baujahr/Werft:	1931/Kalamata, Peloponnes, Griechenland (als Kahjik)
Länge über alles:	25 m
Besegelung:	5 Segel, Segelfläche 280 m^2
Maschinenleistung:	187 PS
Heimathafen:	Wismar, Deutschland

Rex
Italienisches Passagierschiff

Als italienisches Prestigeobjekt war „Rex" das größte und schnellste Schiff seines Landes. 2258 Fahrgäste konnte es befördern. Bei der Jungfernfahrt erlitt es einen Schaden an der Maschinenanlage und kam in langsamer Fahrt in New York an. 1933 errang es mit einer Geschwindigkeit von 28,92 Knoten das Blaue Band. 1940 außer Dienst gestellt, gab es Pläne, „Rex" zu einem Flugzeugträger umzubauen. 1944 sank sie nach einem Bombenangriff.

Typ:	Passagierschiff
Baujahr/Werft:	1931/Ansaldo, Genua
Vermessung:	51 062 BRT
Länge über alles:	268 m
Maschinenleistung:	136 000 PS
Reederei:	Navigazione Generale Italiana, dann Italian Line, Genua, Italien

Sea Cloud
Viermastbark

Als Luxusyacht „Hussar II" für den Geschäftsmann Edward Francis Hutton gebaut, lag sie als „Sea Cloud" für den neuen Eigner, US-Botschafter Davies, in Leningrad, wurde 1942 an die US Coast Guard verliehen. Der dominikanische Diktator Trujillo kaufte die Yacht, nannte sie „Angelita". Die Eigner wechselten und auch die Namen von „Patria" zu „Antarna". Kapitän Paschburg fand die Yacht in Colón, einer Hafenstadt in Panama, holte sie 1978 nach Hamburg, wo sie ihre elegante Schönheit wiedergewann.

Typ:	Viermastbark, Yacht
Baujahr/Werft:	1931/Germaniawerft, Kiel
Vermessung:	2532 BRT
Länge über alles:	109,5 m
Besegelung:	30 Segel, Segelfläche 3000 m²
Maschinenleistung:	6000 PS
Reiseveranstalter:	Sea Cloud Cruises, Hamburg, Deutschland

Amerigo Vespucci
Italienisches Segelschulschiff

Dem Vorbild der Fregatten nachempfunden, trägt das Schiff mit seinen durchgehenden drei Decks gemalte Pfortenbänder, hinter denen also keine Geschütze lauern. Auf den Ausbildungsfahrten für die angehenden Seeoffiziere sind 24 Offiziere, 34 Unteroffiziere, 205 Mannschaften und 190 Auszubildende an Bord. Das Schiff trägt den Namen des Florentiner Entdeckers, der von 1497 bis 1504 vier Reisen nach Südamerika unternahm.

Typ:	Vollschiff, Segelschulschiff
Baujahr/Werft:	1931/Marinewerft Castellamare di Stabia
Vermessung:	4100 ts Deplacement
Länge über alles:	101 m
Besegelung:	23 Segel, Segelfläche 2100 m²
Maschinenleistung:	1900 PS
Flotte:	Marina Militare Italiana, Accademia Navale, Livorno
Heimathafen:	La Spezia, Italien

Dannebrog
Dänische königliche Yacht

Das Schiff mit dem Namen der Nationalflagge dient seit 1931 der königlichen Familie zu Urlaubsfahrten oder Staatsbesuchen. Jedes Jahr im Frühling, bevor die „Dannebrog" zum ersten Mal wieder mit ihren königlichen Fahrgästen ausläuft, gibt es im Hafen von Kopenhagen ein kleines Volksfest. Wenn die Majestäten nicht an Bord sind, benutzt die dänische Marine das altehrwürdige Motorschiff zu Ausbildungszwecken für den Offiziersnachwuchs.

Typ:	Motoryacht
Baujahr/Werft:	1931/Orlogsværft, Kopenhagen
Vermessung:	1130 ts Deplacement
Länge über alles:	80 m
Maschinenleistung:	1860 PS
Eigner:	Königliche Familie Dänemarks
Heimathafen:	Kopenhagen, Dänemark

Gorch Fock (Towarischtsch)
Deutsches Schulschiff

Die Bark der Reichsmarine, die seit 1935 Kriegsmarine hieß, lag 1945 bei Ende des Krieges in Stralsund. Ein deutsches Sprengkommando versenkte die „Gorch Fock". Ein Bergungsteam der Sowjets hob 1947 das Schiff, in Rostock und Wismar wurde es wieder aufgebaut und als Schulschiff „Towarischtsch" in Dienst genommen. Ab 1995 lag der Segler in Newcastle fest. Ein Verein übernahm das Schiff und restaurierte es als „Gorch Fock".

Typ:	Bark, Schulschiff, Museumsschiff
Baujahr/Werft:	1933/Blohm & Voss, Hamburg
Vermessung:	1392 BRT
Länge über alles:	82,1 m
Besegelung:	23 Segel, Segelfläche 1750 m²
Maschinenleistung:	550 PS
Eigner:	Tall Ship Friends e. V., Hamburg
Liegeplatz:	Werfthafen, Stralsund, Deutschland

Stettin
Deutscher Eisbrecher

Bis 1945 hielt der Eisbrecher das Fahrwasser von Swinemünde, die Fahrt zum Stettiner Haff und die Untere Oder offen. Bei Kriegsende dampfte „Stettin" mit 250 Flüchtlingen und dem Eisbrecher „Preußen" im Schlepp nach Kiel. Unterwegs war das ganze hölzerne Mobiliar verfeuert worden. Bis 1981 in Dienst, wurde das technische Denkmal bei Blohm & Voss instandgesetzt. Bei maritimen Veranstaltungen geht „Stettin" mit Passagieren auf Fahrt.

Typ:	Dampf-Eisbrecher, Museumsschiff
Baujahr/Werft:	1933/Stettiner Oderwerke, Stettin
Vermessung:	836 BRT
Länge über alles:	51,8 m
Maschinenleistung:	2200 PS
Eigner:	Förderverein Eisbrecher Stettin e. V., Hamburg
Heimathafen:	Museumshafen Oevelgönne, Hamburg, Deutschland

CA 36 Minneapolis
Amerikanischer Schwerer Kreuzer

Der Baubeginn der Schweren Kreuzer der New Orleans-Klasse, zu der „Minneapolis" gehörte, begann schon Ende der Zwanzigerjahre. Mit Dampfturbinen angetrieben, erreichten diese Schiffe eine Geschwindigkeit von 32,75 Knoten. Die neun Geschütze Kaliber 20,3 cm wurden ergänzt durch zwölf Flugabwehrgeschütze, die sich im Pazifik gegen die japanischen Flieger bewährten. „Minneapolis" war 1944 erfolgreich an der Schlacht in der Philippinensee beteiligt.

Typ:	Schwerer Kreuzer
Baujahr:	1933
Vermessung:	12 776 ts Deplacement
Länge über alles:	186 m
Maschinenleistung:	107 000 PS
Flotte:	US Navy

K 18
Niederländisches U-Boot

Zwischen den Kriegen setzten die mittleren und kleinen Seemächte vor allem auf die U-Boot-Waffe, konnten sie doch im Wettlauf der Schweren Kreuzer und Schlachtschiffe nicht mithalten. Die Niederlande hatten eine U-Boot-Flotte zur Heimatverteidigung und eine für den Einsatz in den Kolonien, deren Langstreckenboote mit dem Buchstaben K gekennzeichnet waren. „K 18" war in Indonesien eingesetzt, bewaffnet mit einem Geschütz, zwei MGs und acht Torpedos.

Typ:	U-Boot
Baujahr/Werft:	1934/Werf Maatschappij Wilton-Fijenoord, Rotterdam, Niederlande
Vermessung:	777 ts Deplacement
Länge über alles:	73,8 m
Maschinenleistung:	3200 PS
Flotte:	Koninklijke Nederlandsche Zeemacht

Stadt Kiel
Deutsches Fahrgastschiff

Bis 1976 war das Motorschiff im fahrplanmäßigen Personenverkehr und bei Hafenrundfahrten in Dienst. Als „Stadt Kiel" verschrottet werden sollte, schenkte ein Händler das Schiff dem Förderverein, der es mit viel Mühe und finanziellem Aufwand bis 1990 und nochmals 1994 restaurierte. So ist nun „Stadt Kiel" im Hafen von Kiel, auf der Kieler Förde in Fahrt, unternimmt Törns zu maritimen Veranstaltungen und lässt sich chartern.

Typ:	Fahrgastschiff, Museumsschiff
Baujahr/Werft:	1934/Friedrich Krupp AG, Germaniawerft, Kiel
Vermessung:	253 BRT
Länge über alles:	28,1 m
Maschinenleistung:	520 PS
Eigner:	Förderverein MS Stadt Kiel e. V.
Heimathafen:	Seegartenbrücke, Kiel, Deutschland

Forelle
Deutsches Fahrgastschiff

Die Flensburger Förde-Reederei verkaufte das Motorschiff in den Achtzigerjahren nach Buxtehude, von wo aus „Forelle" Fahrten nach Hamburg sowie Sonderfahrten unternahm. 1989 sank das Schiff, wurde gehoben, instandgesetzt und nach Boizenburg verlegt. 1996 kehrte „Forelle" in ihre alte Heimat zurück. Von der Schiffbrücke fährt sie im Linienverkehr auf der Flensburger Förde und bereitet den Fahrgästen nostalgisches Vergnügen.

Typ:	Fahrgastschiff
Baujahr/Werft:	1934/Flensburger Schiffsbau-Gesellschaft, Flensburg
Vermessung:	54 BRT
Länge über alles:	20,9 m
Maschinenleistung:	125 PS
Reederei:	Este-Reederei GmbH, Flensburg
Heimathafen:	Schiffbrücke, Flensburg, Deutschland

Potsdam
Deutsches Passagierschiff

Mit dem Bau der „Potsdam", die geschweißt war und fast auf Nieten verzichtete, fand zum ersten Mal ein neues Antriebskonzept für ein Handelsschiff Anwendung – die turbo-elektrische Höchstdruckanlage. Der Ostasien-Dampfer wurde 1940 zum Wohnschiff der Kriegsmarine. Als „Empire Jewel" war sie 1945 unter britischer Flagge wieder in Fahrt, ab 1946 als „Empire Fowey". 1960 gelangte das Schiff nach Pakistan, hieß „Safina-e-Hujjaj" und wurde 1976 abgewrackt.

Typ:	Fracht- und Passagierschiff
Baujahr/Werft:	1935/Blohm & Voss, Hamburg
Vermessung:	17 528 BRT
Länge über alles:	193,08 m
Maschinenleistung:	32 400 PS
Reederei:	NDL Norddeutscher Lloyd, Bremen, Deutschland

Normandie
Französisches Passagierschiff

Durch die Weltwirtschaftskrise vergingen vier Jahre von der Kiellegung 1931 bis zur Indienststellung des Turbinen-Schnelldampfers, der 1975 Fahrgäste an Bord nehmen konnte. Bei der ersten Atlantikfahrt 1935 errang die „Normandie" das Blaue Band. Beim Einmarsch der Deutschen 1941 rettete sich das Schiff von Frankreich in die USA und sollte als „Lafayette" Truppen transportieren. Im Februar 1942 brannte es im Hafen von New York aus.

Typ:	Passagierschiff
Baujahr/Werft:	1935/Chantiers et Ateliers de Saint-Nazaire
Vermessung:	82 799 BRT
Länge über alles:	313,75 m
Maschinenleistung:	95 680 kW
Reederei:	Compagnie Générale Transatlantique, Paris, Frankreich

Georg Stage
Dänisches Schulschiff

Der dänische Reeder Carl Frederik Stage gründete 1882 die Stiftung Georg Stages Minde zur Erinnerung an seinen verstorbenen Sohn. Die Stiftung stellte ein Schulschiff in Dienst, 1935 ein neues und größeres, das noch heute der Ausbildung dient. Im Winter liegt die „Georg Stage" in der Königlich-Dänischen Marinewerft, nachdem sie von den Auszubildenden abgetakelt wurde. Im Frühjahr wird das Schiff von einem neuen Jahrgang aufgetakelt.

Typ:	Vollschiff, Schulschiff
Baujahr/Werft:	1935/Frederikshavn Værft og Flydedok, Frederikshavn
Vermessung:	298 BRT
Besegelung:	20 Segel, Segelfläche 860 m^2
Maschinenleistung:	122 PS
Eigner:	Georg Stages Minde, Kopenhagen
Heimathafen:	Kopenhagen, Dänemark

Eagle
Amerikanische Bark

Das Schulschiff der Kriegsmarine mit dem Namen „Horst Wessel", das den Reichsadler als Bugzier führte, konnte nur wenige Ausbildungsreisen unternehmen und diente im Krieg als Transporter. Die USA übernahmen die Bark 1946 und benutzen sie bis heute als Schulschiff der Küstenwache. Ein neuer Adler, das US-Wappentier, ist die Galionsfigur des Schiffes, das „Eagle" heißt. Das Schiff nimmt häufig an Regatten und Windjammertreffen teil.

Typ:	Bark, Schulschiff
Baujahr/Werft:	1936/Blohm & Voss, Hamburg, Deutschland
Vermessung:	1816 ts Deplacement
Länge über alles:	89,7 m
Besegelung:	22 Segel, Segelfläche 2064 m^2
Maschinenleistung:	750 PS
Eigner:	US Coast Guard, Washington, DC
Heimathafen:	New London, Connecticut, USA

Queen Mary
Britisches Passagierschiff

Die Cunard Line benötigte ein neues Passagierschiff für die Nordatlantikfahrt. Es wurde als Turbinen-Schnelldampfer 1930 auf Kiel gelegt, doch die Weltwirtschaftskrise verzögerte den Bau. 1934 fusionierte Cunard mit der White Star Line, eine Bedingung für Regierungskredite, mit denen der Bau vollendet wurde. 1936 errang die „Queen Mary" das Blaue Band. Die letzte Reise führte 1967 nach Long Beach, wo sie aufgelegt wurde. Sie dient als Museum, Hotel und Konferenz-Center.

Typ:	Passagierschiff, Museumsschiff
Baujahr/Werft:	1936/John Brown & Co. Ltd., Clydebank bei Glasgow, Schottland
Vermessung:	81 237 BRT
Länge über alles:	310,3 m
Maschinenleistung:	132 480 kW
Reederei:	Cunard Line, Southampton, Großbritannien
Liegeplatz:	Hafen Long Beach, Kalifornien, USA

Kirov
Sowjetischer Kreuzer

Die „Kirov" war mt Diesel- und Dampfturbinenantrieb ausgestattet, verfügte über einen Katapult für zwei Flugzeuge und war mit neun Geschützen Kaliber 18 cm sowie mit zwölf Torpedorohren bewaffnet. Sie war an der Verteidigung Leningrads ab 1941 beteiligt und wurde mehrmals durch Treffer beschädigt. Nach dem Krieg war der Kreuzer weiterhin in der Roten Flotte in Dienst und Teil der Seemacht, zu der die Sowjetunion geworden war. 1977 soll „Kirov" außer Dienst gestellt worden sein.

Typ:	Kreuzer
Baujahr:	1936
Vermessung:	11 500 ts Deplacement
Länge über alles:	191,5 m
Maschinenleistung:	110 000 PS
Flotte:	Sowjetische Marine

Admiral Graf Spee
Deutsches Panzerschiff

Das Schiff der Deutschland-Klasse, zu der „Deutschland", „Admiral Scheer" und „Admiral Graf Spee" gehörten, nahm von 1936 bis 1939 an verschiedenen Spanieneinsätzen zur Unterstützung der faschistischen Putschisten teil. 1939 lief „Admiral Graf Spee" in den Südatlantik zum Kreuzerkrieg gegen Handelsschiffe aus. Vor der La Plata-Mündung stellte ein britisches Geschwader das Panzerschiff. Im Gefecht wurde es beschädigt, lief Montevideo an und versenkte sich schließlich selbst.

Typ:	Panzerschiff
Baujahr/Werft:	1936/Marinewerft Wilhelmshaven, Deutschland
Vermessung:	16 200 ts Deplacement
Länge über alles:	186 m
Maschinenleistung:	54 000 PS
Flotte:	Deutsche Kriegsmarine

Wels
Deutscher Eimerkettenbagger

Das ist wohl der kleinste noch erhaltene Eimerkettenbagger der Welt. Bis 1995 war der Bagger im Dienst auf Trave, Wakenitz und dem Lübecker Mühlenteich. 1957 war „Wels" umgebaut, um sechs Meter verlängert worden und die Eimerkette reichte nun bis zu einer Baggertiefe von sieben Metern. Ein Eimer der Kette fasste 50 Liter. Inzwischen sind die Eimerkettenbagger fast völlig durch die größeren und effektiveren Saugbagger verdrängt worden.

Typ:	Eimerkettenbagger
Baujahr/Werft:	1936/Lübecker Maschinenbau-Gesellschaft, Lübeck
Vermessung:	50 ts Deplacement
Länge über alles:	20,42 m
Eigner:	Museumshafen Lübeck e. V.
Liegeplatz:	Holstenhafen, Museumshafen, Lübeck, Deutschland

Christian Radich
Norwegisches Schulschiff

Von seiner zweiten größeren Reise aus New York zurück, wurde der Segler 1940 von den Deutschen, die Norwegen besetzt hatten, beschlagnahmt und als Depotschiff benutzt. Bei Kriegsende lag „Christian Radich" ohne Masten halb gesunken in Flensburg. Bei der Bauwerft instandgesetzt, stellte das Schiff 1947 wieder in Dienst. Es war Hauptdarsteller des Films „Windjammer", 1957. Das Schulschiff für junge Männer und Frauen nimmt auch Fahrgäste an Bord.

Typ:	Vollschiff, Schulschiff
Baujahr/Werft:	1937/Framnæs Mekaniske Verksted, Sandefjord
Vermessung:	696 BRT
Länge über alles:	72,5 m
Besegelung:	26 Segel, Segelfläche 1360 m^2
Maschinenleistung:	450 PS
Eigner:	Østlandets Skoleskib, Oslo
Heimathafen:	Oslo, Norwegen

Sagres II
Portugiesisches Schulschiff

Das letzte Segelschulschiff der deutschen Kriegsmarine war „Albert Leo Schlageter". Bis zum Krieg konnte es nur wenige Reisen durchführen. Nach dem Krieg von den USA beschlagnahmt, wurde es 1948 an Brasilien weitergegeben und dort als Schulschiff „Guanabara" in Dienst gestellt. 1961 wurde die Bark von Portugal gekauft, als Ersatz für das ältere Schulschiff „Sagres". Den Bug ziert die Figur Heinrichs des Seefahrers, der Portugal zur Seemacht verholfen hatte.

Typ:	Bark, Schulschiff
Baujahr/Werft:	1937/Blohm & Voss, Hamburg, Deutschland
Vermessung:	1869 ts Deplacement
Länge über alles:	89,5 m
Besegelung:	23 Segel, Segelfläche 1796 m^2
Maschinenleistung:	750 PS
Eigner:	Portugiesische Kriegsmarine
Heimathafen:	Alfeite bei Lissabon, Portugal

Windhuk
Deutsches Passagierschiff

Für den Afrikadienst ließ die Reederei Woermann zwei neue elegante Schiffe bauen. „Pretoria" und „Windhuk" unternahmen Fahrten zwischen Hamburg und Kapstadt. 1939 wich die „Windhuk" in die brasilianische Hafenstadt Santos aus, wurde 1942 beschlagnahmt und an die US Navy verkauft. Umgebaut als Truppentransporter „Lejeune" war sie bis 1946 in Dienst und gehörte bis 1966 zur Reserveflotte. Noch im selben Jahr wurde sie abgebrochen.

Typ:	Fracht- und Passagierschiff
Baujahr/Werft:	1937/Blohm & Voss, Hamburg
Vermessung:	16 662 BRT
Länge über alles:	175,76 m
Maschinenleistung:	14 200 PS
Reederei:	Woermann-Linie, Hamburg, Deutschland

Dunkerque
Französischer Schlachtkreuzer

Als Antwort auf die neuen deutschen Panzerschiffe wurden in Frankreich die „Dunkerque" und die „Strasbourg" gebaut. „Dunkerque" wurde 1940 als Teil eines Geschwaders in Mers-el-Kebir, Nordafrika, von den Briten versenkt. Diese wollten nicht, dass die Schiffe, die eine Übergabe verweigerten, zur Beute der Deutschen würden. Gehoben und nach Toulon gebracht, erfolgte die Selbstversenkung 1942, als die Deutschen die Stadt besetzten.

Typ:	Schlachtkreuzer
Baujahr/Werft:	1937/Marinewerft Brest, Frankreich
Vermessung:	35 500 ts Deplacement
Länge über alles:	214,5 m
Maschinenleistung:	112 500 PS
Flotte:	La Marine française

Gneisenau
Deutsches Schlachtschiff

Beim Überfall auf Norwegen und in der Nordsee eingesetzt, vernichtete „Gneisenau" zusammen mit „Scharnhorst" 1940 den britischen Flugzeugträger „Glorious" und zwei Zerstörer. 1942 gelang „Gneisenau" zusammen mit „Scharnhorst" und „Prinz Eugen" der Kanaldurchbruch beim Rückzug aus dem Atlantik. Ein Bombentreffer beschädigte 1942 in Kiel das Schlachtschiff schwer, das nach Gotenhafen geschleppt und dort 1945 als Blockschiff versenkt wurde.

Typ:	Schlachtschiff
Baujahr/Werft:	1938/Deutsche Werke Kiel, Deutschland
Vermessung:	36 900 ts Deplacement
Länge über alles:	229,8 m
Maschinenleistung:	160 000 PS
Flotte:	Deutsche Kriegsmarine

Z 16 Friedrich Eckoldt
Deutscher Zerstörer

Mit dem Verband, zu dem auch „Gneisenau" gehörte, nahm „Z 16" 1940 an der Besetzung Norwegens teil, verlegte dann nach Le Havre und Cherbourg. Wieder in Norwegen und im Weißen Meer im Einsatz, zum Teil als Geleitsicherung schwerer Einheiten, wollte „Friedrich Eckoldt" am letzten Tag des Jahres 1942 an den aus Sicht gekommenen Kreuzer „Admiral Hipper" heranschließen. Doch „Z 16" näherte sich dem britischen Kreuzer „Sheffield" und wurde versenkt.

Typ:	Zerstörer
Baujahr/Werft:	1938/Blohm & Voss, Hamburg, Deutschland
Vermessung:	3156 ts Deplacement
Länge über alles:	121 m
Maschinenleistung:	70 000 PS
Flotte:	Deutsche Kriegsmarine

U 47
Deutsches U-Boot

Das Boot der Klasse VII B hatte fünf Torpedorohre für 14 Torpedos und zwei Geschütze. „U 47" unter dem Kommando von Günther Prien versenkte insgesamt eine Handelstonnage von 165 000 Tonnen. Berühmt wurde das waghalsige Unternehmen von 1939, bei dem „U 47" in die Bucht von Scapa Flow eindrang und das britische Schlachtschiff „Royal Oak" versenkte. 1941 wurde „U 47" von Wasserbomben des britischen Zerstörers „Wolverine" versenkt.

Typ:	U-Boot
Baujahr/Werft:	1938/Germaniawerft, Kiel, Deutschland
Vermessung:	765 ts Deplacement über Wasser, 871 ts unter Wasser
Länge über alles:	66,5 m
Maschinenleistung:	3560 PS
Flotte:	Deutsche Kriegsmarine

U 99
Deutsches U-Boot

Die U-Boote der Klasse VII wurden am zahlreichsten von der Kriegsmarine in Dienst gestellt. Insgesamt waren es 715 Einheiten in fünf Varianten; hier VII B. Sie wurden vor allem für das Operationsgebiet Nordsee und Ärmelkanal gebaut und waren nicht besonders ozeantauglich, trotzdem wurden sie Atlantikboote genannt. In aller Welt ist das Schwesterboot „U 96" durch das Buch von Lothar-Günther Buchheim und den preisgekrönten Film „Das Boot" bekannt geworden.

Typ:	U-Boot
Baujahr:	1938
Vermessung:	765 ts Deplacement über Wasser, 871 ts unter Wasser
Länge über alles:	66,5 m
Maschinenleistung:	3560 PS
Flotte:	Deutsche Kriegsmarine

Graf Zeppelin
Deutscher Flugzeugträger

Im Ersten Weltkrieg hatte Deutschland wie andere Mächte auch Flugzeug-Mutterschiffe eingesetzt. Doch der Bau des ersten deutschen Flugzeugträgers wurde erst 1935 in Auftrag gegeben. Der Träger für 42 Flugzeuge wurde nicht fertiggestellt. 1940 nach Gotenhafen, 1942 zum Weiterbau nach Kiel geschleppt, erfolgte 1943 wegen Flugzeugmangels der Baustopp für „Graf Zeppelin" und die Selbstversenkung 1945 in der Ostsee. Das Wrack wurde 2006 geortet.

Typ:	Flugzeugträger
Baujahr/Werft:	1938 (nicht fertiggestellt)/Deutsche Werke Kiel, Deutschland
Vermessung:	33 550 ts Deplacement
Länge über alles:	262,5 m
Maschinenleistung:	200 000 PS (geplant)
Flotte:	Deutsche Kriegsmarine

Wal
Deutscher Dampf-Eisbrecher

50 Jahre lang war „Wal" auf dem Nord-Ostsee-Kanal in Dienst. In den Sechzigerjahren wurde von Kohle- auf Ölfeuerung umgestellt. Wegen der asbesthaltigen Ummantelungen der Dampfleitungen erfolgte 1989 durch das Wasserstraßen-Maschinenamt in Rendsburg die Außerdienststellung. Die Bundesrepublik bot ihren letzten Dampfer zum Verkauf an und die Bremerhavener griffen zu. Nun ist „Wal" im Winter und Sommer auf Nord- und Ostsee unterwegs.

Typ:	Dampf-Eisbrecher, Museumsschiff
Baujahr/Werft:	1938/Stettiner Oderwerke AG, Stettin
Vermessung:	662 BRT
Länge über alles:	50 m
Maschinenleistung:	1200 PS
Eigner:	Museumsschiff Dampf-Eisbrecher Wal e. V., Bremerhaven
Heimathafen:	Alter Hafen, Bremerhaven, Deutschland

Queen Elizabeth
Britisches Passagierschiff

Das als Partnerin für „Queen Mary" gebaute Schiff diente zunächst als Truppentransporter, wobei „Queen Elizabeth" ohne Begleitschutz fuhr und sich auf ihre Geschwindigkeit von 29 Knoten verließ, um Feinden zu entkommen. 1946 war sie zivil zwischen Southampton und New York unterwegs und unternahm Kreuzfahrten. 1968 außer Dienst gestellt, wechselte sie die Eigner, hieß „Elizabeth", war in Hongkong die „Seawise University" und brannte 1972 aus.

Typ:	Passagierschiff
Baujahr/Werft:	1938/John Brown & Co. Ltd., Clydebank bei Glasgow, Schottland
Vermessung:	83 673 BRT
Länge über alles:	314,25 m
Maschinenleistung:	160 000 PS
Reederei:	Cunard-White Star Ltd., Southampton, Großbritannien

Admiral Hipper
Deutscher Schwerer Kreuzer

Der Kreuzer war 1940 an der Besetzung Norwegens beteiligt, versenkte im Handelskrieg Frachtschiffe, legte zusammen mit „Z 16 Friedrich Eckoldt" Minen im Nordmeer. Beim Gefecht am letzten Tag des Jahres 1942 , bei dem „Z 16" versenkt wurde, brach die beschädigte „Admiral Hipper" die Kampfhandlungen ab. Ab 1944 als Ausbildungsschiff benutzt, lief sie bei Kriegsende mit 1529 Flüchtlingen von Gotenhafen nach Kiel. Bei einem Bombenangriff schwer getroffen, erfolgte die Selbstversenkung.

Typ:	Schwerer Kreuzer
Baujahr/Werft:	1939/Blohm & Voss, Hamburg, Deutschland
Vermessung:	18 200 ts Deplacement
Länge über alles:	202,8 m
Maschinenleistung:	133 631 PS
Flotte:	Deutsche Kriegsmarine

Research
Britisches Forschungsschiff

Forschungsschiffe sind oftmals den militärischen Flotten eingegliedert. Die gewonnenen Erkenntnisse dienen nicht zuletzt der militärischen Führung, sind vor allem für die Seekriegsführung äußerst wichtig. Die britische Admiralität ließ dieses Schiff für vielfältige Forschungszwecke bauen. Meteorologie, Ozeanografie, der Erdmagnetismus und auch die atmosphärische Elektrizität gehörten zu den Forschungsaufgaben.

Typ:	Brigantine, Forschungsschiff
Baujahr/Werft:	1939/Messrs Philips & Son Ltd., Dartmouth, England
Vermessung:	770 ts Deplacement
Länge:	43,43 m KWL
Besegelung:	15 Segel, Segelfläche 3483 m²
Flotte:	Royal Navy

Rau IX
Deutscher Walfänger

Für das Walfang-Mutterschiff „Walter Rau" der Deutschen Walfang AG, später Walter Rau – Neusser Öl und Fett AG, wurden zehn Walfangboote gebaut. Boot IX und X gelangten nicht mehr zum Walfang, sie wurden bei der Kriegsmarine als U-Jäger und Vorposten benutzt. „Rau IX" wurde nach dem Krieg an Norwegen ausgeliefert und war als „Krutt", „Hvalur V" und „Heykur" für verschiedene Unternehmen im Walfang tätig. 1969 kam „Rau IX" nach Bremerhaven zurück.

Typ:	Walfänger, Museumsschiff
Baujahr/Werft:	1939/Deschimag, Werk Seebeck, Bremerhaven
Vermessung:	380 BRT
Länge über alles:	46,1 m
Maschinenleistung:	1600 PS
Eigner:	DSM Deutsches Schiffahrtsmuseum, Bremerhaven
Liegeplatz:	Museumshafen Bremerhaven, Deutschland

Victorious
Britischer Flugzeugträger

Mit seinen Torpedoflugzeugen, die auch der Aufklärung dienten, war „Victorious" 1941 an der Jagd auf die „Bismarck" beteiligt, an den Geleitzügen von den USA nach Sowjetrussland, bei der Landung der Alliierten 1942 in Nordafrika, dann bei den Gefechten im Pazifik, wo der Träger zur neuen, 1944 gegründeten British Pacific Fleet gehörte. Nach dem Krieg wurde die „Victorious" acht Jahre lang umgebaut und 1958 wieder in Dienst gestellt. 1969 wurde sie abgewrackt.

Typ:	Flugzeugträger
Baujahr:	1939
Vermessung:	29 078 ts Deplacement
Länge über alles:	226,7 m
Maschinenleistung:	111 000 PS
Flotte:	Royal Navy

Blücher
Deutscher Schwerer Kreuzer

Bei der Besetzung Norwegens 1940, als „Weserübung" getarnt, wollte die Kriegsschiffgruppe 5, bestehend aus „Blücher", dem Panzerschiff „Lützow", einem Leichten Kreuzer, Torpedobooten, Räumbooten, wozu auch Rau-Walfangboote gehörten, Oslo im Handstreich nehmen und den König gefangen nehmen. Zur Verwunderung von Generaladmiral Kummetz eröffneten die Norweger das Feuer. Nach Artillerie- und Torpedotreffern sank „Blücher" im Oslofjord.

Typ:	Schwerer Kreuzer
Baujahr/Werft:	1939/Deutsche Werke Kiel, Deutschland
Vermessung:	18 200 ts Deplacement
Länge über alles:	205,9 m
Maschinenleistung:	132 000 PS
Flotte:	Deutsche Kriegsmarine

Nixe
Deutscher Bereisungsdampfer

Die Höchstzulässigkeit des Dampffahrgastschiffs betrug 58 Personen. Als Schlepp-, Aufsichts- und Bereisungsboot war „Nixe“ für das Preußische Maschinenbauamt Magdeburg-Rothensee auf der Elbe und auf dem Mittellandkanal, dann für das Schiffahrtsamt Hitzacker in Dienst. 1977 nach Zaandam in den Niederlanden verkauft, wurde die „Nixe“ später vom Museum erworben und wird als fahrfähiges Dampfschiff erhalten.

Typ:	Bereisungsdampfer, Museumsschiff
Baujahr/Werft:	1939/Werft Nobiskrug, Rendsburg
Vermessung:	93,982 ts Deplacement
Länge über alles:	24,3 m
Maschinenleistung:	110 PS
Eigner:	Westfälisches Industriemuseum, Museum Schiffshebewerk Henrichenburg, Waltrop
Heimathafen:	Waltrop, Deutschland

Belfast
Britischer Kreuzer

Einen Monat vor Kriegsbeginn wurde die „Belfast“ in Dienst gestellt. Bei ihren Patrouillefahrten in der Nordsee erhielt sie 1939 einen Minentreffer. Nach der Reparatur war sie ab 1942 wieder in Dienst. Zu Weihnachten 1943 ortete sie mit dem Radar die deutsche „Scharnhorst“. Zusammen mit dem britischen Schlachtschiff „Duke of York“ versenkte „Belfast“ das deutsche Schlachtschiff. Bei der Landung der Alliierten in der Normandie war sie beteiligt, ebenso im Pazifik und im Koreakrieg.

Typ:	Kreuzer, Museumsschiff
Baujahr/Werft:	1939/Harland & Wolff Ltd., Belfast, Nordirland
Vermessung:	13 175 ts Deplacement
Länge über alles:	187 m
Maschinenleistung:	81 112 PS
Flotte:	Royal Navy
Liegeplatz:	Themse an der Tower Bridge, London, Großbritannien

Prince of Wales
Britisches Schlachtschiff

Das Schiff, noch nicht eingefahren, noch nicht voll funktionsfähig, mit Störungen in der Artillerie behaftet, nahm an der Jagd auf die „Bismarck“ teil, drehte aber nach der Vernichtung der „Hood“ vor dem deutschen Schlachtschiff ab. Seit damals galt „Prince of Wales“ als „the coward ship“, das feige Schiff. Beim Einsatz im ostindischen Raum wurden 1941 die Großkampfschiffe „Prince of Wales“ und „Repulse“ von japanischen Marinebombern angegriffen und versenkt.

Typ:	Schlachtschiff
Baujahr:	1940
Vermessung:	44 460 ts Deplacement
Länge über alles:	227 m
Maschinenleistung:	110 000 PS
Flotte:	Royal Navy

Shokaku
Japanischer Flugzeugträger

Mit ihren großen Flugzeugträgern, mit denen die japanische Kriegsmarine ihre Kampfflugzeuge über lange Distanzen zum Angriffsziel transportierten, gewann das Kaiserreich vorerst seine Vorherrschaft im pazifischen Raum. „Shokaku" war 1941 beim Überfall auf Pearl Harbor und bei allen großen Unternehmungen beteiligt. Bei den Marianen versenkte das amerikanische U-Boot „Cavalla" 1944 den japanischen Träger.

Typ:	Flugzeugträger
Baujahr:	1940
Vermessung:	32 100 ts Deplacement
Länge über alles:	257 m
Maschinenleistung:	162 220 PS
Flotte:	Japanische Kriegsmarine

U 219
Deutsches U-Boot

Die insgesamt acht großen U-Boote vom Typ XB, hochseetüchtige Zweihüllenboote, wurden als Minenleger gebaut, dienten auch als Versorgungs- und Transportboote. „U 219" lieferte gegen Ende des Krieges in Europa, der in Asien weiterging, Waffen und militärische Unterlagen an Japan, Deutschlands Verbündeten. Japan stellte das deutsche U-Boot als „1505" in Dienst. Bei Ende des Krieges in Asien wurde das Boot in Djakarta aufgegeben.

Typ:	U-Boot-Minenleger
Baujahr/Werft:	1940/Germaniawerft, Kiel, Deutschland
Vermessung:	1735 ts Deplacement über Wasser, 2660 ts unter Wasser
Länge über alles:	89,8 m
Maschinenleistung:	4800 PS Dieselmotor plus 1115 PS Elektromotor
Flotte:	Deutsche Kriegsmarine

O 21
Niederländisches U-Boot

Das Boot mit der Kennung „S 801" wurde schon 1937 auf Kiel gelegt, die Fertigstellung verzögerte sich bis 1940. In diesem Jahr wurden die Niederlande, die schon im Ersten Weltkrieg strengste Neutralität gewahrt hatten, von den Deutschen besetzt und mussten ihre Kapitulation erklären. „O 21", mit sechs Torpedorohren, einer Bordkanone und zwei Maschinengewehren bewaffnet, wurde vier Tage vor der Kapitulation in Dienst gestellt.

Typ:	U-Boot
Baujahr/Werft:	1940/Koninklijke Maatschappij de Schelde, Vlissingen, Niederlande
Vermessung:	962 ts Deplacement über Wasser, 1195 ts unter Wasser
Länge über alles:	77,7 m
Maschinenleistung:	5250 PS Dieselmotor plus 1000 PS Elektromotor
Flotte:	Koninklijke Nederlandsche Zeemacht

Neptune
Britischer Kreuzer

Der Kreuzer aus dem Jahr 1931 war 1940 so umgerüstet worden, dass ein neues Schiff entstanden war. „Neptune" bewährte sich im Mittelmeer, so 1940 in der Schlacht bei Punta Stilo gegen die italienische Flotte. 1942 geriet ein britischer Verband vor Malta in ein Minenfeld, das die italienische Marine mit deutschen Minen gelegt hatte. „Neptune" und der Zerstörer „Kandahar" gingen verloren, die Kreuzer „Aurora" und „Penelope" wurden schwer beschädigt.

Typ:	Kreuzer
Baujahr:	(1931); Umbau 1940
Vermessung:	9073 ts Deplacement
Länge über alles:	168,9 m
Maschinenleistung:	32 000 PS
Flotte:	Royal Navy

Richelieu
Französisches Schlachtschiff

Das Großkampfschiff war 1940 in Dakar unter der Befehlsgewalt der mit Deutschland kollaborierenden Vichy-Regierung. Ein Verband britischer und freier französischer Streitkräfte versuchte Dakar zu befreien, wobei „Richelieu" schwer beschädigt wurde. 1942, nachdem sie sich den Freien Französischen Streitkräften angeschlossen hatte, wurde sie nach New York verlegt und repariert. Bis 1945 kämpfte sie im Pazifik, später im Indochinakrieg. 1956 wurde sie außer Dienst gestellt.

Typ:	Schlachtschiff
Baujahr/Werft:	1940/Marinewerft Brest, Frankreich
Vermessung:	48 311 ts Deplacement
Länge über alles:	247,9 m
Maschinenleistung:	150 000 PS
Flotte:	La Marine française

Bismarck
Deutsches Schlachtschiff

Bei Indienststellung war die „Bismarck" mit 36 Geschützen das größte und stärkste Schiff der Kriegsmarine. Im Mai 1941 lief sie zusammen mit der „Prinz Eugen" zum Handelskrieg in den Atlantik aus. Sie vernichtete bei einem Gefecht in der Dänemarkstraße den britischen Schlachtkreuzer „Hood". Nachdem ein Treffer durch ein Torpedoflugzeug die „Bismarck" manövrierunfähig gemacht hatte, ging das Schiff am 27. Mai 1941 nach aussichtslosem Kampf durch Selbstversenkung unter.

Typ:	Schlachtschiff
Baujahr/Werft:	1940/Blohm & Voss, Hamburg, Deutschland
Vermessung:	50 900 ts Deplacement
Länge über alles:	248 m
Maschinenleistung:	138 000 PS
Flotte:	Deutsche Kriegsmarine

Tirpitz
Deutsches Schlachtschiff

Das Schwesterschiff der „Bismarck" nahm an keinem nennenswerten Gefecht teil, versteckte sich meist in den Fjorden Norwegens. Aber als mögliche Bedrohung Britanniens war „Tirpitz" das Ziel vieler Angriffe. Trägerflugzeuge der „Victorious" und der „Furious" griffen sie an, Klein-U-Booten der X-Klasse gelang es, das Schlachtschiff kampfunfähig zu schießen. Die Air Force flog zwölf Angriffe und versenkte sie schließlich 1944 nahe Tromsø.

Typ:	Schlachtschiff
Baujahr/Werft:	1941/Kriegsmarinewerft Wilhelmshaven, Deutschland
Vermessung:	52 600 ts Deplacement
Länge über alles:	251 m
Maschinenleistung:	139 918 PS
Flotte:	Deutsche Kriegsmarine

U 473
Deutsches U-Boot

Von den insgesamt 1170 durch die Kriegsmarine in Dienst gestellten U-Booten hatte der Typ VII C mit 663 Booten den größten Anteil. Diese Hochseeboote, die auf 150 Meter tauchen konnten, waren mit 14 Torpedos für fünf Torpedorohre sowie mit einer Deck- und einer Flugzeugabwehrkanone bewaffnet. Bei einem Angriff auf einen britischen Geleitzug im Nordatlantik wurde „U 473" am 5. Mai 1945 – drei Tage vor Kriegsende – versenkt.

Typ:	U-Boot
Baujahr/Werft:	1941/Germaniawerft, Kiel, Deutschland
Vermessung:	769 ts Deplacement über Wasser, 865 ts unter Wasser
Länge über alles:	67,1 m
Maschinenleistung:	2800 PS Dieselmotor plus 750 PS Elektromotor
Flotte:	Deutsche Kriegsmarine

Duke of York
Britisches Schlachtschiff

Die erste Reise unternahm „Duke of York", Schwesterschiff von „Prince of Wales", mit Premier Winston Churchill an Bord zu einer Konferenz nach New York. Nach einem Zwischenspiel im Mittelmeer war „Duke of York" an einigen Vorstößen gegen Norwegen und zur Konvoisicherung im Nordmeer eingesetzt. Hier traf das britische auf das deutsche Schlachtschiff „Scharnhorst", das mithilfe von Zerstörern von „Duke of York" niedergekämpft wurde.

Typ:	Schlachtschiff
Baujahr:	1941
Vermessung:	44 460 ts Deplacement
Länge über alles:	227,1 m
Maschinenleistung:	110 000 PS
Flotte:	Royal Navy

Audacity
Britischer Flugzeugträger

Das Fracht- und Passagierschiff „Hannover" des Norddeutschen Lloyd hatte seine Jungfernfahrt nach Südamerika absolviert und versuchte 1940, in die Heimat durchzubrechen. Es wurde vom kanadischen Zerstörer „Assiniboina" gestellt, nach misslungener Selbstversenkung aufgebracht. Zunächst in „Empire Audacity" umbenannt, wurde es zum Geleitträger umgebaut. 1941 wurde „Audacity" bei Kap Finisterre vom deutschen U-Boot „U 751" versenkt.

Typ:	Geleitträger
Baujahr/Werft:	1939/Bremer Vulkan, Vegesack, Deutschland; Umbau 1941/Blythe Shipbuilding, Großbritannien
Vermessung:	12 000 ts Deplacement
Länge über alles:	142,4 m
Maschinenleistung:	5272 PS
Flotte:	Royal Navy

Yamato
Japanisches Schlachtschiff

Neben „Musashi" war „Yamato" das größte Schlachtschiff aller Zeiten. Die Geschütz-Bewaffnung, darunter neun Geschütze Kaliber 46 cm, wurde nach dem Bau auf insgesamt 189 Stück erhöht. 1945 wurden alle Pläne und offiziellen Fotos der „Yamato" vernichtet. Das Schiff selbst, 1944 in der Schlacht um Leyte beteiligt, bei der „Musashi" versenkt wurde, erhielt 1945 bei Okinawa, gegen die amerikanischen Landungstruppen eingesetzt, eine Vielzahl von Treffern und wurde vernichtet.

Typ:	Schlachtschiff
Baujahr/Werft:	1941/Werft Kure, Japan
Vermessung:	72 810 ts Deplacement
Länge über alles:	263 m
Maschinenleistung:	152 085 PS
Flotte:	Japanische Kriegsmarine

Gotland
Deutscher Gaffelschoner

Als Kriegsfischkutter ging das Schiff von Swinemünde aus in die Fanggebiete der Ostsee, wurde dann bis Kriegsende als Minensucher eingesetzt. Nach dem Krieg diente „Gotland" bis 1991 als Fischereifahrzeug. 1998 gelangte es zu den heutigen Eignern, die es in mühevoller Arbeit zum klassischen Gaffelschoner umbauten. Unter Deck haben bis zu 30 Passagiere Platz, die von Bord aus Seesport treiben können – zum Beispiel vor der Küste nach Wracks zu tauchen.

Typ:	Gaffelschoner
Baujahr:	1941, Umbau 2000
Länge über alles:	30 m
Besegelung:	4 Segel, Segelfläche 220 m²
Eigner:	Dr. Friederike und Kapitän H. Hübner
Heimathafen:	Kiel, Deutschland

Goliath
Deutscher Schlepper

Der Motorschlepper der Bugsier-, Reederei- und Bergungs-AG Hamburg wurde für die Flachwasser von Weser und Elbe gebaut. Die Kriegsmarine bediente sich 1941 bald des Schleppers. Wieder im Zivildienst, war „Goliath" zum Beispiel 1961 bei der Bergung des amerikanischen Frachters „Hoosier State", 1961 und 1962 der Frachter „Ondo" und „Fides" sowie 1987 des dänischen Küstenmotorschiffs „Thurosund" im Einsatz. Seit 1994 ist „Goliath" fahrfähiges Museumsschiff.

Typ:	Schlepper, Museumsschiff
Baujahr/Werft:	1941/Deschimag, Werk Seebeck, Wesermünde (Bremerhaven)
Vermessung:	143 BRT
Länge über alles:	31,25 m
Maschinenleistung:	940 PS
Eigner:	Schiffergilde Bremerhaven e. V.
Heimathafen:	Alter Hafen, Bremerhaven, Deutschland

BB 59 Massachusetts
Amerikanisches Schlachtschiff

Die Schlachtschiffe der South Dakota-Klasse, vor dem Krieg in Auftrag gegeben, entsprachen zunächst den Begrenzungen des Flottenabkommens und waren das Beste in der Kategorie der 35 000-Tonnen-Schlachtschiffe. „Massachusetts" hatte ihren ersten Einsatz 1942 beim Angriff auf Casablanca, wobei sie einige leichte Treffer erhielt, aber selbst 786 Geschosse des Kalibers 40,6 cm und 221 Geschosse des Kalibers 12,7 cm abfeuerte.

Typ:	Schlachtschiff
Baujahr:	1942
Vermessung:	44 374 ts Deplacement
Länge über alles:	207,5 m
Maschinenleistung:	130 000 PS
Flotte:	US Navy

U 2540 Wilhelm Bauer
Deutsches U-Boot

Am 24. Februar 1945 wurde das Boot des Typs XXI an die Kriegsmarine abgeliefert, am 4. Mai erfolgte beim Feuerschiff „Flensburg" durch Öffnen der Ventile die Selbstversenkung des Bootes, das keinen Kriegseinsatz hatte. Am 8. Mai kapitulierte das Deutsche Reich, in Europa war der Krieg zu Ende. 1957 wurde das Boot gehoben. Nach Instandsetzung wurde „U 2540" 1960 bis 1982 als Erprobungsboot „Wilhelm Bauer" bei der Deutschen Marine eingesetzt. Ab 1984 dient es als Museum.

Typ:	U-Boot, Museumsschiff und Technikmuseum
Baujahr/Werft:	1945/Blohm & Voss, Hamburg
Vermessung:	1621 ts Deplacement über Wasser, 1819 ts unter Wasser
Länge über alles:	71,75 m
Maschinenleistung:	9000 PS
Flotte:	Deutsche Kriegsmarine, ab 1960 Deutsche Marine
Eigner:	Technikmuseum U-Boot Wilhelm Bauer e. V., Bremerhaven
Liegeplatz:	Museumshafen Bremerhaven, Deutschland

Albin Köbis
Deutsche Gaffelketsch

Die Ketsch entstand aus einem Fischkutter, dessen Entwurf aus dem Jahr 1936 stammt. Als Kutter Typ D wurden von 1947 bis 1952 in der sowjetischen Zone und dann in der DDR auf 17 Werften in Mecklenburg-Vorpommern und auf einer Werft in Berlin über 360 Einheiten gebaut, wovon etwa 230 als Kriegsentschädigung in die Sowjetunion geliefert wurden. 1985 bis 1990 wurde ein Kutter zur „Albin Köbis" umgebaut und geht mit Gästen auf Fahrt.

Typ:	Gaffel-Galeasse, Gaffelketsch
Baujahr/Werft:	1948/Schiffswerft Sanitz, Barth, Vorpommern
Vermessung:	38 BRT
Länge über alles:	24,5 m
Besegelung:	7 Segel, Segelfläche 240 m^2
Maschinenleistung:	140 PS
Eigner:	Verein Gaffelketsch Albin Köbis e. V., Kiel
Heimathafen:	Kiel, Deutschland

Elbe 1 (Bürgermeister O'Swald)
Deutsches Feuerschiff

Schon 1939 erhielt die Werft von den Wasserstraßenverwaltungen die Aufträge zum Bau der Feuerschiffe „Elbe 1" und „Borkumriff". Wegen des Krieges wurden die zivilen Bauten gestoppt. Ein älterer Schiffbauer und ein Lehrling aber kümmerten sich um den Weiterbau von „Elbe 1", die endgültig 1948 abgeliefert werden konnte. Bis 1988 in Dienst, erwarb die Stadt Cuxhaven das Feuerschiff, das als fahrfähiges Museum in Betrieb ist.

Typ:	Feuerschiff, Museumsschiff
Baujahr/Werft:	1948/Jos. L. Meyer, Papenburg
Vermessung:	641 BRT
Länge über alles:	51,4 m
Maschinenleistung:	505 PS
Eigner:	Förderverein Schifffahrtsgeschichte Cuxhaven e. V.
Liegeplatz:	Zollkaje, Marina Cux, Cuxhaven, Deutschland

R 09 Ark Royal
Britischer Flugzeugträger

Nachdem der erste Flugzeugträger des Namens „Ark Royal" 1941 von einem deutschen U-Boot versenkt worden war, wurde der neue Träger nach acht Jahren Bauzeit 1950 fertig, erhielt aber bis zur endgültigen Indienststellung mehrere Veränderungen und wurde zwischen 1967 und 1970 nochmals umgebaut. Die aus der TV-Serie „Sailor" bekannte „Ark Royal" wurde 1978 außer Dienst gestellt. Ihr Name ging im selben Jahr auf die Nachfolgerin über.

Typ:	Flugzeugträger
Baujahr:	1950
Vermessung:	53 060 ts Deplacement
Länge über alles:	226,9 m
Maschinenleistung:	77 056 PS
Flotte:	Royal Navy

F 806 Van Amstel
Niederländische Fregatte

In den USA schon 1943 auf Kiel gelegt, erfuhr die Fregatte erst 1950 in den Niederlanden ihre Indienststellung. Die Niederlande waren Gründungsmitglied des Nordatlantikpakts, der 1949 geschaffenen NATO. Die Marine hatte ihre Bündnisverpflichtungen zu erfüllen, eine weitere Aufgabe bestand in der Sicherung der Kolonien. Gegen die indonesische Unabhängigkeitsbewegung waren seit 1947 militärische Aktionen durchgeführt worden.

Typ:	Fregatte
Baujahr/Werft:	1950/Federal Shipbuilding and Drydock Company, Port Newark, New Jersey, USA
Vermessung:	2950 PS
Länge über alles:	93,3 m
Maschinenleistung:	6000 PS
Flotte:	Koninklijke Nederlandsche Zeemacht

Greif
Deutsche Schonerbrigg

Das Schulschiff der Gesellschaft für Sport und Technik erhielt seinen ersten Namen „Wilhelm Pieck" zu Ehren des ersten Präsidenten der damaligen DDR. Nach Auflösung des zweiten deutschen Staates erhielt die Stadt Greifswald von der Treuhand das Schiff zum Geschenk, das nach dem Wappenvogel der Stadt in „Greif" umbenannt wurde. Immer noch ist es als Schulschiff auf Ausbildungsreisen, nimmt auf den Törns auch Fahrgäste mit.

Typ:	Schonerbrigg (Brigantine), Schulschiff
Baujahr/Werft:	1951/Warnow-Werft, Warnemünde
Vermessung:	179,2 BRT
Länge über alles:	41,1 m
Besegelung:	13 Segel, Segelfläche 570 m^2
Maschinenleistung:	171 kW
Eigner:	Stadt Greifswald
Heimathafen:	Greifswald-Wieck, Deutschland

Santa Barbara Anna
Britischer Bramsegelschoner

Als Trawler „Vanessa Ann" für die Dalby Steam Fishing Company im Fanggebiet um Island, hatte das Schiff im Kabeljaukrieg eine Kollision mit dem isländischen Kanonenboot „Thor". Nach Eignerwechsel ab 1984 in der Charterfahrt in der Karibik, diente der Segler als „Santa Barbara Anna" der singenden Kelly Family ab 1994 als Wohnschiff. Seit dem Jahr 2000 kam er als Leihgabe zur Odin-Stiftung nach Rostock und als Abenteuerschiff mit jungen Leuten auf See.

Typ:	Bramsegelschoner
Baujahr/Werft:	1951/Richards Ironworks, Lowestoft, England
Vermessung:	153,5 BRT
Länge über alles:	44,2 m
Besegelung:	13 Segel, Segelfläche 563 m^2
Maschinenleistung:	470 PS
Eigner/Betreiber:	Joey Kelly/Odin-Stiftung e. V., Rostock
Heimathafen:	Rostock, Deutschland

Georg Büchner
Deutsches Fracht- und Passagierschiff

Als „Charlesville" war das Motorschiff für die Compagnie Maritime Belge in der Kongofahrt. Nach der Übernahme durch die DSR Deutsche Seereederei der DDR war es in der Mexiko- und Kubafahrt und heißt seitdem „Georg Büchner", wobei es auch als Ausbildungsschiff diente. Seit 1977 lag es als stationäres Schulschiff in Schmarl bei Rostock. 1998 umfassend renoviert, dient es heute als Hotel und einzige schwimmende Jugendherberge.

Typ:	Fracht- und Passagierschiff, Hotelschiff
Baujahr/Werft:	1951/John Cockerill S. A., Hoboken, Belgien
Vermessung:	9123 ts Deplacement
Länge über alles:	153,7 m
Liegeplatz:	Stadthafen Rostock, Deutschland

Roald Amundsen
Deutsche Brigg

Als Logger für den Fischfang gebaut, wurde das Schiff von der Volksmarine der DDR übernommen und als Tanklogger „Vilm" in Dienst gestellt. Als 1990 die Volksmarine mit der Marine der Bundeswehr vereinigt wurde, diente „Vilm" als Wohnschiff und wurde 1991 versteigert. Auf der Peene-Werft wurde das Schiff zur Brigg „Roald Amundsen" umgebaut. Der Ausbildungssegler unternimmt Atlantikfahrten und ist bei maritimen Veranstaltungen dabei.

Typ:	Brigg, Schulschiff
Baujahr/Werft:	1952/Roßlauer Schiffswerft; Umbau 1992/Peene-Werft, Wolgast
Vermessung:	252 BRT
Länge über alles:	50,2 m
Besegelung:	18 Segel, Segelfläche 850 m^2
Maschinenleistung:	300 PS
Eigner:	LebenLernen auf Segelschiffen e. V.
Heimathafen:	Eckernförde, Deutschland

St. Nikolaus I
Rhein-Ausflugsschiff

Viele Touristen aus aller Welt, die den romantischen Rhein besuchen, kennen das altehrwürdige Motorschiff „St. Nikolaus I" mit dem nostalgischen Flair. Gepflegt und regelmäßig gewartet, unternimmt es das ganze Jahr über schöne Ausflugsfahrten um Rüdesheim und Assmannshausen, den Rhein hinab bis zur sagenhaften Loreley. Das elegante Salonschiff bietet im oberen Salon 30 Fahrgästen Platz, im unteren 70.

Typ:	Fahrgastschiff
Baujahr/Werft:	1952/Schmidt, Oberkassel (Düsseldorf)
Länge über alles:	24,5 m
Maschinenleistung:	220 PS
Reederei:	Rössler-Linie, Rüdesheim-Assmannshausen, Deutschland

LV 13
Britisches Feuerschiff

Bis 1988 lag „Light Vessel 13" vor der Humbermündung an der englischen Ostküste, bis 1991 als Reserveschiff in Harwich. Die britische Seefahrtsbehörde Trinity House verkaufte es an Helga und Wulf Hoffmann, die es mit ihrem Küstenmotorschiff „Gertje", Baujahr 1966, nach Hamburg-Harburg schleppten. Nach dem Umbau verlegte „LV 13" zunächst nach Stade an die Unterelbe, um schließlich 1994 im Hamburger Hafen festzumachen, wo „LV 13" eine Attraktion ist.

Typ:	Feuerschiff, Kultur- und Hotelschiff
Baujahr/Werft:	1952/Messrs Philips & Son Ltd., Dartmouth, England
Vermessung:	550 ts Deplacement
Länge über alles:	42 m
Eigner:	Helga und Wulf Hoffmann, Hamburg
Liegeplatz:	Vorsetzen/Überseebrücke, Hamburg, Deutschland

United States
Amerikanisches Passagierschiff

Der Turbinen-Schnelldampfer, der 2008 Passagiere an Bord nehmen konnte, war das größte und schnellste amerikanische Schiff seiner Zeit. Bei der Jungfernfahrt im Juli 1952 errang es mit einer Durchschnittsgeschwindigkeit von 35,59 Knoten das Blaue Band und hält es bis heute. 1969 wurde die „United States" aufgelegt, wechselte die Eigner, war in Panama beheimatet, wurde über die Meere geschleppt und soll zum Kreuzfahrtschiff umgebaut werden.

Typ:	Passagierschiff
Baujahr/Werft:	1952/Newport News Shipbuilding and Drydock Company, Virginia, USA
Vermessung:	53 329 BRT
Länge über alles:	301,76 m
Maschinenleistung:	173 800 PS
Reederei:	United States Lines, New York, USA

C 801 De Ruyter
Niederländischer Kreuzer

Immer wieder wurden niederländische Kriegsschiffe mit dem Namen des Seehelden aus dem 17. Jahrhundert belegt. Der Baubeginn dieses Flakkreuzers reicht bis ins Jahr 1939 zurück. Erst 1953 erfolgte, verzögert durch den Krieg, die Indienststellung. 957 Mann dienten auf dem Kreuzer, dessen Bewaffnung nur aus Flakgeschützen bestand. 1973 wurde der Kreuzer, der nicht zur Modernisierung vorgesehen war, an Peru verkauft.

Typ:	Kreuzer
Baujahr/Werft:	1953/Werf Maatschappij Wilton-Fijenoord, Schiedam, Niederlande
Vermessung:	11 926 ts Deplacement
Länge über alles:	185,7 m
Maschinenleistung:	85 000 PS
Flotte:	Koninklijke Nederlandsche Zeemacht

Andrea Doria
Italienisches Passagierschiff

Das erste nach dem Krieg gebaute Passagierschiff Italiens für den Liniendienst von Genua nach New York war „Andrea Doria", die 1241 Fahrgäste an Bord nehmen konnte. Auf ihrer 51. Reise über den Atlantik wurde sie 1956 vor Boston nahe der Insel Nantucket im Nebel von der „Stockholm" der Swedish-American Line gerammt. Bei der Kollision starben 43 Menschen. Am nächsten Tag sank die „Andrea Doria", ohne dass weitere Menschenleben zu beklagen waren.

Typ:	Passagierschiff
Baujahr/Werft:	1953/Ansaldo-Werft, Genua
Vermessung:	29 082 BRT
Länge über alles:	192 m
Reederei:	Italian Line, Genua, Italien

FNRS III
Bathyscaph

Der Schweizer Physiker Auguste Piccard hatte eine Druckkapsel erfunden. An einem Ballon angebracht, erreichte er mit dieser Kapsel, der „FNRS I", in den Jahren 1931 und 1932 eine Höhe von bis zu 16 201 Metern. „FNRS II", Baujahr 1948, war dagegen eine unbemannte Tauchkapsel. „Trieste I" von 1953 war das erste bemannte Tauchboot, das von der US Navy erworben und zur „Trieste II" umgebaut wurde. Damit erreichte Piccard 1960 eine Tiefe von 10 916 Metern. „FNRS III" war eine Weiterentwicklung von „FNRS II".

Typ:	Bathyscaph, Tieftauchboot, Forschungsschiff
Baujahr/Konstrukteur:	1953/Auguste Piccard mit Unterstützung von FNRS Fond National de la Recherche Scientifique, Belgien
Vermessung:	50 ts Deplacement
Länge über alles:	18 m

C 802 De Zeven Provinciën
Niederländischer Kreuzer

Das Schwesterschiff von „De Ruyter" erhielt den traditionsreichen Schiffsnamen „De Zeven Provinciën". Es war schon 1939 auf Stapel gelegt worden, aber durch den Krieg fand eine Bauunterbrechung bis 1950 statt. Die Indienststellung erfolgte drei Jahre später. Zwischen 1961 und 1962 wurde das Schiff in einen modernen Lenkwaffenkreuzer umgebaut, wobei sie die Türme für die Geschütze Kaliber 15,2 cm und 5,7 cm behielt. Bis 1977 in Dienst, wurde das Schiff nach Peru verkauft und in „Aguirre" umbenannt.

Typ:	Kreuzer
Baujahr/Werft:	1953/Rotterdamsche Droogdok Maatschappij NV, Rotterdam, Niederlande
Vermessung:	11 926 ts Deplacement
Länge über alles:	185,7 m
Maschinenleistung:	85 000 PS
Flotte:	Koninklijke Nederlandsche Zeemacht

Stier
Deutscher Schlepper

Dieser Seetrecker bugsierte 23 Jahre lang die großen Seeschiffe in den Bremer Häfen. Die Besonderheiten von „Stier" sind der Antrieb und die Steuerung durch Voith-Schneider-Propeller unter Heck und Vorschiff und eine Stabilisierungsflosse unter dem Heck. So war es dem Motorschlepper möglich, auf der Stelle zu drehen. Nach Außerdienststellung wurde „Stier" im Freigelände des Deutschen Schiffahrtsmuseums aufgestellt.

Typ:	Schlepper
Baujahr/Werft:	1954/Jadewerft GmbH, Wilhelmshaven
Vermessung:	67 BRT
Länge über alles:	19,9 m
Maschinenleistung:	700 PS
Eigner:	DSM Deutsches Schiffahrtsmuseum, Bremerhaven
Ausstellung:	Museumshafen, Bremerhaven, Deutschland

Sagafjord
Dänisches Ausflugsschiff

Das Schiff, das bislang unter den Namen „Halsnoy", „Strilborg", „Deepsea Inspector" und „Party" Passagiere beförderte, fährt heute als „Sagafjord" auf dem sagenhaften Roskildefjord. Die geschichtsträchtige Route führt von der Wikingerstadt Roskilde durch den Fjord nach Norden zur offenen See hin. Auf dem Motorschiff können bis zu 150 Fahrgäste das nostalgische Ambiente der „Sagafjord" und die herbe Landschaft genießen.

Typ:	Fahrgastschiff
Baujahr/Werft:	1954/Holmens Værft, Risør
Vermessung:	238 BRT
Länge über alles:	38,7 m
Maschinenleistung:	840 PS
Heimathafen:	Roskilde, Dänemark

Britannia
Britische königliche Yacht

Bevor die „Britannia" 1997 als Motoryacht der königlichen Familie außer Dienst gestellt wurde, hatte sie über zwei Millionen Kilometer zurückgelegt, 696 Besuche im Ausland und 272 in Großbritannien absolviert, 1981 die Flitterwochen von Prince Charles und Lady Diana erlebt, 1986 1000 Flüchtlinge aus Aden gerettet, 1997 als letzte Amtshandlung den letzten britischen Gouverneur Chris Patten in Begleitung von Prince Charles nach Großbritannien gebracht – und den Steuerzahler jährlich 30 Millionen Euro gekostet.

Typ:	Motoryacht, Museumsschiff
Baujahr/Werft:	1954/John Brown & Co. Ltd., Clydebank bei Glasgow, Schottland
Vermessung:	5769 ts Deplacement
Länge über alles:	125 m
Flotte:	Royal Navy
Liegeplatz:	Hafen Leith bei Edinburgh, Großbritannien

CVA 59 Forrestal
Amerikanischer Flugzeugträger

Die Düsenkampfflugzeuge benötigten größere Flugzeugträger. Bei Indienststellung war „Forrestal" als der erste einer neuen Klasse der größte Träger der Welt. Doch die nachfolgenden „Saratoga", „Ranger" und „Independence" erhielten Veränderungen während des Baus. Die „Forrestal" trug 100 Flugzeuge. Beim Einsatz in Vietnam gab es 1967 eine Explosion an Bord. 1992 wurde CVA 59 zum Ausbildungsschiff AVT 59, 1993 außer Dienst gestellt.

Typ:	Flugzeugträger
Baujahr:	1954
Vermessung:	78 509 ts Deplacement
Länge über alles:	316,7 m
Maschinenleistung:	263 614 PS
Flotte:	US Navy

SSN 571 Nautilus
Amerikanisches Atom-U-Boot

Die vierte „Nautilus" – nach Fultons Tauchboot von 1801 und zwei weiteren Booten der US Navy, Kapitän Nemos Schiff aus dem Roman von Jules Verne nicht mitgerechnet – war das erste mit Atomkraft angetriebene Kriegsschiff der Welt. Und als erstes Schiff der Welt erreichte sie den Nordpol. Während der Kubakrise 1962 war sie an der Blockade der Insel beteiligt. Die meiste Zeit ihres Einsatzes, der 1982 endete, verbrachte sie im Atlantik.

Typ:	Atom-U-Boot, Museumsschiff
Baujahr/Werft:	1954/Electric Boat Co., Groton, Connecticut
Vermessung:	3533 ts Deplacement über Wasser, 4092 ts unter Wasser
Länge über alles:	98,7 m
Maschinenleistung:	15 208 PS
Flotte:	US Navy
Ausstellung:	US Navy Submarine Force Museum, Groton, Connecticut, USA

Sverdlov
Sowjetischer Kreuzer

Der Kreuzer war Namensgeber einer Klasse von 24 geplanten Einheiten. Elf der 34 Knoten laufenden Kreuzer wurden in Dienst gestellt. „Sverdlov" war mit zwölf Geschützen Kaliber 15,2 cm, zwölf Geschützen Kaliber 10 cm, 32 Maschinenwaffen Kaliber 3,7 cm und zehn Torpedorohren bestückt. 1050 Mann dienten auf dem Kreuzer. Von den wahrscheinlich 17 insgesamt begonnenen Einheiten wurden einige mit modernen Flugkörpern ausgerüstet.

Typ:	Kreuzer
Baujahr:	1955
Vermessung:	19 200 ts Deplacement
Länge über alles:	210 m
Maschinenleistung:	130 000 PS
Flotte:	Sowjetische Marine

D 813 Groningen
Niederländischer Zerstörer

Als „Torpedojager", wie im Niederländischen die Leichten Zerstörer genannt werden, war „Groningen" ein Schiff der Holland-Klasse und wie die anderen acht Einheiten ein U-Boot-Abwehrschiff. Mit Antriebsanlagen amerikanischer Zerstörer ausgestattet liefen sie 36 Knoten. „Groningen" war mit 15 Geschützen bewaffnet, darunter Raketen- und Wasserbombenwerfer. Zusammen mit sechs Schiffen seiner Klasse wurde „Groningen" in den Achtzigerjahren nach Peru verkauft.

Typ:	Zerstörer, Torpedojager
Baujahr/Werft:	1956/Nederlandsche Dok en Scheepsbouw Maatschappij, Amsterdam, Niederlande
Vermessung:	3070 ts Deplacement
Länge über alles:	116 m
Maschinenleistung:	60 000 PS
Flotte:	Koninklijke Nederlandsche Zeemacht

M 813 Ommen
Niederländischer Minenräumer

Um den langen Verlauf der niederländischen Küste mit ihren Inseln und Buchten wirksam von möglichen feindlichen Minen zu räumen, wurde eine Vielzahl von Minenräumbooten in Dienst gestellt. Auf „Ommen" und den anderen Booten dieser Art war eine Besatzung von 38 Mann in Dienst, die für ihre im Ernstfall gefährliche Arbeit besonders geschult wurden. Zum Glück mussten sie nie ihr Können unter Beweis stellen.

Typ:	Minenräumboot
Baujahr/Werft:	1956/J. & K. Smit Scheepswerf, Kinderdijk, Niederlande
Vermessung:	417 ts Deplacement
Länge über alles:	46,63 m
Maschinenleistung:	2500 PS
Flotte:	Koninklijke Nederlandsche Zeemacht

Nordstjernen
Norwegisches Passagierschiff

Die Reederei Hurtigruten stellte 1893 ihr erstes Schiff in Dienst. Heute sind Schiffe dreier Generationen auf der berühmten Hurtigroute – nordgehend von Bergen nach Kirkenes, von dort südgehend zurück – in Fahrt. Hurtigruten-Schiffe fahren nach Spitzbergen, Grönland, in die Arktis und in die Antarktis. Das älteste in Dienst befindliche Schiff ist die „Nordstjernen", die 2000 renoviert wurde und mit 400 Passagieren auf die Hurtigroute geht.

Typ:	Passagierschiff
Baujahr/Werft:	1956/Blohm & Voss, Hamburg, Deutschland
Vermessung:	2194 BRT
Länge über alles:	80,77 m
Maschinenleistung:	3050 PS
Reederei:	Hurtigruten Group ASA, Bergen, Norwegen

Montferland
Niederländischer Frachter

Als Linienfrachter für die Stückgutfahrt gebaut, bot die „Montferland" auch Einrichtungen für zwölf Passagiere. Außer den Trockenladeräumen hatte das Schiff Ladekühlräume, Spezialladeräume und Tieftanks. Das Ladegeschirr bestand aus zwölf Ladebäumen und einem Schwergutbaum. Ab 1973 fuhr es als „Maersk Wind" unter liberianischer Flagge, ab 1978 hieß das Schiff „Ocean Age" unter der Flagge Panamas. 1982 erfolgte der Abbruch.

Typ:	Frachtschiff
Baujahr/Werft:	1956/Blohm & Voss, Hamburg, Deutschland
Vermessung:	6875 BRT
Länge über alles:	156,58 m
Maschinenleistung:	7800 PS
Reederei:	Koninklijke Hollandsche Lloyd, Amsterdam, Niederlande

Borkumriff
Deutsches Feuerschiff

Der letzte Neubau eines bemannten Feuerschiffs war „Borkumriff", das als letztes bemanntes Feuerschiff 1988 außer Dienst gestellt wurde. Seine Stelle am Borkumriff markierte die Ansteuerung der Ems. Das Signalfeuer war bis auf eine Entfernung von 21,35 Seemeilen auszumachen. Als ein unbemanntes Feuerschiff (UFS) in Dienst gestellt wurde, erwarb die Gemeinde Borkum das ausgemusterte Schiff, das als Informationszentrum und Museum dient.

Typ:	Feuerschiff, Museumsschiff
Baujahr/Werft:	1956/Norderwerft Köser & Meyer, Hamburg
Vermessung:	629 BRT
Länge über alles:	53,7 m
Maschinenleistung:	294 PS
Eigner:	Förderverein Feuerschiff Borkumriff e. V.
Liegeplatz:	Hafen Borkum, Insel Borkum, Deutschland

Ocean Odyssey
Kreuzfahrtschiff

Als Fracht- und Passagierschiff „Port Sydney" für den Dienst zwischen London und Australien gebaut, wechselte es die Eigner und Namen, wurde zum Kreuzfahrtschiff umgebaut und immer wieder erneuert. 1974 hieß das Schiff „Daphne" und ging im Mittelmeer und in der Karibik auf Kreuzfahrt, ab 1996 für die schweizerische Leisure Cruise Line als „Switzerland". Verkauft und 2006 renoviert, geht das Schiff nun als „Ocean Odyssey" auf Fahrt.

Typ:	Passagierschiff
Baujahr/Werft:	1957/Swan Hunter & Wigham Richardson Ltd., Wallsend, Großbritannien
Vermessung:	5500 BRT
Länge über alles:	162,4 m
Maschinenleistung:	13 200 PS
Reederei:	Indian Ocean Cruises, London/Zypern/Goa

R 98 Clemenceau
Französischer Flugzeugträger

Der Träger war der erste in Frankreich gebaute. Zwar schon 1957 fertiggestellt, wurde „Clemenceau" immer wieder verändert und modernisiert. Die endgültige Indienststellung erfolgte 1961, für das Schwesterschiff „Foch" 1963. Für 60 Flugzeuge geplant, führte „Clemenceau" meist nur 40 mit. In den Jahren 1977 und 1978 wurde sie mit Waffenkammern für Kernwaffen ausgestattet. 1997 schließlich wurde der Träger entwaffnet und zur Reserve versetzt.

Typ:	Flugzeugträger
Baujahr:	(1957); 1961
Vermessung:	32 780 ts Deplacement
Länge über alles:	265 m
Maschinenleistung:	127 751 PS
Flotte:	La Marine française

Traditionsschiff Typ Frieden (Dresden)
Deutscher Frachter

Als fünftes Schiff von insgesamt 15 Einheiten der Frieden-Serie fuhr die „Dresden" über zehn Jahre lang für die Deutsche Seereederei unter der Flagge der DDR im Frachtdienst nach China, Indonesien, Mexiko und Kuba. Als Zeugnis des erfolgreichen Schiffbaus wurde der Frachter zum Museum umgebaut und verlegte 1970 als „Traditionsschiff Typ Frieden" nach Schmarl. In der Nachbarschaft ist ein ganzes Ensemble historischer Schiffe zu sehen.

Typ:	Frachtschiff, Museumsschiff
Baujahr/Werft:	1958/Warnow-Werft, Warnemünde
Vermessung:	6627 BRT
Länge über alles:	157,6 m
Maschinenleistung:	7200 PS
Eigner:	Hansestadt Rostock
Liegeplatz:	Hafen Rostock-Schmarl, Deutschland

A 60 Gorch Fock (II)
Deutsches Segelschulschiff

Das Schulschiff der Marine wurde als Ersatz für die erste „Gorch Fock", die ab 1945 als „Towarischtsch" zur Handelsflotte der Ukraine gehörte, gebaut. Die stählerne Bark bringt 23 Segel in den Wind und erreicht eine Geschwindigkeit von 16 Knoten. Bei Flaute wird ein Dieselmotor in Betrieb genommen, der 12 Knoten erbringt. Zu den Ausbildungsfahrten gehen bis zu 160 Kadetten und Unteroffiziersanwärter, auch junge Frauen, an Bord des stolzen Seglers.

Typ:	Bark, Schulschiff
Baujahr/Werft:	1958/Blohm & Voss, Hamburg
Vermessung:	1960 ts Deplacement
Länge über alles:	89,4 m
Besegelung:	23 Segel, Segelfläche 2037 m^2
Maschinenleistung:	880 PS
Flotte:	Deutsche Marine
Heimathafen:	Marinestützpunkt Kiel, Deutschland

R 81 Karel Doorman
Niederländischer Flugzeugträger

Der 1942 auf Kiel gelegte, 1945 fertiggestellte Träger „Venerable" der Royal Navy wurde 1948 den Niederlanden übergeben und erhielt hier den Namen „Karel Doorman". Zehn Jahre später wurde der Träger so umgebaut, dass ein neues Schiff entstand. Die Bewaffnung wurde geändert, die Breite wuchs von 24,4 Meter auf 34,8 Meter. Etwa 35 Flugzeuge konnte der Träger transportieren. Die Besatzungsstärke belief sich auf 1391 Mann.

Typ:	Flugzeugträger
Baujahr/Werft:	(1945/Cammel Laird & Co. Ltd., Birkenhead, England); Umbau 1958
Vermessung:	19 900 ts Deplacement
Länge über alles:	211,3 m
Maschinenleistung:	40 000 PS
Flotte:	Koninklijke Nederlandsche Zeemacht

Asmidiske
Niederländischer Bulkcarrier

Bulker (vom Englischen bulk, lose Ladung), auch Bulkcarrier, sind Massenschüttgutschiffe und transportieren Erze, Kohle, Getreide, Salze und andere Rohstoffe. Die „Asmidiske" ist ein Selbsttrimmer mit großen Luken; bei der Entladung rutscht das Schüttgut auf den schrägen Bodentanks selbsttrimmend in den Bereich des Greifers. Ab 1973 fuhr das Schiff als „Salton Sea" unter Panama-Flagge, ab 1980 dann als „Hong Qi 301" unter chinesischer Flagge.

Typ:	Bulkcarrier
Baujahr/Werft:	1958/Blohm & Voss, Hamburg, Deutschland
Vermessung:	11 396 BRT
Länge über alles:	165 m
Maschinenleistung:	6650 PS
Reederei:	Van Nievelt Goudriaan & Co., Rotterdam, Niederlande

Gera
Deutsches Fischereimotorschiff

Die „Gera" war zu Zeiten der DDR im Nordmeer, vor Grönland, Labrador und Neufundland für das Fischkombinat Rostock auf Fangfahrt. Später diente sie als Übernahmebasis und Zubringerschiff. Als letzter deutscher Seitentrawler, bei dem die Fangnetze über die Seitenreling ausgesetzt und eingeholt wurden, liegt die „Gera" seit 1993 als Museumsschiff des Morgenstern-Museums im „Schaufenster Fischereihafen".

Typ:	Fischereimotorschiff (FMS), Seitentrawler, Museumsschiff
Baujahr/Werft:	1959/Peene-Werft, Wolgast
Vermessung:	943 BRT
Länge über alles:	65,55 m
Maschinenleistung:	900 PS plus 500 PS
Eigner:	Morgenstern-Museum, Bremerhaven
Liegeplatz:	Fischkai, Bremerhaven, Deutschland

Fiona
Liberianischer Frachter

Zusammen mit der Schwester „Francesca" wurde „Fiona" für eine Reederei in Monrovia als Massengutschiff gebaut. Als Selbsttrimmer ohne Getreideschotte entsprachen die Schiffe den strengen Bestimmungen internationaler Aufsichtsbehörden. 58 Mann Besatzung dienten auf der „Fiona", die ab 1971 als „Krios" unter griechischer Flagge fuhr. 1987 erfolgte der Abbruch in Chittagong, der Industrie- und Werftstadt in Bangladesch.

Typ:	Massengutschiff
Baujahr/Werft:	1959/Blohm & Voss, Hamburg, Deutschland
Vermessung:	16 980 BRT
Länge über alles:	195,8 m
Maschinenleistung:	10 100 PS
Reederei:	Fiona Shipping Co., Monrovia, Liberia

M 1080 Marburg
Deutsches Minenjagdboot

Als Küstenminenjäger trug „Marburg" auch die Kennung KM 11. Sie war ein Boot der Lindau-Klasse, deren Einheiten ab 1957 gebaut wurden. „Marburg" kam zuerst zum 4. Minensuchgeschwader, wurde 1976 außer Fahrbereitschaft gestellt. Bis 1979 erfolgte der Umbau bei Abeking & Rasmussen in Lemwerder, dann wieder in Dienst gestellt. 1990 war es zusammen mit einem Geschwader während des Golfkriegs im Mittelmeer. Inzwischen ist „Marburg" ausgemustert.

Typ:	Minenjagdboot
Baujahr/Werft:	1959/Burmester, Bremen-Burg, Deutschland
Vermessung:	402 ts Deplacement
Länge über alles:	47,1 m
Maschinenleistung:	2940 kW
Flotte:	Deutsche Marine

M 873 Van Moppes
Niederländisches Minenräumboot

Der Flottille der Hochsee-Minenräumer zugehörig, war „Van Moppes" ein kleines, tüchtiges Boot. Die Minenräumer rückten im Verband aus, so dass ein Maschinengeschütz Kaliber 2 cm zur Verteidigung reichte. Die Besatzung bestand aus 14 Mann. Beim Minenräumen wurde die Geschwindigkeit von 13 auf 9 Knoten verringert. Inzwischen sind „Van Moppes" und ihre Schwesterschiffe schon seit geraumer Zeit ausgemustert.

Typ:	Minenräumboot
Baujahr/Werft:	1959/De Noord, Alblasserdam, Niederlande
Vermessung:	169 ts Deplacement
Länge über alles:	33,1 m
Maschinenleistung:	1100 PS
Flotte:	Koninklijke Nederlandsche Zeemacht

SSBN 598 George Washington
Amerikanisches Atom-U-Boot

Um bis 1960 eine weitreichende und schlagkräftige U-Boot-Streitkraft in Dienst zu haben, wurden in einem Schnell-Bauprogramm die ersten fünf mit Raketen bestückten Atom-U-Boote gebaut. Im Bau befindliche Skipjack-Boote erhielten ein über 39 Meter langes Mittelteil zur Aufnahme der 16 Abschussröhren für die Polaris-Raketen. Mehrmals für moderne Raketen umgerüstet, wurde „George Washington" 1985 außer Dienst gestellt.

Typ:	Atom-U-Boot
Baujahr:	1959
Vermessung:	5989 ts Deplacement über Wasser, 6709 ts unter Wasser
Länge über alles:	116,3 m
Maschinenleistung:	15 208 PS
Flotte:	US Navy

CVN 65 Enterprise
Amerikanischer Flugzeugträger

Die „Enterprise", von ihrer Besatzung „Big E" genannt, war der erste Träger mit Atomantrieb. Acht Reaktoren sind im Schiff eingebaut. Der mächtige Träger mit seinen 90 Flugzeugen gehört zur Atlantikflotte, war 1962 an der Blockade Kubas beteiligt, ab 1964 am Krieg gegen Vietnam. Bei einem Brand 1973 schwer beschädigt, wurde „Enterprise" wieder instandgesetzt. 2004 gründlich überholt, soll sie bis 2013 in Dienst bleiben.

Typ:	Flugzeugträger
Baujahr/Werft:	1960/Northrop Grumman Newport News, USA
Vermessung:	89 084 ts Deplacement
Länge über alles:	342,4 m
Maschinenleistung:	283 892 PS
Flotte:	US Navy

CVA 63 Kitty Hawk
Amerikanischer Flugzeugträger

Im Vietnamkrieg, der von 1964 bis 1973 dauerte, nahmen die großen amerikanischen Flugzeugträger teil, deren Trägerflugzeuge unablässig Ziele in Nord-, dann auch in Südvietnam beschossen und bombardierten. Die Trägerflotte war die wichtigste und wirksamste Waffe der größten Seemacht der Welt. „Kitty Hawk", die 90 Kampfflugzeuge trug, und „Constellation", „America" und „Kennedy" waren die letzten konventionellen Träger der US Navy.

Typ:	Flugzeugträger
Baujahr:	1960
Vermessung:	80 000 ts Deplacement
Länge über alles:	323,9 m
Maschinenleistung:	280 000 PS
Flotte:	US Navy

Leonardo da Vinci
Italienisches Passagierschiff

Um die 1956 gesunkene „Andrea Doria" zu ersetzen, wurde „Leonardo da Vinci" gebaut. Sie fuhr im Liniendienst von Genua, ab 1965 von Neapel nach New York. Einen Teil des Jahres ging sie auf Kreuzfahrten. Wegen der zwischenzeitlichen Konkurrenz durch Fluggesellschaften musste das Schiff staatlich subventioniert werden. 1976 wurde es von der Costa Line übernommen. 1978 außer Dienst gestellt, brach ein Feuer an Bord aus. Das Schiff wurde versenkt, gehoben und verschrottet.

Typ:	Passagierschiff
Baujahr/Werft:	1960/Ansaldo, Genua
Vermessung:	33 340 BRT
Länge über alles:	233,9 m
Maschinenleistung:	52 000 PS
Reederei:	Italian Line, Genua, Italien

Libertad
Argentinisches Schulschiff

Bei ihrer Jungfernfahrt besuchte die „Libertad" auch die Hansestadt Hamburg. Als Ausbildungsschiff hat sie eine starke Dieselmaschine; der Schornstein steht hinter dem Großmast, vor diesem eine Motorschiffbrücke. So erfahren nicht nur Kadetten ihre Ausbildung, sondern auch angehende Ingenieure der Maschinenbau-Schule der Marine. Bei maritimen Veranstaltungen und Wettfahrten der Großsegler ist die schnelle „Libertad" dabei.

Typ:	Vollschiff, Schulschiff
Baujahr/Werft:	1960/A. F. N. E. Astilleros y Fábricas Navales del Estado, Río Santiago, Argentinien
Vermessung:	3765 ts Deplacement
Länge über alles:	103 m
Besegelung:	27 Segel
Maschinenleistung:	2400 PS
Flotte:	Armada Argentina

Wappen von Mainz
Deutsches Ausflugsschiff

Als eines der drei größten Passagierschiffe auf dem Rhein, haben schon unzählige Touristen aus aller Welt die „Wappen von Mainz" gesehen oder waren an Bord des Schiffes, um den romantischen Rhein zwischen Mainz und Köln zu erleben. Mit vier Decks, zwei Sonnendecks, fünf Salons, vier Bars und 864 Tischsitzplätzen ist das schöne KD-Schiff, das optimal 500 bis 1000 und maximal 2000 Gästen Platz bietet, auch in der Charterfahrt unterwegs.

Typ:	Fahrgastschiff
Baujahr/Werft:	1961/Ewald-Berninghaus, Köln-Deutz
Länge über alles:	93 m
Maschinenleistung:	2000 PS
Reederei:	KD Köln-Düsseldorfer Deutsche Rheinschiffahrt AG, Köln, Deutschland

A 1401 Eisvogel
Deutscher Eisbrecher

Der Eisbrecher, der auch als Seeschlepper eingesetzt werden konnte, war mit einem Motorkutter, zwei Rettungsinseln und einem Schlauchboot ausgerüstet. Er war dem Kommando der Trossschiffe und Unterstützungsfahrzeuge (Auxiliary vessels, deswegen die A-Kennung) unterstellt. „Eisvogel" konnte im Mobilitätsfall eine militärische Besatzung und ein Flakgeschütz erhalten. 2006 erfolgte die Außerdienststellung des Schiffes.

Typ:	Eisbrecher
Baujahr/Werft:	1961/Hitzler Werft, Lauenburg/Elbe, Deutschland
Vermessung:	642 ts Deplacement
Länge über alles:	37,5 m
Maschinenleistung:	2402 PS
Flotte:	Deutsche Marine

U 461
Sowjetisches U-Boot

Die sechzehn U-Boote der Juliett-Klasse, wozu „U 461" gehörte, waren die größten U-Boote der Welt mit Dieselantrieb. Sie wurden in Dienst gestellt, als die Sowjetunion längst über Atom-U-Boote verfügte. Außer mit Torpedos waren die Boote dieser Klasse, die ihre Bezeichnung durch die NATO erhielt, mit Marschflugkörpern bewaffnet, die Ziele bis zu 450 Kilometer Entfernung treffen konnten. Die Besatzungsstärke betrug 79 Mann.

Typ:	U-Boot
Baujahr:	1961
Vermessung:	3000 ts Deplacement über Wasser, 3800 ts unter Wasser
Länge über alles:	86,7 m
Maschinenleistung:	14 000 PS
Flotte:	Sowjetische Marine

Fritz Heckert
Deutsches Passagierschiff

Das Urlauberschiff des Freien Deutschen Gewerkschaftsbunds der DDR fuhr mit 379 Passagieren auf Kreuzfahrt in der Ostsee. Neuartig war der Antrieb von „Fritz Heckert". Ein mittelschnelllaufender Tauchkolbenmotor wurde mit einer Gasturbinenanlage, die für hohe Geschwindigkeiten zugeschaltet werden konnte, kombiniert. Allgemein entwickelte der Dieselmotor eine höhere Wirksamkeit. Das FDGB-Schiff diente später als Wohnschiff.

Typ:	Passagierschiff
Baujahr/Werft:	1961/Mathias-Thesen-Werft, Wismar
Vermessung:	8115 BRT
Länge über alles:	141,47 m
Maschinenleistung:	2300 PS plus 2830 PS
Eigner:	FDGB Freier Deutscher Gewerkschaftsbund, Berlin, DDR

France
Französisches Passagierschiff

Mit dem traditionsreichen Schiffsnamen „France" versehen, war sie beim Stapellauf das größte Passagierschiff der Welt. Die Jungfernfahrt führte rund um Kap Hoorn, da sie für den Panamakanal etwas zu breit war. 4231 Passagiere hatten Platz an Bord. 1979 wurde sie an die Norwegian Caribbean Lines verkauft, zu einem Kreuzfahrtschiff umgebaut, worauf die neue „Norway" auch in ihrem äußeren Erscheinungsbild nicht mehr an die frühere „France" erinnerte.

Typ:	Passagierschiff
Baujahr/Werft:	1961/Chantiers de l'Atlantique, Saint-Nazaire
Vermessung:	66 348 BRT
Länge über alles:	315,5 m
Maschinenleistung:	160 000 PS
Reederei:	Compagnie Générale Transatlantique, Paris, Frankreich

Peace
Polnische Barkentine

Der Ozeantrawler „Swi 180 Goplo" war als Fischerei- und Mehrzweckfahrzeug gebaut worden. Als Expeditions- und Forschungsschiff war es weltweit im Einsatz – von den Falkland-Inseln bis zur Barentssee. 1990 wurde das Schiff in Gdansk als Segelschulschiff umgebaut. Polnische Kadetten und junge Leute vieler Nationen erlebten das Abenteuer der Schifffahrt unter Segeln. Später verkauft, fuhr das Schiff als „Peace" unter der Flagge der Grenadinen.

Typ:	Barkentine, Schulschiff, Kreuzfahrtsegler
Baujahr/Werft:	1962/Gdansk, Polen
Länge über alles:	79,8 m
Besegelung:	16 Segel, Segelfläche 2280 m^2
Maschinenleistung:	1380 kW
Flotte:	Polnische Marine
Eigner:	Kings Lake Shipping Co. Ltd., Malta

Cap San Diego
Deutsches Frachtschiff

Mit ihren Cap-Schwesterschiffen war die „Cap San Diego" für die Hamburg-Südamerikanische Dampfschiffahrts-Gesellschaft Eggert & Amsinck – kurz: Hamburg-Süd – auf Fahrt. Neben der Fracht konnten zwölf Passagiere befördert werden. Die Schiffe wurden die „weißen Schwäne des Südatlantik" genannt. 1981 verkauft, kehrte die „Cap San Diego" 1986 als Schrotthaufen nach Hamburg zurück, wurde restauriert und ist nun ein Museums- und Eventschiff.

Typ:	Frachtschiff, Museumsschiff
Baujahr/Werft:	1962/Deutsche Werft, Hamburg-Finkenwerder
Vermessung:	9998 BRT
Länge über alles:	159,4 m
Maschinenleistung:	8589 kW
Eigner:	Stiftung Hamburger Admiralität
Liegeplatz:	Überseebrücke, Hamburg, Deutschland

Kapitän König
Deutsches Lotsenschiff

Ein Lotsenschiff, auch Lotsenversetzschiff genannt, ist eine seetüchtige schwimmende Lotsenstation. Ausgerüstet mit Funk- und Radaranlagen, lagen die Lotsenschiffe deutlich gekennzeichnet mit ihren Booten auf den Einsatzpositionen, „Kapitän König" zum Beispiel – mit bis zu 40 Lotsen an Bord – vor der Weser und Jademündung. Mit Lotsenbooten werden die Lotsen versetzt, also an und von Bord der Schiffe gebracht, die durch schwieriges Fahrwasser gelotst werden.

Typ:	Lotsenschiff
Baujahr/Werft:	1963/Jos. L. Meyer, Papenburg
Vermessung:	762 BRT
Länge über alles:	55,1 m
Maschinenleistung:	1220 PS
Eigner:	Wasser- und Schifffahrtsverwaltung, Schifffahrtsdirektion Nordsee
Bereederer:	Lotsenbetriebsverein e. V., Hamburg, Außenstelle Bremerhaven
Heimathafen:	Alter Hafen, Bremerhaven, Deutschland

Meteor
Deutsches Forschungsschiff

Von Beginn des 19. Jahrhunderts an, damals noch mit zusätzlichen militärischen Aufgaben betraut, heißen die deutschen Forschungs- und Vermessungsschiffe „Meteor". Die Wissenschaftler an Bord führen auf allen Meeren der Welt Untersuchungen durch, die der Nutzung des Meeres und dem Erhalt dieser Lebenswelt dienen. Das hier gezeigte Schiff wurde 1986 durch ein neues ozeanografisches Forschungsschiff abgelöst, das auch „Meteor" heißt.

Typ:	Forschungs- und Vermessungsschiff
Baujahr/Werft:	1964/Seebeckwerft, Bremerhaven
Vermessung:	2615 ts Deplacement
Eigner:	Deutsches Hydrographisches Institut, Deutschland

Lofoten
Norwegisches Passagierschiff

Zu den Hurtigruten-Traditionsschiffen zählt neben der „Nordstjernen" von 1956 die „Lofoten". Das unter Denkmalschutz stehende Schiff hat trotz aller Modernisierungen und Renovierungen seinen nostalgischen Charme behalten. Im Winter im Liniendienst eingesetzt, fährt die „Lofoten" sonst rund um die Lofoten- und Vesterålen-Inseln, nach Spitzbergen und auf der norwegischen Fjordroute. Bis zu 410 Passagiere gehen an Bord.

Typ:	Fahrgastschiff
Baujahr/Werft:	1964/Oslo
Vermessung:	2621 BRZ
Länge über alles:	87,4 m
Reederei:	Hurtigruten Group ASA, Bergen, Norwegen

Stubnitz
Deutsches Fischfang- und Kühlschiff

Das Fischfang-, Fischverarbeitungs- und Kühlschiff „Stubnitz" war wie seine Schwester „Granitz" für den VEB Fischfang Sassnitz, von 1984 bis 1992 für den VEB Fischfang Rostock in Dienst. Mit anderen Schiffen ihres Typs „Tropik" ging es auf Flottillenfischerei auf Hering. „Stubnitz" ist mit den erhaltenen Einrichtungen und Anlagen ein Museum, das als Kulturschiff mit vielfältigem Programm auch als Botschafter im Ausland unterwegs ist.

Typ:	Fischfang- und Kühlschiff, Kulturschiff
Baujahr/Werft:	1964/Volkswerft, Stralsund, DDR
Vermessung:	1350 ts Deplacement
Länge über alles:	98,8 m
Eigner:	Rostocker Kulturschiff Stubnitz e. V.
Heimathafen:	Stadthafen Rostock, Deutschland

Road to Mandalay
Myanmarisches Kreuzfahrtschiff

Die „Road to Mandalay" ist nach Umbau und Renovierung ein elegantes Kreuzfahrtschiff der Luxusklasse. Reisende, die das außergewöhnliche Erlebnis suchen, finden es in einer Flusskreuzfahrt, kombiniert mit dem Eastern & Oriental Express. Die „Road to Mandalay" fährt auf dem Irawadi und besucht die berühmten Städte des alten Birma mit ihren Tempeln und Pagoden wie Bagan, Mandalay, Mingun bis Bhamo hoch im Norden.

Typ:	Fluss-Kreuzfahrtschiff
Baujahr:	1964
Vermessung:	900 BRZ
Länge über alles:	101,6 m
In Charter für:	Orient-Express Hotels, Trains & Cruises/SNCF, Frankreich

A 835 Poolster
Niederländischer Versorger

Jede Flotte ist auf ihre Dienstboote, Tross- und Versorgungsschiffe vielfältiger Art angewiesen. Die Versorgungsschiffe bringen den militärischen Einheiten im Einsatz Ausrüstung und Munition, Wasser und Lebensmittel, Betriebsstoff – wie zum Beispiel „Poolster". Dieser Versorger hat eine Besatzung von 200 Mann, ist mit zwei Maschinengeschützen Kaliber 4 cm und zwei Wasserbombenwerfern ausgerüstet und bietet Platz für drei Hubschrauber.

Typ:	Versorgungsschiff
Baujahr/Werft:	1964/Rotterdamsche droogdok Maatschappij NV, Rotterdam, Niederlande
Vermessung:	16 836 ts Deplacement
Länge über alles:	168,3 m
Maschinenleistung:	22 500 PS
Flotte:	Koninklijke Nederlandsche Zeemacht

J. R. Tolkien
Niederländischer Toppsegelschoner

Der einstige Schlepper „Dierkow" der Bagger-, Bugsier- und Bergungsreederei Rostock verwandelte sich nach dem Umbau 1996 in den Schnellsegler „J. R. Tolkien". Das Wunder vollbrachte der Surfer, Bootsbauer und Kapitän Jaap van der Rest, der als Fan des Schriftstellers Tolkien und dessen „Herr der Ringe" schon den Umbau der „Loth Loriën" vorgenommen hatte. „J. R. Tolkien" geht mit Gästen auf Mehrtagesfahrten in Nord- und Ostsee.

Typ:	Toppsegelschoner
Baujahr/Werft:	1964/Magdeburg, DDR; Umbau 1996/Amsterdam
Länge über alles:	41,7 m
Besegelung:	10 Segel, Segelfläche 628 m^2
Eigner:	Anne und Jaap van der Rest
Heimathafen:	Amsterdam, Niederlande

Puna
Deutsches Kühlschiff

Die eleganten und schnellen Kühlschiffe der Reederei Laeisz wurden in Erinnerung an die Schnellsegler dieser Reederei als die modernen Flying P-Liner bezeichnet. „Puna" und ihre Schwestern „Pongal" und „Pisang" waren Motorschiffe, die 20 Knoten liefen. Sie wurden hauptsächlich in der Bananenfahrt zwischen Ecuador und Hamburg eingesetzt. 1970 verkauft, wechselte „Puna" die Eigner und Namen: „Snefjord", „Ice Merchant", „Safina Riyadh". 1984 erfolgte der Abbruch.

Typ:	Kühlschiff
Baujahr/Werft:	1964/Deutsche Werft AG, Hamburg-Finkenwerder
Vermessung:	5435 BRT
Länge über alles:	141,8 m
Maschinenleistung:	9600 PS
Reederei:	F. Laeisz, Hamburg, Deutschland

Alvin
Tiefsee-Tauchboot

Das berühmte Forschungsfahrzeug erreichte bei seinem ersten Tauchgang eine Tiefe von 1828 Metern. 1966 ging „Alvin" vor Spaniens Küste auf Suche nach der verlorenen Wasserstoffbombe, die ein US-Flugzeug verloren hatte. Immer noch in Dienst, mit drei Mann Besatzung an Bord, erkundet es die Tiefen der Meere und erforscht die Unterwasserwelt mit ihren Methanknollen, Bakterien, Würmern und Muscheln, die vielen Lesern aus Frank Schätzings Bestseller „Der Schwarm" bekannt ist.

Typ:	Tiefsee-Forschungsfahrzeug
Baujahr:	1965
Vermessung:	17 ts Deplacement
Länge über alles:	7,1 m
Maschinenleistung:	46,8 kW
Eigner:	Woods Hole Oceanographic Institute, USA

S 172 Hans Techel
Deutsches U-Boot

Das erste Nachkriegs-U-Boot, das in Bremen gebaut wurde, war ein Klein-U-Boot zu Versuchszwecken für eine Besatzung von sechs Mann. Zusätzlich zum Diesel- und Elektromotor gab es einen weiteren E-Motor für die Schleichfahrt. Die Kiellegung fand schon 1961 statt, der Stapellauf (im Bild) am 15. März 1965, die Indienststellung am 15. Oktober desselben Jahres. Schon am 15. Dezember 1966 aus dem Dienst genommen, wurde „S 172" 1969 verschrottet.

Typ:	Klein-(Versuchs-)U-Boot
Baujahr/Werft:	1965/Atlas-Werke, Bremen, Deutschland
Vermessung:	100 ts Deplacement über Wasser, 137 ts unter Wasser
Länge über alles:	22 m
Maschinenleistung:	330 PS Dieselmotor plus 350 PS bzw. 27 PS Elektromotor
Flotte:	Deutsche Marine

Marco Polo
Kreuzfahrtschiff

Als „Alexander Puschkin" ging das Schiff auf die Jungfernfahrt von Leningrad nach Montreal. Außer im Liniendienst war es auch in der Kreuzfahrt tätig. Ab 1985 wurde das Schiff von der Far Eastern Shipping Co., Wladiwostok, übernommen und fuhr für CTC Cruises ab Sydney. 1991 an Orient Lines verkauft, wurde das Schiff zur „Marco Polo" in Griechenland umgebaut. Die Kreuzfahrten führen durch das Mittelmeer, nach Nordeuropa, Afrika, Südamerika und in die Antarktis.

Typ:	Passagierschiff
Baujahr/Werft:	1965/Mathias-Thesen-Werft, Wismar, DDR
Vermessung:	23 080 BRZ
Länge über alles:	176,3 m
Maschinenleistung:	21 000 PS
Reederei:	Orient Lines (NCL Norwegian Cruise Line), Bahamas; Zentrale für Kontinentaleuropa Wiesbaden, Deutschland

Elbe 1
Deutsches Streifenboot

Von den vielen Schiffen mit Namen „Elbe" sei die Polizeibarkasse „Elbe 27", Baujahr 1959, erwähnt, die unter dem Namen „Alfred Wachholz" noch in Fahrt ist. Die gezeigte „Elbe 1" war zuerst als „Wasserschutzpolizei 1" und „3" in Dienst, wurde dann als „Elbe 1" Unterelbestreifenboot. Seit 1992 außer Dienst, geht sie als Museumsschiff mit bis zu 40 Passagieren auf Fahrt und ist bei vielen maritimen Veranstaltungen für das Museum in Dienst.

Typ:	Streifenboot, Polizeibarkasse, Museumsschiff
Baujahr/Werft:	1965/Menzer-Werft, Hamburg-Bergedorf
Länge über alles:	32,4 m
Maschinenleistung:	465 PS
Eigner:	Museum der Arbeit, Hamburg
Heimathafen:	Binnenhafen Harburg, Hamburg, Deutschland

CV 66 America
Amerikanischer Flugzeugträger

Beim zweiten Mittelmeer-Einsatz während des Sechstagekriegs 1967 starteten nach dem israelischen Angriff auf das amerikanische Aufklärungsschiff „Liberty", das sich nicht zu erkennen gegeben hatte, Flugzeuge von der „America" zum Gegenschlag. Doch Israel entschuldigte sich rechtzeitig. Im Vietnamkrieg war „America" zu drei Kampfeinsätzen dort. 1986 war sie am Angriff auf Libyen, 1991 am Golfkrieg beteiligt. 1996 außer Dienst gestellt, wurde sie 2005 als Zielschiff versenkt.

Typ:	Flugzeugträger
Baujahr/Werft:	1965/Newport News Shipbuilding Co., Virginia, USA
Vermessung:	83 573 ts Deplacement
Länge über alles:	319,4 m
Maschinenleistung:	283 892 PS
Flotte:	US Navy

Oceanic
Kreuzfahrtschiff

Die erste Reise führte für die Home Lines, Panama, von New York zu den Bahamas. Ab 1985 als „Starship Oceanic" für die Premier Cruise Lines, Nassau, in Dienst. 1998 wieder in „Oceanic" umbenannt, wurde das Schiff im Jahr 2000 von Pullmantur übernommen. Nach der Überholung in Cádiz lief es 2001 unter neuer Flagge ab Barcelona zu seiner ersten Mittelmeer-Kreuzfahrt aus. Bis zu 1200 Passagiere haben Platz an Bord der „Oceanic".

Typ:	Passagierschiff
Baujahr/Werft:	1965/Cantieri Riuniti dell'Adriatico Monfalcone, Triest, Italien
Vermessung:	38 772 BRZ
Länge über alles:	238,44 m
Maschinenleistung:	60 500 PS
Reederei:	Pullmantur Cruises, Nassau, Bahamas

Silesia
Deutsches Küstenmotorschiff

Das Küstenmotorschiff, abgekürzt Kümo, ist ein Frachtmotorschiff für den Küstenbereich und die Randmeere wie Ost- und Nordsee. Die „Silesia" war eines der typischen Kümos. Als Schutzdecker, auch Shelterdecker genannt, trug sie über dem Hauptdeck offene Vermessungsluken, damit der unter dem Schutzdeck liegende Raum bei den Gebühren nicht berücksichtigt wurde. Zu erkennen ist der Ring um die Schraube, die Kort-Düse, die die Wirkung des Propellers erhöht.

Typ:	Küstenmotorschiff
Baujahr:	1966
Vermessung:	499 BRT
Länge über alles:	74,7 m
Reederei:	F. Ferdinand, Hamburg, Deutschland

A 1458 Fehmarn
Deutscher Bergungsschlepper

Dem Trossgeschwader der Marine zugehörig, ist „Fehmarn" mit zwei Motorkuttern, vier Rettungsinseln, einem Schlauchboot, mit Ladebaum, Schleppeinrichtung, Tauchergerät, Taucherdruckkammer, Unterwasser-Schweiß- und Brennanlage, Mineneigenschutz, ABC-Schutz und einem Sonar zur Wracksuche ausgestattet. Der kräftige Bergungsschlepper hat einen Eisbrecherbug, kann also auch im Eis und als Eisbrecher eingesetzt werden.

Typ:	Bergungsschlepper
Baujahr/Werft:	1966/Schichau-Unterweser AG, Bremerhaven, Deutschland
Vermessung:	1310 ts Deplacement
Länge über alles:	67,9 m
Maschinenleistung:	3590 PS
Flotte:	Deutsche Marine

L 790 Barbe
Deutsches Landungsboot

In Anlehnung an das amerikanische Landungsboot Typ LCU entstanden die Boote der Barbe-Klasse. Mittels Bolzen und Bolzenöffnungen konnten die Boote zu einer Landungsbrücke gekuppelt werden. „Barbe" gehörte zunächst zum 2. Landungsgeschwader, hatte seinen Standort in Borkum, wurde 1968 in die Reserveflottille versetzt. Wieder reaktiviert, zunächst in Borkum, dann in Kiel, wurde das Boot 1992 an Griechenland abgegeben und war als „Ios" in Dienst.

Typ:	Mehrzwecklandungsboot
Baujahr/Werft:	1966/Howaldtswerke, Hamburg, Deutschland
Vermessung:	397,4 ts Deplacement
Länge über alles:	40 m
Maschinenleistung:	440 PS
Flotte:	Deutsche Marine

A 1424 Walchensee
Deutscher Betriebsstofftransporter

Als Versorger war „Walchensee", Typschiff einer Klasse, im Trossgeschwader der Einsatzflottille 2. Die Seestreitkräfte in den Häfen und Küstengewässern werden mit Material, Munition, Lebensmitteln, Wasser und anderen Gütern versorgt. „Walchensee" konnte die Querabversorgung nach Backbord oder Steuerbord während der Fahrt vornehmen und sorgte vor allem für den Nachschub von Betriebsstoff. Der Transporter wurde 2001 außer Dienst gestellt.

Typ:	Betriebsstofftransporter
Baujahr/Werft:	1966/Lindenau GmbH, Kiel, Deutschland
Vermessung:	2191 ts Deplacement
Länge über alles:	71,9 m
Maschinenleistung:	1373 PS
Flotte:	Deutsche Marine

U 9/S 188
Deutsches U-Boot

Bei seiner Ausmusterung 1993 hatte „U 9", bewaffnet mit acht Bug-Torpedorohren, insgesamt 174 850 Seemeilen zurückgelegt. „U 9" wurde an das Technik Museum Speyer abgegeben. Zunächst wurde es von Wilhelmshaven nach Rotterdam geschleppt, dort auf einen abgesenkten Ponton bugsiert, der leergepumpt wurde und das Boot hob, unter das ein Tieflader mit 160 Rädern geschoben wurde. Rheinaufwärts geschleppt, wurde das Boot mit drei Lkws ins Museum verfrachtet.

Typ:	U-Boot, Museumsschiff
Baujahr/Werft:	1966/Howaldtswerke, Kiel
Vermessung:	419 ts Deplacement über Wasser, 455 ts unter Wasser
Länge über alles:	44 m
Maschinenleistung:	1100 kW
Flotte:	Deutsche Marine
Ausstellung:	Technik Museum Speyer, Deutschland

A 1435 Westerwald
Deutscher Munitionstransporter

Um Munitions- und Materialtransporte zwischen Stützpunkten im In- und Ausland auszuführen, hat „Westerwald" zehn Laderäume. Zwei 3-Tonnen-Bordkräne und zwei 2,5-Tonnen-Ladebäume bestreichen die zehn Ladeluken. Die Ladung beträgt maximal 1080 Tonnen. 1971 hatte der Transporter eine Kollision mit dem Kümo „Palmyra" in der Flensburger Förde. 2005 wurde „Westerwald" mit einer neuen Motorenanlage ausgestattet.

Typ:	Munitionstransporter
Baujahr/Werft:	1967/Orenstein & Koppel, Lübeck, Deutschland
Vermessung:	4014 ts Deplacement
Länge über alles:	98,8 m
Maschinenleistung:	5600 PS
Flotte:	Deutsche Marine

F 802 Van Speyk
Niederländische Fregatte

Das Vorbild für die Van Speyk-Klasse war die britische Leander-Klasse. Von der Kiellegung bis zur Indienststellung der sechs Fregatten dauerte es von 1963 bis 1968. „Van Speyk" und ihre Schwestern, 28,5 Knoten schnell, unter anderem mit Abschussvorrichtungen für acht Raketen versehen, wurden ab den Siebzigerjahren modernisiert und mit neuer Elektronik und Bewaffnung ausgerüstet. Die sechs Fregatten wurden später an Indonesien verkauft.

Typ:	Fregatte
Baujahr/Werft:	1967/Nederlandsche Dok en Scheepsbouw Maatschappij, Amsterdam, Niederlande
Vermessung:	2835 ts Deplacement
Länge über alles:	113,42 m
Maschinenleistung:	30 000 PS
Flotte:	Koninklijke Nederlandsche Zeemacht

Wappen von Köln
Deutsches Ausflugsschiff

Das große und schmucke KD-Schiff ist auf dem romantischen Rhein unterwegs. Mit Fahrgästen aus aller Welt fährt es an den Burgen vorbei, die auf den Höhen rechts und links des Flusses thronen. Die „Wappen von Köln" kann bis zu 1985 Passagiere an Bord nehmen, die mit ihr auch auf fröhliche Sonder- und Charterfahrten gehen können. Für die Fahrgäste gibt es vier Decks, zwei Sonnendecks und fünf Salons mit 924 Tischplätzen.

Typ:	Fahrgastschiff
Baujahr/Werft:	1967/Chr. Ruthof, Mainz-Kastel
Länge über alles:	93 m
Maschinenleistung:	2000 PS
Reederei:	KD Köln-Düsseldorfer Deutsche Rheinschiffahrt AG, Köln, Deutschland

Corsario Negro
Deutsch-amerikanisches Tragflügelboot

Zusammen mit der Grumman Aircraft Corporation in New York entwickelt, unterschied sich dieses Tragflügelboot von ähnlichen Fahrzeugen. Die voll getauchten Tragflügel werden durch einen Autopiloten stabilisiert, wodurch noch bei einer Wellenhöhe von etwa 1,80 Metern die volle Geschwindigkeit von 50 Knoten beibehalten werden kann. „Corsario Negro" war im Fährdienst der Kanarischen Inseln eingesetzt, später als „Gulf Streak" vor der US-Küste.

Typ:	Tragflügelboot
Baujahr/Werft:	1967/Blohm + Voss, Hamburg, Deutschland
Vermessung:	83 BRT
Länge über alles:	22,63 m
Maschinenleistung:	3600 PS
Reederei:	Maritima Antares, Kanarische Inseln

A 1451 Wangeroge
Deutscher Seeschlepper

Wie auf vielen Schiffen des Trossgeschwaders der Deutschen Marine fährt die unbewaffnete, mit Feuerlöschkanonen ausgerüstete „Wangeroge" in friedlichen Zeiten mit einer zivilen Besatzung. Im Mobilitätsfall geht eine militärische Besatzung an Bord. Auch als Schulboot wird der Schlepper eingesetzt. Das Rahmengestell auf dem Heck dient der SAR-Ausbildung der Flieger; SAR bedeutet search and rescue (suchen und retten).

Typ:	Seeschlepper
Baujahr/Werft:	1968/Schichau-Unterweser AG, Bremerhaven, Deutschland
Vermessung:	798 ts Deplacement
Länge über alles:	51,78 m
Maschinenleistung:	2200 PS
Flotte:	Deutsche Marine

Jag Dev
Indischer Frachter

Das Schiff wurde nicht mit Sekt, sondern mit Kokosnussmilch getauft. Nirmal K. Chand, die Frau des indischen Botschafters, zerschlug eine Kokosnuss und gab dem Pioneer-multi-carrier-Frachter den Namen „Jag Dev". Für den Transport von Stückgut waren die Laderäume mit einem faltbaren Zwischendeck ausgestattet, das hochgeklappt aus „Jag Dev" einen selbsttrimmenden Massengutfrachter machte. 1978 in „Veer Varuna" umbenannt, wurde das Schiff 1987 abgebrochen.

Typ:	Multi-carrier-Frachtschiff
Baujahr/Werft:	1968/Blohm + Voss, Hamburg, Deutschland
Vermessung:	13 341 BRT
Länge über alles:	162,18 m
Maschinenleistung:	9000 PS
Reederei:	Great Eastern Shipping Co., Mumbai, Indien

Moonsund
Sowjetischer Fabriktrawler

Der Prototyp einer Serie von 30 großen Fabriktrawlern, die für die Schleppnetz-Fischerei und zugleich für die Fischverarbeitung einschließlich einer Konservenfabrik an Bord gebaut wurden, war die „Moonsund". Sie war für den autonomen Einsatz von etwa 100 Tagen auf See ausgelegt, konnte im Flottillenverband mit Übergabe der Ladung und Übernahme von Vorräten, Ausrüstung und Treibstoff fast unbegrenzte Zeit auf See bleiben.

Typ:	Fabriktrawler
Baujahr/Werft:	1968/Volkswerft, Stralsund, DDR
Vermessung:	2297 NRT
Länge über alles:	120,7 m
Betreiber:	Estrybprom-Kombinat, Tallinn, Sowjetunion

Otto Hahn
Deutsches Atom-Versuchsschiff

Nachdem 1957 die Sowjetunion den Eisbrecher „Lenin" als erstes ziviles Atom-Schiff in Dienst gestellt hatte, in den USA 1962 der Atom-Frachter „Savannah" auf Fahrt ging, wurde auch in Deutschland ein Massengutschiff mit Nuklearantrieb gebaut. Die „Otto Hahn" kostete 55 Millionen DM. Nach insgesamt 642 000 Seemeilen und der Beförderung von 776 000 Tonnen Ladung wurden die Erfahrungen ausgewertet und das Schiff 1979 stillgelegt und für 22 Millionen DM entsorgt.

Typ:	Massengutfrachter, Kernenergie-Versuchsschiff
Baujahr/Werft:	1968/HDW Howaldtswerke-Deutsche Werft, Kiel
Vermessung:	16 870 BRT
Länge über alles:	172 m
Maschinenleistung:	11 000 PS
Betreiber:	Gesellschaft für Kernenergieverwertung in Schiffbau und Schiffahrt mbH, Hamburg, Deutschland

CV 67 John F. Kennedy
Amerikanischer Flugzeugträger

Der Träger erhielt statt des geplanten Nuklearantriebs einen konventionellen Antrieb. Meist ist „John F. Kennedy" im Mittelmeer eingesetzt. 1988, während seines zwölften Einsatzes in Übersee, näherten sich zwei libysche MiGs, die von den amerikanischen Kampfflugzeugen des Trägers abgeschossen wurden. Während des Golfkriegs war der Träger, „Big John" genannt, 1991 im Kampfeinsatz. 2002 war er an Angriffen auf Ziele in Afghanistan beteiligt.

Typ:	Flugzeugträger
Baujahr:	1968
Vermessung:	80 945 ts Deplacement
Länge über alles:	321 m
Maschinenleistung:	283 892 PS
Flotte:	US Navy

The Princess Anne
Britisches Hovercraft

Der Schwede Emanuel Swedenborg hatte schon 1716 die Idee, Fahrzeuge auf Polstern aus Luft fahren zu lassen. Die nächsten Vorschläge für Luftkissenschiffe kamen 1853 und 1875 aus Russland. Verschiedene Konstrukteure entwickelten Fahrzeuge. Seit 1927 wurden in der Sowjetunion Luftkissenboote gebaut. Der britische Ingenieur Christopher S. Cockerell schließlich entwickelte sein erstes Boot, das 1959 den Ärmelkanal überquerte.

Typ:	Luftkissenschiff, Hovercraft
Baujahr/Werft:	1968/British Hovercraft Corporation Ltd., Cowes, Isle of Wight
Vermessung:	168 ts Gewicht, 50 ts Nutzlast
Länge über alles:	54,4 m
Reederei:	Hoverspeed, Dover, Großbritannien

Oranjeland
Deutscher Frachter

Das Schiff wurde eigens für die Südafrikafahrt entwickelt. Mit Seitenschotten ließen sich die Laderäume unterteilen. Kühlräume und Tanks und die Möglichkeit des Containertransports zeichneten „Oranjeland" aus. Mit 60 Prozent Decksöffnungen ist es ein offenes Schiff, bei dem allerdings Probleme bei der Biege- und Torsionsbeanspruchung auftreten können. 1974 lief das Schiff beim Auslaufen aus East London in Südafrika auf Grund und brach auseinander.

Typ:	Frachtschiff
Baujahr/Werft:	1969/Blohm + Voss, Hamburg
Vermessung:	11 372 BRT
Länge über alles:	161,65 m
Maschinenleistung:	12 250 PS
Reederei:	Globus-Reederei GmbH, Hamburg, Deutschland

The Princess Margaret
Britisches Hovercraft

Luftkissenboote und -schiffe werden über Wasser, Eis, Sumpf, Wüste eingesetzt, auch als militärische Fahrzeuge. Durch ein Gebläse wird unter dem Fahrzeug ein Luftkissen erzeugt. Die von Cockerell konstruierten Hovercrafts „The Princess Margaret" und ihre Schwester „The Princess Anne" waren Schiffe des Typs SRN 4, sie konnten 174 Passagiere und 34 Autos mit 130 km/h von Dover nach Calais transportieren. Beide Schiffe wurden 2000 ausgemustert und sind erhalten geblieben.

Typ:	Luftkissenschiff, Hovercraft
Baujahr/Werft:	1969/British Hovercraft Corporation Ltd., Cowes, Isle of Wight
Vermessung:	168 ts Gewicht, 50 ts Nutzlast
Länge über alles:	54,4 m
Reederei:	Hoverspeed, Dover, Großbritannien

Maxim Gorki
Kreuzfahrtschiff

Als „Hamburg" für die Deutsche Atlantik-Linie in Hamburg unternahm sie ihre Jungfernfahrt nach Südamerika. 1973 umbenannt in „Hanseatic", gelangte sie im nächsten Jahr zur Black Sea Shipping Co. und hieß fortan „Maxim Gorki". In San Juan brachten antisowjetische Terroristen Bomben an der Bordwand an, die auf der Fahrt nach New York explodierten. 1989 konferierten die Präsidenten George W. Bush sen. und Michail Gorbatschow vor Malta auf dem Schiff.

Typ:	Passagierschiff
Baujahr/Werft:	1969/Deutsche Werft, Hamburg
Vermessung:	25 000 BRZ
Länge über alles:	194,7 m
Maschinenleistung:	23 000 PS
Reederei:	Maxim Gorki Ltd., Nassau, Bahamas, für Sovcomflot Moskau, Russland/Phoenix Reisen GmbH, Bonn, Deutschland

Polar Star
Norwegisches Expeditionsschiff

Als „Njord" war der finnische Eisbrecher im Dienst der schwedischen Marine. 2001 erfolgte der Umbau zum modernen Expeditionsschiff für die polaren Meere. Bis 100 Passagiere haben Platz an Bord der „Polar Star" und brauchen auf Komfort bei ihren abenteuerlichen Expeditionen nicht zu verzichten. Das Schiff unter der Flagge von Barbados fährt in den Gebieten von Spitzbergen, Norwegen, Schottland, Island, Grönland und Kanada.

Typ:	Eisbrecher, Expeditionsschiff
Baujahr/Werft:	1969/Wärtsilä, Helsinki, Finnland
Vermessung:	3963 BRZ
Länge über alles:	86,5 m
Maschinenleistung:	12 000 PS
Reederei:	Hurtigruten Group ASA, Bergen, Norwegen

Queen Elizabeth 2
Britisches Passagierschiff

Nach Turbinenschaden verweigerte Cunard die Übernahme des Schiffes nach der ersten Jungfernfahrt. Vor allem in der Kreuzfahrt eingesetzt, erlitt es 1974 bei den Bermudas einen totalen Kesselausfall. Auf der Lloyd Werft in Bremerhaven wurde die „QE 2" auf dieselelektrischen Antrieb umgebaut. Beim Anlaufen von Southampton geriet sie 1993 in schwere See und wurde beschädigt. Die Reparatur erfolgte bei Blohm + Voss in Hamburg. Ab Ende 2008 ist „QE 2" Hotel- und Museumsschiff in Dubai.

Typ:	Passagierschiff
Baujahr/Werft:	1969/John Brown & Co. Ltd., Clydebank bei Glasgow, Schottland
Vermessung:	65 863 BRT
Länge über alles:	293,53 m
Maschinenleistung:	110 000 PS; nach Umbau 95 650 kW
Reederei:	Cunard Line, Southampton, Großbritannien

Sonne
Deutsches Forschungsschiff

Als Forschungsschiff bringt die „Sonne" Licht in das Dunkel der Tiefsee. Seit 1978 ist der ehemalige Fischtrawler, bei Schichau in Bremerhaven umgebaut, ein modernes Forschungsschiff, das vor allem im Indischen und Pazifischen Ozean unterwegs ist. Das Schiff, als „Schule der Meereswissenschaften" bezeichnet, ist in Charter für das deutsche Forschungsministerium unterwegs. 25 Wissenschaftler an Bord erforschen Geologie, Meteorologie, Flora und Fauna der Meere.

Typ:	Forschungsschiff
Baujahr/Werft:	1969/Rickmers Werft, Bremerhaven
Vermessung:	3557 BRZ
Länge über alles:	97,94 m
Maschinenleistung:	2300 kW
Reederei:	RF Reedereigemeinschaft Forschungsschifffahrt GmbH, Bremen, Deutschland

Laurita
Norwegischer Autotransporter

Der zunehmende Transport von Autos, vornehmlich Pkws, führte zur Entwicklung eines eigenen Schiffstyps. Die Autotransporter sind schwimmende Parkhochhäuser. Die „Laurita" war noch so ausgelegt, dass sie auch für den Transport von Containern geeignet war. Durch Hochziehen des fünften Decks konnten auf dem verstärkten sechsten Deck bis zu 84 Container gestaut werden. Ab 1985 fuhr das Schiff unter Liberia-Flagge, 1987 wurde es abgebrochen.

Typ:	Autotransporter
Baujahr/Werft:	1970/Blohm + Voss, Hamburg, Deutschland
Vermessung:	5353 BRT
Länge über alles:	158,92 m
Maschinenleistung:	14 880 PS
Reederei:	A/S Uglands Rederi, Grimstad, Norwegen

Arielle
Kreuzfahrtschiff

Die schöne „Arielle" hieß früher „Nordic Prince" und ging für Royal Caribbean Cruises, Oslo, in Fahrt. 1980 wurde das Schiff um 26 Meter verlängert. 1995 als „Carousel" für Airtours Sun Cruises, Nassau, unterwegs, dann für Louis Cruise Lines als „Aquamarin", ist das modernisierte Schiff nun als „Arielle" für Transocean zwischen Mittelmeer, den Kanarischen Inseln, Spitzbergen, Nordkap, Island und Ostsee unterwegs. An Bord herrscht keine übertriebene Etikette.

Typ:	Passagierschiff
Baujahr/Werft:	1971/Wärtsilä, Helsinki, Finnland
Vermessung:	23 149 BRZ
Länge über alles:	194,3 m
Maschinenleistung:	13 400 kW
Reederei:	Transocean Tours Touristik GmbH, Bremen, Deutschland

Tango
Sowjetisches/Russisches U-Boot

Die sowjetischen U-Boote erhielten ihre gebräuchlichen Bezeichnungen durch die NATO. So wurde das Projekt 641 Buki „Tango" genannt, eine Weiterentwicklung von 641 „Foxtrott". Buki steht für geänderte Bewaffnung (B), Vergrößerung (u), modernisierte Operationszentrale (k) und neue Notausrüstung (i). Insgesamt 18 Buki-/Tango-Boote, konventionell mit Dieselantrieb ausgestattet, bildeten den Schutzschirm für die Nordflotte.

Typ:	U-Boot
Baujahr:	ab 1971
Vermessung:	3100 ts Deplacement über Wasser, 3900 ts unter Wasser
Länge über alles:	91,5 m
Maschinenleistung:	6083 PS
Flotte:	Sowjetische Marine/Russische Marine

Sea Wind
Schwedische Fähre

Zuerst als „Svealand" für die Reederei Svea, Helsingborg, im Dienst der Trave Line auf der Strecke Travemünde-Kopenhagen-Helsingborg, dann im Dienst der Saga Linjen und der TT-Saga-Line. 1984, nach der Verlängerung des Schiffes, umbenannt in „Saga Wind" der Scandinavian Ferry Lines. 1989 erfolgte bei Blohm + Voss der Umbau zur Eisenbahnfähre „Sea Wind", die auf der Strecke von Stockholm nach Turku ihren Dienst versieht.

Typ:	Eisenbahnfähre
Baujahr/Werft:	1972/Helsingør Skibsværft, Dänemark
Vermessung:	15 879 BRZ
Länge über alles:	154,4 m
Maschinenleistung:	7356 kW
Reederei:	SeaWind Line, Stockholm, Schweden

Ming Fai Princess
Kreuzfahrtschiff

Für den Fährdienst der Reederei Nihon Enkai Ferry zwischen Tokio und Kushiro war das Schiff unter dem Namen „Shiretoku Maru" bis 1987 in Dienst. Verkauft an die griechischen Minoan Lines und umgebaut zur „N. Kazantzakis", war es in Dienst zwischen Piräus und Iraklion. 2001 wurde das Schiff an Pacific Cruises verkauft, erhielt den Namen „Ming Fai Princess" und ist zwischen Hainan, Hongkong und Vietnam auf Kasino-Kreuzfahrten.

Typ:	Passagierschiff, Kasinoschiff
Baujahr/Werft:	1972/Kanasashi Shipbuilding, Shimizu, Japan
Vermessung:	17 261 BRZ
Länge über alles:	155 m
Maschinenleistung:	20 000 PS
Reederei:	Pacific Cruises, Panama

Pelican
Niederländisches Bohrschiff

Ein erstes Bohrschiff für Bohrungen in Wassertiefen ab 200 Metern entstand 1958 durch den Umbau eines Frachters. Das erste Bohrschiff, das seine Position exakt über dem Bohrgrund hält, war „Pelican". Mittels eines akustischen Systems sorgten die beiden computergesteuerten Antriebspropeller und fünf weitere für eine dynamische Anpassung – selbst bei Sturm und hohem Wellengang. „Pelican" und die Schiffe ihrer Klasse konnten bis zu einer Tiefe von 1200 Metern Bohrungen vornehmen.

Typ:	Bohrschiff
Baujahr/Werft:	1972/IHC Gusto Shipyard, Schiedam, Niederlande
Vermessung:	7700 ts Deplacement
Länge über alles:	149,32 m
Maschinenleistung:	17 000 PS
Betreiber:	Somaser, Paris, Frankreich

Albatros
Kreuzfahrtschiff

Die „Royal Viking Sea" der Royal Viking Line, Oslo, wurde 1983 bei der Seebeckwerft in Bremerhaven um knapp 30 Meter verlängert. 1991 hieß das Schiff „Royal Odyssey" und wurde von der Royal Cruise Line bereedert, 1997 bei Norwegian Cruise Line als „Norwegian Star" auf Kreuzfahrten, dann als „Crown" auf Kasinofahrten um Shanghai. Schließlich wurde das Schiff 2005 neu motorisiert und modernisiert und heißt nun „Albatros".

Typ:	Passagierschiff
Baujahr/Werft:	1973/Wärtsilä, Helsinki, Finnland
Vermessung:	28 000 BRZ
Länge über alles:	205,5 m
Maschinenleistung:	15 840 kW
Reederei:	C-Cruises, Veenendaal, Niederlande/Phoenix Reisen GmbH, Bonn, Deutschland

EuroFerrys Atlantica
Fähre

Für die schwedische Stena Line in Göteborg gebaut, hieß die Fähre „Stena Jutlandica" und war zwischen Göteborg und Frederikshavn in Fahrt. 1977 wurde das obere Autodeck erhöht, 1982 ging das Schiff nach Nassau zur Marine Atlantic und hieß „Bluenose". Seit 1999 heißt es „EuroFerrys Atlantica", nachdem es die Seiten des Atlantiks gewechselt hat. Die Fähre wird im Dienst zwischen dem spanischen Algeciras und Tanger in Nordafrika eingesetzt.

Typ:	Passagier- und Autofähre
Baujahr/Werft:	1973/Brodogradiliste Jozo Lozovina Mosor, Trogir, Kroatien
Vermessung:	13 179 BRZ
Länge über alles:	124,85 m
Maschinenleistung:	18 000 PS
Reederei:	EuroFerrys, Las Palmas, Gran Canaria, Spanien

Primus
Deutsches Ausflugsschiff

Das Doppeldeck-Salonschiff weist 240 Innensitzplätze und 150 Sitzplätze auf drei Freidecks auf. „Primus" gehört zur Weißen Flotte der traditionsreichen Frankfurter Personenschiffahrt. Wie die anderen Fahrgastschiffe ist es auf Main und Rhein unterwegs, befördert die Gäste zu den Sehenswürdigkeiten der Region und dient als Event- und Charterschiff vielfältigen Veranstaltungen – von der Hochzeitsfeier bis zur Konferenz an Bord.

Typ:	Fahrgastschiff
Baujahr/Werft:	1974/Schiffswerft Oberkassel GmbH, Düsseldorf-Oberkassel
Länge über alles:	38 m
Maschinenleistung:	400 PS
Reederei:	Primus-Linie, Frankfurter Personenschiffahrt Anton Nauheimer GmbH, Frankfurt am Main, Deutschland

Columbia
Amerikanisches Kreuzfahrtschiff

Seine Jungfernfahrt unternahm „Columbia" von Seattle, der großen Werft- und Hafenstadt, nach Norden in die Hauptstadt Alaskas, Juneau, und zurück. Das elegante Schiff, 21 Knoten schnell, bietet 324 Passagieren in Kabinen und 676 Deckspassagieren Platz. Sie genießen die Fahrt längs der inselreichen Küste Kanadas und Alaskas. Ab 1989 werden die Alaskafahrten auch von Bellingham, etwa 50 Kilometer südlich von Vancouver, unternommen.

Typ:	Passagierschiff
Baujahr/Werft:	1974/Lockheed Shipbuilding, Seattle, Washington State
Vermessung:	13 009 BRZ
Länge über alles:	127,4 m
Maschinenleistung:	18 400 PS
Reederei:	Alaska Marine Highway, Juneau, Alaska, USA

World Discoverer
Expeditionsschiff

Das Schiff, ausgestattet mit zehn Zodiac-Schlauchbooten, zwei Barkassen und einem Glasbodenboot, war gebaut worden, auch in Eisregionen vorzudringen. Als erstes Passagierschiff bezwang „World Discoverer" die Nordwestpassage, es besuchte die Arktis und Antarktis, aber auch den Amazonas und entlegene Inseln im Pazifik. Nördlich von Honiara, Salomonen, lief das Schiff im Jahr 2000 auf ein Korallenriff und musste wegen eines Angriffs von Piraten aufgegeben werden.

Typ:	Passagierschiff, Expeditionsschiff
Baujahr/Werft:	1974/Schichau-Unterweser AG, Bremerhaven
Vermessung:	3153 BRT
Länge über alles:	87,51 m
Maschinenleistung:	2800 PS
Reederei:	Discoverer Reederei, Hamburg, ab 1985 Bremen, Deutschland

Puerto Vallerta
Mexikanische Fähre

Die sechs Fährschiffe, zu denen „Puerto Vallerta" gehört, wurden als die schönen und tüchtigen „Papenburg Sisters" bekannt. Die Fähre hat 224 Kabinen, die Kapazität beträgt 1200 Passagiere und 23 Lastkraftwagen mit einer Länge von je 18 Metern oder 260 Personenkraftwagen. Eingesetzt an der mexikanischen Westküste, verkehrte sie zwischen Puerto Vallarta und San Lucas an der Südspitze der großen Halbinsel Niederkalifornien.

Typ:	Passagier- und Autofähre
Baujahr/Werft:	1974/Meyer Werft GmbH, Papenburg, Deutschland
Vermessung:	7005 BRT
Länge über alles:	108,7 m
Maschinenleistung:	5886 kW
Reederei:	Puerto Vallarta, Mexiko

Vana Tallinn
Estnische Fähre

Die erste Reise der „Dana Regina" in Diensten der dänischen Reederei DFDS führte nach London, fuhr dann zwischen Esbjerg und Harwich. 1977 war sie zum Umbau in Hamburg, anschließend auf der Strecke Kopenhagen-Oslo. 1990 umbenannt in „Nord Estonia" und für Nordström & Thulin zwischen Stockholm und Tallinn in Dienst. 1993 als „Thor Heyerdahl" im Larvik-Fährdienst, ab 1995 für AS Tallink als „Vana Tallinn" im estnischen Fährverkehr.

Typ:	Passagier- und Autofähre
Baujahr/Werft:	1974/Aalborg Værft, Aalborg, Dänemark
Vermessung:	10 002 BRZ
Länge über alles:	153,7 m
Maschinenleistung:	17 600 PS
Reederei:	AS Tallink, Tallinn, Estland

Odin
Deutscher Schwimmbagger

Einer der Bagger, die im Seeschifffahrtsbereich des Hamburger Hafens in Dienst sind. Die Elbe bringt Schwebstoffe mit, die sich als Sedimente am Grund ablagern. Bei Flut kommt Sand in den Hafen. An einer Endloskette laufen Baggereimer und nehmen das Baggergut an der Gewässersohle auf. Am Kettenumlenkpunkt kippt das Gut über Schüttrutschen in Transportschuten. So sorgt „Odin" dafür, dass die Schiffe immer genug Wasser unterm Kiel haben.

Typ:	Schwimmbagger, Eimerkettenbagger
Baujahr/Werft:	1974/Sürken, Papenburg
Länge über alles:	50 m
Maschinenleistung:	662 kW
Eigner:	Hamburg Port Authority, Hamburg, Deutschland

U 24/S 173
Deutsches U-Boot

Unter Verwendung neuer amagnetischer Werkstoffe wurden die Küsten-U-Boote der Klasse 206 A gebaut. Ab 1973 wurden insgesamt zehn Boote gefertigt, wovon zwei am Ende des Jahres 2006 außer Dienst gestellt wurden. Die Boote sind mit 23 Mann besetzt, tragen acht drahtgelenkte Torpedos und haben eine zusätzliche Minenlegekapazität. Über Wasser erreichen sie eine Geschwindigkeit von 10 Knoten, unter Wasser sogar 17 Knoten.

Typ:	U-Boot
Baujahr/Werft:	1974/Rheinstahl-Nordsee-Werke, Emden, Deutschland
Vermessung:	456 ts Deplacement über Wasser, 500 ts unter Wasser
Länge über alles:	48,6 m
Maschinenleistung:	1800 PS
Flotte:	Deutsche Marine

SNAV Sicilia
Italienische Fähre

Der Dienst der Fähre „Norland" zwischen Hull und Rotterdam wurde während des Falklandkonflikts unterbrochen, bei dem sie 1982 bis 1983 als britischer Truppentransporter eingesetzt war. Dann wieder für die North Sea Ferries, Hull, bereedert von P&O, in Dienst. 1987 wurde sie bei Seebeck in Bremerhaven um gut 20 Meter verlängert. 2002 wechselte sie den Namen, hieß „SNAV Sicilia" und übernahm den Dienst zwischen Neapel und Palermo.

Typ:	Passagier- und Autofähre
Baujahr/Werft:	1974/AG Weser, Bremen, Deutschland
Vermessung:	26 290 BRZ
Länge über alles:	173,3 m
Maschinenleistung:	18 000 PS
Reederei:	SNAV, Kingston-upon-Hull, Großbritannien, und Neapel, Italien

Corsica Marina Seconda
Italienische Fähre

Als „Stena Nautica" wurde die Fähre für die schwedische Stena Line in Göteborg gebaut. In Charter fuhr sie als „Marine Nautica" in Kanada über die Cabotstraße zwischen North Sydney, Neuschottland, und Port aux Basques, Neufundland. Den Heimathafen Ottawa tauschte das Schiff 1986 gegen Nassau auf den Bahamas. 1986 schließlich als „Corsica Marina Seconda" für die Corsica Sardinia Ferries in Dienst, erhielt die Fähre den Heimathafen Genua.

Typ:	Passagier- und Autofähre
Baujahr/Werft:	1974/Rickmers Werft, Bremerhaven
Vermessung:	12 035 BRZ
Länge über alles:	120,8 m
Maschinenleistung:	14 800 PS
Reederei:	Corsica Sardinia Ferries, Genua, Italien

A 1442 Spessart
Deutscher Betriebsstofftransporter

Als „Okapi" für die Bulk Acid Carriers Inc. in Monrovia, Liberia, gebaut, dann für die dänische Terkol-Gruppe in Dienst, wurde das Schiff 1975 ins Marinearsenal Wilhelmshaven abgeliefert und von der Marine angekauft. Die Motorenwerke Bremerhaven bauten den Tanker, der den Namen „Spessart" erhielt, für die Zwecke der Marine um. 1980 erlitt das Schiff im Mittelmeer eine Kollision mit dem deutschen Zerstörer „Bayern".

Typ:	Großer Betriebsstofftransporter
Baujahr/Werft:	1975/Kröger Werft, Rendsburg, Deutschland
Vermessung:	14 169 ts Deplacement
Länge über alles:	130,2 m
Maschinenleistung:	8000 PS
Flotte:	Deutsche Marine

Arctic Sunrise
Greenpeace-Schiff

Die internationale Umweltschutzorganisation Greenpeace, die gegen die Verschmutzung und Zerstörung der Erde und ihrer Meere kämpft, hat die „Polarbjørn", ein Forschungs- und Versorgungsschiff mit Eisklasse, seit 1996 im Einsatz. „Arctic Sunrise" ist in arktischen und antarktischen Gewässern im Einsatz, war auch in Amazonien unterwegs. Die „Arctic Sunrise" wurde mehrmals gerammt, so 2006 vom japanischen Walfänger „Nisshin Maru".

Typ:	Forschungsschiff, Umweltschutz-Schiff
Baujahr:	1975
Länge über alles:	49,62 m
Eigner:	Greenpeace
Heimathafen:	Amsterdam, Niederlande

F 801 Tromp
Niederländische Fregatte

Um die älteren Fregatten zu ersetzen, wurden die beiden mit traditionsreichen Namen bedachten Geleitwaffen- oder Raketenfregatten „Tromp" und „De Ruyter" der Tromp-Klasse gebaut. Das besondere Merkmal war die große Radarkuppel. Die Bewaffnung bestand unter anderem aus zwei 12-cm-Geschützen im Doppelturm, sechs Torpedorohren und einer Abschussvorrichtung für 40 Raketen. Eine Fregatte war mit 306 Mann besetzt.

Typ:	Raketenfregatte
Baujahr/Werft:	1975/Koninklijke Maatschappij de Schelde, Vlissingen, Niederlande
Vermessung:	4308 ts Deplacement
Länge über alles:	138,4 m
Maschinenleistung:	40 000 PS
Flotte:	Koninklijke Nederlandsche Zeemacht

Orlova
Expeditionsschiff

Das 2002 umgebaute und eisverstärkte Schiff fährt als Expeditions-Kreuzfahrtschiff in die Antarktis und die kanadische Arktis. Zum Beispiel von Baffin Island durch die Baffin Bay an Grönland vorbei bis Resolute Bay. Die Anlandungen werden mit den an Bord befindlichen Zodiacs durchgeführt. Ein kundiges Expeditionsteam betreut die Fahrgäste. Für alle Fälle ist an Bord eine Krankenstation eingerichtet, und ein Arzt steht auch zur Verfügung.

Typ:	Passagierschiff, Expeditionsschiff
Baujahr/Werft:	1975/Jugoslawien
Vermessung:	4251 ts Deplacement
Länge über alles:	100 m
Reederei:	Cruise North, Malta/Hurtigruten Group ASA, Bergen, Norwegen

Delphin
Kreuzfahrtschiff

In der Karibik, vor Südamerika, in der Antarktis, im Atlantik und vor den Kanaren, im Mittel- und Schwarzmeer, in der Ostsee, durch die Fjorde, zum Nordkap und im Eismeer – die „Delphin", Heimathafen Valletta auf Malta, ist auf allen Meeren unterwegs. 1993 auf der Lloyd Werft in Bremen umfassend erneuert, wird das schöne Schiff jährlich renoviert, um mit 500 Passagieren, die jeglichen Komfort an Bord genießen, auf Kreuzfahrten zu gehen.

Typ:	Passagierschiff
Baujahr/Werft:	1975/Wärtsilä Shipyard, Turku, Finnland
Vermessung:	16 214 BRT
Länge über alles:	156,3 m
Maschinenleistung:	18 000 PS
Reederei:	Dolphin Maritime Ltd., Malta/Hansa Kreuzfahrten GmbH, Bremen, Deutschland

Europa
Schweizerisches Ausflugsschiff

Zur großen Flotte der Dampf- und Motorschiffe auf dem Vierwaldstättersee gehört das schmucke Zweideck-Salon-Motorschiff „Europa". Bis 1100 Personen haben Platz an Bord, davon etwa 300 an Restaurationsplätzen. Das Schiff dient dem Nahverkehr zwischen den Orten am See, dem touristischen Vergnügen der Fahrgäste, die das Alpenpanorama genießen, und ist auch als beliebtes Charter- und Eventschiff in Fahrt.

Typ:	Fahrgastschiff
Baujahr/Werft:	1976/SGV-Werft, Luzern
Vermessung:	312,5 ts Deplacement
Länge über alles:	58,36 m
Maschinenleistung:	1200 PS
Reederei:	SGV Schifffahrtsgesellschaft des Vierwaldstättersees, Luzern, Schweiz

CT Neptune
Kreuzfahrtschiff

Als „Kareliya" für die Black Sea Shipping Co., Odessa, in Dienst gestellt, fuhr das Schiff vor allem im Schwarzmeer. Nachdem es 1981 auf Grund gelaufen war, wurde es repariert, umgebaut und in „Leonid Breschnew" umbenannt. Es wechselte die Eigner, hieß ab 1989 wieder „Kareliya", ab 1998 „Olivia", ab 2004 schließlich „CT Neptune". Von Panama gelangte das Schiff nach Hongkong, wo es als Kasinoschiff dem Glücksspiel dient.

Typ:	Passagierschiff, Kasinoschiff
Baujahr/Werft:	1976/Wärtsilä Shipyard, Turku, Finnland
Vermessung:	15 791 BRZ
Länge über alles:	156,3 m
Maschinenleistung:	18 000 PS
Reederei:	Hong Kong Cruise Hub

Berkane
Marokkanische Fähre

Für Société Nationale Maritime Corse Méditerranée in Marseille als „Napoleon" in Dienst gestellt, war die Fähre von Marseille nach Ajaccio und Toulon in Fahrt, auch nach Sardinien und Tunesien. 2002 gelangte sie an Comarit in der spanischen Enklave Melilla in Marokko. Als „Berkane" übernahm sie den Fährdienst von hier nach Almería in Spanien. Zur Erhöhung der Sicherheit wurden 2004 bei Blohm + Voss in Hamburg Stabilisierungstanks eingebaut.

Typ:	Passagier- und Autofähre
Baujahr/Werft:	1976/Dubigeon-Normandie, Nantes, Frankreich
Vermessung:	20 079 BRZ
Länge über alles:	155 m
Maschinenleistung:	17 100 PS
Reederei:	Comarit, Nador, Marokko

Moby Fantasy
Italienische Fähre

„Manuel Soto" hieß die Fähre, die für Cia. Trasmediterranea Santa Cruz de Tenerife den Dienst auf der Strecke von Barcelona zu den Kanarischen Inseln übernahm. Ab 1992 unter dem Namen „Moby Fantasy" lag die Fähre zunächst in Genua als Hotelschiff. In Livorno wurden ab 1992 Umbau- und Modernisierungsarbeiten durchgeführt. Seitdem ist „Moby Fantasy" auf verschiedenen Strecken in Fahrt, zuletzt zwischen Civitavecchia und Olbia.

Typ:	Passagier- und Autofähre
Baujahr/Werft:	1976/Union Naval de Levante, Valencia, Spanien
Vermessung:	13 284 BRZ
Länge über alles:	140,8 m
Maschinenleistung:	26 800 PS
Reederei:	Moby Lines, Neapel, Italien

U 434
Sowjetisches U-Boot

Die Boote der Tango-Klasse, so die NATO-Bezeichnung, waren die größten nicht-atomaren U-Boote der Sowjetunion. „U 434" aus dieser Klasse mit einer Tauchtiefe von 400 Metern kreuzte zum Beispiel unbemerkt in den Hoheitsgewässern der USA. Nach fast 30 Jahren erfolgte 2002 die Außerdienststellung und Entwaffnung von „U 434". Nach der sorgfältigen Renovierung dient das Boot aus den Zeiten des Kalten Krieges nun als Museum.

Typ:	U-Boot, Museumsschiff
Baujahr/Werft:	1976/Krasnoe Sormovo, Gorki, Sowjetunion
Vermessung:	2800 ts Deplacement über Wasser, 3630 ts unter Wasser
Länge über alles:	90,16 m
Maschinenleistung:	10 600 PS
Flotte:	Sowjetische Marine/Russische Marine
Liegeplatz:	Hafen Hamburg, Deutschland

Primavera
Deutscher Frachter

Der Bulk Cement Carrier war wie sein Schwesterschiff „Primula“ auf die Zementfahrt nach Dammam, Saudi-Arabien, spezialisiert. Die Schiffe, ausgestattet mit elektrohydraulischen Greiferkränen zur Selbstentladung, wurden bald nach Indienststellung mit Luftschiebern (Air slides) für pneumatische Entladung ausgerüstet. Von Valencia und Japan wurden die Transporte durchgeführt. „Primavera“ wurde 1981 an Ocean Bulk, Seoul, verkauft und hieß dann „Pan Queen“.

Typ:	Bulk Cement Carrier
Baujahr/Werft:	1977/Ishikawajima-Harima Heavy Industries Co. Ltd., Yokohama, Japan
Vermessung:	22 269 BRT
Länge über alles:	187,7 m
Maschinenleistung:	11 550 PS
Reederei:	F. Laeisz, Hamburg, Deutschland

Pluvius
Deutsches Containerschiff

Wie die Schwester „Plutos“ war „Pluvius“ in der Cross-Trade-Fahrt zwischen der amerikanischen Westküste und Japan eingesetzt. 388 Container, davon 50 mit Kühlanlage, wurden transportiert. 1977 wurde „Pluvius“ für die US-Zeitcharter umbenannt in „Seatrain Princeton“. Weitere Charternamen waren „Hellenic Prince“, „Incotrans Promise“, „Maersk Clementine“. 1985 wurde das Schiff an einen Abbrecher nach Taiwan verkauft.

Typ:	Containerschiff
Baujahr/Werft:	1977/Van der Giessen de Noord Krimpen A. D., IJssel, Niederlande
Vermessung:	13 294 BRT
Länge über alles:	172,5 m
Maschinenleistung:	17 500 PS
Reederei:	F. Laeisz, Hamburg, Deutschland

CVN 69 Dwight D. Eisenhower
Amerikanischer Flugzeugträger

Als Ersatz für den Träger „CV 42 Franklin D. Roosevelt“ wurde „Dwight D. Eisenhower“ in Dienst gestellt. Das Schiff bekam denselben Spitznamen wie der Präsident, nachdem es benannt war: „Ike“. Mit 90 Flugzeugen und Hubschraubern an Bord nahm der Träger an den Golfkriegen teil, war 1993 bis 1995 vor Bosnien, 1994 auch vor Haiti im Einsatz, überwachte ab 2000 die Flugverbotszonen im Irak. Bis 2027 soll „Ike“ im Einsatz bleiben.

Typ:	Flugzeugträger
Baujahr/Werft:	1977/Newport News Shipbuilding Co., Virginia, USA
Vermessung:	104 000 ts Deplacement
Länge über alles:	332,8 m
Maschinenleistung:	280 000 PS
Flotte:	US Navy

Y 1662 Ems
Deutsches Taucherschulboot

Schon 1937 wurde an Jos. L. Meyer in Papenburg der Auftrag zum Bau der „Ems“ erteilt, aber wieder gestoppt. Die erste „Ems“ wurde dann 1942 bei Kremer in Elmshorn als Tender für das 3. Minensuchgeschwader gebaut. Ab 1964 abgestellt zur Lehrgruppe Schiffssicherung, erfolgte später der grundlegende Umbau zum Taucherschulboot mit Taucherdruckkammer. Als Schulboot trug „Ems“ keine Bewaffnung, hatte aber Mineneigenschutz.

Typ:	Taucherschulboot
Baujahr/Werft:	(1942); Umbau 1978/Orenstein & Koppel, Lübeck, Deutschland
Vermessung:	1039 ts Deplacement
Länge über alles:	51,78 m
Maschinenleistung:	2203 PS
Flotte:	Deutsche Marine

Pomerania
Polnische Fähre

Zunächst in Dienst vom polnischen Swinoujscie, dem ehemaligen Swinemünde, nach dem schwedischen Ystad, erlebte die „Pomerania" 1982 ein kurzes Zwischenspiel in Cotunav-Charter zwischen Genua und Tunis. Dann war sie wieder im Ostsee-Fährdienst eingesetzt, so zwischen Gdansk und Travemünde, zwischen Gdansk und Helsinki, zwischen Swinoujscie und Malmö. 1997 erfolgte bei der Remontowa-Werft in Gdansk ein Umbau.

Typ:	Passagier- und Autofähre
Baujahr/Werft:	1978/Stocznia Szczecinska, Szczecin, Polen
Vermessung:	12 087 BRZ
Länge über alles:	127,44 m
Maschinenleistung:	12 530 kW
Reederei:	Polish Baltic Shipping Co., Kolobrzeg, Polen

Eckerö
Finnische Fähre

Zunächst als „Jens Kofoed" für Bornholms Traffiken in Rønne zwischen Rønne und Ystad, dann nach Kopenhagen in Dienst. 2001 wurden bei Remontowa in Gdansk Stabilisierungstanks zur Erhöhung der Sicherheit eingebaut. 2005 wurde die Fähre für 490 Passagiere in Kabinen, 1010 Deckspassagiere und 270 Autos nach Eckerö auf Åland abgegeben. Mit ihrem neuen Namen „Eckerö" fährt sie von Eckerö zum schwedischen Grisslehamn.

Typ:	Passagier- und Autofähre
Baujahr/Werft:	1979/Aalborg Værft, Aalborg, Dänemark
Vermessung:	12 131 BRZ
Länge über alles:	121,2 m
Maschinenleistung:	12 480 kW
Reederei:	Rederi AB Eckerö, Eckerö, Finnland

Stolzenfels
Deutsches Ausflugsschiff

Auch an der romantischen Rheinburg Solzenfels führt die Fahrt mit dem Salon-Motorschiff „Stolzenfels" vorbei. Maximal 1000 Fahrgäste haben in den drei Salons und auf den Freidecks Platz, um die Fahrt auf dem Fluss zu genießen. Auch in der Charterfahrt für exklusive Veranstaltungen mit hohem Komfortanspruch wird das KD-Schiff eingesetzt. Durch die variable Möblierung lassen sich Freiflächen schaffen, und aus der „Stolzenfels" wird ein Tanzschiff.

Typ:	Fahrgastschiff
Baujahr/Werft:	1979/Hilgers AG, Rheinbrohl
Länge über alles:	77 m
Maschinenleistung:	1460 PS
Reederei:	KD Köln-Düsseldorfer Deutsche Rheinschiffahrt AG, Köln, Deutschland

Princess Rowena
Chinesisches Kasinoschiff

Als „Ciudad de Badajoz" war das Schiff eine Passagier- und Autofähre. Für Cia. Trasmediterranea, Valencia, war sie viel beschäftigt und lief die Balearen und auch Ziele in Nordafrika an. 2004 verlegte sie nach Fernost, erhielt den Namen „Princess Rowena", gehörte zur Reederei Shanghai Inter-Continents und fuhr unter der Flagge Panamas. Inzwischen lockt sie als Kasinoschiff auf Kreuzfahrten von Hongkong nach Guangzhou Glücksspieler an Bord.

Typ:	Passagier- und Autofähre, Kasinoschiff
Baujahr/Werft:	1979/Union Naval de Levante, Valencia, Spanien
Vermessung:	11 513 BRZ
Länge über alles:	137,9 m
Maschinenleistung:	13 093 kW
Reederei:	Hong Kong Cruise Hub

Ukraina
Ukrainisches Fluss-Kreuzfahrtschiff

Die Donaufahrten ab Passau bis nach Ungarn oder weiter bis zum Donaudelta genießen die etwa 160 Passagiere in gemütlicher Atmosphäre an Bord der gepflegten, vollklimatisierten „Ukraina". Die Kabinen sind im Donau- und Hauptdeck eingerichtet, das Promenadendeck bietet unter anderem einem Panorama-Restaurant und einem Musiksalon großzügigen Raum. Auf dem Sonnendeck gibt es Liegestühle und einen Swimmingpool.

Typ:	Fahrgastschiff
Baujahr/Werft:	1979/Österreich
Vermessung:	3200 BRZ
Länge über alles:	116 m
Reederei:	UDP, Ukraine/Phoenix Reisen GmbH, Bonn, Deutschland

D 641 Duplex
Französischer Zerstörer

Als einer von sieben Zerstörern der Georges Leygues-Klasse wurde „Duplex" in Dienst gestellt und gehörte zu den ersten Kriegsschiffen der französischen Marine mit Gasturbinenantrieb. Ausgerüstet mit Kanonen, Geschützen, Torpedos, Abschussvorrichtungen für Raketen und mit zwei Hubschraubern, dienten die Zerstörer der U-Boot-Abwehr und der Luftverteidigung. In Krisenzeiten wie dem Golfkrieg 1990 verlegte „Duplex" vor die Küste des Irak.

Typ:	Zerstörer
Baujahr:	1979
Vermessung:	4350 ts Deplacement
Länge über alles:	139,1 m
Maschinenleistung:	10 544 PS
Flotte:	La Marine française

Dimitri Schostakowitsch
Sowjetisches Kreuzfahrtschiff

Auf dem Schiff erlebten unzählige Urlauber, die meist aus der Bundesrepublik Deutschland kamen, preiswerte Kreuzfahrten durch Schwarzmeer und Mittelmeer. Üppige Büffets und Folklore-Darbietungen gehörten zum Bordprogramm. Die Schiffe der Black Sea Shipping gelangten seit dem Ende der Sowjetunion an verschiedene Reedereien. Aus „Dimitri Schostakowitsch" wurde durch totalen Umbau die moderne „Paloma" der D & P Cruises.

Typ:	Passagierschiff
Baujahr/Werft:	1980/Stocznia Szczecinska, Szczecin, Polen
Vermessung:	9878 BRT
Länge über alles:	133,5 m
Maschinenleistung:	12 800 kW
Reederei:	Black Sea Shipping Co., Odessa, Sowjetunion; ab 2000 D & P Cruises, Neapel, Italien

Ciudad de Sevilla
Spanische Fähre

Eines der typischen Fährschiffe, die in einer Vielzahl die Gewässer des Mittelmeers kreuzen, wie sie unzählige Reisende und Touristen kennen, ist die „Ciudad de Sevilla" im Balearen- und Kanarendienst eingesetzt. Ihre Jungfernfahrt führte von Barcelona zu den Balearen. Ihr Heimathafen ist ab 2004 Santa Cruz de Tenerife. 22,5 Knoten schnell, befördert sie 750 Passagiere in 201 Kabinen, 550 Deckspassagiere und 225 Automobile.

Typ:	Passagier- und Autofähre
Baujahr/Werft:	1980/Union Naval de Levante, Valencia
Vermessung:	11 513 BRZ
Länge über alles:	138,3 m
Maschinenleistung:	17 800 PS
Reederei:	Cia. Trasmediterranea, Valencia, Spanien

Calypso
Niederländisches Fluss-Kreuzfahrtschiff

Drei Decks stehen den Passagieren zur Verfügung, ein Panorama-Restaurant, ein Salon mit Bar, ein Sonnendeck mit Liegestühlen. An Bord herrscht eine ungezwungene Atmosphäre. Die Kreuzfahrten mit „Calypso" führen zum Beispiel in einer Tour auf den Flüssen Main, Rhein, Mosel und Saar durch wunderschöne Landschaften. Abends legt das Schiff an einem Ort an, der zum Stadtbummel oder romantischen Spaziergang einlädt.

Typ:	Fahrgastschiff
Baujahr/Werft:	1980/Niederlande
Länge über alles:	75,6 m
Maschinenleistung:	1300 PS
Reederei:	Feenstra Rhine Line, Niederlande/Phoenix Reisen GmbH, Bonn, Deutschland

Nomentana
Italienische Fähre

Zunächst im Dienst zwischen Italiens Westküste und den Inseln Sardinien und Sizilien, wurde „Nomentana" in den Jahren 1987 und 1988 umgebaut. 1992 wurden in La Spezia zwei neue Decks mit 133 neuen Kabinen eingebaut, 2003 schließlich wurden bei Fincantieri in Palermo die Unterkünfte für die Passagiere modernisiert. 2280 Fahrgäste, davon über die Hälfte in Kabinen, und 640 Autos befördert die 22 Knoten schnelle Fähre in den italienischen Gewässern.

Typ:	Passagier- und Autofähre
Baujahr/Werft:	1980/Italcantieri, Castellammare di Stabia
Vermessung:	14 834 BRT
Länge über alles:	136 m
Maschinenleistung:	19 200 kW
Reederei:	Tirrenia di Navigazione, Palermo, Italien

Norway (ehemals France)
Kreuzfahrtschiff

Die „France" von 1961 war bei ihrem Stapellauf das längste Schiff der Welt. 1980 wurde sie völlig umgebaut und war auch durch ihr neues charakteristisches Aussehen ein neues Schiff. Als „Norway" war sie eines der größten Kreuzfahrtschiffe ihrer Zeit. 1984 wurde sie bei Blohm + Voss in Hamburg rundum erneuert. 1990 erhielt sie bei Lloyd in Bremerhaven zwei neue Decks. Bei einer Kesselexplosion in Miami 2003 schwer beschädigt, wurde sie schließlich 2006 in Indien verschrottet.

Typ:	Passagierschiff
Baujahr/Werft:	(1961/Chantiers de l'Atlantique, Saint-Nazaire, Frankreich); Umbau 1980/Hapag-Lloyd Werft, Bremerhaven, Deutschland
Vermessung:	76 049 BRT
Länge über alles:	315,5 m
Maschinenleistung:	175 000 PS
Reederei:	NCL Norwegian Cruise Line, Bahamas/Wiesbaden, Deutschland

Gauss
Deutsches Forschungsschiff

Nach 25 Jahren stellte „Gauss" 2006 feierlich in Hamburg außer Dienst. Das erfolgreiche Forschungsschiff hatte über 1,3 Millionen Kilometer zurückgelegt, eine Strecke mehr als 30-mal rund um die Erde. Es war in der Klimaforschung tätig, erprobte mit amerikanischen, sowjetischen und norwegischen Schiffen Satelliten-Seenotfunkbojen, stellte Ölverschmutzungen in den Ozeanen, Radioaktivität in Wasser und Luft fest, prüfte nautische Geräte und Anlagen im Einsatz.

Typ:	Forschungsschiff
Baujahr/Werft:	1980/Schlichting-Werft GmbH, Lübeck-Travemünde
Vermessung:	1684 BRZ
Länge über alles:	68,69 m
Maschinenleistung:	2648 kW
Eigner:	Bundesamt für Seeschifffahrt und Hydrographie, Hamburg, Deutschland

Simon Bolivar
Venezolanisches Schulschiff

Die Bark „Simon Bolivar", benannt nach dem Freiheitshelden Lateinamerikas, dient der Ausbildung des seemännischen Nachwuchses. Außer der Stammbesatzung von 92 Mann gehen 102 männliche und 18 weibliche Kadetten auf Fahrt. Dabei erlernen sie ihren Beruf und erleben auf den Reisen, den internationalen Regatten der Großsegler und bei weltweiten maritimen Veranstaltungen die ganze weite Welt mit ihren Ländern und Meeren.

Typ:	Bark, Schulschiff
Baujahr/Werft:	1980/Astilleros y Talleres Celaya S. A., Bilbao, Spanien
Vermessung:	1260 ts Deplacement
Länge über alles:	82,4 m
Besegelung:	23 Segel, Segelfläche 1650 m^2
Maschinenleistung:	750 PS
Eigner:	Marina de Guerra de Venezuela
Heimathafen:	La Guaira, Venezuela

DDG 995 Scott
Amerikanischer Zerstörer

Ursprünglich hieß der Zerstörer „Nader" und sollte an das Schah-Regime von Persien geliefert werden. Nach dem Sturz und der Vertreibung des Schahs wurde das Schiff nicht ausgeliefert und in die US Navy eingegliedert. Dank seiner Ausstattung für den Gebrauch in von Wüsten umgebenen Gewässern, war der Zerstörer, der nun „Scott" hieß, immer wieder in der Golfregion im Einsatz. 1998 außer Dienst gestellt, wurde der Zerstörer an Taiwan abgegeben.

Typ:	Zerstörer
Baujahr/Werft:	1980/Dentons Shipyard, Charleston, South Carolina, USA
Vermessung:	9783 ts Deplacement
Länge über alles:	171,6 m
Maschinenleistung:	80 000 PS
Flotte:	US Navy

Ambassador
Amerikanischer Frachter

Zusammen mit dem Schwesterschiff „Diplomat" ist „Ambassador" ein typisches Ro-Ro-Schiff. Nach dem Prinzip „Roll on – Roll off" wird die Be- und Entladung nicht mit dem Ladegerät des Schiffes wie Bordkräne oder durch Kaikräne vorgenommen. Über Rampen gelangt das Frachtgut mittels Förderfahrzeugen oder Trailern an Bord. Bis zu 164 Trailer und 110 Pkw kann der Carrier transportieren.

Typ:	Frachter, Ro-Ro Carrier
Baujahr/Werft:	1980/Meyer Werft GmbH, Papenburg, Deutschland
Vermessung:	13 413 BRT
Länge über alles:	168,65 m
Maschinenleistung:	7358 kW
Reederei:	Coordinated Caribbean Transport Inc., New York, USA

Queen of Scandinavia
Dänische Fähre

Unter dem Namen „Skandia" geplant, erlebte die Fähre als „Finlandia" ihre Jungfernfahrt für Silja Line von Helsinki nach Stockholm. Ab 1990 in der Fahrt für DFDS in Kopenhagen heißt das Schiff „Queen of Scandinavia", eingesetzt im Liniendienst von Kopenhagen über Helsingborg nach Oslo. 2000 erhielt es bei Remontowa in Gdansk einen neuen Bug und Heck-Auftriebstanks. Danach Fahrten zwischen dem niederländischen IJmuiden und Newcastle.

Typ:	Passagier- und Autofähre
Baujahr/Werft:	1981/Wärtsilä Shipyard, Turku, Finnland
Vermessung:	34 093 BRZ
Länge über alles:	166,1 m
Maschinenleistung:	22 950 kW
Reederei:	DFDS Seaways, Kopenhagen, Dänemark

Nordlandia
Finnische Fähre

Die „Olau Hollandia" der Olau Line, Hamburg, unternahm ihre Jungfernfahrt von Vlissingen nach Sheerness. 1988 gelangte die Fähre zu Nordström & Thulin in Visby, Schweden, wurde bei Schichau Seebeck in Bremerhaven umgebaut und in „Nord Gotlandia" umbenannt. Ab 1998 für die Eckerö Line, Finnland, in Dienst, transportiert die nun „Nordlandia" genannte Fähre bis zu 1110 Passagiere, Pkw und Lkw von Helsinki nach Tallinn, Estland.

Typ:	Passagier- und Autofähre
Baujahr/Werft:	1981/AG Weser, Werk Seebeck, Bremerhaven, Deutschland
Vermessung:	21 473 BRZ
Länge über alles:	153,4 m
Maschinenleistung:	15 300 kW
Reederei:	Eckerö Line, Eckerö, Finnland

Kapitän Khlebnikov
Russischer Eisbrecher

Die große Tradition der russischen und sowjetischen Eisbrecher fortführend, fährt der zu Sowjetzeiten in Dienst gestellte „Kapitän Khlebnikov" unter russischer Flagge. Sein Einsatzgebiet ist das Eismeer vor Grönland und Kanada, die Nordwestpassage, die Beringstraße. An Bord des mit Pool und Hospital versehenen Schiffes gehen nun Touristen zu Expeditionsfahrten, Ausflüge werden mit den bordeigenen Zodiacs und Hubschraubern durchgeführt.

Typ:	Eisbrecher, Expeditionsschiff
Baujahr/Werft:	1981/Wärtsilä Shipyard, Turku, Finnland
Vermessung:	12 288 ts Deplacement
Länge über alles:	122,5 m
Maschinenleistung:	24 000 PS
Reederei:	Quark Expeditions, Darien, Connecticut, USA/Hurtigruten Group ASA, Bergen, Norwegen

Lyngen
Norwegisches Passagierschiff

Zur mittleren Generation der Hurtigruten-Flotte zählt „Lyngen". Das Schiff fuhr von 2003 bis 2005 unter dem Namen „Midnatsol II" und übernahm ab 2007 anstelle von „Nordnorge" den Liniendienst von Bergen nordwärts ums Nordkap bis Kirkenes und südwärts zurück an Norwegens Küste. 1988 und 1995 wurde „Lyngen" umgebaut und modernisiert, bietet den Fahrgästen 40 Autostellplätze, Komfort und gemütliche Bordatmosphäre.

Typ:	Passagierschiff
Baujahr/Werft:	1982/Ulstein Hatlo A/S, Ulsteinvik
Vermessung:	6167 BRZ
Länge über alles:	107 m
Reederei:	Hurtigruten Group ASA, Bergen, Norwegen

Narvik
Norwegisches Passagierschiff

Der traditionsreiche Name „Narvik" erinnert nicht nur an die Stadt, sondern auch an frühere Schiffe der Hurtigruten. Das mehrmals modernisierte Schiff fährt im Liniendienst von Bergen nach Kirkenes und zurück. 35 Autostellplätze an Bord geben den Passagieren die Möglichkeit, ihre Norwegentour mit dem Pkw fortzusetzen. Die sehenswerten Städte in der reizvollen Fjordlandschaft laden zu Ausflügen ein. Das nächste Schiff wird kommen.

Typ:	Passagierschiff
Baujahr/Werft:	1982/A/V Aker, Trondheim
Vermessung:	6257 BRZ
Länge über alles:	108,6 m
Reederei:	Hurtigruten Group ASA, Bergen, Norwegen

R 06 Illustrious
Britischer Flugzeugträger

1988, im Krieg zwischen Irak und Iran, patrouillierte „Illustrious" mit seinen Hubschraubern, Senkrechtstartern und anderen Kampfflugzeugen im Persischen Golf. 2000 griff der Träger im UNO-Einsatz in den Bürgerkrieg von Sierra Leone ein. 2001 wurde „Illustrious" im Afghanistankrieg eingesetzt und half im Jahr 2006 britische Bürger aus dem Libanon zu evakuieren. Zu Königin Elizabeths 80. Geburtstag 2006 formierten sich 500 Mann der Besatzung zu einem Geburtstagsgruß.

Typ:	Flugzeugträger
Baujahr/Werft:	1982/Swan Hunter, Wallsend, Großbritannien
Vermessung:	22 000 ts Deplacement
Länge über alles:	210 m
Maschinenleistung:	113 557 PS
Flotte:	Royal Navy

Akula/Typhoon
Sowjetisches U-Boot

Im Gegenzug zum amerikanischen Trident-Raketenprogramm entwickelte die Sowjetunion seit 1980 mit den Booten der Akula-Klasse, im NATO-Code aber „Typhoon" genannt, die größten U-Boote der Welt. Nuklear angetrieben, mit einer Besatzung von 150 Mann, waren die Boote mit Torpedos und 20 SSN-Raketen bewaffnet. An Bord gab es eine Sauna und sogar ein Vogelhaus. 2000 waren von den sechs Typhoons noch drei in Dienst, sind inzwischen wohl ausgemustert.

Typ:	U-Boot
Baujahr/Werft:	1982/Marinewerft Sewerodwinsk, Sowjetunion
Vermessung:	24 500 ts Deplacement über Wasser, 48 000 ts unter Wasser
Länge über alles:	171,5 m
Maschinenleistung:	101 390 PS
Flotte:	Sowjetische Marine/Russische Marine

Alexander Griboedov
Russisches Fluss-Kreuzfahrtschiff

Zwischen Moskau und Sankt Petersburg, auf Wolga, Swir und Newa verkehrt das komfortable Kreuzfahrtschiff mit seiner russischen Seele. Die 260 Passagiere erleben die weite Landschaft, bei den Landausflügen Städte voller Sehenswürdigkeiten. An Bord der 2005 renovierten „Alexander Griboedov", großzügig mit vier Decks und einem Sonnendeck versehen, werden russische Sprachkurse, Spiele, Themenabende, Tanzmusik und Folklore geboten.

Typ:	Fahrgastschiff
Baujahr/Werft:	1982/Elbewerft Boizenburg
Länge:	125 m
Maschinenleistung:	2205 kW
Reederei:	Transocean Tours Touristik GmbH, Bremen, Deutschland

Johann Wolfgang von Goethe
Deutsches Ausflugsschiff

Eine Glaswand, die den Wirtschaftsteil vom Gästebereich des Schiffes trennt, ist mit Goethes Gedicht „Gesang der Geister über den Wassern" verziert. Das Zweideck-Salonschiff, das den Namen des Dichters trägt, ist modernisiert, edel renoviert und bietet den exklusiven Rahmen für Fluss-Kreuzfahrten und Feiern aller Art, Tagungen, Konferenzen. Es gibt 120 Innensitzplätze und 100 Freideckplätze, auf denen sich die Fahrt genießen lässt.

Typ:	Fahrgastschiff
Baujahr/Werft:	1983/Schiffswerft Schmidt GmbH, Remagen-Oberwinter
Länge über alles:	40,5 m
Maschinenleistung:	480 PS
Reederei:	Primus-Linie, Frankfurter Personenschiffahrt Anton Nauheimer GmbH, Frankfurt am Main, Deutschland

Polarstern
Deutsches Forschungsschiff

Das eisbrechende Polarforschungs- und Versorgungsschiff ging auf seiner Jungfernfahrt zur Georg-von-Neumayer-Station in die Antarktis. Mit seiner Forschungsausrüstung und seinen Labors bietet das Schiff hervorragende Arbeitsmöglichkeiten für die Besatzung von 50 Männern und Frauen. „FS Polarstern", auch in der Arktis eingesetzt, ist mit kräftigen Umschlagseinrichtungen und mit einem Hubschrauber für Versorgungs- und Beobachtungsflüge ausgestattet.

Typ:	Forschungsschiff
Baujahr/Werft:	1983/HDW Howaldtswerke-Deutsche Werft, Kiel, und Werft Nobiskrug GmbH, Rendsburg
Vermessung:	10 970 BRT
Länge über alles:	118 m
Maschinenleistung:	4800 PS
Eigner:	Bundesrepublik Deutschland; AWI Alfred-Wegener-Institut für Polar- und Meeresforschung

Vesterålen
Norwegisches Passagierschiff

Der mittleren Generation der Hurtigruten-Flotte zugehörig, ist die kleine „Vesterålen", die wie alle Schiffe der Flotte regelmäßig modernisiert wird, und im Liniendienst an Norwegens Küste und auf kleinen Kreuzfahrten unterwegs ist. Mit den 35 Autostellplätzen an Bord ist das Schiff zugleich eine Passagier- und Autofähre. 560 Passagiere haben Platz an Bord der „Vesterålen", die mit Restaurant, Bar und Aussichtssalon zu gemütlichen Fahrten einlädt.

Typ:	Passagierschiff
Baujahr/Werft:	1983/Harstad, Norwegen
Vermessung:	6261 BRZ
Länge über alles:	108 m
Reederei:	Hurtigruten Group ASA, Bergen, Norwegen

Royal Princess
Britisches Kreuzfahrtschiff

Der Luxusliner wurde in Southampton von Princess Diana, der Königin der Herzen, getauft und unternahm seine Jungfernfahrt nach Miami. Die Fahrgäste, die keinen Komfort zu missen brauchen, waren mit diesem schönen königlichen Schiff schon in der Karibik, in Südamerika, im Osten und Westen von Europa. Im Jahr 2005 war es unter dem Namen „Artemis" für P&O auf Kreuzfahrt. Doch jetzt hat es seinen Taufnamen wieder erhalten.

Typ:	Passagierschiff
Baujahr/Werft:	1984/Wärtsilä Shipyard, Helsinki, Finnland
Vermessung:	44 348 BRZ
Länge über alles:	230,6 m
Maschinenleistung:	31 541 PS
Reederei:	Princess Cruises, USA/Inter-Connect Marketing, München, Deutschland

Esperanza
Greenpeace-Schiff

Als die „Greenpeace", Baujahr 1959, nach vielen Jahren im Einsatz gegen Walfänger, Atomfrachter, Treibnetzfischer, Meeresvergifter, wobei sie beschossen und gerammt, beschlagnahmt und geentert wurde, in den Ruhestand ging, wurde 2001 das ehemalige russische Feuerlösch- und Forschungsschiff „Vikhr-4", inzwischen als „Echo Fighter" in norwegischen Diensten, als „Esperanza" übernommen und mit Hybridantrieb ausgestattet.

Typ:	Forschungsschiff, Umweltschutz-Schiff
Baujahr/Werft:	1984/Gdansk, Polen
Vermessung:	2008 BRT
Länge über alles:	72,3 m
Maschinenleistung:	4320 PS
Eigner:	Greenpeace

Nautile
Französisches Forschungs-U-Boot

Bis zu einer Tiefe von 6000 Metern kann die bemannte „Nautile" tauchen. Sie ist mit Kameras und Greifarmen ausgerüstet, lenkt den ferngesteuerten „Robin", ein mit Kameras versehenes Remotely Operated Vehicle (ROV). „Nautile", vom Forschungsschiff „L'Atalante" zu Wasser gelassen, war schon beim Wrack der „Titanic", beim gesunkenen königlich französischen Kriegsschiff „La Lune", bei der Bergung einer DC-9 und beim gekenterten Tanker „Prestige" im Einsatz.

Typ:	Forschungs-U-Boot
Baujahr:	1984
Vermessung:	19,5 ts Deplacement
Länge über alles:	8 m
Eigner:	Ifremer, Französisches Forschungsinstitut zur Nutzung der Meere, La Seyne-sur-Mer, Frankreich

Drachenfels
Deutsches Ausflugsschiff

Die eindrucksvolle moderne Formgebung verdankt das KD-Motorschiff geschickten Designern. Die zwei Salons mit ihren Panoramafenstern und das große Freideck erlauben den Fahrgästen Blicke auf den Rhein, seine romantischen Städte am Ufer und die burgengesäumten Höhen. Maximal 600 Passagiere können an Bord der „Stolzenfels" die Fahrten auf dem Strom genießen. Das Schiff kann zu feierlichen oder geschäftlichen Anlässen gechartert werden.

Typ:	Fahrgastschiff
Baujahr/Werft:	1985/Meidericher Schiffswerft, Duisburg
Länge über alles:	65 m
Maschinenleistung:	796 PS
Reederei:	KD Köln-Düsseldorfer Deutsche Rheinschiffahrt AG, Köln, Deutschland

Rheingau
Deutsches Ausflugsschiff

Im Liniendienst zwischen Rüdesheim und der Loreley eingesetzt, dient die „Rheingau" auch bei Sonderfahrten wie den schwimmenden Weinproben, den Abendfahrten mit Tanz und Musik, Feuerwerksfahrten und den besonders bei Kindern beliebten Fahrten unter dem Motto „Elfen- und Piratenschiff" oder „Bugwellen und Märchenweihnacht". Das Schiff bietet 150 Personen im unteren und 100 im oberen Salon Platz sowie weiteren auf dem großen Freideck.

Typ:	Fahrgastschiff
Baujahr/Werft:	1985/Lux-Werft und Schiffahrt GmbH, Niederkassel-Mondorf
Länge über alles:	36 m
Reederei:	Rössler-Linie, Rüdesheim-Assmannshausen, Deutschland

Michael Scholochow
Russisches Fluss-Kreuzfahrtschiff

Im selben Jahr wurden zwei russische Schiffe mit dem Namen „Michael Scholochow" in Dienst gestellt. Das eine unternahm Fahrten von Wladiwostok nach Japan und Korea, das andere ist ein Flussschiff mit fünf Decks, inzwischen mehrmals erneuert und renoviert. Es unternimmt mit 260 Passagieren Kreuzfahrten zwischen Sankt Petersburg und Moskau oder von der Ostsee auf Russlands Flüssen, Kanälen und Seen bis zum Schwarzmeer.

Typ:	Passagierschiff
Baujahr/Werft:	1985/Deutschland
Länge über alles:	129 m
Reederei:	Orthodox Cruises, Russland/Phoenix Reisen GmbH, Bonn, Deutschland

Donau
Sowjetischer Gastanker

Der Wassertransport verflüssigter Gase begann um 1952. Um den Transport durchführen zu können, wurden eigens komplizierte Gastanker gebaut, in denen das Gas in Tanks aus tieftemperaturbeständigen Materialien gepumpt wird. Die Meyer Werft hat eine ganze Reihe von Gastankern, insgesamt zwölf für die damalige Sowjetunion gebaut. Die „Donau" hat eine Tankkapazität von 30207 Kubikmetern; die Temperatur in den vier Tanks beträgt minus 50 Grad Celsius.

Typ:	Gastanker
Baujahr/Werft:	1985/Meyer Werft GmbH, Papenburg, Deutschland
Länge über alles:	174,2 m

C 551 Giuseppe Garibaldi
Italienischer Flugzeugträger

Sechs Jahre vergingen von der Auftragsvergabe bis zur Indienststellung des Trägers, der vorwiegend zur U-Boot-Bekämpfung vorgesehen war. Bis 1989 diente „Giuseppe Garibaldi" als Hubschrauberträger. Zwischen 1995 und 1999 war er im Einsatz während der Kriege im ehemaligen Jugoslawien. Ab 2001 im Indischen Ozean, nahmen die Flugzeuge des Trägers an Angriffen auf Afghanistan teil. 2006, während des Krieges Israels gegen die Hisbollah, war der Träger vor dem Libanon stationiert.

Typ:	Flugzeugträger
Baujahr:	1985
Vermessung:	13 850 ts Deplacement
Länge über alles:	180 m
Maschinenleistung:	73 548 kW
Flotte:	Marina Militare Italiana

Y 1643 Bottsand
Deutsches Ölauffangschiff

Das Heck von „Bottsand" und beim ähnlichen, etwas größeren Ölauffangschiff „Eversand" lässt sich aufklappen, sodass ein v-förmiger Einschnitt in einem Winkel von 65 Grad und einer Fläche von etwa 42 bis 45 Quadratmetern entsteht. Durch Absauganlagen wird der Ölfilm von der Wasseroberfläche abgesaugt und in die Schmutzöltanks gepumpt. Im Normalfall haben die Schiffe eine Zivilbesatzung von sechs Mann und werden nicht nur militärisch eingesetzt.

Typ:	Ölauffangschiff
Baujahr/Werft:	1985/C. Lühring, Brake, Deutschland
Vermessung:	650 ts Deplacement
Länge über alles:	46,3 m
Maschinenleistung:	1000 PS
Flotte:	Deutsche Marine

Le Diamant
Französisches Kreuzfahrtschiff

Dieses luxuriöse Schmuckstück unter den Kreuzfahrtschiffen war als „Song of Flowers" der Radisson Seven Seas Cruises bekannt. 2003 wurde das Schiff von Compagnie des Îles du Ponant übernommen und in „Le Diamant" umbenannt. Mit 226 Passagieren, denen drei Restaurants, vier Bars, zwei Lounges, eine Bibliothek, Fitness- und Massageräume, ein Hospital und andere Einrichtungen zur Verfügung stehen, geht es auf Fahrt nach Südamerika und in die Antarktis.

Typ:	Passagierschiff
Baujahr:	1986
Vermessung:	8282 ts NRT
Länge über alles:	124 m
Maschinenleistung:	5500 kW
Reederei:	Compagnie des Îles du Ponant, Frankreich/ Aviation & Tourism International GmbH, Alzenau, Deutschland

Ocean Jewel of St. Petersburg
Russisches Passagierschiff

Das Schiff mit Namen „Wassilij Solowjew Sedoji" wurde 1989 umgebaut und umbenannt in „Michail Bulgakow", wieder umbenannt in „Pjotr Pervij" und ab 1990 in Gibraltar stationiert. Das Schiff gelangte im Jahr 2000 an Sovereign Maritime, Kingstown, wurde als „Ocean" nach Tanger verlegt. Umgebaut und als „Ocean Jewel of St. Petersburg" kreuzte es für Titan Cruise Line, Kingstown, als Kasino-Kreuzfahrtschiff vor Sankt Petersburg. 2005 verlegte es nach Tampa, Mexiko.

Typ:	Passagierschiff
Baujahr/Werft:	1986/Stocznia Szczecinska, Szczecin, Polen
Vermessung:	12 602 BRZ
Länge über alles:	136,6 m
Maschinenleistung:	12 800 kW
Reederei:	Black Sea Shipping Co., Odessa, ab 2003 Titan Cruise Line, Kingstown, St. Vincent

Norasia Pearl
Containerschiff

Seinerzeit wurde „Norasia Pearl" zum Schiff des Jahres gewählt. Zusammen mit den Schwestern „Norasia Princess" und den Nachfolgerinnen „Norasia Sharjah" und „Norasia Al-Manzoorah" wurden die Vollcontainerschiffe der Norasia Line von Laeisz bereedert. Die Schiffe, die zwischen Asien und Nordeuropa verkehrten, hatten wegen ihres asymmetrischen Hecks und zusätzlicher Düsen einen für Containerschiffe nie zuvor erreichten niedrigen Treibstoffverbrauch.

Typ:	Containerschiff
Baujahr/Werft:	1986/HDW Howaldtswerke-Deutsche Werft, Kiel
Vermessung:	1742 TEU (twenty equivalent units, 20-Fuß-Container)
Länge über alles:	187,7 m
Maschinenleistung:	14 929 PS
Reederei:	Norasia Shipping Lines Ltd., Hongkong und Fribourg, Schweiz/Reederei F. Laeisz, Hamburg, Deutschland

Homeric
Kreuzfahrtschiff

Die „Homeric" war das erste Kreuzfahrtschiff der Meyer Werft, die damit den erfolgreichen Einstieg in den schwierigen und technisch anspruchsvollen Kreuzfahrtschiffbau absolvierte. In der Rekordzeit von nur zwei Jahren wurde das schöne Schiff in Papenburg gebaut, das 1132 Passagieren in 552 Kabinen komfortable Kreuzfahrten bot. 1988 gelangte das Schiff an die Holland America Line und wurde in „Westerdam" umbenannt.

Typ:	Passagierschiff
Baujahr/Werft:	1986/Meyer Werft GmbH, Papenburg, Deutschland
Vermessung:	42 092 BRZ
Länge über alles:	204 m
Maschinenleistung:	23 800 kW
Reederei:	Home Lines, Panama

Al Shuwaikh
Kuwaitischer Tiertransporter

Meyer in Papenburg ist ein international anerkannter Spezialist für Passagier- und Kreuzfahrtschiffe, Tanker, Containerschiffe und Tiertransporter. So entstanden auf der Werft, teilweise auch durch Umbauten, die großen Tiertransporter mit speziellen Deckbelägen, mit Futter-, Trinkwasser- und Lüftungsanlagen, die auch dem Tierschutz entsprechen. „Al Shuwaikh" ist mit einer Kapazität von 125 000 Schafen der größte Tiertransporter der Welt.

Typ:	Tiertransporter
Baujahr/Werft:	1986/Meyer Werft GmbH, Papenburg, Deutschland
Vermessung:	25 088 ts Deplacement
Länge über alles:	179,8 m
Reederei:	KLTT, Kuwait

Wind Star
Segel-Kreuzfahrtschiff

Zusammen mit der Schwester „Wind Spirit" und der größeren „Wind Surf" ist „Wind Star" das erste Segelschiff seiner Art. Die Segel werden durch einen Computer, der die Wind- und Wetterverhältnisse berechnet, in minutenschnelle gesetzt oder geborgen. Mit allem erdenklichen Luxus ausgestattet, wozu auch eine Marina am Heck gehört, gehen 148 Gäste an Bord der „Wind Star" auf Kreuzfahrt im Mittelmeer, über den Ozean und in die Karibik.

Typ:	Stagsegelschoner, Kreuzfahrtschiff
Baujahr/Werft:	1986/Ateliers et Chantiers du Havre, Frankreich
Vermessung:	5350 BRT
Länge über alles:	134 m
Besegelung:	7 Segel, Segelfläche 2000 m^2
Reederei:	Windstar Cruises, Holland America Line Company, Bahamas

F 812 Jacob van Heemskerck
Niederländische Fregatte

Als Weiterentwicklung der Mehrzweck-Fregatten der Kortenaer-Klasse entstanden die Luftverteidigungs- oder Raketenfregatten „Jacob van Heemskerck" und „Witte de With". Auf ein U-Boot-Abwehrsystem wurde verzichtet. Sensoren für Luft- und Seeaufklärung, Feuerleitradar und Sonar sind vorhanden, die Bewaffnung besteht neben leichten Bordgeschützen und vier Torpedorohren vor allem aus Raketensystemen wie einer achtfachen Abschussvorrichtung.

Typ:	Raketenfregatte
Baujahr/Werft:	1986/Koninklijke Maatschappij de Schelde, Vlissingen, Niederlande
Vermessung:	3750 ts Deplacement
Länge über alles:	130,5 m
Maschinenleistung:	60 000 PS
Flotte:	Koninklijke Nederlandsche Zeemacht

M 858 Middelburg
Niederländisches Minenabwehrboot

Der Schiffbau und die Marine der Niederlande pflegen eine lange Tradition der Minenabwehrboote. Sogar die deutsche Marine der Nachkriegszeit hatte noch bis 1960 zwei Minensuchboote in Dienst, die in den besetzten Niederlanden 1942 und 1943 für die deutsche Kriegsmarine gebaut werden mussten. In den Achtzigerjahren stellte die niederländische Marine eine Reihe neuer Boote in Dienst, die auch mit zusätzlichen Bugschrauben ausgestattet waren.

Typ:	Minenabwehrboot
Baujahr/Werft:	1986/Van der Giessen de Noord, Alblasserdam, Niederlande
Vermessung:	544 ts Deplacement
Länge über alles:	51,6 m
Maschinenleistung:	2140 PS
Flotte:	Koninklijke Nederlandsche Zeemacht

K 141 Kursk
Sowjetisches/Russisches U-Boot

Im August 2000 sank nach zwei Explosionen an Bord die „Kursk", ein Atom-U-Boot der Oscar II-Klasse (so bezeichnet nach dem NATO-Code). Die Boote dieser Klasse, mit 130 Mann besetzt, konnten 24 schwere konventionelle oder nukleare Marschflugkörper tragen, die im Kriegsfall gegen U-Boote und Flugzeugträger eingesetzt werden konnten. Bei dem bislang nicht aufgeklärten Untergang der „Kursk" kam die gesamte Besatzung ums Leben.

Typ:	U-Boot
Baujahr:	1986
Vermessung:	13 900 ts Deplacement über Wasser, 16 000 ts unter Wasser
Länge über alles:	154 m
Maschinenleistung:	91 251 PS
Flotte:	Sowjetische Marine/Russische Marine

Mir
Russisches Schulschiff

Zusammen mit den Schwesterschiffen, der russischen „Pallada", den ukrainischen „Khersones" und „Druzhba", der polnischen „Dar Mlodziezy", gehört die „Mir" zu den modernen Großseglern, die immer noch der Ausbildung des seemännischen Nachwuchses dienen, die bei Windjammer-Regatten und maritimen Veranstaltungen teilnehmen und die auch gern Trainees oder Fahrgäste bei ihren Fahrten über die Meere mitnehmen.

Typ:	Vollschiff, Schulschiff
Baujahr/Werft:	1987/Stocznia Gdánska, Gdansk, Polen
Vermessung:	2256 BRT
Länge über alles:	109,4 m
Besegelung:	26 Segel, Segelfläche 2771 m^2
Maschinenleistung:	1140 PS
Eigner:	Makarov-Institut, Sankt Petersburg
Heimathafen:	Sankt Petersburg, Russland

Druzhba
Ukrainisches Schulschiff

Eine Schwester der „Mir" ist das Vollschiff „Druzhba", deren Rumpf auch aus Stahl gefertigt wurde. 144 Kadetten erhalten auf dem Schiff ihre Ausbildung. Die Stammbesatzung umfasst 50 Personen. Dazu gesellen sich auf dem Schiff der Freundschaft noch Gäste, die an den Fahrten teilnehmen. Für die Passagiere wurden eigens Kabinen eingebaut sowie ein Restaurant, eine Captain's Bar und eine Sonnendeck-Bar eingerichtet.

Typ:	Vollschiff, Schulschiff
Baujahr/Werft:	1987/Stocznia Gdánska, Gdansk, Polen
Vermessung:	2264 BRT
Länge über alles:	109,4 m
Besegelung:	26 Segel, Segelfläche 2936 m^2
Maschinenleistung:	1560 kW
Eigner:	Akademie für Navigation, Odessa, Ukraine
Reederei:	Inmaris Perestroika Sailing, Hamburg, Deutschland

Astor
Kreuzfahrtschiff

Eines der beliebtesten deutschen Kreuzfahrtschiffe fährt unter der Flagge der Bahamas. Bestellt wurde das Schiff von der South Africa Marine Corporation, abgeliefert wurde es an die Marlan Corporation, Port Louis. Die Jungfernfahrt der „Astor“ führte von Hamburg über Genua nach Südamerika und in die Karibik. Von 1988 bis 1995 trug es den Namen „Fedor Dostojewskij“, ab 1995 hieß es wieder „Astor“. Zuletzt 2005 renoviert, geht es mit maximal 590 Passagieren auf Fahrt.

Typ:	Passagierschiff
Baujahr/Werft:	1987/HDW Howaldtswerke-Deutsche Werft, Kiel
Vermessung:	20 606 BRZ
Länge über alles:	176,5 m
Maschinenleistung:	15 400 kW
Reederei:	Astor Shipping Co., Nassau, Bahamas/Transocean Tours Touristik GmbH, Bremen, Deutschland

Mozart
Fluss-Kreuzfahrtschiff

Das luxuriöse Schiff für 207 Passagiere, seit 1993 zur Deilmann-Flotte gehörig, trägt das Prädikat „Königin der Donau“. An Bord gibt es neben allen Bequemlichkeiten ein Wellness Spa mit Innenschwimmbad, Whirlpool, Sauna, Massage- und Kosmetikkabinen. Auf der „Mozart“, zwischen Passau und dem Schwarzmeer und auf Themenfahrten unterwegs, wird bei jeder Fahrt ein zauberhafter Opernball veranstaltet und jeden Abend ertönt eine kleine Nachtmusik.

Typ:	Fahrgastschiff
Baujahr/Werft:	1987/Deggendorfer Werft und Eisenbau, Deggendorf
Vermessung:	3091 BRZ
Länge über alles:	120,6 m
Maschinenleistung:	3222 PS
Reederei:	Peter Deilmann Reederei, Neustadt in Holstein, Deutschland

Westensee
Deutsches Ölbekämpfungsschiff

Der Katamaran ist ein „schwimmender Öldeich“, der zum Einsatz kommt, wenn zum Beispiel nach einer Kollision Öl ausgetreten ist. Die „Westensee“, ohne eigenen Antrieb, wird von einem Schlepper, der sich in die Ausbuchtung des Hecks schiebt, bewegt und gesteuert. Das Öl-Wasser-Gemisch gelangt zwischen die beiden Rümpfe und fließt über eine Rampe in Trenntanks, in denen sich das Öl absetzt. Das gereinigte Wasser fließt am Heck aus.

Typ:	Ölbekämpfungsschiff
Baujahr/Werft:	1987/IFA-Ingenieurbüro Essen, Werft Nobiskrug GmbH, Rendsburg
Länge über alles:	48,7 m
Eigner:	Bugsier-, Reederei- und Bergungsgesellschaft mbH, Hamburg
Heimathafen:	An der Kaiserschleuse, Bremerhaven, Deutschland

Y 817 Nordstrand
Deutscher Hafenschlepper

Der erste Hafenschlepper „Y 817 Nordstrand“, 1959 in Dienst gestellt, erlebte 1986 seine Außerdienststellung. Der neue Schlepper „Nordstrand (II)“ musste auf seinen Stapellauf verzichten, er wurde mit einem Kran ins Wasser gesetzt. Die sechs Hafenschlepper der Nordstrand-Klasse zählen zu den Werft- und Hafendienstfahrzeugen (Yard service crafts) und tragen eine Y-Kennung. In Friedenszeiten trägt ein Boot eine Zivilbesatzung von sechs bis sieben Mann.

Typ:	Hafenschlepper
Baujahr/Werft:	1987/Orenstein & Koppel, Lübeck, Deutschland
Vermessung:	457 ts Deplacement
Länge über alles:	30,25 m
Maschinenleistung:	2230 PS
Flotte:	Deutsche Marine

A 50 Alster
Deutsches Flottendienstboot

Das erste Marine-Messboot „Alster“ war 1980 als Umbau aus einem Hochsee-Fischtrawler entstanden und wurde durch die neue „Alster (II)“ der Oste-Klasse ersetzt. Nach dem Stapellauf setzte sich das Schiff zunächst nicht in Bewegung. Dem Unterseebootgeschwader zugehörig, dient „A 50 Alster“ als Flottendienstboot (Auxiliary vessel) mit einer Besatzung von 45 Mann der fernmeldetechnischen und elektronischen Aufklärung.

Typ:	Flottendienstboot
Baujahr/Werft:	1988/Flensburger Schiffsbau-Gesellschaft, Flensburg, Deutschland
Vermessung:	2375 ts Deplacement
Länge über alles:	83,5 m
Maschinenleistung:	8980 PS
Flotte:	Deutsche Marine

A 1456 Alliance
NATO-Forschungsschiff

Die als NRV (NATO research vessel) bezeichnete „Alliance“ ist dem NATO U-Boot-Abwehrzentrum in La Spezia, Italien, unterstellt. Das Schiff wird von der Bundeswehr betreut und in der Liste der Schiffe der Deutschen Marine geführt. Unter dem Kommando eines deutschen Kapitäns dient eine zivile Mannschaft aus den Staaten der NATO. Die Motoren sind schalldicht gekapselt, ein Gasturbinenaggregat dient der Schleichfahrt bis zu 12 Knoten.

Typ:	Forschungsschiff
Baujahr/Werft:	1988/Fincantieri Muggiano, La Spezia, Italien
Vermessung:	2466 ts Deplacement
Länge über alles:	83 m
Maschinenleistung:	4040 PS
Flotte:	NATO/Deutsche Marine

Nikolay Baumann
Russisches Fluss-Kreuzfahrtschiff

Das Schiff, 2006 renoviert, ist unterwegs zwischen Sankt Petersburg und Moskau, fährt auf dem Ladogasee, dem Onegasee und dem Rybinsker Stausee. Andere Reisen mit „Nikolay Baumann“ gehen von Moskau auf der Wolga nach Wolgograd oder weiter ins Flussdelta bis Astrachan. Stadtrundfahrten und Besichtigungen stehen auf dem Programm. Maximal 280 Passagiere genießen die Fahrten und die Atmosphäre an Bord.

Typ:	Fahrgastschiff
Baujahr/Werft:	1988/Elbewerft Boizenburg
Länge über alles:	129,2 m
Maschinenleistung:	3000 PS
Reederei:	Moskau, Russland/Plantours & Partner GmbH, Bremen, Deutschland

Wikinger I
Deutsches Ausflugsschiff

Am Eisernen Steg, der Fußgängerbrücke über den Main, liegen die weißen Schiffe der Frankfurter Personenschiffahrt, die zu Ausflügen und Charterfahrten einladen. Dazu zählt das schnelle Motorschiff „Wikinger I", das auf Main, Rhein und Neckar auch als Partyschiff verkehrt. In den Salons auf zwei Decks gibt es 120 Sitzplätze, weitere 130 auf den Freidecks. Die Bordgastronomie und das vielfältige Veranstaltungsprogramm verwöhnen die Fahrgäste.

Typ:	Fahrgastschiff
Baujahr/Werft:	1988/Lux-Werft und Schiffahrt GmbH, Niederkassel-Mondorf
Länge über alles:	33 m
Maschinenleistung:	440 PS
Reederei:	Primus-Linie, Frankfurter Personenschiffahrt Anton Nauheimer GmbH, Frankfurt am Main, Deutschland

Norwegian Crown
Norwegisches Kreuzfahrtschiff

Als „Crown Odyssey" für die griechische Royal Cruise Line gebaut, die 1996 von NCL übernommen wurde, erhielt das Schiff nun den neuen Namen „Norwegian Crown". Nach einem dreijährigen Einsatz bei der zu NCL gehörenden Orient Line wurde das Schiff in Singapur umgebaut und renoviert. Die Kreuzfahrten des schönen Schiffes führen nach Südamerika und in die Karibik, maximal 1078 Passagiere genießen den unbeschwerten Komfort.

Typ:	Passagierschiff
Baujahr/Werft:	1988/Meyer Werft GmbH, Papenburg, Deutschland
Vermessung:	34 242 BRZ
Länge über alles:	187 m
Maschinenleistung:	21 200 kW
Reederei:	NCL Norwegian Cruise Line, Bahamas/Wiesbaden, Deutschland

Alexander von Humboldt
Deutsche Bark

Die letzte Station des Feuerschiffs „Kiel" war bis 1986 die Deutsche Bucht. Nach Außerdienststellung wurde das rote, 1906 gebaute Schiff mithilfe von Sponsoren zu einer Bark umgebaut und erhielt ihr neues Aussehen, das Millionen Menschen aus der Beck's Werbung kennen. Als Training Ship geht die „Alexander von Humboldt", der berühmte „Windjammer für die Jugend", mit einer Crew und 35 jugendlichen Trainees auf Fahrt.

Typ:	Bark, STS Sail Training Ship
Baujahr/Werft:	(1906); Umbau 1988/Motorenwerke Bremerhaven
Vermessung:	800 ts Deplacement
Länge über alles:	62,2 m
Besegelung:	25 Segel, Segelfläche 1010 m²
Maschinenleistung:	452 kW
Eigner:	DSST Deutsche Stiftung Sail Training, Bremerhaven
Heimathafen:	Bremerhaven, Deutschland

Seabourn Pride
Kreuzfahrtyacht

Nicht mehr als 208 Passagiere nehmen an Bord der großen Luxusyacht an den exklusiven Fahrten unter der Flagge der Bahamas zu ausgewählten Zielen in der Alten und Neuen Welt teil. Die „Seabourn Pride" wurde auf diesen Namen von Shirley Temple Black, dem einstigen weltberühmten Kinderstar, getauft. Inzwischen wurde das prachtvolle Schiff renoviert und modernisiert, um den höchsten Ansprüchen der verwöhnten Gäste vollauf zu genügen.

Typ:	Passagierschiff
Baujahr/Werft:	1988/SSW Schichau Seebeck Shipyard GmbH, Bremerhaven, Deutschland
Vermessung:	9975 BRZ
Länge über alles:	133,8 m
Reederei:	Seabourn Cruise Line (Carnival Cruise Lines), Bahamas und Panama

Khersones
Ukrainisches Schulschiff

Auch „Khersones", Schwester der Großsegler „Mir", „Druzbah" und „Pallada", ist ein Windjammer, der immer noch in Fahrt ist. Bei den Tall Ship Races und den beliebten großen maritimen Veranstaltungen ist das stolze Schiff beteiligt. Der schlanke Leib der „Khersones" erstrahlt seit der Renovierung 2003 in Bordeauxrot. Zusätzlich zu den Kadetten, die an Bord ihre Ausbildung erhalten, können 91 Passagiere an den Segelfahrten teilhaben.

Typ:	Vollschiff, Schulschiff
Baujahr/Werft:	1989/Stocznia Gdánska, Gdansk, Polen
Vermessung:	2264 BRT
Länge über alles:	109,4 m
Besegelung:	26 Segel, Segelfläche 2771 m^2
Maschinenleistung:	1140 PS
Eigner:	Marine-Technologisches Institut, Ukraine/Inmaris Perestroika Sailing, Hamburg, Deutschland

Rainbow Warrior II
Greenpeace-Schiff

Die internationale Umweltschutzorganisation Greenpeace kämpft mit zum Teil unkonventionellen und spektakulären Methoden und Aktionen erfolgreich gegen die Verschmutzung und Zerstörung der Erde und ihrer Meere. Aus dem Nordsee-Trawler „Grampian Fame" entstand durch Umbau als Ersatz für den ersten Regenbogen-Kämpfer, der 1985 vom französischen Geheimdienst zerstört worden war, der Segler „Rainbow Warrior II" für den Einsatz im Pazifik.

Typ:	Gaffelschoner, Umweltschutz-Schiff
Baujahr/Werft:	(1957/Cochrane Shipbuilders Ltd., Selby, Großbritannien); Umbau 1989/Scheel & Jöhnk-Werft, Hamburg, Deutschland
Vermessung:	555 BRT
Länge über alles:	55,5 m
Besegelung:	4 Segel, Segelfläche 650 m^2
Maschinenleistung:	1000 PS
Eigner:	Greenpeace

Wind Surf
Segel-Kreuzfahrtschiff

Der Fünfmastschoner mit computergesteuerter Besegelung wurde als „La Fayette" gebaut, als „Club Med 1" für den Club Méditerranée abgeliefert, 1997 an Windstar Cruises abgegeben. Als „Wind Surf" ergänzt das elegante und luxuriöse Schiff nun das Angebot an Segel-Kreuzfahrtschiffen wie „Wind Star" und „Wind Spirit". Die maximal 308 Gäste an Bord der „Wind Surf" gehen auf Fahrten durchs Mittelmeer, über den Atlantik und kreuzen in der Karibik.

Typ:	Stagsegelschoner, Kreuzfahrtschiff
Baujahr/Werft:	1989/Ateliers et Chantiers du Havre, Frankreich
Vermessung:	14 745 BRZ
Länge über alles:	187,2 m
Besegelung:	7 Segel, Segelfläche 2500 m^2
Maschinenleistung:	13 400 kW
Reederei:	Windstar Cruises, Holland America Line Company, Bahamas

CVN 72 Abraham Lincoln
Amerikanischer Flugzeugträger

Auf dem fünften Träger der Nimitz-Klasse sind 3200 Seeleute und 2480 Mann des Flugpersonals beschäftigt. Seit 1990 ist „Abraham Lincoln", Spitzname „Abe", immer wieder in den Kriegen gegen den Irak im Einsatz. 1993 war der Träger an den Kämpfen in Somalia beteiligt. 2003 übernahm er die Führung der Flotte im Golf. Präsident Bush landete damals auf „Abe" und erklärte das Ende des Krieges. Zwischenzeitlich war der Träger 1991 und 2004 bis 2005 in Indonesien, um Katastrophenhilfe zu leisten.

Typ:	Flugzeugträger
Baujahr/Werft:	1989/Newport News Shipbuilding Co., Virginia, USA
Vermessung:	104 000 ts Deplacement
Länge über alles:	332,8 m
Maschinenleistung:	260 000 PS
Flotte:	US Navy

Vistamar
Spanisches Kreuzfahrtschiff

Zu den besonders reizvollen Routen der „Vistamar" zählen die Flussfahrten die Themse hinauf bis London, auf dem Guadalquivir bis Sevilla, die Amazonasfahrten bis Iquitos. Andere Fahrten führen in den hohen Norden bis in die Arktis, nach Feuerland und in die Paradiesbucht der Antarktis. Durch den Einsatz von Expeditions-Schlauchbooten lassen sich Inseln und Küsten erkunden. Maximal 320 Passagiere gehen auf die teils abenteuerlichen Kreuzfahrten.

Typ:	Passagierschiff
Baujahr/Werft:	1989/Union Naval de Levante, Valencia, Spanien
Vermessung:	7478 BRZ
Länge über alles:	120,8 m
Maschinenleistung:	3900 kW
Reederei:	Spanien/Plantours & Partner GmbH, Bremen, Deutschland

Marina Tsvetaeva
Russisches Passagierschiff

Die Expeditions-Seereisen mit „Marina Tsvetaeva" führen in das Gebiet von Sachalin, den Kurilen und Kamtschatka im nördlichen Pazifik. Bei den Landausflügen mit den Zodiacs ist die einzigartige Inselwelt mit ihren erloschenen Vulkanen und ihren Tieren und Pflanzen zu erleben. Das eisverstärkte Schiff, das 2005 renoviert wurde, bietet bis zu 115 Passagieren Platz und verfügt über eine Bücherei, einen Vortragssaal, eine Sauna, ein Schwimmbecken und ein Hospital.

Typ:	Passagierschiff, Expeditionsschiff
Baujahr/Werft:	1989/Polen
Vermessung:	4575 ts Deplacement
Länge über alles:	89,98 m
Reederei:	Marine Agency Kurily/Poseidon Arctic Voyages/Hurtigruten Group ASA, Bergen, Norwegen

Liman
Russisches Aufklärungsschiff

Spionageschiffe, auch Aufklärungsschiffe genannt, tarnen sich und täuschen vor, bescheidene Fahrzeuge zu sein. Allenfalls lässt eine Vielzahl von Antennen darauf schließen, welche elektronischen Überwachungs- und Abhörgeräte sich an Bord befinden. Mehr wissen die befreundeten und die gegnerischen Geheimdienste. Diese kennen auch die „Liman" von der russischen Schwarzmeerflotte, die hier 1999 auf dem Weg in die Adria ist, um die NATO-Aktionen gegen Jugoslawien zu erkunden.

Typ:	Aufklärungsschiff
Baujahr bzw. Umbau:	um 1990
Flotte:	Russische Marine

Empress of the Seas
Kreuzfahrtschiff

Die große Flotte von Royal Caribbean ist in Klassen gegliedert, in denen die Schwesterschiffe eingeordnet sind. Die „Empress of the Seas" ist die Ausnahme. Sie ist im Vergleich zu den anderen von geringerer, aber immer noch beachtlicher Größe. Als „Nordic Empress" ging sie von Miami zu ihrer ersten Kreuzfahrt nach den Bahamas. Mit der Neugestaltung ihrer vielfältigen Einrichtungen für die Passagiere erhielt sie 2004 den neuen Namen „Empress of the Seas".

Typ:	Passagierschiff
Baujahr/Werft:	1990/Chantiers de l'Atlantique, Saint-Nazaire, Frankreich
Vermessung:	48 563 BRZ
Länge über alles:	210,8 m
Maschinenleistung:	16 200 kW
Reederei:	Royal Caribbean International Ltd., Miami, Florida, USA/Frankfurt am Main, Deutschland

Bremen
Deutsches Kreuzfahrtschiff

Das Schiff mit dem traditionsreichen Namen „Bremen" ist ein modernes Kreuzfahrtschiff mit der höchsten Eisklasse für Passagierschiffe. So gehen die Fahrten mit maximal 164 Passagieren vornehmlich in die Arktis und Antarktis. Mit den zwölf Zodiacs, die zur Ausstattung der „Bremen" gehören, können auch entlegene Orte erkundet werden. Fachbücher gibt es in der Bordbibliothek. Sauna, Pool und andere komfortable Einrichtungen sind selbstverständlich.

Typ:	Passagierschiff
Baujahr/Werft:	1990/Mitsubishi Heavy Industries, Kobe, Japan
Vermessung:	6752 BRZ
Länge über alles:	111,5 m
Reederei:	Hapag-Lloyd Kreuzfahrten GmbH, Hamburg, Deutschland

Olau Britannia
Fähre

Für Olau Line, Hamburg, bei SSW in Bremerhaven gebaut, wurde „Olau Britannia" in Sheerness getauft, von wo sie nach Vlissingen zu ihrer Jungfernfahrt auslief. Ab 1994 in Charter für P&O European Ferries hieß die Fähre nun „Pride of Portsmouth" und übernahm den Dienst nach Cherbourg und Le Havre. 1736 Passagiere und 590 Pkws haben Platz an Bord. Ende 2005 gelangte sie als „SNAV Lazio" für den Palermodienst nach Neapel.

Typ:	Passagier- und Autofähre
Baujahr/Werft:	1990/SSW Schichau Seebeck Shipyard GmbH, Bremerhaven, Deutschland
Vermessung:	33 396 BRZ
Länge über alles:	161 m
Maschinenleistung:	19 600 kW
Reederei:	Olau Line, Hamburg, Deutschland; ab 2005 SNAV, Neapel, Italien

AIDAblu
Kreuzfahrtschiff

Im März 2006 unternahm „AIDAblu" ihre Abschiedskreuzfahrt. Sie verließ das Meer um die Kanarischen Inseln und Madeira und wurde an Ocean Village abgegeben. Sie war wie die anderen Schiffe mit dem Namensbestandteil AIDA ein beliebtes Clubschiff. Ihre Laufbahn hatte als „Crown Princess" für P&O Cruises begonnen. 2002 wurde sie umgebaut und hieß für Seetours „A'Rosa Blu". Bei Blohm + Voss in Hamburg wurde sie zur „AIDAblu" umgebaut.

Typ:	Passagierschiff
Baujahr/Werft:	1990/Fincantieri Cantieri Navali Italiani, Monfalcone, Italien
Vermessung:	70 825 BRZ
Länge über alles:	245 m
Maschinenleistung:	24 000 kW
Reederei:	AIDA Cruises, Rostock, Deutschland

Delphin Voyager
Deutsches Kreuzfahrtschiff

Als „Orient Venus" war das Schiff anfänglich für Japan Cruise Line, Osaka, im Pazifik in Fahrt. 2005 kam es zur First Cruise One, Nassau, und hieß „Cruise One". In Piräus bei Hellenic Shipyards modernisiert und zum Luxusliner umgebaut, ist das Schiff als „Delphin Voyager" ab 2005 unter dem Zeichen des Delphin und der Flagge der Bahamas auf allen Meeren der Welt unterwegs. Maximal 650 Passagiere genießen die Reisen auf dem schönen Schiff.

Typ:	Passagierschiff
Baujahr/Werft:	1990/Ishikawajima-Harima, Tokio, Japan
Vermessung:	23 000 BRT
Länge über alles:	174 m
Maschinenleistung:	12 600 kW
Reederei:	Delphin Kreuzfahrten GmbH, Offenbach am Main/Hansa Kreuzfahrten GmbH, Bremen, Deutschland

Weggis
Schweizerisches Ausflugsschiff

Das Zweideck-Salon-Motorschiff „Weggis" verkehrt auf dem Vierwaldstättersee, verbindet die Orte an den Ufern, lässt die begeisterten Touristen die wunderbare Welt des Sees und der Berge ringsum erleben. 301 Fahrgästen stehen 172 Plätze in den Salons und 129 auf den Freidecks zur Verfügung. Das Schiff wird gern für Sonder- und Charterfahrten genutzt, um Feiern, Konferenzen oder andere Veranstaltungen auf dem Wasser durchzuführen.

Typ:	Fahrgastschiff
Baujahr/Werft:	1990/Deggendorfer Werft und Eisenbau, Deggendorf, Deutschland, und SGV Werft, Luzern
Vermessung:	125 ts Deplacement
Länge über alles:	48,2 m
Maschinenleistung:	710 PS
Reederei:	SGV Schifffahrtsgesellschaft des Vierwaldstättersees, Luzern, Schweiz

Brunnen
Schweizerisches Ausflugsschiff

Die SGV hat nicht nur die weltweit größte Raddampfer-Flotte auf einem Binnensee in Fahrt, die Motorschiffe sind zu einem Teil historisch und zum anderen modern. Freunde der Schifffahrt finden am Vierwaldstättersee insgesamt 19 Schiffe und einen Nauen, um auf dem See im Liniendienst oder auf Sonderfahrten frohe und stimmungsvolle Fahrten zu unternehmen. Die „Brunnen" bietet maximal 301 Personen in den Salons und auf den Freidecks Platz.

Typ:	Fahrgastschiff
Baujahr/Werft:	1991/Deggendorfer Werft und Eisenbau, Deggendorf, Deutschland, und SGV Werft, Luzern
Vermessung:	127 ts Deplacement
Länge über alles:	48,2 m
Maschinenleistung:	710 PS
Reederei:	SGV Schifffahrtsgesellschaft des Vierwaldstättersees, Luzern, Schweiz

Nautilus
Deutsches Ausflugsschiff

Das Schiff, das mit seinem traditionsreichen Namen „Nautilus" an Robert Fultons Unterwasserfahrzeug und an Jules Vernes fantastisches Schiff erinnert, ist ein Luxus-Cruiser mit Kreuzfahrt-Ambiente. Auf zwei Salondecks werden 380 Innensitzplätze geboten, 200 auf dem großen Freideck. Die Vergnügungsfahrten führen auf den Flüssen Main, Rhein und Neckar entlang. Zu vielerlei Veranstaltungen und Sonderfahrten legt das elegante Schiff ab.

Typ:	Fahrgastschiff
Baujahr/Werft:	1991/Lux-Werft und Schiffahrt GmbH, Niederkassel-Mondorf
Länge über alles:	50,2 m
Maschinenleistung:	600 PS
Reederei:	Primus-Linie, Frankfurter Personenschiffahrt Anton Nauheimer GmbH, Frankfurt am Main, Deutschland

Dresden
Deutsches Fluss-Kreuzfahrtschiff

Die Reederei des großen Traumschiffs „Deutschland" hat eine ganze Flotte kleiner Traumschiffe in Fahrt. Die „Dresden" mit zwei Decks und Sonnendeck, Panorama-Restaurant, Lounge, Bar, Bibliothek, Boutique, Friseur, Sauna und ärztlicher Betreuung lässt bis 108 Passagiere die schönen Flusslandschaften und sehenswerten Städte an den Ufern der Elbe zwischen Dresden, dem Elbflorenz, und Hamburg, dem Tor zur Welt, erleben.

Typ:	Passagierschiff
Baujahr/Werft:	1991/Deggendorfer Werft und Eisenbau, Deggendorf
Vermessung:	1500 BRZ
Länge über alles:	97,8 m
Maschinenleistung:	15 300 PS
Reederei:	Peter Deilmann Reederei, Neustadt in Holstein, Deutschland

Amadea
Kreuzfahrtschiff

Die regelmäßig, zuletzt 2006 renovierte und modernisierte „Amadea" ist das Flaggschiff der Phoenix Flotte. Auf dem First-Class-Kreuzfahrtschiff genießen bis 600 Passagiere die Fahrten nach Südamerika, durch die Südsee, über den Atlantischen, Indischen und Pazifischen Ozean und rund um die Welt. Die „Amadea" war zuerst als „Asuka" für NYK Cruises, Tokio, in Fernost und Australien unterwegs. Seit 2006 trägt sie den neuen Namen „Amadea".

Typ:	Passagierschiff
Baujahr/Werft:	1991/Mitsubishi Heavy Industries, Nagasaki, Japan
Vermessung:	29 000 BRZ
Länge über alles:	192,8 m
Maschinenleistung:	23 400 PS
Reederei:	V.Ships, Monaco/Phoenix Reisen GmbH, Bonn, Deutschland

Ecstasy
Kreuzfahrtschiff

Bis zum Sport- und dem oberen Sonnendeck erstreckt sich die „Ecstasy" zehn Stockwerke hoch. Bis zu 2052 Passagiere haben Platz an Bord des Schiffes, das mit allem Komfort ausgestattet ist. Vom texanischen Galveston führen die Kreuzfahrten durch den Golf von Mexiko und in die Karibik. 2005 wurde das Schiff vorübergehend von der Regierung der USA gechartert, um durch den Hurrikan Katrina in New Orleans obdachlos gewordenen Menschen eine Bleibe zu geben.

Typ:	Passagierschiff
Baujahr/Werft:	1991/Kvaerner Masa-Yards, Helsinki, Finnland
Vermessung:	70 367 BRZ
Länge über alles:	260,6 m
Maschinenleistung:	42 240 kW
Reederei:	Carnival Cruise Lines, Bahamas und Panama/Inter-Connect Marketing, München, Deutschland

Regal Princess
Amerikanisches Kreuzfahrtschiff

Anfänglich für P&O Cruises in Fahrt, ist die schöne „Regal Princess" seit 1992 für Princess Cruises in Dienst. Die Kreuzfahrten führen vor allem nach Hawaii. Von den vielen komfortablen und luxuriösen Bordeinrichtungen, die von den bis zu 1590 Passagieren mit Freude genutzt werden, seien als Beispiele die mondäne Wine & Caviar Bar und das Las Vegas Casino erwähnt. Wer will, genießt den privaten Frühstücksservice auf seinem Balkon.

Typ:	Passagierschiff
Baujahr/Werft:	1991/Fincantieri Cantieri Navali Italiani, Monfalcone, Italien
Vermessung:	69 845 BRZ
Länge über alles:	247 m
Maschinenleistung:	62 880 kW
Reederei:	Princess Cruises, USA/Inter-Connect Marketing, München, Deutschland

Pride of Canterbury
Britische Fähre

Als „European Pathway" war die Fähre zwischen Dover und Zeebrügge in Dienst. 2002 begannen bei der Lloyd Werft in Bremerhaven die Modernisierung und der Umbau, um die Passagierkapazität von 200 Fahrgästen beträchtlich zu steigern. Nach Abschluss der Arbeiten erfolgte 2003 die Umbenennung in „Pride of Canterbury". Im Dienst zwischen Dover und Calais kann die Fähre bis zu 2000 Passagiere und 520 Pkws transportieren.

Typ:	Passagier- und Autofähre
Baujahr/Werft:	1991/SSW Schichau Seebeck Shipyard GmbH, Bremerhaven, Deutschland
Vermessung:	30 635 BRZ
Länge über alles:	179,7 m
Maschinenleistung:	21 120 kW
Reederei:	P&O European Ferries, Dover, Großbritannien

F 829 Willem van der Zaan
Niederländische Fregatte

Von 1991 bis 1995 stellte die Niederländische Marine die sieben neuen Mehrzweck-Fregatten der Karel Doorman-Klasse in Dienst, die zum Teil die Namen von ihren Vorgängerinnen erhielten. „Willem van der Zaan" wurde schon 1985 auf Kiel gelegt, sechs Jahre danach erfolgte die Ablieferung des Schiffes. Es ist mit 174 Mann besetzt, mit Raketenleitsystem, Raketen, Torpedos, einer Schnellfeuerkanone und einem Hubschrauber ausgerüstet.

Typ:	Fregatte
Baujahr/Werft:	1991/Koninklijke Maatschappij de Schelde, Vlissingen, Niederlande
Vermessung:	3320 ts Deplacement
Länge über alles:	122,25 m
Maschinenleistung:	48 000 PS
Flotte:	Koninklijke Nederlandsche Zeemacht

S 802 Walrus
Niederländisches U-Boot

Die seit 1975 geplanten neuen U-Boote der Walrus-Klasse sollten ursprünglich mit Nuklearantrieb ausgestattet werden. Aus technischen und finanziellen Gründen erhielten sie dann den konventionellen Antrieb mit drei Dieselmotoren und einem Elektromotor. Die Bewaffnung besteht aus vier Torpedoeinrichtungen und Minen. 63 Mann versehen den Dienst an Bord. „Walrus" wurde bereits 1979 auf Kiel gelegt, aber durch einen schweren Feuerschaden im Jahr 1986 erfolgte die endgültige Ablieferung erst 1992.

Typ:	U-Boot
Baujahr/Werft:	1992/Rotterdamsche droogdok Maatschappij NV, Rotterdam, Niederlande
Vermessung:	2450 ts Deplacement über Wasser, 2800 ts unter Wasser
Länge über alles:	67,7 m
Maschinenleistung:	9376 PS
Flotte:	Koninklijke Nederlandsche Zeemacht

Yangtze Pearl
Chinesisches Fluss-Kreuzfahrtschiff

Wie eine fünfstöckige Pagode mutet das Schiff an, das auf dem Yangtse fährt, die berühmten drei Schluchten und den gigantischen neuen Staudamm passiert. Bis zu 150 Passagiere erleben auf ihrer Kreuzfahrt Chinas Land und Leute. Die Aussicht auf den Fluss und vielfältige Landschaft lassen sich auch vom Sonnendeck genießen. Das Küchenteam auf der „Yangtze Pearl" bringt europäische und asiatische Köstlichkeiten auf den Tisch.

Typ:	Fahrgastschiff
Baujahr/Werft:	1992/China
Länge über alles:	87,2 m
Maschinenleistung:	1200 PS
Reederei:	Transocean Tours Touristik GmbH, Bremen, Deutschland

Pride of Kent
Britische Fähre

Die erste Fahrt des in Bremerhaven gebauten Schiffes führte nach der Ablieferung von Dover nach Zeebrügge. Bis 200 Passagiere konnten befördert werden. 2002 verließ die Fähre Dover, um in Bremerhaven umgebaut zu werden. Aus „European Highway" wurde „Pride of Kent", die nun 2000 Passagiere beförderte, außerdem 520 Pkws. Ab 2003 wurde sie im Kanalverkehr zwischen dem englischen Dover und dem französischen Calais eingesetzt.

Typ:	Passagier- und Autofähre
Baujahr/Werft:	1992/SSW Schichau Seebeck Shipyard GmbH, Bremerhaven, Deutschland
Vermessung:	30 635 BRZ
Länge über alles:	179,7 m
Maschinenleistung:	21 120 kW
Reederei:	P&O European Ferries, Dover, Großbritannien

Königstein
Deutsches Fluss-Kreuzfahrtschiff

Zu den kleinen Deilmann-Traumschiffen gehört die „Königstein". Sie hat 29 Kabinen für 70 Gäste, ein großes Sonnendeck mit Liegestühlen, auf dem die Reisenden beobachten, wie Stadt, Land und Fluss gemächlich vorüberziehen. Das Schiff ist in Holland und Flandern unterwegs, legt zum Beispiel in Amsterdam, Dordrecht, Gent und Brügge an. Beim Landgang werden die Sehenswürdigkeiten besichtigt. Allabendlich gibt es an Bord Unterhaltung mit Tanz und Musik.

Typ:	Fahrgastschiff
Baujahr/Werft:	1992/Arminius-Schiffswerft, Bodenwerder
Vermessung:	774 ts Deplacement
Länge über alles:	68,5 m
Maschinenleistung:	428 kW
Reederei:	Peter Deilmann Reederei, Neustadt in Holstein, Deutschland

Yamal
Russischer Eisbrecher

Der stärkste und leistungsfähigste Eisbrecher der Welt wurde gebaut, um die Seestraßen im äußersten Norden von Sibirien eisfrei zu halten. 1993 erreichte die mit Nuklearantrieb versehene „Yamal" erstmals den Nordpol. Außerhalb der Eisbrechsaison fährt das Schiff mit Touristen in die Arktis. Für Expeditionen unter Führung von Forschern stehen den 100 Reisenden bordeigene Zodiacs und Hubschrauber zur Verfügung. Restaurant, Sauna, Pool und Hospital befinden sich an Bord.

Typ:	Eisbrecher, Expeditionsschiff
Baujahr/Werft:	1992/Baltic Shipbuilding & Engeneering Works, Sankt Petersburg
Vermessung:	20 646 BRZ
Länge über alles:	150 m
Maschinenleistung:	52 800 kW
Reederei:	Murmansk Shipping Co., Russland/Poseidon Arctic Voyages/Hurtigruten Group ASA, Bergen, Norwegen

Chiquita Rostock
Kühl-Containerschiff

Acht verschiedene Temperaturzonen für Kühlfracht bieten die Laderäume, die mit zwei bordeigenen Zwillingskränen, die Lasten von zwei mal 18 Tonnen heben und eine Reichweite von 25,4 Metern haben, be- und entladen werden. Mit 290 TEU (twenty equivalent units, 20-Fuß-Container) zählt die „Chiquita Rostock" zu den kleineren Containerschiffen. Wie der Name verrät, ist „Chiquita Rostock" ein Bananenfrachter mit Zielhafen Rostock.

Typ:	Kühl-Containerschiff
Baujahr/Werft:	1992/SSW Schichau Seebeck Shipyard GmbH, Bremerhaven, Deutschland
Vermessung:	12 850 ts Deplacement
Länge über alles:	156,53 m
Maschinenleistung:	12 180 kW
Reederei:	United Brands, USA

Norwegian Dream
Kreuzfahrtschiff

Nach der Ablieferung wurde das Schiff in Port Everglades auf den Namen „Dreamward" getauft. Die Jungfernfahrt führte zu den Bahamas. 1998 bei Lloyd in Bremerhaven verlängert, ging es als „Norwegian Dream" wieder in Fahrt. Nach der Kollision mit dem taiwanesischen Containerschiff „Ever Decent" musste 1999 der Bug in Bremerhaven repariert werden. Die Kreuzfahrten mit maximal 1748 Passagieren führen in die Ostsee, über den Atlantik und nach Südamerika.

Typ:	Passagierschiff
Baujahr/Werft:	1992/Chantiers de l'Atlantique, Saint-Nazaire, Frankreich
Vermessung:	50 765 BRZ
Länge über alles:	230 m
Maschinenleistung:	18 640 kW
Reederei:	NCL Norwegian Cruise Line, Bahamas/Wiesbaden, Deutschland

Majesty of the Seas
Amerikanisches Kreuzfahrtschiff

Die Luxusliner der Royal Caribbean sind in Klassen geordnet, die jeweils baugleiche oder Schwesterschiffe zusammenfassen. Die „Majesty of the Seas" gehört zur Sovereign-Klasse, Schiffen mit zwölf Decks für 2250 Passagiere, ausgestattet mit Restaurants, Lounges, Bars, Cafés, einem Casino Royale, einem ShipShape Fitness Center und Spa, einem Sportdeck – und für Kinder und Jugendliche gibt es Adventure Ocean und das FantaSeas Teen Centre.

Typ:	Passagierschiff
Baujahr/Werft:	1992/Chantiers de l'Atlantique, Saint-Nazaire, Frankreich
Vermessung:	73 192 BRZ
Länge über alles:	288 m
Maschinenleistung:	21 840 kW
Reederei:	Royal Caribbean International Ltd., Miami, Florida, USA/Frankfurt am Main, Deutschland

Norwegian Majesty
Kreuzfahrtschiff

Die Schiffe der NCL, früher Norwegian Cruise Line, tragen als Vornamen „Norwegian" oder sind „Pride of". Als „Royal Majesty" für Majesty Cruise Line, Panama, unternahm das Schiff seine Jungfernreise von Southampton nach New York. 1997 gelangte es an NCL und hieß nun „Norwegian Majesty", wurde 1999 bei Lloyd in Bremerhaven verlängert. Die 1462 Passagiere haben sechs Restaurants, neun Bars und Lounges, Pools, Body Waves Spa und Fitness-Center zur Verfügung.

Typ:	Passagierschiff
Baujahr/Werft:	1992/Wärtsilä und Nachfolgefirma Kvaerner Masa-Yards, Turku, Finnland
Vermessung:	40 876 BRZ
Länge über alles:	207,26 m
Maschinenleistung:	21 120 kW
Reederei:	NCL Norwegian Cruise Line, Bahamas/Wiesbaden, Deutschland

Princesse de Provence
Fluss-Kreuzfahrtschiff

Auf Rhône und Saône fährt die schöne „Princesse de Provence", eines der kleinen und feinen Traumschiffe von Deilmann. 148 Passagiere genießen an Bord die französische Lebensart mit ihren kulinarischen Köstlichkeiten, lernen bei den Landgängen und Ausflügen die Sehenswürdigkeiten der Natur und Kultur kennen. Stationen der Kreuzfahrt sind Chalon-sur-Saône, Tournus, Mâcon, Trévoux, Lyon, Vienne, Tournon, Viviers, Avignon, Arles.

Typ:	Fahrgastschiff
Baujahr/Werft:	1992/Werft Nobiskrug GmbH, Rendsburg
Vermessung:	1000 ts Deplacement
Länge über alles:	110 m
Maschinenleistung:	1000 kW
Reederei:	Peter Deilmann Reederei, Neustadt in Holstein, Deutschland

CG 68 Anzio
Amerikanischer Raketenkreuzer

Der Kreuzer „Anzio" der Ticonderoga-Klasse, von der 27 Einheiten in Dienst gestellt wurden, war nach drei Jahren Bauzeit fertig zur Ablieferung. Er ist mit einem Geschütz, Abschussvorrichtungen für 68 Raketen und 20 Torpedos sowie einem Hubschrauber ausgerüstet. Bei einer Einsatzfahrt im Jahr 2000 im Mittelmeer schlug eine israelische Mittelstreckenrakete des Typs Jericho bei einem Test nur etwa 30 Meilen von der „Anzio" entfernt ins Wasser.

Typ:	Raketenkreuzer
Baujahr/Werft:	1992/Ingalls Shipbuilding Co., Pascagoula, Mississippi, USA
Vermessung:	8910 ts Deplacement
Länge über alles:	171,6 m
Maschinenleistung:	160 000 PS
Flotte:	US Navy

Club Med 2
Kreuzfahrt-Schoner

Der neue Segler des Club Méditerranée, die „Club Med 2", hat sieben Rollsegel, davon fünf Stag-, ein Besan- und ein Focksegel, die mittels Computer gesetzt und überwacht werden. 392 Passagiere werden von 200 Frauen und Männern der Besatzung umsorgt. Das Schiff bietet Restaurants und Bars, Swimmingpool, Fitnessraum, Club Med Spa, eine zum Meer offene Wassersporthalle. Die Fahrten führen kreuz und quer durchs Mittelmeer und über den Atlantik.

Typ:	Fünfmast-Stagsegelschoner, Kreuzfahrtsegler
Baujahr/Werft:	1992/Ateliers et Chantiers du Havre, Frankreich
Vermessung:	14 983 BRZ
Länge über alles:	187,2 m
Besegelung:	7 Segel, Segelfläche 2500 m^2
Maschinenleistung:	13 400 kW
Reederei:	Club Med Cruises, Paris, Frankreich/Club Méditerranée Deutschland GmbH, Eschborn, Deutschland

Star Clipper
Kreuzfahrt-Clipper

Wie das Schwesterschiff „Star Flyer" unternimmt die „Star Clipper" Kreuzfahrten im Mittelmeer, in der Karibik, in Südostasien, in der Südsee, überquert den Indischen Ozean, unternimmt Transatlantik- und Spezialkreuzfahrten wie Incentivefahrten. Die modernen, eleganten und luxuriösen Viermastschiffe haben eine Besatzung von 70 Frauen und Männern, die dafür sorgen, dass ihre 170 Gäste Segelromantik in aller Welt erleben.

Typ:	Viermast-Schonerbark, Kreuzfahrt-Clipper
Baujahr/Werft:	1992/Langerbrugge, Gent, Belgien
Länge über alles:	115,5 m
Besegelung:	16 Segel, Segelfläche 3365 m^2
Maschinenleistung:	1015 kW
Reederei:	Star Clippers, Monaco und Miami/Star Clippers Kreuzfahrten, Langenhagen, Deutschland

Hanseatic
Deutsches Kreuzfahrtschiff

Mit der „Hanseatic", einem Fünfsterne-Luxusschiff, gehen maximal 184 Passagiere unter dem Motto „Expedition Wissen" auf Entdeckungsfahrten. Dank der höchsten Eisklasse für Passagierschiffe führen die Fahrten in die Arktis und Antarktis, aber auch in entlegene Warmwassergebiete. Mit den 14 bordeigenen Zodiacs landen die Expeditionsteilnehmer im Eis und an den Küsten, erforschen Fauna und Flora. Vorträge von Fachleuten vertiefen die Kenntnisse.

Typ:	Passagierschiff, Expeditionsschiff
Baujahr/Werft:	1993/Finnyards, Rauma, Finnland
Vermessung:	8378 BRZ
Länge über alles:	122,8 m
Reederei:	Hapag-Lloyd Kreuzfahrten GmbH, Hamburg, Deutschland

Nile Supreme
Fluss-Kreuzfahrtschiff

Phoenix hat eine ganze Reihe von First-Class-Nilschiffen gechartert; zum Beispiel die „Zena", „El Fostat", „King Tut II", „King Tut III", „King Tut IV" und „Nile Supreme". Die Schiffe, zwischen 1988 und 2005 gebaut, werden regelmäßig renoviert und entsprechen in Ausstattung und Service der Komfortklasse. Mit der „Nile Supreme", die vier Decks, Sonnendeck und Swimmingpool hat, fahren die Passagiere zu den altehrwürdigen Tempeln Ägyptens.

Typ:	Fahrgastschiff
Baujahr/Werft:	1993/Ägypten
Länge über alles:	72 m
Reederei:	Phoenix Reisen GmbH, Bonn, Deutschland

Kong Harald
Norwegisches Passagierschiff

Das erste Schiff der neuen Generation der Hurtigruten-Flotte ist „Kong Harald", das zum 100-jährigen Jubiläum von Hurtigruten in Dienst gestellt wurde. Namensgeber ist der norwegische König, die Bar ist nach Fridtjof Nansen, das Café nach Roald Amundsen benannt. Das Schiff, das 691 Passagieren und 45 Autos Platz bietet, verkehrt auf der Route zwischen Bergen im Süden und Kirkenes im Norden und läuft auch zu Sonderfahrten aus.

Typ:	Passagierschiff
Baujahr/Werft:	1993/Volkswerft, Stralsund, Deutschland
Vermessung:	11 204 BRZ
Länge über alles:	121,8 m
Maschinenleistung:	9000 kW
Reederei:	Hurtigruten Group ASA, Bergen, Norwegen

Delphin
Kreuzfahrtschiff

Die „Delphin" ist ein neues Schiff, das aus der ehemaligen „Byelorussiya" der Black Sea Shipping Co., Odessa, entstanden ist. Bei einem Dockunfall in Singapur war das Schiff 1992 gekentert, bei der Lloyd Werft in Bremerhaven wurde es umgebaut und erneuert und als „Kazakhstan II" verchartert. Jährlich renoviert geht es mit maximal 500 Passagieren auf Kreuzfahrten; Reisegebiete sind alle Meere der Welt in Nord und Süd, in Ost und West.

Typ:	Passagierschiff
Baujahr/Werft:	(1975/Wärtsilä Shipyard, Turku, Finnland); Neubau 1993/Lloyd Werft, Bremerhaven, Deutschland
Vermessung:	16 214 BRT
Länge über alles:	157 m
Maschinenleistung:	18 000 PS
Reederei:	Dolphin Maritime Ltd., Malta/Hansa Kreuzfahrten GmbH, Bremen, Deutschland

Richard With
Norwegisches Passagierschiff

Namensgeber für „Richard With" war der Gründer der legendären hurtigen Route, der mit seinen Passagier- und Postschiffen die Städte längs der norwegischen Fjordküste verband. An die historische Tat des Richard With, der Entwicklung eines nachttauglichen Navigationssystems, erinnert das große Glasbild an der Salondecke. Die beiden Lounges des Schiffes für 466 Passagiere und 45 Autos sind mit Gemälden der Künstlerfamilie Eva, Karl Erik und Jan Harr geschmückt, die aus dem Schiff eine fahrende Kunstausstellung machen.

Typ:	Passagierschiff
Baujahr/Werft:	1993/Volkswerft, Stralsund, Deutschland
Vermessung:	11 205 BRZ
Länge über alles:	121,3 m
Maschinenleistung:	9000 kW
Reederei:	Hurtigruten Group ASA, Bergen, Norwegen

Norwegian Wind
Kreuzfahrtschiff

Als „Windward" für Kloster Cruise in Nassau, Bahamas, gebaut, lief das Schiff ohne Passagiere über den Atlantik und unternahm seine Jungfernfahrt von Fort Lauderdale, Miami, nach San Francisco. Ein neues, 40 Meter langes Mittelteil, von Seebeck in Bremerhaven gebaut, wurde bei Lloyd 1998 in die getrennten Schiffshälften eingefügt. Nun als „Norwegian Wind" der Norwegian Cruise Line geht das Schiff mit maximal 1748 Passagieren auf Kreuzfahrten.

Typ:	Passagierschiff
Baujahr/Werft:	1993/Chantiers de l'Atlantique, Saint-Nazaire, Frankreich
Vermessung:	50 760 BRZ
Länge über alles:	228 m
Maschinenleistung:	18 650 kW
Reederei:	NCL Norwegian Cruise Line, Bahamas/Wiesbaden, Deutschland

Pride of Burgundy
Britische Fähre

Die stattlichen P&O-Fähren sind vielen Reisenden zwischen England und Frankreich oder den Niederlanden auf dem Kontinent wohlvertraut. Die kraftvolle „Pride of Burgundy", eingesetzt im Kanaldienst zwischen Dover und Calais, bis zu 21 Knoten schnell, hat eine Kapazität von 1325 Passagieren, wovon 196 in 79 Kabinen unterkommen, die anderen in Passagierräumen mit 1590 Sitzplätzen. Die Stellplätze für Automobile erstrecken sich auf 1925 Metern.

Typ:	Passagier- und Autofähre
Baujahr/Werft:	1993/SSW Schichau Seebeck Shipyard GmbH, Bremerhaven, Deutschland
Vermessung:	28 138 BRZ
Länge über alles:	179,7 m
Maschinenleistung:	21 120 kW
Reederei:	P&O Ferries, Dover, Großbritannien

Silja Europa
Finnische Kreuzfahrtfähre

Mit fast 60 000 BRZ war die „Silja Europa" zum Zeitpunkt ihrer Indienststellung die größte Kreuzfahrtfähre der Welt. Maximal 3013 Passagiere, die meisten in Kabinen, nur wenige an Deck, haben Platz an Bord, außerdem 400 Pkws oder Lkws auf einer Stellfläche von 950 Metern. Die erste Reise führte von Helsinki nach Stockholm. Der regelmäßige Fährdienst findet zwischen Stockholm über Mariehamn nach Turku statt.

Typ:	Passagier- und Autofähre
Baujahr/Werft:	1993/Meyer Werft GmbH, Papenburg, Deutschland
Vermessung:	59 914 BRZ
Länge über alles:	202 m
Maschinenleistung:	31 800 kW
Reederei:	Silja Line, Mariehamn, Finnland

A 514 Werra
Deutscher Tender

Tender sind Einheiten zur Versorgung der Schiffe auf See mit Kraftstoff, Wasser, Proviant, Ersatzteilen und Munition. Bei den Tendern der Elbe-Klasse, wozu „Werra" gehört, kommt eine zusätzliche Platzkapazität für 24 Container hinzu. Die Entsorgung in See wird durchgeführt; Müll, Fäkalien, Bilgenwasser, Altöl werden übernommen. Für Instandsetzungsarbeiten an anderen Schiffen geht zusätzliches Personal an Bord. Ab 1996 sind die Elbe-Einheiten für Hubschrauberbetrieb umgerüstet.

Typ:	Tender
Baujahr/Werft:	1993/Flensburger Schiffbau-Gesellschaft, Flensburg, Deutschland
Vermessung:	3450 ts Deplacement
Länge über alles:	100,5 m
Maschinenleistung:	2500 kW
Flotte:	Deutsche Marine

S 808 Dolfijn
Niederländisches U-Boot

Der Name „Dolfijn" des U-Boots der Walrus-Klasse erinnert an das erste niederländische U-Boot nach dem Zweiten Weltkrieg. Die damalige „Dolfijn", zugleich Namensgeberin ihrer Klasse und mit derselben Kennung wie das neue Boot, wurde erst 1985 abgewrackt. Die neue „Dolfijn" hat vier Abschussvorrichtungen für Torpedos und kann Minen ausbringen. Die Besatzung des unter Wasser 21 Knoten schnellen Schiffes besteht aus 63 Mann.

Typ:	U-Boot
Baujahr/Werft:	1993/Rotterdamsche droogdok Maatschappij NV, Rotterdam, Niederlande
Vermessung:	2450 ts Deplacement über Wasser, 2800 ts unter Wasser
Länge über alles:	67,7 m
Maschinenleistung:	9376 PS
Flotte:	Koninklijke Nederlandsche Zeemacht

Cézanne
Fluss-Kreuzfahrtschiff

Das kleine Deilmann-Traumschiff auf der Seine heißt „Cézanne". Auf dem Luxusliner erleben bis 100 Passagiere das Gebiet von Paris bis Le Havre – „entre mer et terre", zwischen Meer und Land, eine Lieblingslandschaft der Impressionisten. Bei den Landausflügen werden Paris, Conflans-Sainte-Honorine, Vernon mit dem Garten des Malers Claude Monet, Les Andelys, Rouen, Caudebec-en-Caux und Le Havre am Meer besichtigt.

Typ:	Fahrgastschiff
Baujahr:	1993
Vermessung:	1500 BRZ
Länge über alles:	118,75 m
Maschinenleistung:	1404 kW
Reederei:	Peter Deilmann Reederei, Neustadt in Holstein, Deutschland

Gräfin Cosel
Sächsisches Ausflugsschiff

Im wirklichen Leben waren sie Liebende, in der Flotte sind sie Schwestern – „August der Starke" und „Gräfin Cosel". Die modernen und großzügigen Motorschiffe mit ihren Salons und Freidecks sind mit bis zu 700 Fahrgästen auf der Elbe eingesetzt. Sie haben keine Schaufelräder wie die Dresdner Dampfer oder Schrauben wie die anderen Motorschiffe, sondern einen Pumpjet-Antrieb; die zwei Dieselmotoren erzeugen einen starken Wasserstrahl, der das Schiff in Fahrt hält und mit dem es manövriert.

Typ:	Fahrgastschiff
Baujahr/Werft:	1994/Deutsche Binnenwerften, Tangermünde
Länge über alles:	75,1 m
Maschinenleistung:	680 kW
Reederei:	Sächsische Dampfschiffahrts GmbH & Co., Conti Elbschiffahrts KG, Dresden, Deutschland

Lili Marleen
Deutsche Barkentine

Das Schiff symbolisiert „die Sehnsucht in aller Welt nach Frieden", so der Reeder Peter Deilmann, der diesem Segler den Namen nach dem Lied gab, das im Zweiten Weltkrieg die Soldaten aller Nationen in Friedenssehnsucht einte. Der schöne weiße Luxussegler, der mit 50 frohen Passagieren auf Sonnenkurs kreuzt, hat 2004 seinen Heimathafen Neustadt in Holstein verlassen, um von seiner neuen Heimat Malaysia aus die Meere der Welt zu befahren.

Typ:	Barkentine, Kreuzfahrtschiff
Baujahr/Werft:	1994/Elsflether Werft, Elsfleth, Deutschland
Vermessung:	704 BRZ
Länge über alles:	74 m
Besegelung:	15 Segel, Segelfläche 1200 m^2
Maschinenleistung:	660 kW
Heimathafen:	Malaysia

Aphrodite
Niederländische Brigg

Der in klassischer Manier rahgetakelte Zweimaster wurde mit aller Liebe bis in die Details gefertigt. Als Galionsfigur ziert die Göttin der Liebe den Bug. Die schöne „Aphrodite" mit ihrem Klippersteven entspricht den Briggs aus der Zeit um 1850. Der Eigner selbst hat den Entwurf für die Brigg erarbeitet. Als Kapitän geht er mit 32 Mitseglern an den Wind, die auf der „Aphrodite" luxuriöse Kabinen bewohnen, an Bord mit Hand anlegen können und Windjammer-Romantik erleben.

Typ:	Brigg, Kreuzfahrtsegler
Baujahr/Werft:	1994/J. M. de Vries, Lemmer
Vermessung:	94 BRT
Länge über alles:	31 m
Besegelung:	19 Segel, Segelfläche 383 m^2
Eigner:	Kapitän Aent Kingma, Stavoren
Heimathafen:	Stavoren, Niederlande

Fascination
Kreuzfahrtschiff

Eines der vielen Carnival „Fun Ships", die mit allem ausgestattet sind, was den Passagieren Spaß macht. Es gibt verschiedene Restaurants, Bars und Lounges, Pools, Fitnessanlagen, ein Spa, ein Camp Carnival für Kids, ein Kasino, jeden Abend Las Vegas- und Broadway-Shows. Die „Fascination" hat vom Riviera-Deck bis zum Sonnendeck zehn Decks und kreuzt mit maximal 2052 Passagieren von Miami zu den Bahamas und in die westliche Karibik.

Typ:	Passagierschiff
Baujahr/Werft:	1994/Kvaerner Masa-Yards, Helsinki, Finnland
Vermessung:	70 367 BRZ
Länge über alles:	260,6 m
Maschinenleistung:	42 240 kW
Reederei:	Carnival Cruise Lines, Bahamas und Panama/Inter-Connect Marketing, München, Deutschland

Nordlys
Norwegisches Passagierschiff

Inspiriert vom Nordlicht und dem nördlichen Sternenhimmel haben Inger Sitter, Ørnulf Opdahl und andere norwegische Künstler das elegante Innere der „Nordlys" gestaltet. Das Schiff bietet Platz für 691 Passagiere, die das Leben an Bord mit seinen Salons, Restaurants, Bars und Fitnessräumen genießen. Bis 45 Autos können auf dem Autodeck parken. „Nordlys" fährt zwischen Bergen und Kirkenes entlang der norwegischen Küste und läuft zu Kreuzfahrten aus.

Typ:	Passagierschiff
Baujahr/Werft:	1994/Volkswerft, Stralsund, Deutschland
Vermessung:	11 204 BRZ
Länge über alles:	121,8 m
Maschinenleistung:	9000 kW
Reederei:	Hurtigruten Group ASA, Bergen, Norwegen

Bussewitz
Tanker

Der Flüssiggastanker „Bussewitz" wurde mehrere Jahre nacheinander an erster Stelle mit dem Safety Award der Norsk Hydro ausgezeichnet. Das vornehmlich für den Transport von Ammoniak konstruierte Spezialschiff kann auch druckverflüssigte Butane, n-Butane, Butadien, Propylene und Propan transportieren. Die Tankkapazität beträgt 17 287 Kubikmeter. Bis 2004 war die 13 Knoten schnelle „Bussewitz" in Charter der Norsk Hydro Agri.

Typ:	Flüssiggastanker
Baujahr/Werft:	1994/HDW Howaldtswerke-Deutsche Werft, Kiel
Vermessung:	14 377 BRT
Länge über alles:	157,3 m
Maschinenleistung:	4840 kW
Reederei:	Reederei F. Laeisz, Hamburg, Deutschland/Norsk Hydro Agri, Oslo, Norwegen

Contship Singapore
Singapur-Containerschiff

Die genormten Container ermöglichen den Massentransport von Gütern rund um die Welt. Auf eigens konstruierten Spezialschiffen werden die Container transportiert und in den Container-Terminals umgeschlagen. Der An- und Abtransport der Behälter erfolgt mit der Eisenbahn, mit Sattelschleppern auf der Straße oder mit Binnenschiffen. „Contship Singapore" hat eine Container-Kapazität von insgesamt 1687 TEU (twenty equivalent units, 20-Fuß-Container).

Typ:	Containerschiff
Baujahr/Werft:	1994/SSW Schichau Seebeck Shipyard GmbH, Bremerhaven, Deutschland
Vermessung:	23 570 ts Deplacement
Länge über alles:	164,05 m
Maschinenleistung:	13 125 kW
Reederei:	Contship, Singapur

M 1067 Bad Rappenau
Deutsches Minenjagdboot

Von den insgesamt zwölf Booten der Frankenthal-Klasse wurden die „Frankenthal" und die „Weiden" 2006 außer Dienst gestellt und an die Vereinigten Arabischen Emirate verkauft. „Bad Rappenau" ist wie die anderen Boote dieser Klasse mit zwei Unterwasser-Minenjagddrohnen, einem Hydraulik-Teleskop-Bordkran, Taucherdruckkammer und Minentaucherausrüstung ausgestattet. Für die Minenjagd gibt es eine zusätzliche Langsamfahranlage.

Typ:	Minenjagdboot
Baujahr/Werft:	1994/Abeking & Rasmussen Schiffs- und Yachtwerft, Lemwerder, Deutschland
Vermessung:	660 ts Deplacement
Länge über alles:	54,4 m
Maschinenleistung:	5550 PS
Flotte:	Deutsche Marine

Crystal Symphony
Kreuzfahrtschiff

Ungetauft überquerte das Schiff nach Fertigstellung den Atlantik und erhielt in New York den Namen „Crystal Symphony". Die Jungfernfahrt führte von hier durch den Panamakanal nach San Francisco. Zu den Zielgebieten der Kreuzfahrten gehören Panamakanal, mexikanische Riviera, Karibik, Pazifik mit Australien, China und Japan, Ägypten, Mittel- und Schwarzmeer, Polarkreis und Kanada. Die 975 Passagiere genießen jeglichen Komfort und zahlreiche Veranstaltungen.

Typ:	Passagierschiff
Baujahr/Werft:	1995/Kvaerner Masa-Yards, Turku, Finnland
Vermessung:	51 044 BRZ
Länge über alles:	238 m
Maschinenleistung:	23 000 kW
Reederei:	Crystal Cruises, Nassau, Bahamas/Aviation & Tourism International, Alzenau, Deutschland

F 244 Barbaros
Türkische Fregatte

Nach der Taufe in Hamburg wurde die MEKO-Fregatte „Barbaros" fertiggestellt und an die türkische Marine abgeliefert. Das Schwesterschiff wurde mit Material aus Hamburg in der Türkei gebaut. MEKO bedeutet Mehrzweck-Kombination. Bei Blohm + Voss wurde ein Funktions-Einheits-System (FES) für Waffen-, Feuerleit-, Ortungs- und Fernmeldeanlagen entwickelt. Diese standardisierten Anlagen können je nach Verwendung der Fregatte ausgetauscht werden.

Typ:	Fregatte
Baujahr/Werft:	1995/Blohm + Voss, Hamburg, Deutschland
Vermessung:	3200 ts Deplacement
Länge über alles:	116,9 m
Maschinenleistung:	8600 kW
Flotte:	Türkische Marine

Wappen von Frankfurt
Deutsches Ausflugsschiff

Auf dem Salonschiff der Weißen Flotte Frankfurts herrscht gepflegte gutbürgerliche Gemütlichkeit, die von den Gästen aus aller Welt bei den Rund- und Kreuzfahrten gebührend genossen wird. Die „Wappen von Frankfurt" legt auch zu Charter- und Sonderfahrten ab und lädt oft zu fröhlichen Veranstaltungen an Bord ein. Die bordeigene Gastronomie verwöhnt die Passagiere. Auf den zwei Innendecks gibt es 350, auf den drei Freidecks 200 Sitzplätze.

Typ:	Fahrgastschiff
Baujahr/Werft:	1995/Lux-Werft und Schiffahrt GmbH, Niederkassel-Mondorf
Länge über alles:	44,8 m
Maschinenleistung:	600 PS
Reederei:	Primus-Linie, Frankfurter Personenschiffahrt Anton Nauheimer GmbH, Frankfurt am Main, Deutschland

Oriana
Britisches Kreuzfahrtschiff

Nachdem das Schiff von der Meyer Werft die Ems hinab bugsiert worden war und den Englischen Kanal überquert hatte, wurde es in Southampton von Queen Elizabeth II. feierlich auf den Namen „Oriana" getauft. Die Jungfernfahrt führte zu den Kanarischen Inseln. Das schnelle Schiff, es erreicht eine Geschwindigkeit von 24 Knoten, bietet maximal 1976 Passagieren Platz und bietet ihnen jeglichen Komfort und vielerlei Unterhaltungsmöglichkeiten.

Typ:	Passagierschiff
Baujahr/Werft:	1995/Meyer Werft GmbH, Papenburg, Deutschland
Vermessung:	69 153 BRZ
Länge über alles:	260 m
Maschinenleistung:	47 750 kW
Reederei:	P&O Cruises, London, Großbritannien

Swiss Crystal
Schweizerisches Fluss-Kreuzfahrtschiff

Die schönen Flüsse Rhein, Mosel, Main und Neckar, gesäumt mit Städten voller Sehenswürdigkeiten und idyllischen Orten, überragt von Bergen, auf deren Höhen Burgen thronen, sind die Fahrtgebiete der schmucken „Swiss Crystal". Sie fährt unter schweizerischer Flagge, ihr Heimathafen ist Basel. Maximal 125 Passagiere erleben die Kreuzfahrten und genießen das Leben an Bord des Schiffes, das mit allen Annehmlichkeiten ausgestattet ist.

Typ:	Fahrgastschiff
Baujahr:	1995
Länge über alles:	101,3 m
Maschinenleistung:	3000 PS
Reederei:	Plantours & Partner GmbH, Bremen, Deutschland

Delphin
Schwedische Fähre

Zwischen Trelleborg und Rostock ist der TT-Line Clipper „Delphin" im Fährdienst eingesetzt. Die übliche Fahrzeit von etwa sechs Stunden wird durch den Katamaran auf zwei Stunden und 45 Minuten verkürzt. Die beiden Rümpfe der Fähre sind aus Aluminium gefertigt. Ein computergesteuertes Stabilisierungssystem sorgt auch bei 36 Knoten für eine ruhige Fahrt der „Delphin", auf der 600 Passagiere und bis zu 175 Pkws – je nach Anzahl der Busse – Platz haben.

Typ:	Personen- und Autofähre
Baujahr(Werft:	1996/Austal Ships, Henderson, Australien
Vermessung:	5541 BRT
Länge über alles:	82,3 m
Maschinenleistung:	32 172 PS
Reederei:	TT-Line, Trelleborg, Schweden/Hamburg, Deutschland

Asbach
Deutsches Ausflugsschiff

Moderne Eleganz und komfortable Ausstattung kennzeichnen das KD-Motorschiff „Asbach" und ihre Schwester „Loreley". Im Liniendienst und bei Sonderfahrten auf dem romantischen Rhein finden bis zu 600 Passagiere Platz in den zwei Salons, an der Bar und auf dem Freideck. Hier gibt es für die Kinder interessante Spielmöglichkeiten. Für Feiern oder geschäftliche Veranstaltungen lässt sich „Asbach" chartern und wird Party- oder Konferenzschiff.

Typ:	Fahrgastschiff
Baujahr/Werft:	1996/de Hoop Lobith, Niederlande
Länge über alles:	68 m
Maschinenleistung:	470 PS
Reederei:	KD Köln-Düsseldorfer Deutsche Rheinschiffahrt AG, Köln, Deutschland

AIDAcara
Kreuzfahrtschiff

„AIDAcara" ist mit maximal 1298 Passagieren zum Beispiel im östlichen Mittelmeer oder von Mallorca durch den Sueskanal rund um Arabien bis Dubai und Bahrain auf Kreuzfahrt. Das Schiff wurde 2005 bei Neptun in Rostock erneuert und umgebaut. Ursprünglich als „Aida" in Warnemünde getauft, gehörte sie auch zu NCL und Seetours, seit 2004 ist das Clubschiff Teil der AIDA-Flotte und trägt die charakteristische Rumpfbemalung und den Kussmund am Bug.

Typ:	Passagierschiff
Baujahr/Werft:	1996/Kvaerner Masa-Yards, Turku, Finnland
Vermessung:	38 557 BRZ
Länge über alles:	193,3 m
Maschinenleistung:	21 720 kW
Reederei:	AIDA Cruises, Rostock, Deutschland

Nordkapp
Norwegisches Passagierschiff

Die Jungfernfahrt führte das Schiff von Bergen zum ersten Mal rund ums Nordkap nach Kirkenes. Die „Nordkapp" bietet im Liniendienst zwischen Bergen und Kirkenes und auf Sonderfahrten und Fjord-Tagestörns den 691 Passagieren zwei Salons, deren Ambiente von den Bildern des Küstenmalers Karl Erik Harr bestimmt ist. Außerdem gibt es an Bord Restaurant, Bar und Café, Sauna und Fitnessraum. Den Fahrgästen stehen 45 Autostellplätze auf dem Schiff zur Verfügung.

Typ:	Passagierschiff
Baujahr/Werft:	1996/Kvaerner Kleven, Ulsteinvik, Norwegen
Vermessung:	11 386 BRZ
Länge über alles:	123,3 m
Maschinenleistung:	9000 kW
Reederei:	Hurtigruten Group ASA, Bergen, Norwegen

Alexander von Humboldt
Kreuzfahrtschiff

Die Kiellegung als sowjetisches Forschungsschiff fand 1989 statt, der Bau wurde jedoch stillgelegt. 1994 wurde das Schiff an V.Ships verliehen und in Genua als „Minerva" fertiggebaut. 2003 erfolgte die Umbenennung in „Saga Pearl", dann hieß das Schiff, das auf Antarktisfahrten ging, „Explorer II". Seit 2005 heißt es schließlich „Alexander von Humboldt", geht mit etwa 400 Gästen auf Weltreisen, fährt zum Amazonas, in die Karibik, in die Ostsee, in die Arktis und Antarktis.

Typ:	Passagierschiff, Expeditionsschiff
Baujahr/Werft:	1996/Okean Shipyard, Mykolajiw (Nikolajew), Ukraine/T. Mariotti, Genua, Italien
Vermessung:	12 500 BRZ
Länge über alles:	133 m
Maschinenleistung:	6920 kW
Reederei:	V.Ships, Monaco/Phoenix Reisen GmbH, Bonn, Deutschland

Galaxy
Amerikanisches Kreuzfahrtschiff

Das Luxusschiff der Century-Klasse verwöhnt die Gäste in gepflegtem Ambiente, das in zeitgenössischem Design erstrahlt. Das Hauptrestaurant erstreckt sich über zwei Geschosse; hier werden kulinarische Köstlichkeiten mit Meerblick serviert. Einer der Pools ist mit einem Glaskuppeldach versehen, um den Sternenhimmel sehen zu können. Die „Galaxy" kreuzt mit maximal 1870 Passagieren im Mittelmeer und in der südlichen Karibik.

Typ:	Passagierschiff
Baujahr/Werft:	1996/Meyer Werft GmbH, Papenburg, Deutschland
Vermessung:	77 700 BRZ
Länge über alles:	260 m
Maschinenleistung:	31 500 kW
Reederei:	Celebrity Cruises, Miami, Florida, USA/Royal Caribbean Cruise Line, Frankfurt am Main, Deutschland

Splendour of the Seas
Amerikanisches Kreuzfahrtschiff

Das Schiff ist ein Luxusliner der Vision-Klasse. Glaskuppeln, raumhohe Panoramafenster und Oberlichter bewirken, dass die elf Decks der „Splendour of the Seas" von Licht überflutet sind. Den 2000 Passagieren steht eine Vielzahl an Freizeitanlagen zur Verfügung – einschließlich eines 18-Loch-Kleingolfgreens. Für Kinder und Jugendliche gibt es das betreute Programm Adventure Ocean und das Optix Teen Center. Die Fahrten führen ins Mittelmeer und in die Karibik.

Typ:	Passagierschiff
Baujahr/Werft:	1996/Chantiers de l'Atlantique, Saint-Nazaire, Frankreich
Vermessung:	69 130 BRZ
Länge über alles:	264,3 m
Maschinenleistung:	57 500 kW
Reederei:	Royal Caribbean International Ltd., Miami, Florida, USA/Frankfurt am Main, Deutschland

Euregia
Deutsch-schweizerische Fähre

Die Bodensee-Schiffsbetriebe, ein Unternehmen der Stadtwerke Konstanz, haben eine Erlebnisflotte von 16 Schiffen auf dem europäischen Binnenmeer – von der „Baden", Baujahr 1935, bis zum modernen Motorschiff „Lindau", Baujahr 2006. Die Schiffe fahren im Linien- und im Charterdienst. Die „Euregia" verkehrt mit maximal 700 Personen und 50 Pkws zwischen Friedrichshafen und Romanshorn, gemeinsam mit der schweizerischen Bodensee-Schiffahrtsgesellschaft betrieben.

Typ:	Personen- und Autofähre
Baujahr/Werft:	1996/Bodan-Werft, Kressbronn am Bodensee, Deutschland
Vermessung:	896 ts Deplacement
Länge über alles:	60 m
Maschinenleistung:	2476 PS
Reederei:	BSB Bodensee-Schiffsbetriebe GmbH, Konstanz, Deutschland

Regina Maersk
Dänisches Containerschiff

Die Maersk Line ist die weltweit führende Containerreederei und hat 18 Prozent aller Containerschiff-Kapazitäten inne. Die „Regina Maersk" war das erste Mega-Containerschiff mit 7000 TEU (twenty equivalent unit, 20-Fuß-Container). 17 Containerreihen können nebeneinander gestaut werden. „Regina Maersk" übertraf das bislang größte Schiff um 50 Prozent. 1998 war sie in einem Trockendock bei Blohm + Voss zur Reparatur.

Typ:	Containerschiff
Baujahr/Werft:	1996/Odense Staalskibsværft, Odense
Vermessung:	81 488 BRZ
Länge über alles:	318,24 m
Reederei:	Maersk Line/A. P. Møller-Maersk A/S, Kopenhagen, Dänemark

Polarlys
Norwegisches Passagierschiff

Mit kleinen Unterschieden ist „Polarlys" eine Schwester der „Nordkapp". Das Polar- oder Nordlicht findet seine künstlerische Darstellung an der Decke des einen Salons. Das himmlische Farbenspiel der Aurora borealis lässt sich in der Wirklichkeit am besten vom Panoramasalon auf Deck 7 beobachten. Mit maximal 737 Passagieren geht „Polarlys" auf Reisen. 45 Autostellplätze gibt es, so können die Fahrgäste ihre Reise auch mit einer Autotour fortsetzen.

Typ:	Passagierschiff
Baujahr/Werft.	1996/Kvaerner Kleven, Ulsteinvik, Norwegen
Vermessung:	11 341 BRZ
Länge über alles:	123 m
Maschinenleistung:	11 260 kW
Reederei:	Hurtigruten Group ASA, Bergen, Norwegen

Ferry Suo
Japanische Fähre

Das große japanische Inselreich ist auf viele Fährverbindungen angewiesen. Von Kobe, Millionenstadt auf der Hauptinsel Honshu und wichtiger Industrie-, Werft- und Hafenort, laufen viele Fähren wie die „Ferry Suo" aus. Das schnelle Schiff erreicht eine Geschwindigkeit von 23 Knoten und transportiert 194 Passagiere in 74 Kabinen und weitere 616 als Deckspassagiere. Stellplätze für 77 Pkws ergänzen die Kapazität der „Ferry Suo", die stolz auf ihre Heimatstadt ist.

Typ:	Passagier- und Autofähre
Baujahr/Werft:	1996/Kanda Zosensho, Setoda, Japan
Vermessung:	15 188 BRT
Länge über alles:	189 m
Maschinenleistung:	20 260 kW
Reederei:	Hankyu Ferry Co., Kobe, Japan

Red Eagle
Britische Fähre

Ihre längste Reise unternahm die „Red Eagle" im Jahr 2004, als sie von Southampton über die Nordsee, durch den Nord-Ostsee-Kanal und durch die Ostsee bis Gdansk fuhr. In der polnischen Werftstadt erfolgte ein Umbau des Schiffes, das im Fährdienst zwischen Southampton und Cowes auf der Isle of Wight in Dienst ist. Wie „Red Falcon" und „Red Osprey" ist „Red Eagle" am roten Schornstein (englisch: funnel) zu erkennen. Die Kapazität beträgt 895 Passagiere und 140 Pkws.

Typ:	Personen- und Autofähre
Baujahr:	1996
Vermessung:	2881 BRZ
Länge über alles:	82,4 m
Reederei:	Red Funnel Co., Southampton, Großbritannien

Moldavia
Ukrainisches Fluss-Kreuzfahrtschiff

Auf der Donau von Passau über Wien nach Budapest und zurück in sieben Tagen oder weiter über Belgrad und Nikopol, Bulgarien, nach Wylkowe, Ukraine, am Schwarzmeer und zurück in 16 Tagen – solche Flussfahrten durch wunderschöne Landschaften erleben bis 160 Passagiere an Bord der „Moldavia". Auf Landgängen werden die Sehenswürdigkeiten am Ufer besichtigt. An Bord gibt es Salons, Bars, Sauna, einen Pool auf dem Sonnendeck. Und abends Musik, Vorträge, Shows.

Typ:	Fahrgastschiff
Baujahr/Werft:	1997/Korneuburg, Österreich
Länge über alles:	116 m
Reederei:	Transocean Tours Touristik GmbH, Bremen, Deutschland

Pugwash Senator
Koreanisch-deutsches Containerschiff

Interessengemeinschaften, Allianzen und Bündnisse zwischen verschiedenen Container-Reedereien sind üblich, ebenso Fusionen und Übernahmen, um die großen Transporter im weltweiten Verkehr so nutzbringend wie möglich einzusetzen. Aus der Deutschen Seereederei der DDR war unter anderem die DSR-Senator Linie hervorgegangen, die mit Hanjin Shipping zusammenarbeitete. Neben „Pugwash Senator" wurden acht weitere Schwesterschiffe gebaut.

Typ:	Containerschiff
Baujahr/Werft:	1997/Hyundai Heavy Industries Co., Ulsan, Südkorea
Vermessung:	53 324 BRZ
Länge über alles:	294,1 m
Maschinenleistung:	41 040 kW
Reederei:	Reederei F. Laeisz, Hamburg/Senator Linie GmbH, Bremen, Deutschland/Hanjin Shipping Co., Seoul, Südkorea

Mary-Anne
Kreuzfahrtsegler

Nach dem Vorbild der Klipperschiffe gebaut, hat „Mary-Anne" einen schnittigen Bug und ein weit überhängendes Heck. Als Barkentine ist der Segler ein Dreimaster, der am vorderen, dem Fockmast Rahsegel führt. Bis 1999 trug „Mary-Anne" einen weißen Außenbordanstrich, danach einen blauen. Anfänglich für die Segeltouristik Meyer zur Heyde in Laboe in Fahrt, gelangte das elegante Schiff 2004 unter die Flagge Panamas und wurde 2006 auf Malta versteigert.

Typ:	Barkentine
Baujahr/Werft:	1997/Radunia, Gdansk, Polen, und Gebrüder Friedrich, Kiel, Deutschland
Vermessung:	404 BRZ
Länge über alles:	65,9 m
Besegelung:	16 Segel, Segelfläche 960 m^2
Maschinenleistung:	660 PS

London Express
Deutsches Containerschiff

Hapag-Lloyd zählt zu den größten Container-Reedereien der Welt. Mit den Niederlassungen in den USA und Singapur ist eine weltweite Tätigkeit gewährleistet. 17 große Containerschiffe sind zur Zeit in Fahrt. Die jeweiligen Schwesterschiffe sind in Klassen zusammengefasst. CMS (Container-Motorschiff) „London Express" ist zugleich Namensgeberin ihrer Klasse. Ihre Kapazität beträgt 4612 TEU, davon 350 Kühlcontainer. Die Schwestern heißen „Kobe Express" und „Düsseldorf Express".

Typ:	Containerschiff
Baujahr/Werft:	1998/Samsung Shipbuilding Co., Geoje Island, Südkorea
Vermessung:	53 523 BRZ
Länge über alles:	294 m
Maschinenleistung:	41 130 kW
Reederei:	Hapag-Lloyd Container Linie GmbH, Hamburg, Deutschland/USA/Singapur

L 12 Ocean
Britischer Hubschrauberträger

18 Hubschrauber oder 14 Kampfflugzeuge und vier Landungsboote sind an Bord. 285 Seeleute, 204 Mann Flugpersonal und 800 Marines dienen auf dem Träger. „Ocean" war an vielen zivilen und militärischen Einsätzen beteiligt. Dazu zählen im Jahr 1999 Hilfsaktionen nach einem Hurrikan in Honduras, im selben Jahr Landung im Kosovokrieg und Hilfe nach einem Erdbeben in der Türkei, 2000 Landung im Bürgerkrieg in Sierra Leone, 2001 Landung in Afghanistan und 2003 im Irak.

Typ:	Hubschrauberträger
Baujahr/Werft:	1998/Vickers Shipbuilding, Barrow-in-Furness, England
Vermessung:	22 000 ts Deplacement
Länge über alles:	208 m
Flotte:	Royal Navy

M 1097 Laboe
Deutsches Minenjagdboot

Zwischen 1988 und 1999 wurden die fünf Minenjagdboote der Kulmbach-Klasse in Dienst gestellt. Ursprünglich auch zum Minenlegen konstruiert, liegt die Hauptaufgabe aber in der Minenabwehr. Dazu dienen die Mehrweg-Minenjagddrohnen „Seefuchs 1" zum Aufspüren und die „Seefuchs C" (Combat) mit einer Sprengladung zum Zerstören der aufgespürten Minen. Bewaffnet ist „Laboe" mit zwei Flugabwehrgeschützen. 43 Mann dienen an Bord.

Typ:	Minenjagdboot
Baujahr/Werft:	1998/Kröger Werft, Rendsburg, Deutschland
Vermessung:	635 ts Deplacement
Länge über alles:	54,4 m
Maschinenleistung:	6092 PS
Flotte:	Deutsche Marine

L 800 Rotterdam
Niederländisches Landungsschiff

Landungsboote und Schiffe zählen zu den amphibischen Fahrzeugen. Die ersten Spezialboote mit Bugrampen stellte die russische Marine 1915 in Dienst. Im Ersten Weltkrieg wurden in Großbritannien Landungsleichter gebaut, um Truppen und Artillerie anzulanden. Moderne Landungsfahrzeuge entstanden ab 1935 zuerst in den USA. „Rotterdam" ist ein großes Landungsschiff mit sechs Hubschraubern, bis zu sechs Landungsfahrzeugen und kann 611 Marinesoldaten absetzen.

Typ:	Landungsschiff
Baujahr/Werft:	1998/Koninklijke Schelde Groep, Vlissingen, Niederlande
Vermessung:	12 750 ts Deplacement
Länge über alles:	166,2 m
Maschinenleistung:	12 000 PS
Flotte:	Koninklijke Nederlandsche Zeemacht

Swiss Coral
Schweizerisches Fluss-Kreuzfahrtschiff

Das schmucke Schiff bietet bis zu 90 Fahrgästen erlebnisreiche Kreuzfahrten. Die beliebtesten Routen sind zum einen die Fahrten auf Havel und Oder zwischen Wannsee und Ostsee, zum anderen die Reisen auf Elbe und Moldau zwischen Spreewald und Riesengebirge. Bei den Landausflügen werden zum Beispiel Berlin und Stettin, Meißen, Dresden und Prag besucht. Das Abendprogramm an Bord reicht vom Vortrag bis zur Tanzmusik.

Typ:	Fahrgastschiff
Baujahr/Werft:	1998/Grave, Niederlande
Vermessung:	770 BRZ
Länge über alles:	82 m
Maschinenleistung:	1000 PS
Reederei:	Transocean Tours Touristik GmbH, Bremen, Deutschland

Waldstätter
Schweizerisches Ausflugsschiff

Die SGV betreibt auf dem Vierwaldstättersee eine Flotte von 20 Schiffen – vom altehrwürdigen Seitenraddampfer bis zum modernen Salon-Motorschiff wie die „Waldstätter", die 700 Personen Platz bietet. Die Schiffe sind im Liniendienst eingesetzt und sind Nahverkehrsmittel und Touristenattraktion zugleich, laufen auch zu Sonder- und Charterfahrten aus. Zum Genuss der Fahrgäste tragen der See und seine Alpenlandschaft, und nicht zuletzt die Gastronomie von Tavolago bei.

Typ:	Fahrgastschiff
Baujahr/Werft:	1998/Meidericher Schiffswerft, Duisburg, Deutschland, und SGV Werft, Luzern, Schweiz
Vermessung:	312,5 ts Deplacement
Länge über alles:	58 m
Maschinenleistung:	1200 PS
Reederei:	SGV Schifffahrtsgesellschaft des Vierwaldstättersees, Luzern, Schweiz

SuperStar Leo (Norwegian Spirit)
Kreuzfahrtschiff

Star Cruises, seit 2000 die asiatische Muttergesellschaft von NCL Norwegian Cruise Line, ließ bei Meyer für den wachsenden Kreuzfahrtmarkt in Fernost Schiffe der Superklasse bauen. „SuperStar Leo", 24 Knoten schnell, bietet maximal 2800 Passagieren auf 14 Decks Platz. Selbstverständlich ist das Schiff mit allem ausgestattet, was das Reisen im Indischen und Pazifischen Ozean zum Vergnügen macht. Seit 2004 fährt das Schiff unter dem Namen „Norwegian Spirit".

Typ:	Passagierschiff
Baujahr/Werft:	1998/Meyer Werft GmbH, Papenburg, Deutschland
Vermessung:	76 800 BRZ
Länge über alles:	268 m
Maschinenleistung:	76 000 PS
Reederei:	Star Cruises, Panama; ab 2004 NCL Norwegian Cruise Line, Bahamas/Wiesbaden, Deutschland

Paradise
Kreuzfahrtschiff

Den maximal 2052 Passagieren wird an Bord der „Paradise" wahrlich ein Paradies geboten. Wie auf den anderen Carnival-Schiffen gibt es zum Beispiel Swimming- und Whirlpools, das Spa Carnival, das Camp Carnival für die Kinder, ein Internetcafé, ein Kasino, verschiedene Clubs, Lounges und Bars, Musik, Tanz und Show. Von Long Beach, Los Angeles, läuft die „Paradise" aus und geht auf Fahrt nach Ensenada zur mexikanischen Halbinsel Niederkalifornien.

Typ:	Passagierschiff
Baujahr/Werft:	1998/Kvaerner Masa-Yards, Helsinki, Finnland
Vermessung:	70 390 BRZ
Länge über alles:	262 m
Maschinenleistung:	28 000 kW
Reederei:	Carnival Cruise Lines, Bahamas und Panama/Inter-Connect Marketing, München, Deutschland

Deutschland
Deutsches Kreuzfahrtschiff

Es kreuzt auf allen Meeren der Welt und ist Millionen Menschen als „Traumschiff" aus der Fernsehserie bekannt. Die „Deutschland" ist ein modernes Schiff mit allem Luxus und Komfort, es setzt mit Eleganz, Charme und nostalgischer Noblesse die deutsche Kreuzfahrttradition der Zwanzigerjahre des 20. Jahrhunderts in unserer Gegenwart fort. 520 Passagiere genießen das Leben an Bord, die Fahrt über die See und die Ausflüge an Land.

Typ:	Passagierschiff
Baujahr/Werft:	1998/HDW Howaldtswerke-Deutsche Werft, Kiel
Vermessung:	22 496 BRZ
Länge über alles:	175,3 m
Maschinenleistung:	12 320 kW
Eigner:	Schiffahrtsgesellschaft MS „Deutschland", Neustadt in Holstein
Reederei:	Peter Deilmann Reederei, Neustadt in Holstein, Deutschland

Le Levant
Französische Kreuzfahrtyacht

Ein Konsortium von 280 Personen finanzierte den Bau der großen Yacht, die von Madame Chirac auf den Namen „Le Levant" getauft wurde. Neben Restaurants, Bars, Swimmingpool, Sauna und anderen Einrichtungen gibt es für die maximal 100 Gäste auch ein Hospital an Bord. Die Kreuzfahrten führen von Malta, nach Italien und Kroatien, von Venedig nach Griechenland, von Athen in die Türkei nach Syrien und Ägypten, von Oman in die Arabischen Emirate.

Typ:	Motoryacht
Baujahr/Werft:	1998/Alstom Leroux Naval, Frankreich
Vermessung:	3500 BRZ
Länge über alles:	100 m
Maschinenleistung:	3000 kW
Reederei:	Compagnie des Îles du Ponant, Frankreich/Aviation & Tourism International, Alzenau, Deutschland

Tahitian Princess
Kreuzfahrtschiff

Diese Prinzessin wurde zweimal getauft. Zunächst als „R Four" für Renaissance Cruises in Fort Lauderdale, Miami. Nach der Übernahme durch Princess Cruises in Papeete auf Tahiti in Polynesien auf den neuen Namen „Tahitian Princess". Zusammen mit „Pacific Princess" zählt das Schiff zu den kleinsten Princess-Linern. 670 Passagiere genießen auf dem Luxusschiff vor allem die Reisen nach Tahiti und den anderen schönen Trauminseln der Südsee.

Typ:	Passagierschiff
Baujahr/Werft:	1999/Chantiers de l'Atlantique, Saint-Nazaire, Frankreich
Vermessung:	30 277 BRZ
Länge über alles:	181 m
Maschinenleistung:	13 500 kW
Reederei:	Princess Cruises, USA/Inter-Connect Marketing, München, Deutschland

Europa
Deutsches Kreuzfahrtschiff

Immer wieder wird die „Europa" als bestes Kreuzfahrtschiff ausgezeichnet. Maximal 408 Passagiere unternehmen Reisen mit diesem Grand Hotel auf See. An Bord des 5-Sterne-plus-Liners, der die Atmosphäre einer Yacht aufweist, können die Gäste, die bestens umsorgt und unterhalten werden, vier Restaurants, den Pool, den Wellness-Bereich Ocean Spa, die Sauna oder den Golf-Simulator benutzen. Für die kleinen Gäste gibt es den Kinderclub.

Typ:	Passagierschiff
Baujahr/Werft:	1999/Kvaerner Masa-Yards, Helsinki, Finnland
Vermessung:	28 890 BRZ
Länge über alles:	198,6 m
Maschinenleistung:	13 300 kW
Reederei:	Hapag-Lloyd Kreuzfahrten GmbH, Hamburg, Deutschland

Carnival Triumph
Amerikanisches Kreuzfahrtschiff

In die Südsee, nach Hawaii und in die Arktis, ins Mittelmeer und in die Karibik, über den Atlantik und längs der pazifischen Küste Nordamerikas gehen die Fahrten mit den „Fun Ships" der Carnival Cruise Lines. Auf den schwimmenden Palästen wird alles angeboten, was kleinen oder großen Menschen Spaß macht. An Bord der prächtigen „Carnival Triumph" wie auch des Schwesterschiffs „Carnival Victory" können insgesamt 2758 Passagiere gehen.

Typ:	Passagierschiff
Baujahr/Werft:	1999/Fincantieri Cantieri Navali Italiani, Monfalcone, Italien
Vermessung:	101 509 BRZ
Länge über alles:	272,19 m
Maschinenleistung:	57 600 kW
Reederei:	Carnival Cruise Lines, Bahamas und Panama/Inter-Connect Marketing, München, Deutschland

Pride of Aloha
Kreuzfahrtschiff

Bei der Werft Bremer Vulkan war die „Costa Olympia" in Bau, als die Werft Pleite ging. Die NCL kaufte das zu einem Drittel fertiggestellte Schiff, das bei der Lloyd Werft in Bremerhaven seine Vollendung als „Norwegian Sky" erfuhr. 2004 wurde das Schiff bei einem Aufenthalt in Honolulu auf den Namen „Pride of Aloha" getauft. Vor allem zu Kreuzfahrten nach Hawaii eingesetzt, verwöhnt das Schiff mit seinem Luxus bis zu 2002 Passagiere.

Typ:	Passagierschiff
Baujahr/Werft:	1999/Bremer Vulkan, Bremen-Vegesack, und Lloyd Werft, Bremerhaven, Deutschland
Vermessung:	77 104 BRZ
Länge über alles:	260 m
Maschinenleistung:	50 700 kW
Reederei:	NCL Norwegian Cruise Line, Bahamas/Wiesbaden, Deutschland

Seven Seas Navigator
Kreuzfahrtschiff

Als russisches Forschungsschiff „Akademik Nikolaij Piljugin" begonnen, wurde 1991 der Bau stillgelegt. Das Schiff wurde verkauft und nach Genua überführt. Hier erfolgte die Vollendung als Luxusschiff der Sonderklasse. Die 490 Passagiere genießen den Aufenthalt in den Restaurants, Bars, Lounges und Clubs, besuchen das Kasino und das Show-Theater, die großzügige Wellness-Oase und die Pools. Die „Seven Seas Navigator" befährt die sieben Meere der Welt.

Typ:	Passagierschiff
Baujahr/Werft:	1999/Admiralitätswerft, Sankt Petersburg, Russland, und T. Mariotti, Genua, Italien
Vermessung:	33 000 BRZ
Länge über alles:	168 m
Maschinenleistung:	15 536 kW
Reederei:	Radisson Seven Seas Cruises, Bahamas/Aviation & Tourism International, Alzenau, Deutschland

SuperStar Virgo
Kreuzfahrtschiff

Star Cruises ist die führende Kreuzfahrtreederei in Asien und im Pazifik, die Schiffe sind auf den Bahamas registriert. „SuperStar Virgo" ist ein Superschiff. Es erstreckt sich 14 Decks in die Höhe. Bei seinem Bau wurden etwa 2000 Kilometer Kabel verlegt, die aufgebrachte Farbe hat ein Gewicht von etwa 220 Tonnen. Den maximal 2800 Passagieren steht neben all den luxuriösen Einrichtungen ein Theater mit 1000 Sitzplätzen zur Verfügung.

Typ:	Passagierschiff
Baujahr/Werft:	1999/Meyer Werft GmbH, Papenburg, Deutschland
Vermessung:	76 800 BRZ
Länge über alles:	268 m
Maschinenleistung:	40 000 kW
Reederei:	Star Cruises, Bahamas/ NCL, Bahamas/Wiesbaden, Deutschland

Voyager of the Seas
Amerikanisches Kreuzfahrtschiff

Bei der Ablieferung war „Voyager of the Seas" das größte Passagierschiff der Welt. Nach der Atlantiküberfahrt wurde „Voyager of the Seas" in Miami getauft. Mit bis zu 3114 Passagieren führen die Kreuzfahrten durchs Mittelmeer, in die Karibik, nach Mexiko. Die Reederei hat in der Voyager-Klasse noch die Schiffe „Adventure ...", „Explorer ...", „Mariner ..." und „Navigator of the Seas" in Fahrt. Alle Schiffe sind mit allen erdenklichen Freizeiteinrichtungen versehen.

Typ:	Passagierschiff
Baujahr/Werft:	1999/Kvaerner Masa-Yards, Turku, Finnland
Vermessung:	137 276 BRZ
Länge über alles:	311,12 m
Maschinenleistung:	75 600 kW
Reederei:	Royal Caribbean International Ltd., Miami, Florida, USA/Frankfurt am Main, Deutschland

Swiss Crown
Schweizerisches Fluss-Kreuzfahrtschiff

Zwischen Basel und Amsterdam den Rhein entlang, von Amsterdam auf Rhein, Main und Donau bis Passau, Rundreisen von Passau oder Düsseldorf aus gehören zum Kreuzfahrtprogramm der „Swiss Crown". Das Sonnendeck mit Whirlpool, der großzügige Wellness-Bereich und die Abendveranstaltungen an Bord, die Landgänge mit der Besichtigung der Sehenswürdigkeiten längs der Flussufer machen den maximal 150 Gästen die Fahrten zum großen Erlebnis.

Typ:	Fahrgastschiff
Baujahr/Werft:	1999/Grave, Niederlande
Länge über alles:	110 m
Maschinenleistung:	1250 kW
Reederei:	Transocean Tours Touristik GmbH, Bremen, Deutschland

James Caird II
Expeditionsboot

Mit dem Rettungsboot „James Caird" des Forschungsschiffs „Endurance" gelang es dem britischen Polarforscher Ernest Shackleton im antarktischen Winter 1915, zusammen mit fünf Kameraden die 1300 Kilometer lange Strecke zwischen Elephant Island und der südatlantischen Insel South Georgia zurückzulegen, um Hilfe für die Expeditionsmannschaft zu holen. 2000 gelang es erstmals dem Forscher Arved Fuchs, zusammen mit drei Kollegen die Fahrt Shackletons zu wiederholen.

Typ:	Expeditionsboot
Baujahr/Werft:	1999/Skibs & Bådebyggeri, Egernsund, Dänemark
Länge über alles:	7 m
Eigner:	Arved Fuchs, Bad Bramstedt, Deutschland

Clipper Harald
Norwegischer Tanker

Die Meyer Werft, Spezialist für Kreuzfahrtschiffe und Spezialschiffe aller Art, erhielt 1997 von einem norwegischen Konsortium den Auftrag zum Bau zweier Tankschiffe. Das Erste war „Clipper Viking" und wurde 1988 abgeliefert. „Clipper Harald", ein Ammoniak-Tanker, wurde am 9. Juli 1998 auf Kiel gelegt und schon am 1. Juli des folgenden Jahres abgeliefert. Das 18 Knoten schnelle Schiff hat eine Ladekapazität von 12 500 Kubikmeter.

Typ:	Gastanker
Baujahr/Werft:	1999/Meyer Werft GmbH, Papenburg, Deutschland
Vermessung:	10 692 BRZ
Länge über alles:	146,8 m
Maschinenleistung:	7980 kW
Reederei:	Solvang ASA, Stavanger, Norwegen

M 1092 Hameln
Deutsches Hohlstablenkboot

Von 1989 bis 1991 wurden zehn Einheiten der Minenjagdboote der Ensdorf-Klasse gebaut. Fünf davon wurden 1999 umgerüstet und es entstand der neue Typ Hohlstablenkboot, zu dem „Hameln" gehört. Bis zu vier Hohlstab-Fernlenkgeräte (HFG) „Seehund" können von den Lenkbooten ferngelenkt eingesetzt werden. Es gibt 18 dieser bootsähnlichen schwimmenden Geräte zum Minenräumen, die im Einsatz unbemannt sind, sonst drei Mann Besatzung haben.

Typ:	Hohlstablenkboot
Baujahr/Werft:	1999/Lürssen Werft, Bremen, Deutschland
Vermessung:	635 ts Deplacement
Länge über alles:	54,4 m
Maschinenleistung:	5550 PS

„Seehund"

Baujahr/Werft:	1980–1982/Blohm + Voss, Hamburg, Deutschland
Vermessung:	99 ts Deplacement
Länge über alles:	27 m
Maschinenleistung:	ca. 250 kW
Flotte:	Deutsche Marine

Swordfish
Malaysisches U-Boot

Die Marine von Malaysia bestellte in den Niederlanden die zwei U-Boote „Swordfish" und „Tigershark". Diese Boote mit konventionellem, also mit Diesel- und Elektroantrieb, entsprechen den erfolgreichen U-Booten der niederländischen Walrus-Klasse. 63 Mann Besatzung dienen an Bord, die Bewaffnung besteht aus vier Torpedorohren, Minen können mitgeführt und gelegt werden. Unter Wasser haben die Boote eine Geschwindigkeit von 20 Knoten.

Typ:	U-Boot
Baujahr/Werft:	2000/RDM Technology Holding, Rotterdam, Niederlande
Vermessung:	2450 ts Deplacement über Wasser, 2800 ts unter Wasser
Länge über alles:	67,7 m
Maschinenleistung:	9376 PS
Flotte:	Malaysische Flotte

Antwerpen Express
Deutsches Containerschiff

Insgesamt sieben große Containerschiffe der Antwerpen Express-Klasse wurden 2000 an Hapag-Lloyd abgeliefert. Neben der „Antwerpen Express" sind es die 24 Knoten schnellen Express-Schiffe mit den Städtenamen von Tokyo, Bremen, Rotterdam, Kuala Lumpur, New York und Singapore. Jedes der Schiffe hat Stellplätze für 4980 Container (TEU) und eine Tragfähigkeit von 4890 Tonnen. Diese Containerschiffe sind weltweit auf allen Meeren im Einsatz.

Typ:	Containerschiff
Baujahr/Werft:	2000/Hyundai Heavy Industries Co., Ulsan, Südkorea
Vermessung:	54 437 BRZ
Länge über alles:	293,99 m
Maschinenleistung:	40 040 kW
Reederei:	Hapag-Lloyd Container Linie GmbH, Hamburg, Deutschland/USA/Singapur

Bremen Express
Deutsches Containerschiff

In der Bauart fast identisch mit „Antwerpen Express" ist das Schwesterschiff „Bremen Express". Es hat eine Geschwindigkeit von 24 Knoten, mit denen es 4980 Container, davon 370 Kühlcontainer, befördern kann. Dank der Reederei-Niederlassungen in den USA und in Singapur lässt sich der weltweite Einsatz organisieren. So ist gewährleistet, dass „Bremen Express" und die anderen Containerschiffe immer mit voller Ladung in Fahrt sind.

Typ:	Containerschiff
Baujahr/Werft:	2000/Hyundai Heavy Industries Co., Ulsan, Südkorea
Vermessung:	54 465 BRZ
Länge über alles:	293,17 m
Maschinenleistung:	40 040 kW
Reederei:	Hapag-Lloyd Container Linie GmbH, Hamburg, Deutschland/USA/Singapur

Aurora
Britisches Kreuzfahrtschiff

Dieses Schiff für maximal 1878 Passagiere erlebte zwei Jungfernfahrten. Nach der Ablieferung wurde es in Southampton von Princess Anne auf den Namen „Aurora" getauft und lief zu einer Gästefahrt aus, unternahm dann die erste Kreuzfahrt ins Mittelmeer. Wegen eines heißgelaufenen Wellenlagers wurde die Fahrt nach einem Tag abgebrochen. Nach der Inspektion bei Blohm + Voss ging es auf die zweite Jungfernfahrt.

Typ:	Passagierschiff
Baujahr/Werft:	2000/Meyer Werft GmbH, Papenburg, Deutschland
Vermessung:	76 000 BRZ
Länge über alles:	270 m
Maschinenleistung:	40 000 kW
Reederei:	P&O Cruises, London, Großbritannien

Katharina von Bora
Deutsches Fluss-Kreuzfahrtschiff

Das kleine Luxus-Traumschiff für 79 Gäste ist ein Hotel auf dem Wasser mit Sonnendeck, Restaurant, Bar, Lounge-Bibliothek, Boutique, Friseur und ärztlicher Betreuung. Musik und Tanz gibt es an Bord, bei den Landausflügen sind die Sehenswürdigkeiten der Städte und Landschaften zu erleben. Die Fahrten führen von Potsdam nach Prag, wobei unter anderem Meißen und Dresden besucht werden, und von Potsdam nach Stralsund an der Ostsee.

Typ:	Fahrgastschiff
Baujahr:	2000
Vermessung:	965 BRZ
Länge über alles:	83 m
Maschinenleistung:	1050 kW
Reederei:	Peter Deilmann Reederei, Neustadt in Holstein, Deutschland

FREEDOM OF THE SEAS

Auf dem Weg in die Zukunft

Schiffe des 21. Jahrhunderts

Queen Mary 2
Queen Elizabeth 2

Auf dem Weg in die Zukunft

Schiffe des 21. Jahrhunderts

Die Zukunft hat schon begonnen. Zunächst ist sie die Fortsetzung von Vergangenheit und Gegenwart. Die weltweiten Konflikte bleiben vorerst ungelöst, führen immer wieder zu Krisen und Kriegen. Die Flottenbauprogramme und die geplanten Beschaffungen neuer Schiffe für die großen und kleinen Seemächte reichen weit in die nächsten Jahrzehnte. Auch im zivilen Bereich floriert der Schiffbau; immer neue Transport- und Passagierschiffe werden auf Kiel gelegt, erleben ihren Stapellauf und die Indienststellung.

Die Freiheit der Meere, zu deren Lob ein prächtiges Schiff den Namen „Freedom of the Seas" führt, wird auch in Zukunft weltumspannend und völkerverbindend sein. Die Freiheit der Meere, nur in Kriegszeiten eingeschränkt, ist ein völkerrechtlicher Grundsatz, der 1609 von dem niederländischen Gelehrten Hugo Grotius in seiner Schrift „Mare liberum" verkündet, in der Seerechtsdeklaration von Paris 1856 bestätigt und seit der Genfer Seerechtskonferenz 1958 allgemein anerkannt ist.

Bis auf die Hoheitsgewässer vor den Küsten gehören die Meere allen Menschen und sollten ihnen zunutzen sein. Doch der Fischreichtum der Meere ist durch Überfischung dezimiert, und die üblichen Fangmethoden der Schleppfischerei mit großen Schleppnetzen gefährden und vernichten viele Tierarten, die sich in den Netzen verfangen und nutzlos wieder über Bord geworfen werden. Die Regeneration der Fischbestände und der Erhalt der ozeanischen Lebensvielfalt ist eine der drängenden und auch zum Wohl der Menschheit zu lösenden Zukunftsfragen. Bei der Förderung der unterseeischen Bodenschätze wie Öl, Gas, Methan und Erz darf in Zukunft nicht mehr die Verschmutzung der Meere und die Zerstörung der Unterwasserwelt in Kauf genommen werden. Auf eindringliche Art hat beispielsweise der Sachbuch- und Thrillerautor Frank Schätzing in „Der Schwarm" auf die möglichen Gefahren des Raubbaus der Meere aufmerksam gemacht.

Die ihrer Verantwortung bewussten Konstrukteure und Schiffbauer haben inzwischen – zum Teil jedoch aus verheerenden Katastrophen – vieles hinzugelernt. So werden zum Beispiel Tankschiffe mit Doppelböden, Doppelhüllen, Längs- und Querschotten gebaut, um das Leckschlagen oder Zerbrechen des Rumpfes zu verhindern. Auch Explosionen und Feuerbrände an Bord werden durch Schutzanlagen verhindert. Abwässer und andere Einleitungen ins Meer sind bei den modernen Schiffen nicht mehr üblich. Moderne Umwelttechnik verhindert die Umwelt- und Meeresverschmutzung durch Müll und Fäkalien, durch Wasser mit Beimengungen von Öl, Chemikalien und anderen Schadstoffen.

Auch neue Antriebsarten wie der Hybridmotor gelangen zur Anwendung. Erfolgreich wurde 2006 die neue Technologie „SkySails" erprobt, eine Kombination von Motorantrieb und Zugdrachen. „Turn Wind into Profit" lautet das vielversprechende Motto. Zunächst sollen Yachten, Kutter, kleinere Frachter mit dem neuen Antriebssystem ausgestattet werden. Im Bereich von 15 bis 50 Prozent liegt die Treibstoffersparnis, wobei auch der Ausstoß von Kohlendioxyd vermindert und damit ein wichtiger Beitrag zum Klimaschutz geleistet wird. Auch alte Technologien werden für die Zukunft nutzbar gemacht. Der Bau des Schilfboots „Abora 2" und der Dschunke „Kublai's Kahn II" sind nicht nur für die Historiker des Schiffbaus und der Schifffahrt von Bedeutung.

Der Bau von großen Massengutfrachtern und Containerschiffen wird weiterhin unverzichtbar sein, um den globalen Warenaustausch und damit die Versorgung der Weltbevölkerung aufrecht zu erhalten. Zunehmend wird beim Bau und Betrieb dieser Schiffe auf die Umweltverträglichkeit und den Umweltschutz geachtet.

Das trifft auch auf die großen Passagierschiffe zu, deren Kapazitäten zum Teil bereits die Passagierzahl von 2000 überschreiten. Die Kreuzfahrten, bei denen fremde Länder und ihre Menschen und Kulturen zum Erlebnis werden, sind längst nicht mehr ein Privileg gut betuchter Senioren. Junge Leute und Familien mit Kindern können sich das Vergnügen von Seereisen gönnen. Vor allem die jungen, zukunftsfrohen Menschen erfahren mit offenen Augen und ohne Vorurteile das Meer und die Erde als die eine Welt für alle Menschen. Der Blick voraus kann Anlass zur Zuversicht sein. Und das alte Wort „Seefahrt tut not" bewahrheitet sich in seiner Bedeutung, dass Seefahrt notwendig ist, also die Not wendet und das Glück befördert.

Linke Seite:
„Queen Mary 2" und „Queen Elizabeth 2", Königinnen der Meere.

Vorige Doppelseite:
Die „Freedom of the Seas" bei der ersten Fahrt.

Royal Clipper
Kreuzfahrtsegler

Das größte Vollschiff der Welt wird gern als Königin der Meere bezeichnet. Wie „Star Clipper" unternimmt die elegante und moderne „Royal Clipper" an allen Masten rahgetakelt, Kreuzfahrten im Mittelmeer, in der Karibik, in Südostasien, in der Südsee, überquert den Indischen und Atlantischen Ozean. 100 Jahre nach dem Flying P-Liner „Preußen" geht wieder ein stolzes Fünfmastvollschiff auf Reisen – mit 228 Passagieren und 106 Frauen und Männern der Besatzung.

Typ:	Fünfmastvollschiff, Kreuzfahrt-Clipper
Baujahr/Werft:	2001/Merwede Shipyard, Rotterdam, Niederlande
Vermessung:	5061 ts Deplacement
Länge über alles:	134 m
Besegelung:	42 Segel, Segelfläche 5202 m^2
Maschinenleistung:	6000 PS
Reederei:	Star Clippers, Monaco und Miami/Star Clippers Kreuzfahrten, Langenhagen, Deutschland

Carnival Pride
Kreuzfahrtschiff

Die beliebten Fahrten der „Carnival Pride" führen von Long Beach an der kalifornischen Küste südwärts zu den Hafenstädten, Buchten und Stränden an der mexikanischen Riviera. Das Schiff, das maximal 2124 Gäste an Bord nimmt, ist wie alle Carnival-Schiffe mit allem ausgestattet, was die Reise zum grenzenlosen Vergnügen macht – von den Pools über das Spa und Fitness-Center bis zum Kasino und der Show am Abend. Für die Kleinen gibt es das Camp Carnival.

Typ:	Passagierschiff
Baujahr/Werft:	2001/Kvaerner Masa-Yards, Helsinki, Finnland
Vermessung:	85 920 BRZ
Länge über alles:	292,5 m
Maschinenleistung:	62 370 kW
Reederei:	Carnival Cruise Lines, Bahamas und Panama/Inter-Connect Marketing, München, Deutschland

MSC Armonia
Kreuzfahrtschiff

Als „European Vision" für Festival Cruises, Genua, zunächst in Fahrt, wurde das Schiff 2004 von MSC übernommen und erhielt den Namen „Armonia". Zusammen mit der Schwester „Sinfonia" kreuzt sie vor allem im Mittelmeer, besucht mit maximal 1566 Passagieren Italien, Malta, Nordafrika und Ägypten, Griechenland und Kroatien. Vom Kasino bis zum Kinderclub ist alles an Bord vorhanden, was den Gästen Vergnügen bereitet.

Typ:	Passagierschiff
Baujahr/Werft:	2001/Chantiers de l'Atlantique, Saint-Nazaire, Frankreich
Vermessung:	58 700 BRZ
Länge über alles:	251,25 m
Maschinenleistung:	30 600 kW
Reederei:	MSC Cruises, Panama/MSC Kreuzfahrten, München, Deutschland

Nils Holgersson
Deutsche Fähre

Es ist die sechste Fähre dieses Namens der traditionsreichen TT-Line zwischen dem deutschen Travemünde und dem südschwedischen Trelleborg, die etwa sieben oder acht Fährstunden voneinander entfernt sind. „Nils Holgersson", von Dr. Brigitte Oetker getauft, ist wie alle anderen TT-Schiffe mit umweltfreundlichem dieselelektrischem Antrieb ausgestattet. Die Fähre befördert bis 740 Passagiere und hat insgesamt 2613 Spurmeter für Autos zur Verfügung.

Typ:	Passagier- und Autofähre
Baujahr/Werft:	2001/SSW Schichau Seebeck Shipyard, Bremerhaven
Vermessung:	36 468 BRZ
Länge über alles:	190,75 m
Maschinenleistung:	56 880 kW
Reederei:	TT-Line, Lübeck, Deutschland

Golden Princess
Amerikanisches Kreuzfahrtschiff

Diese Prinzessin verwöhnt ihre maximal 2600 Gäste mit allem Komfort und mit allen Annehmlichkeiten, die sich an Bord eines Schiffes unterbringen lassen – bis hinauf zum Skywalkers Night Club unter den Sternen. Die Reisen der „Golden Princess" und ihrer Schwestern „Grand Princess" und „Star Princess" führen an die mexikanische Riviera, nach Südamerika, in die Antarktis, nach Kanada und in die Arktis, über den Ozean nach Europa.

Typ:	Passagierschiff
Baujahr/Werft:	2001/Fincantieri Cantieri Navali Italiani, Monfalcone, Italien
Vermessung:	108 865 BRZ
Länge über alles:	289,5 m
Maschinenleistung:	63 360 kW
Reederei:	Princess Cruises, USA/Inter-Connect Marketing, München, Deutschland

Norwegian Star
Kreuzfahrtschiff

Von Los Angeles nach Acapulco, von Seattle zu den Naturwundern von Alaska führen die erlebnisreichen Fahrten mit maximal 2240 Passagieren. 13 Restaurants, zehn Bars und Lounges, Swimmingpools, Barong Spa, Fitness-Center und vielerlei Möglichkeiten für das große Vergnügen der kleinen und großen Gäste befinden sich an Bord des eleganten Luxusliners. 2002 rettete „Norwegian Star" die elf Mann Besatzung eines indonesischen Tankers.

Typ:	Passagierschiff
Baujahr/Werft:	2001/Meyer Werft GmbH, Papenburg, Deutschland
Vermessung:	91 740 BRZ
Länge über alles:	296 m
Maschinenleistung:	58 800 kW
Reederei:	NCL Norwegian Cruise Line, Bahamas/Wiesbaden, Deutschland

Pandaw
Myanmarisches Fluss-Kreuzfahrtschiff

Der Irawadi durchfließt Myanmar, das frühere Birma, und mündet in Yangon, dem früheren Rangun, in den Indischen Ozean. Hier in der Hauptstadt des Landes beginnt die Flussfahrt der „Pandaw" mit 32 Passagieren stromauf zu den Pagoden und anderen Sehenswürdigkeiten am Strom, bis hinauf in das berühmte Mandalay mit seinen buddhistischen Klöstern und Tempeln. Die „Pandaw" ist ein modernes Schiff, dem einstigen Kolonialstil nachempfunden.

Typ:	Fahrgastschiff
Baujahr/Werft:	2001/Scheepswerf Grave B. V., Grave, Niederlande
Länge über alles:	50 m
Reederei:	Ayravata Cruises, Myanmar/Phoenix Reisen GmbH, Bonn, Deutschland

River Cloud II
Fluss-Kreuzfahrtschiff

So wie die beiden Segler mit Namen „Sea Cloud" auf den Meeren kreuzen, so befahren die zwei eleganten und luxuriösen Flussyachten, auf die Namen „River Cloud" getauft, die schönsten Flüsse Europas. Der Rhein ab Basel, der romantische Rhein, das Rheindelta in den Niederlanden, die Mosel, der Main, die Donau auf Teilstrecken bis zum Schwarzen Meer gehören zu den Reisegebieten. Um die maximal 88 Passagiere kümmern sich etwa 35 Frauen und Männer der Besatzung.

Typ:	Fahrgastschiff
Baujahr:	2001
Länge über alles:	103 m
Maschinenleistung:	1000 kW
Reederei:	River Cloud Cruises, Hamburg, Deutschland

Doro Londa
Indonesische Fähre

Für den unerlässlichen Fährverkehr zwischen den vielen Inseln Indonesiens hat die Meyer Werft eine ganze Reihe von modernen und leistungsstarken Fährschiffen wie die „Doro Londa" gebaut. Das Schiff mit einer Geschwindigkeit von 22,4 Knoten befördert maximal 2170 Passagiere, davon 104 in 38 Kabinen. Eine Besatzung von 147 Mann dient an Bord. Ein Ladekran im Vorschiff erleichtert die Übernahme und Entladung von Frachtstücken.

Typ:	Passagierfähre
Baujahr/Werft:	2001/Meyer Werft GmbH, Papenburg, Deutschland
Vermessung:	14 800 BRZ
Länge über alles:	146,5 m
Maschinenleistung:	17 040 kW
Reederei:	P. T. Pelayaran Nasional Indonesia, Lambar, Indonesien

A 1411 Berlin
Deutsches Versorgungsschiff

Mit einer Geschwindigkeit von 20 Knoten kann der Versorger „Berlin" die Fregatten einer Einsatzgruppe begleiten. Die Übergabe von Gütern erfolgt durch Querabversorgung mit Kraftstoff, Trinkwasser, Ersatzteilen und Munition auf See. Die Standzeit einer Einsatzgruppe in See kann so auf 45 Tage ausgedehnt werden. In Containern können zusätzlich Werkstätten und Sanitätseinrichtungen mitgeführt werden. An Bord befinden sich zwei Hubschrauber.

Typ:	Einsatzgruppenversorger
Baujahr/Werft:	2001/Flensburger Schiffbau-Gesellschaft, Flensburg, Deutschland
Vermessung:	18 637 ts Deplacement
Länge über alles:	173,7 m
Flotte:	Deutsche Marine

Hamburg Express
Deutsches Containerschiff

Die Flotte der Containerschiffe von Hapag-Lloyd hat ein neues Flaggschiff. „Hamburg Express" wurde in Korea mittels Computer- und Lasertechnik in nur acht Monaten gebaut. Der Neubau stellte sich auf der Fahrt nach Hamburg in Busan, Shanghai, Xiamen, Shenzhen (Hafen Yantian), Hongkong, Singapur, Port Said und Southampton vor. In Hamburg erfolgte die Taufe des Giganten, der 7506 TEU-Stellplätze und 700 für Kühlcontainer bei einer Tragfähigkeit von 100 003 Tonnen hat.

Typ:	Containerschiff
Baujahr/Werft:	2001/Hyundai Heavy Industries Co., Ulsan, Südkorea
Vermessung:	88 493 BRZ
Länge über alles:	320,38 m
Maschinenleistung:	68 640 kW
Reederei:	Hapag-Lloyd Container Linie GmbH, Hamburg, Deutschland/USA/Singapur

Norwegian Sun
Kreuzfahrtschiff

Nach Hawaii und in die Südsee, in die eisigen Gewässer von Alaska, in denen sich die Wale tummeln, von Miami durch den Panamakanal nordwärts ins kanadische Vancouver führen die Fahrten der „Norwegian Sun“. Bis 1936 Passagiere genießen die Reisen und die aufregenden Landgänge, das Leben an Bord mit Entspannung oder Sport, Broadway-Shows und Kasino. Das „Freestyle Cruising“ von NCL bietet jedem Spaß nach Lust und Laune.

Typ:	Passagierschiff
Baujahr/Werft:	2001/Aker MTW Werft GmbH, Wismar (Rumpf), und Lloyd Werft, Bremerhaven, Deutschland
Vermessung:	78 309 BRZ
Länge über alles:	260 m
Maschinenleistung:	30 700 kW
Reederei:	NCL Norwegian Cruise Line, Bahamas/Wiesbaden, Deutschland

Seven Seas Mariner
Kreuzfahrtschiff

Die erste Fahrt des Schiffes führte von der französischen Atlantikküste über den Ozean, durch den Panamakanal nach Los Angeles, wo es auf den Namen „Seven Seas Mariner“ getauft wurde. Unterwegs mit 700 Passagieren, die an Bord jeglichen Luxus genießen, kreuzt es auf allen sieben Meeren der Welt, vornehmlich im Mittelmeer, in der Karibik, fährt durch den Panamakanal in die Südsee, längs des Kontinents von Alaska bis nach Südamerika.

Typ:	Passagierschiff
Baujahr/Werft:	2001/Chantiers de l'Atlantique, Saint-Nazaire, Frankreich
Vermessung:	48 075 BRZ
Länge über alles:	216 m
Maschinenleistung:	42 070 kW
Reederei:	Radisson Seven Seas Cruises, Bahamas/Aviation & Tourism International, Alzenau, Deutschland

Abora 2
Schilfboot

Dominique Görlitz, Erforscher prähistorischer Schiffbautechnik, hat sich von den Aymara-Indianern am Titicacasee in der Technik, die schon seit 6000 Jahren geübt wird, ein Boot bauen lassen, mit dem er und sein Team 2002 im Mittelmeer eine Rundreise von Alexandria über Beirut nach Zypern unternahmen. Damit war der vorgeschichtliche Kulturaustausch über See bewiesen. Die Konstruktion des Bootes bringt dem modernen Schiffbau manche Anregung. Inzwischen ist „Abora 3“ in Fahrt.

Typ:	Schilfboot mit Seitenschwertern, um gegen den Wind zu kreuzen
Baujahr/Werft:	2001/Aymara-Bootsbauer, Titicacasee, Bolivien
Gewicht:	11 ts
Länge über alles:	12 m
Besegelung:	1 Segel, Segelfläche 60 m^2
Eigner:	Dominique Görlitz/Verein für experimentelle Archäologie und Forschung e. V., Chemnitz, Deutschland
Heimathafen:	Rostock, Deutschland

Discoverer Deep Seas
Amerikanisches Bohrschiff

Computergesteuert hält „Discoverer Deep Seas" seine Position bei Wind, Strömung und Wellengang unverändert bei. Es ist das erste Bohrschiff, das in Wassertiefen von etwa 3000 Metern und in eine Tiefe von etwa 1300 Meter unter dem Meeresboden bohren kann. Zurzeit sind die Vorbereitungen im Golf von Mexiko so weit gediehen, dass ab 2008 mit der Erdölförderung zu rechnen ist. Das Öl wird dann vom Bohrschiff aus in Tankschiffe gepumpt.

Typ:	Bohrschiff
Baujahr/Werft:	2001/Astano, Ferrol, Spanien
Länge über alles:	254,5 m
Maschinenleistung:	33 000 kW plus 42 000 PS
Eigner:	Transocean Inc., USA

R 91 Charles de Gaulle
Französischer Flugzeugträger

Baubeginn des Trägers mit Nuklearantrieb war 1987, der 1996 auf den Namen „Richelieu" getauft, 1997 in „Charles de Gaulle" umbenannt wurde. Bei ersten Tests 1999 erwies sich die Landebahn als zu klein und der Träger musste verlängert werden. Pannen häuften sich; das Isolationsmaterial des Reaktors brannte, die Schrauben mussten ersetzt werden, Gaslecks führten zu Ohnmachten bei den Seeleuten. 2001 war der Träger vor Afghanistan im Kampfeinsatz.

Typ:	Flugzeugträger
Baujahr/Werft:	2001/DCN, Brest, Frankreich
Vermessung:	40 500 ts Deplacement
Länge über alles:	261,5 m
Flotte:	La Marine française

Radiance of the Seas
Amerikanisches Kreuzfahrtschiff

Bei Fertigstellung war die „Radiance of the Seas" das größte bislang in Deutschland gebaute Passagierschiff. Bis 2100 Gäste gehen mit dem „Strahlen der Meere" auf Kreuzfahrt. Die Energie für den Luxusliner wird umweltfreundlich von zwei Gasturbinen und einer Dampfturbine erzeugt. Mit einem Teil der Energie wird der Pod-Antrieb betrieben. Der Pod (Gehäuse) enthält den Propeller und einen Elektromotor, der die Propeller antreibt; der Aktionsradius beträgt 360 Grad.

Typ:	Passagierschiff
Baujahr/Werft:	2001/Meyer Werft GmbH, Papenburg, Deutschland
Vermessung:	90 090 BRZ
Länge über alles:	293,2 m
Maschinenleistung:	40 000 kW
Reederei:	Royal Caribbean International Ltd., Miami, Florida, USA/Frankfurt am Main, Deutschland

Norwegian Dawn
Kreuzfahrtschiff

Als „SuperStar Scorpio" von Star Cruises bestellt, erfolgte die Ablieferung als „Norwegian Dawn" für NCL. Die erste Fahrt führte von Papenburg die Ems abwärts über den Kanal nach Southampton, wo die Jungfernfahrt nach New York begann. Die luxuriöse und elegante „Norwegian Dawn" mit maximal 2224 Passagieren und einer Besatzung von 1086 Frauen und Männern kreuzt vor allem in der Karibik und vor Neuengland und Kanada.

Typ:	Passagierschiff
Baujahr/Werft:	2002/Meyer Werft GmbH, Papenburg, Deutschland
Vermessung:	91 740 BRZ
Länge über alles:	295 m
Maschinenleistung:	58 800 kW
Reederei:	NCL Norwegian Cruise Line, Bahamas/Wiesbaden, Deutschland

AIDAvita
Kreuzfahrtschiff

Zwölf Decks hoch ragt die „AIDAvita" über dem Meer. Auf dem oberen Deck ist ein FKK-Bereich eingerichtet. Das Clubschiff bietet an Bord alle Annehmlichkeiten und Aktivitäten, die zu einem geruhsamen oder aufregenden Aufenthalt gehören. Zusätzlich zu den Kreuzfahrten werden Events an Land angeboten – zum Beispiel Golfreisen zu Golfplätzen in aller Welt, Tauchausflüge, Rennrad-Wochen auf den Kanaren, Soccer Camps für Kids.

Typ:	Passagierschiff
Baujahr/Werft:	2002/Aker MTW Werft GmbH, Wismar, Deutschland
Vermessung:	42 289 BRZ
Länge über alles:	202,85 m
Maschinenleistung:	27 550 kW
Reederei:	AIDA Cruises, Rostock, Deutschland

Coral Princess
Amerikanisches Kreuzfahrtschiff

Die bevorzugten Fahrtgebiete dieser Prinzessin und ihrer Schwester „Island Princess" sind die Karibik und Alaska, wozu auch Fahrten durch den Panamakanal gehören. Bei der Jungfernfahrt ab Fort Lauderdale, Florida, erhielt die „Coral Princess" im Kanal ihre Taufe. Die maximal 1970 Passagiere sind in komfortablen Kabinen untergebracht, wobei über 700 der insgesamt 987 Kabinen einen eigenen Balkon haben, um von hier die Aussicht zu genießen.

Typ:	Passagierschiff
Baujahr/Werft:	2002/Chantiers de l'Atlantique, Saint-Nazaire, Frankreich
Vermessung:	91 627 BRZ
Länge über alles:	294 m
Maschinenleistung:	40 000 kW
Reederei:	Princess Cruises, USA/Inter-Connect Marketing, München, Deutschland

Brilliance of the Seas
Amerikanisches Kreuzfahrtschiff

Das Schwesterschiff der „Radiance" ist die „Brilliance of the Seas". In Harwich getauft, lief das Schiff von hier nach Norwegen zu seiner Jungfernfahrt aus. Zu den Kreuzfahrten zählen die von Harwich nach Barcelona, die Rundreise von Barcelona über Korfu und Venedig, die Rundreise von Miami durch den Panamakanal nach Puerto Rico, die Transatlantikreisen über den Ozean. Das Schiff ist für alle Vergnügungen eingerichtet – vom Theater bis zum Kinderclub.

Typ:	Passagierschiff
Baujahr/Werft:	2002/Meyer Werft GmbH, Papenburg, Deutschland
Vermessung:	90 090 BRZ
Länge über alles:	293,2 m
Maschinenleistung:	40 000 kW
Reederei:	Royal Caribbean International Ltd., Miami, Florida, USA/Frankfurt am Main, Deutschland

Trollfjord
Norwegisches Passagierschiff

Im Liniendienst zwischen Bergen und Kirkenes, das am siebten Tag der Reise über den Polarkreis hinaus, zu den Lofoten und um das Nordkap herum erreicht wird, und südwärts wieder zurück, ist „Trollfjord" in Dienst. Wer will, unterbricht unterwegs die Fahrt, nimmt ein späteres Schiff oder setzt die Reise mit dem Auto fort. Es gibt für die 822 Passagiere 45 Autostellplätze. Das Schiff ist außerdem zu Sonderfahrten und Tagestörns unterwegs.

Typ:	Passagierschiff
Baujahr/Werft:	2002/Fosen Mekaniske Verksteder A/S, Rissa, Norwegen
Vermessung:	16 140 BRZ
Länge über alles:	135,75 m
Maschinenleistung:	8280 kW
Reederei:	Hurtigruten Group ASA, Bergen, Norwegen

MSC Sinfonia
Kreuzfahrtschiff

Als „European Stars" für Festival Cruises, Genua, im Kreuzfahrtdienst, wurde das Schiff nach Zahlungsschwierigkeiten der Reederei aufgelegt und 2004 von MSC ersteigert und umbenannt. Auf verschiedenen Routen des Mittelmeers, nach Teneriffa und Madeira ist jetzt „MSC Sinfonia" mit maximal 2065 Passagieren in Fahrt, die an Bord alles finden, was zur Fitness und Unterhaltung beiträgt. Für Kinder ab vier Jahren gibt es ein eigenes Programm.

Typ:	Passagierschiff
Baujahr/Werft:	2002/Chantiers de l'Atlantique, Saint-Nazaire, Frankreich
Vermessung:	58 700 BRZ
Maschinenleistung:	25 000 kW
Reederei:	MSC Cruises, Panama/MSC Kreuzfahrten, München, Deutschland

Shanghai Express
Deutsches Containerschiff

Zusammen mit den Schwesterschiffen, die als Vornamen die Städtenamen „Hamburg", „Berlin" und „Hong Kong" tragen, gehört „Shanghai Express" zur Hamburg Express-Klasse von Hapag-Lloyd, die zu den größten Container-Reedereien der Welt gehört. Das Containerschiff hat 7506 TEU-Stellplätze, davon 700 für Kühlcontainer, bei einer Tragfähigkeit von 100 003 Tonnen. Das 25 Knoten schnelle Express-Schiff ist weltweit im Einsatz.

Typ:	Containerschiff
Baujahr/Werft:	2002/Hyundai Heavy Industries Co., Ulsan, Südkorea
Vermessung:	88 493 BRZ
Länge über alles:	320,38 m
Maschinenleistung:	68 640 kW
Reederei:	Hapag-Lloyd Container Linie GmbH, Hamburg, Deutschland/USA/Singapur

The World
Kreuzfahrt-Apartmentschiff

Dieses Schiff ist eine Welt für sich. Und es ist das einzige Apartmentschiff der Welt. Viele der Studios und Apartments von 27 bis 300 Quadratmetern, teils mit mehreren Schlafzimmern und eigener Küche, sind vermietet oder verkauft. „The World" ist ein Luxusschiff, das zu den Traumzielen unterwegs und auf Weltreise ist. Um die 150 bis 200 Passagiere an Bord, darunter auch Familien, kümmern sich die 250 Frauen und Männer der Crew.

Typ:	Passagierschiff
Baujahr/Werft:	2002/Bruces Shipyard, Landskrona (Rumpf), Schweden, und Fosen Mekaniske Verksteder A/S, Rissa, Norwegen
Vermessung:	43 188 BRZ
Länge über alles:	196,35 m
Maschinenleistung:	11 880 kW
Reederei:	ResidenSea, Bahamas/Aviation & Tourism International, Alzenau, Deutschland

Finnmarken
Norwegisches Passagierschiff

Mit einer Kapazität von 1000 Passagieren, die für längere Strecken 639 Betten zur Verfügung haben, ist „Finnmarken" das größte Schiff der Hurtigruten-Flotte. Es fährt zwischen Bergen und Kirkenes und läuft unterwegs die Städte an der Küste an. Auch zu Sonderfahrten und Tagestörns ist das Schiff in Fahrt. Die im Stil des Art déco eingerichtete „Finnmarken" hat einen Swimmingpool, Restaurant, Bars, Cafés, Fitnessräume, Spielzimmer und 47 Autostellplätze.

Typ:	Passagierschiff
Baujahr/Werft:	2002/Kvaerner Kleven, Ulsteinvik, Norwegen
Vermessung:	15 530 BRZ
Länge über alles:	138,5 m
Maschinenleistung:	13 800 kW
Reederei:	Hurtigruten Group ASA, Bergen, Norwegen

Frederic Chopin
Deutsches Fluss-Kreuzfahrtschiff

Von Potsdam an der Havel über die Elbe bis nach Prag an der Moldau, von Potsdam über die Oder zur Ostsee reicht das Fahrgebiet des kleinen Traumschiffs „Frederic Chopin". Die Annehmlichkeiten an Bord reichen vom Restaurant bis zum Sonnendeck. Bei den Land- und Aktivausflügen werden die Sehenswürdigkeiten der Städte besichtigt oder die Landschaften erwandert oder mit dem Rad erkundet. Zur Abendunterhaltung gehört auch die Musik von Frederic Chopin.

Typ:	Fahrgastschiff
Baujahr/Werft:	2002/Schiffbau- und Entwicklungsgesellschaft, Tangermünde
Vermessung:	965 ts Deplacement
Länge über alles:	83 m
Maschinenleistung:	1050 kW
Reederei:	Peter Deilmann Reederei, Neustadt in Holstein, Deutschland

Yue Hai Tie 1 Hao
Chinesische Fähre

Die Insel Hainan liegt im Südchinesischen Meer. Die notwendige Verbindung zum 28 Kilometer entfernten Festland obliegt vor allem den Fähren wie der „Yue Hai Tie 1 Hao". Sie hat Platz für 1230 Deckspassagiere in den Aufenthaltsräumen, 150 Pkws und 40 Eisenbahn-Waggons. Die Geschwindigkeit des Fährschiffs beträgt 12,5 Knoten. Im Jahr 2003 wurde zur Unterstützung das baugleiche Schwesterschiff „Yue Hai Tie 2 Hao" in Dienst gestellt.

Typ:	Passagier-, Auto- und Eisenbahnfähre
Baujahr/Werft:	2002/Jiangnan Shipyard, Shanghai, China
Vermessung:	14 381 BRZ
Länge über alles:	165,4 m
Maschinenleistung:	5760 kW
Reederei:	Yuehai Railway Co., Haikou, China

CVN 76 Ronald Reagan
Amerikanischer Flugzeugträger

Der Träger der Nimitz-Klasse wurde als Erster mit einem Wulstbug, wie er bei Tankern, Container- und großen Passagierschiffen Verwendung findet, ausgestattet. „Ronald Reagan" trägt maximal 90 Flugzeuge und Hubschrauber. Bewaffnet ist der Träger mit drei Abschussvorrichtungen für Raketen und drei Startern für Rolling Airframe Missiles (RAM). Gemäß dem Motto des Schiffes „Peace through Strength" (Friede durch Stärke) ist es in den Krisen- und Kriegsgebieten im Einsatz.

Typ:	Flugzeugträger
Baujahr:	2003
Vermessung:	104 000 ts Deplacement
Länge über alles:	332,8 m
Maschinenleistung:	194 000 kW
Flotte:	US Navy

AIDAaura
Kreuzfahrtschiff

Zuerst für Seetours, London, in Kreuzfahrt, wurde das Schiff 2004 von AIDA Cruises übernommen und gehört heute als Teil der Costa Crociere, Genua, zur Carnival Corporation, dem größten Kreuzfahrtanbieter der Welt. „AIDAaura" geht mit maximal 1582 Passagieren auf Fahrt, die jeglichen Luxus und vielerlei Unterhaltung an Bord genießen. Reisegebiete sind das Mittelmeer, die Route von Mallorca nach Norwegen und Fahrten über den Atlantik.

Typ:	Passagierschiff
Baujahr/Werft:	2003/Aker MTW Werft GmbH, Wismar, Deutschland
Vermessung:	42 289 BRZ
Länge über alles:	202,85 m
Maschinenleistung:	27 550 kW
Reederei:	AIDA Cruises, Rostock, Deutschland

Crystal Serenity
Kreuzfahrtschiff

Broadway-Shows, Glücksspiele im Kasino, Klavierlektionen, Sprachunterricht mit Berlitz, Golfkurse, die Computer University@Sea, ein Feng-Shui inspiriertes Spa, Walk-on-Water-Fitness, Spezialitäten-Restaurants – sind nur einige Besonderheiten an Bord der „Crystal Serenity". Maximal 1080 Passagiere genießen die exklusiven Weltreisen und die Kreuzfahrten in der Karibik, in Westeuropa, im Mittelmeer und im Schwarzmeer.

Typ:	Passagierschiff
Baujahr/Werft:	2003/Chantiers de l'Atlantique, Saint-Nazaire, Frankreich
Vermessung:	68 870 BRZ
Länge über alles:	250 m
Maschinenleistung:	52 200 kW
Reederei:	Crystal Cruises, Bahamas/Aviation & Tourism International, Alzenau, Deutschland

Serenade of the Seas
Amerikanisches Kreuzfahrtschiff

Das kostbar wie eine Privatyacht ausgestattete Luxusschiff gehört zur Radiance-Klasse von Royal Caribbean. Die „Serenade of the Seas" hat einen Sportbereich mit Kletterwand und Golf, für Wellness und Fitness gibt es Pools, Spa und Beautyfarm, für Unterhaltung ist im Theater, im Casino Royale und in vielen Bars und Lounges bestens gesorgt. Die jungen Gäste haben Kinderclub und Teencenter. Das Schiff ist vor allem in der Karibik und durch den Panamakanal in Fahrt.

Typ:	Passagierschiff
Baujahr/Werft:	2003/Meyer Werft GmbH, Papenburg, Deutschland
Vermessung:	90 090 BRZ
Länge über alles:	293,2 m
Maschinenleistung:	59 000 kW
Reederei:	Royal Caribbean International Ltd., Miami, Florida, USA/Frankfurt am Main, Deutschland

Midnatsol
Norwegisches Passagierschiff

Wer die Zauberwelt Norwegens erleben will, nimmt ab Bergen ein Schiff der Hurtigruten-Flotte, das auf dem Weg nach Norden etwa 30 Städte anläuft, das Nordkap umrundet und in Kirkenes die Fahrt beendet. Mit dem Flugzeug erfolgt die Rückreise, oder mit der Eisenbahn. Die schöne „Midnatsol" hat Platz für 1000 Passagiere, die zum Teil unterwegs zu- oder aussteigen, 650 Betten, Stellplätze für 45 Autos und ist mit allem Komfort ausgestattet.

Typ:	Passagierschiff
Baujahr/Werft:	2003/Bruces Shipyard, Landskrona (Rumpf), Schweden, und Fosen Mekaniske Verksteder A/S, Rissa, Norwegen
Vermessung:	16 151 BRZ
Länge über alles:	135,75 m
Maschinenleistung:	8280 kW
Reederei:	Hurtigruten Group ASA, Bergen, Norwegen

Queen Mary 2
Britisches Passagierschiff

Von der Länge her gesehen, war sie bei der Ablieferung das größte Passagierschiff der Welt. Rekorde im Schiffbau haben jedoch keinen langen Bestand. Queen Elizabeth II. hat das Schiff selbst getauft. Maximal 2620 Passagiere und eine Besatzung von 1245 Menschen gehen mit der „QM 2" auf die Nordatlantikfahrt von Southampton, manchmal von Hamburg, nach New York. Das Schiff ist mit allem Luxus ausgestattet, sogar mit einem bordeigenen Planetarium.

Typ:	Passagierschiff
Baujahr/Werft:	2003/Chantiers de l'Atlantique, Saint-Nazaire, Frankreich
Vermessung:	151 400 BRZ
Länge über alles:	345,03 m
Maschinenleistung:	126 870 kW
Reederei:	Cunard Line, Southampton, Großbritannien/Hamburg, Deutschland

MSC Lirica
Kreuzfahrtschiff

Von Fort Lauderdale in Florida geht „MSC Lirica" auf Kreuzfahrten in die karibische Inselwelt, zu den Hafenstädten von Kolumbien, Panama, Costa Rica und Honduras, auch von Hamburg nach Sankt Petersburg oder Norwegen. Bis zu 2065 Gäste erleben auf dem Schiff die Reise und die Landgänge, genießen die Fitness- und Unterhaltungsangebote an Bord. Jeden Abend wird eine große Show präsentiert, und für die kleinen Gäste gibt es den betreuten Miniclub.

Typ:	Passagierschiff
Baujahr/Werft:	2003/Chantiers de l'Atlantique, Saint-Nazaire, Frankreich
Vermessung:	58 600 BRZ
Länge über alles:	251,25 m
Maschinenleistung:	30 600 kW
Reederei:	MSC Cruises, Panama/MSC Kreuzfahrten, München, Deutschland

A-Rosa Mia
Deutsches Fluss-Kreuzfahrtschiff

Für die Donaufahrten von A-Rosa, der früheren Arkona AG, die ein Unternehmen der Deutschen Seereederei-Gruppe (DSR) ist, werden seit 2001 Luxus-Flussschiffe bei Neptun GmbH, einem Unternehmen der Meyer Werft GmbH in Papenburg, gebaut. Die Schiffe für maximal 242 Gäste sind mit Restaurants, Bars, Café, Lounge, Fitness- und Wellness-Bereichen, Bühne und Tanzfläche, Pool und Sportanlagen ausgestattet. „A-Rosa Mia" fährt auf der Donau.

Typ:	Fahrgastschiff
Baujahr/Werft:	2003/Neptun Stahlbau GmbH, Warnemünde
Länge über alles:	124,5 m
Maschinenleistung:	1600 kW
Reederei:	A-Rosa Flussschiff GmbH, Rostock, Deutschland

Costa Mediterranea
Italienisches Kreuzfahrtschiff

Vor allem im Mittelmeer geht das Schiff auf Reise – rund um Italien von Savona nach Neapel, durch die Meerenge von Messina nach Malta, durch die Adria nach Venedig oder von Venedig über Bari nach Santorin, Rhodos, Mykonos. Die maximal 2114 Gäste des Schiffes, das an italienische Palazzi erinnert, erleben an Bord Sport und Wellness, Show und Unterhaltung jeder Art, genießen die Angebote in den Restaurants, Bars und Vinotheken.

Typ:	Passagierschiff
Baujahr/Werft:	2003/Kvaerner Masa-Yards, Helsinki, Finnland
Vermessung:	85 619 BRZ
Länge über alles:	292,5 m
Maschinenleistung:	62 370 kW
Reederei:	Costa Cruises, Genua, Italien/Costa Kreuzfahrten, Neu-Isenburg, Deutschland

Gotland
Schwedische Fähre

Visby an der Westküste der schwedischen Insel Gotland ist durch Fährverbindungen mit dem Festland verbunden. Etwa vier bis sechs Stunden dauert die Überfahrt ins westlich gelegene Oskarshamn, etwa viereinhalb Stunden ins nordwestliche Nynäshamn. Auf der „Gotland" und der Schwester „Visby" haben je 316 Passagiere in 119 Kabinen und 1184 Deckspassagiere Platz. Und je 500 Pkws können auf 1800 Spurmetern transportiert werden.

Typ:	Passagier- und Autofähre
Baujahr/Werft:	2003/Guangzhou Shipyard, Guangzhou, China
Vermessung:	29 746 BRZ
Länge über alles:	195,8 m
Maschinenleistung:	50 000 kW
Reederei:	Rederi AB Gotland, Visby, Schweden

Mariner of the Seas
Amerikanisches Kreuzfahrtschiff

Zur Voyager-Klasse von RCC gehörig, bietet die „Mariner of the Seas" für maximal 3114 Passagiere auf zwölf Decks alles, was eine Kreuzfahrt zum luxuriösen Erlebnis macht. Zum Beispiel gibt es einen Sports Court, den Voyager Dunes Golf Course, das ShipShape Fitness Center und Spa, Restaurants, Bars, ein Theater für Broadway-Shows und die Skylight Chapel lässt sich sogar als Hochzeitskapelle nutzen. Die jungen Gäste ab drei Jahren haben ihren Spaß im Adventure Ocean.

Typ:	Passagierschiff
Baujahr/Werft:	2003/Kvaerner Masa-Yards, Turku, Finnland
Vermessung:	138 279 BRZ
Länge über alles:	311 m
Maschinenleistung:	75 600 kW
Reederei:	Royal Caribbean International Ltd., Miami, Florida, USA/Frankfurt am Main, Deutschland

Kublai's Kahn II
Deutsche Dschunke

Axel Brümmer und Peter Glöckner sind 2001 mit dem Fahrrad von Venedig „auf den Spuren Marco Polos" nach Peking gefahren. Der Venezianer war 1271 nach Peking gereist und in die Dienste des Kublai Khan getreten. Ab 1292 segelte er nach Venedig zurück. Brümmer und Glöckner erwarben 2003 eine chinesische Dschunke, die im Sturm kenterte. Ein indonesischer Kahn, eine Pinisi, wurde 2003 zur Dschunke umgebaut, die als „Kublai's Kahn II" 2006 Venedig und Rostock erreichte.

Typ:	Hochsee-Dschunke
Baujahr/Werft:	2003/Indonesisch-deutsches Bootsbauer-Team auf Sulawesi, Indonesien
Länge über alles:	28,35 m
Besegelung:	4 Segel, Segelfläche 380 m²
Eigner:	Axel Brümmer & Peter Glöckner GbR; Verlag Weltsichten, Saalfeld, Deutschland
Heimathafen:	Stadthafen Rostock, Deutschland

Rhein Star
Deutsches Ausflugsschiff

Das neue Flaggschiff der Rössler-Linie ist auch unter Berücksichtigung ökologischer Grundsätze gebaut worden. Das moderne und elegante Salonschiff weist im Innendesign auf seine Heimat hin. Die Decke des oberen Salons zeigt den Rheinverlauf mit den Sehenswürdigkeiten von Mainz bis Koblenz. Maximal 600 Fahrgäste genießen bei den Linien-, Sonder- und Charterfahrten die Atmosphäre an Bord, die Bordgastronomie und die Aussicht auf die Rheinlandschaft.

Typ:	Fahrgastschiff
Baujahr/Werft:	2003/Lux-Werft und Schiffahrt GmbH, Niederkassel-Mondorf
Länge über alles:	44,4 m
Maschinenleistung:	1086 PS
Reederei:	Rössler-Linie, Rüdesheim-Assmannshausen, Deutschland

Charaidew
Indisches Fluss-Kreuzfahrtschiff

Eigens für die Fahrten auf dem Brahmaputra wurde „Charaidew" gebaut – in Anlehnung an die Dampfer der Kolonialzeit. Die Fahrten mit maximal 24 Passagieren beginnen in Gauhati und führen flussauf durch Assam, das im Nordwesten durch den Himalaja begrenzt ist. Die Aussicht lässt sich vom Salon oder Sonnendeck genießen. Bei den Landgängen werden Dörfer, Teeplantagen, Tempel besucht, Dschungelwanderungen, Jeep-Safaris und Elefantenritte unternommen.

Typ:	Fahrgastschiff
Baujahr:	2003
Länge über alles:	38 m
Reederei:	Assam Bengal Navigation, Indien/Phoenix Reisen GmbH, Bonn, Deutschland

Pont-Aven
Britisch-französische Fähre

Zwischen England, Irland und Frankreich im Fährdienst, im Sommer auch zwischen England und Santander in Spanien eingesetzt, ist „Pont-Aven" ein Fährschiff, das den maximal 2300 Passagieren vielerlei Annehmlichkeiten bietet – zum Beispiel ein Schwimmbad mit Glasdach und ein Atrium mit Glaskuppel. Auf der Spurlänge von etwa 3500 Meter haben 650 Pkws und 85 Lkws Platz. Auf dem Oberdeck befindet sich ein Hubschrauber-Landeplatz.

Typ:	Passagier- und Autofähre
Baujahr/Werft:	2004/Meyer Werft GmbH, Papenburg, Deutschland
Vermessung:	41 748 BRZ
Länge über alles:	184,3 m
Maschinenleistung:	43 200 kW
Reederei:	Brittany Ferries, Morlaix, Frankreich

RheinEnergie
Deutsches Ausflugsschiff

Der Super-Katamaran „RheinEnergie", dessen Aufbauten sich auf zwei Schiffsrümpfen befinden, ist ein einzigartiges Schiff für maximal 1650 Fahrgäste, denen Haupt-, Ober- und Sonnendeck mit kleinem Spielplatz zur Verfügung stehen. Durch die große Bühne mit allen technischen Raffinessen, auf die zugleich 1000 Personen eine ausgezeichnete Sicht haben, und durch die Bordküche, die allen Ansprüchen gerecht wird, ist „RheinEnergie" ein beliebtes Eventschiff.

Typ:	Fahrgastschiff
Baujahr/Werft:	2004/de Hoop Lobith, Niederlande
Vermessung:	1400 ts Deplacement
Länge über alles:	90,3 m
Maschinenleistung:	3680 kW
Reederei:	KD Köln-Düsseldorfer Deutsche Rheinschiffahrt AG, Köln, Deutschland

MSC Opera
Kreuzfahrtschiff

Von Kiel nach Norwegen oder Sankt Petersburg, von Triest in die Ägäis, von Fort Lauderdale auf verschiedenen Routen in die Karibik, Reisen nach Mittelamerika und Transatlantikfahrten erleben maximal 2199 Passagiere an Bord der „Opera". Ein großes Unterhaltungsprogramm, ein vielfältiges Angebot für Wellness und Fitness und ein Kinderclub mit Betreuung bieten jedem großen und kleinen Fahrgast das große Vergnügen.

Typ:	Passagierschiff
Baujahr/Werft:	2004/Chantiers de l'Atlantique, Saint-Nazaire, Frankreich
Vermessung:	59 058 BRZ
Länge über alles:	252,25 m
Maschinenleistung:	50 600 kW
Reederei:	MSC Cruises, Panama/MSC Kreuzfahrten, München, Deutschland

Carnival Miracle
Kreuzfahrtschiff

Das Schiff ist ein wunderbares Grand Hotel auf See und ein schwimmender Urlaubsort dank der vielen Einrichtungen und Aktivitäten, die den großen und kleinen Fahrgästen geboten werden. Maximal 2124 Passagiere erleben bei den Reisen zwischen Tampa in Florida, der Insel Grand Cayman und Yucatan die karibische Urlaubswelt mit allerlei Wassersport, den antiken Tempeln der Mayakultur, den Aufenthalt in den Universal Studios in Orlando.

Typ:	Passagierschiff
Baujahr/Werft:	2004/Kvaerner Masa-Yards, Helsinki, Finnland
Vermessung:	88 500 BRZ
Länge über alles:	292,56 m
Maschinenleistung:	62 370 kW
Reederei:	Carnival Cruise Lines, Bahamas und Panama/Inter-Connect Marketing, München, Deutschland

Costa Magica
Italienisches Kreuzfahrtschiff

Eine Sektion des Schiffes wurde in Palermo gefertigt und nach Sestri geschleppt. Hier erfolgte die Vollendung des Luxusliners, der in Barcelona auf den Namen „Costa Magica" getauft wurde. Die Innenausstattung schwelgt in den Stilen der italienischen Kunstgeschichte und Folklore. Für das Dolce Vita gibt es Restaurants, Bars, Kasino, Theater, Diskothek, dazu ein großes Angebot für Wellness und Sport. Maximal 2716 Passagiere gehen mit dem Costa-Schiff auf Reise.

Typ:	Passagierschiff
Baujahr/Werft:	2004/Fincantieri Cantieri Navali Italiani, Sestri, Italien
Vermessung:	102 578 BRZ
Länge über alles:	272 m
Maschinenleistung:	63 360 kW
Reederei:	Costa Cruises, Genua, Italien/Costa Kreuzfahrten, Neu-Isenburg, Deutschland

Caribbean Princess
Amerikanisches Kreuzfahrtschiff

Bei der Ablieferung war diese Prinzessin das bislang größte in Italien gebaute Passagierschiff. Nach der Überführungsfahrt wurde es in Fort Lauderdale auf den Namen „Caribbean Princess" getauft. Mit maximal 3100 Passagieren, die Komfort, Aktivitäten und Unterhaltung genießen, geht sie auf karibische Kreuzfahrten. Nicht nur bei den Landgängen erleben die Gäste den Zauber der Karibik; im Café Caribe werden die Köstlichkeiten der Inselwelt aufgetischt.

Typ:	Passagierschiff
Baujahr/Werft:	2004/Fincantieri Cantieri Navali Italiani, Monfalcone, Italien
Vermessung:	112 894 BRZ
Länge über alles:	289,6 m
Maschinenleistung:	101 360 kW
Reederei:	Princess Cruises, USA/Inter-Connect Marketing, München, Deutschland

Diamond Princess
Amerikanisches Kreuzfahrtschiff

Bei ihrer Ablieferung war dieses Schiff das bis dahin größte in Japan gebaute Passagierschiff. Mit bis zu 2670 Passagieren geht die „Diamond Princess" auf Kreuzfahrten im Pazifik – nach Alaska, Hawaii, Australien, Neuseeland und besucht verschiedene Länder Asiens. Neben allem Luxus und allen Bordeinrichtungen ist der Club Fusion mit Live-Bands und über 30 Video-Bildschirmen der Anziehungspunkt für die Nachtschwärmer.

Typ:	Passagierschiff
Baujahr/Werft:	2004/Mitsubishi Heavy Industries, Nagasaki, Japan
Vermessung:	116 875 BRZ
Länge über alles:	290 m
Maschinenleistung:	100 700 kW
Reederei:	Princess Cruises, USA/Inter-Connect Marketing, München, Deutschland

Color Fantasy
Norwegische Fähre

Die Fähre war der letzte Neubau der Kvaerner-Werft in Turku, die danach in Aker Finnyards umbenannt wurde. Die gut 22 Knoten schnelle „Color Fantasy" ist im Fährdienst zwischen Kiel und Oslo im Dienst; die beiden Städte sind ungefähr 19 Stunden voneinander entfernt. Maximal 2750 Passagiere in 968 Kabinen können die erlebnisreiche Überfahrt unternehmen. 1270 Spurmeter stehen zum Beispiel für 750 Pkws zur Verfügung.

Typ:	Passagier- und Autofähre
Baujahr/Werft:	2004/Kvaerner Masa-Yards, Turku, Finnland
Vermessung:	75 027 BRZ
Länge über alles:	223,9 m
Maschinenleistung:	31 200 kW
Reederei:	Color Line, Oslo, Norwegen

Jewel of the Seas
Amerikanisches Kreuzfahrtschiff

Als Schiff der Radiance-Klasse ist die „Jewel of the Seas" mit allem ausgestattet, was großen und kleinen Passagieren (maximal 2100) Spaß und Freude, Unterhaltung, Spannung und Entspannung bereitet. Die Fahrten führen zum Beispiel von Hamburg nach Amsterdam beziehungsweise Oslo oder Kopenhagen, von Harwich rund um Britannien nach Norwegen oder Sankt Petersburg, von Miami zur Halbinsel Yucatan oder den karibischen Inseln, nach Neuengland und Kanada und über den Atlantik.

Typ:	Passagierschiff
Baujahr/Werft:	2004/Meyer Werft GmbH, Papenburg, Deutschland
Vermessung:	90 090 BRZ
Länge über alles:	293,2 m
Maschinenleistung:	59 000 kW
Reederei:	Royal Caribbean International Ltd., Miami, Florida, USA/Frankfurt am Main, Deutschland

Heidelberg
Deutsches Fluss-Kreuzfahrtschiff

Das kleine Traumschiff ist ein schwimmendes Luxushotel für maximal 110 Gäste. Ausgestattet mit Panorama-Restaurant, Café, Bar, Lounge, Bibliothek, großem Fitnessbereich mit Spa, genießen die Passagiere auch das Sonnendeck mit Putting Green, Schach und Shuffleboard. Die Reisen führen kreuz und quer durch die Niederlande und den romantischen Rhein entlang. Aus der exquisiten Bordküche kommen die Köstlichkeiten der Region auf den Tisch.

Typ:	Fahrgastschiff
Baujahr:	2004
Länge über alles:	110 m
Reederei:	Peter Deilmann Reederei, Neustadt in Holstein, Deutschland

Labobar
Indonesische Fähre

Bei Ablieferung von „Labobar" war dies das 29. Schiff, das bei Meyer für Indonesien gebaut worden war. Insgesamt etwa 60 Millionen Menschen sind bis 2004 auf Meyer-Schiffen zwischen den zahlreichen Inseln Indonesiens befördert worden. „Labobar" hat eine Kapazität von 3084 Passagieren, kann 640 Tonnen Fracht oder 32 Container laden; ein Ladekran ist auf dem Vorschiff. An Bord befinden sich neben den 23 Kabinen ein Restaurant und eine Moschee.

Typ:	Passagierfähre
Baujahr/Werft:	2004/Meyer Werft GmbH, Papenburg, Deutschland
Vermessung:	15 136 BRZ
Länge über alles:	146,5 m
Maschinenleistung:	16 800 kW
Reederei:	P. T. Pelayaran Nasional Indonesia, Ambon, Indonesien

Swiss Corona
Schweizerisches Fluss-Kreuzfahrtschiff

Auf dem Rhein von Basel bis Amsterdam, kreuz und quer in den Niederlanden, auf der Mosel und dem Main ist die schöne „Swiss Corona" mit bis zu 150 Fahrgästen unterwegs, die frohgemut die Landschaften und bei den Landgängen die Sehenswürdigkeiten an den Ufern erleben. Das komfortable Schiff ist mit Salon, Bars, Lido-Terrasse, Sonnendeck mit Whirlpool, Wellness-Bereich mit Sauna, Dampfbad und Solarium ausgestattet.

Typ:	Fahrgastschiff
Baujahr/Werft:	2004/de Hoop Lobith, Niederlande
Länge über alles:	110 m
Maschinenleistung:	1250 kW
Reederei:	Scylla Tours, Basel, Schweiz/Transocean Tours Touristik GmbH, Bremen, Deutschland

Scheherazade
Amerikanische Segelyacht

Die hochgetakelte Ketsch ist das Ergebnis der Schiffbaukunst des Konstrukteurs Bruce King von der Ostküste, der den klassischen Entwurf eines traditionellen Anderthalbmasters mit moderner Technik verband. Das mondäne Interieur-Design stammt von Andrew Winch aus London. Auf der großen Yacht sind nur zwei Gästeunterkünfte eingerichtet worden, weil die Eigner auch gern mit der Crew aus sechs Mann allein auf hoher See unterwegs sind.

Typ:	Ketsch
Baujahr/Werft:	2004/Bruce King, Hodgdon Yachts, East Boothbay, Maine
Vermessung:	267 ts Deplacement
Länge über alles:	47,1 m
Besegelung:	3 Segel, Segelfläche 923 m^2
Maschinenleistung:	720 kW
Eigner:	Mr. und Mrs. Stewart, Mount Desert Island, Maine, USA

Phoenix
Deutsche Motoryacht

Die Bezeichnung Lürssen Yacht ist der Inbegriff für die Verbindung von luxuriöser Eleganz mit zuverlässigem Hightech. Die Werft, auf der viele leistungsstarke Schiffe für die Deutsche Marine gebaut werden, hat sich auch als Spezialist im Yachtbau erwiesen. Die „Phoenix" ist ein Musterbeispiel der erfolgreichen Lürssen Yachten, 16 Knoten schnell, mit Kabinen für den Eigner und etwa sieben Gäste, ausgestattet mit zwei Booten, einem Zodiac und Gerät zum Fischen und Tauchen.

Typ:	Motoryacht
Baujahr/Werft:	2004/Lürssen Werft, Bremen, Deutschland
Länge über alles:	60,97 m
Maschinenleistung:	3480 kW

Queen M
Deutsche Motoryacht

Die Höchstgeschwindigkeit beträgt 18 Knoten; bei einer Geschwindigkeit von 12 Knoten hat „Queen M" eine Reichweite von 5000 Seemeilen. Für den Eigner und seine Gäste gibt es drei Tender, einen im Stil eines venezianischen Wassertaxis, ein Rettungsboot, zwei Jet-Ski und allerlei Gerät zum Fischen und Tauchen. Die Lürssen Yacht ist mit moderner Kommunikationstechnik ausgestattet, die Navigationstechnik reicht vom Radar bis zum GPS.

Typ:	Motoryacht
Baujahr/Werft:	2004/Lürssen Werft, Bremen, Deutschland
Länge über alles:	72,6 m
Maschinenleistung:	4640 kW

F 220 Hamburg
Deutsche Fregatte

Als Ersatz für die drei Zerstörer der Lütjens-Klasse, deren letzter, „Mölders", 2003 außer Dienst gestellt und ins Deutsche Marinemuseum Wilhelmshaven verbracht wurde, wurden von 2004 bis 2006 die drei Fregatten der Sachsen-Klasse in Dienst gestellt. „Sachsen", „Hamburg" und „Hessen" sind Flugabwehrfregatten, mit drei Geschützen, Seezielflugkörpern, Raketensystemen und sechs Torpedorohren bewaffnet. Zwei Hubschrauber sind an Bord.

Typ:	Fregatte
Baujahr/Werft:	2004/HDW Howaldtswerke-Deutsche Werft, Kiel, Deutschland
Vermessung:	5600 ts Deplacement
Länge über alles:	143 m
Maschinenleistung:	51 600 PS
Flotte:	Deutsche Marine

Eilbek
Deutsches Containerschiff

Das Schiff mit seiner Kapazität von 1620 TEU auf 14 Decks zählt zu den kleineren der Großcontainerschiffe. Für Hansa Hamburg gebaut, wurde „Eilbek" von CP Ships in Kanada gechartert; CP wurde 2005 von Hapag-Lloyd übernommen. Das 20 Knoten schnelle Schiff, das über eine hohe Eisklasse verfügt, ist auf der Strecke zwischen Montreal und Nordeuropa im Einsatz. „Eilbek" mit einer Besatzung von 17 Mann kann auch sechs Kabinenpassagiere mit auf Fahrt nehmen.

Typ:	Containerschiff
Baujahr/Werft:	2004/Meyer Werft GmbH, Papenburg, Deutschland
Vermessung:	16 324 BRZ
Länge über alles:	169 m
Maschinenleistung:	2640 kW
Reederei:	Hansa Hamburg Shipping International, Hamburg, Deutschland

DD 153 Yugiri
Japanische Fregatte

Die Kampfschiffe der Asagiri-Klasse wurden zwischen 1988 und 1991 als Zerstörer in Dienst gestellt. Umgebaut, modernisiert und neu bewaffnet sind nun „Asagiri" und ihre Schwestern 30 Knoten schnelle Fregatten. Mit einem kleinen Geschwader unternahm die neue „Yugiri" 2005 eine Vorstellungsreise rund um die Welt, besuchte auf der 155 Tage dauernden Fahrt Nordamerika, verschiedene asiatische Länder, Europa und machte auch in Hamburg fest.

Typ:	Fregatte
Baujahr/Werft:	(1989); Umbau um 2004/Sumitomo Heavy Industries Ltd., Uraga, Japan
Vermessung:	ca. 4000 ts Deplacement
Länge über alles:	137 m
Maschinenleistung:	53 900 PS
Flotte:	Japanische Seeverteidigungsstreitkräfte

U 31/S 181
Deutsches U-Boot

Die U-Boote der Klasse 212 A, zu denen „U 31" gehört, sind mit Hybridantrieb ausgestattet. Dieser besteht aus einem Dieselgenerator, einer Fahrbatterie, einer Brennstoffzellenanlage, in der Wasserstoff und Sauerstoff abgas- und geräuschlos in elektrische Energie umgewandelt werden, und dem Fahrmotor. So sind auch Einsätze über mehrere Wochen in dauergetauchtem Zustand möglich. Die 20 Knoten schnellen Boote sind mit sechs Torpedorohren bewaffnet.

Typ:	U-Boot
Baujahr/Werft:	2005/Thyssen-Nordseewerke, Emden, und HDW Howaldtswerke-Deutsche Werft, Kiel, Deutschland
Vermessung:	1450 ts Deplacement über Wasser, 1830 ts unter Wasser
Länge über alles:	56 m
Maschinenleistung:	4343 PS
Flotte:	Deutsche Marine

Carnival Liberty
Kreuzfahrtschiff

Ihre Jungfernfahrt unternahm „Carnival Liberty" im Mittelmeer, das heute noch zu ihrem Reisegebiet gehört. Die anderen Kreuzfahrten mit maximal 2974 Passagieren führen auf verschiedenen Routen durch die Karibik. Das Schiff, das 13 Decks hoch über dem Meer aufragt – bis zum Sun Deck, Sports Deck, Sky Deck –, ist eine Schwester der Luxusliner „Carnival Conquest", „Carnival Glory" und „Carnival Valor" und seit 2007 auch der „Carnival Freedom".

Typ:	Passagierschiff
Baujahr/Werft:	2005/Fincantieri Cantieri Navali Italiani, Monfalcone, Italien
Vermessung:	110 320 BRZ
Länge über alles:	290,2 m
Maschinenleistung:	90 400 kW
Reederei:	Carnival Cruise Lines, Bahamas und Panama/Inter-Connect Marketing, München, Deutschland

Pride of America
Amerikanisches Kreuzfahrtschiff

Die United States Lines, zu der auch die „United States", die letzte Inhaberin des Blauen Bandes, gehörte, hatte die „Pride of America" 1999 bestellt. Als die Reederei 2001 in Konkurs ging, wurde das halbfertige Schiff nach Bremerhaven geschleppt, wo das Schiff verlängert und aufgebaut wurde. NCL hatte es übernommen und für Star Cruises, der NCL-Mutter und größten Kreuzfahrtgesellschaft im asiatisch-pazifischen Raum, ist es nun mit 2138 Gästen um Hawaii in Fahrt.

Typ:	Passagierschiff
Baujahr/Werft:	2005/Ingalls Shipbuilding Co., Pascagoula, Mississippi, USA, und Lloyd Werft, Bremerhaven, Deutschland
Vermessung:	81 000 BRZ
Länge über alles:	282,5 m
Reederei:	Star Cruises/NCL, Bahamas/Wiesbaden, Deutschland

Norwegian Jewel
Kreuzfahrtschiff

Nach der Ablieferung unternahm „Norwegian Jewel" ihre Jungfernfahrt von Southampton ins Mittelmeer, das immer noch zu ihrem Reisegebiet gehört. Mit maximal 2376 Passagieren geht der Luxusliner auch auf Transatlantik- und Karibikfahrten. Eine Besonderheit dieses und anderer NCL-Schiffe sind die großzügigen Suiten und die Kabinenkategorien wie Courtyard Villa und Garden Villa mit 534 Quadratmetern und eigenem Garten mit Whirlpool.

Typ:	Passagierschiff
Baujahr/Werft:	2005/Meyer Werft GmbH, Papenburg, Deutschland
Vermessung:	93 052 BRZ
Länge über alles:	295 m
Maschinenleistung:	111 000 kW
Reederei:	NCL Norwegian Cruise Line, Bahamas/ Wiesbaden, Deutschland

A-Rosa Stella
Deutsches Fluss-Kreuzfahrtschiff

Von den modernen und eleganten A-Rosa-Schiffen ist „Stella" vor allem auf Rhône und Saône mit maximal 174 Gästen unterwegs. Die Fahrten stehen unter dem Motto „Route Gourmet", „Route Méditerranée", „Stella und Golf" oder „Weine & feine Küche – Kunst und Können". Das Schiff hat außer Restaurants und Bars, Bereichen für Fitness, Wellness und Beauty, Spielflächen, Großfigurenschach, Putting Green, Shuffleboard und Swimmingpool auch eine Tanzfläche.

Typ:	Fahrgastschiff
Baujahr/Werft:	2005/Neptun Stahlbau GmbH, Warnemünde, Deutschland
Länge über alles:	125,8 m
Maschinenleistung:	1600 kW
Reederei:	A-Rosa Flussschiff GmbH, Rostock, Deutschland

A 751 Planet
Deutsches Forschungsschiff

Die Aufgaben des Schiffes sind die Forschung im Bereich der akustischen und elektromagnetischen Unterwasserortung und die Erprobung von Material und Torpedos. Auf der unbewaffneten „Planet" können einschließlich der Besatzung bis 40 Frauen und Männer arbeiten. Die Arbeitsplattform auf dem 27,2 Meter breiten Schiff erhebt sich über die beiden Schwimmkörper des Katamarans, in denen sich die dieselelektrischen Fahrmotoren befinden.

Typ:	Wehrforschungs- und Erprobungsschiff
Baujahr/Werft:	2005/Thyssen-Nordseewerke, Emden, Deutschland
Vermessung:	3500 ts Deplacement
Länge über alles:	73 m
Maschinenleistung:	4160 kW
Flotte:	Deutsche Marine

Seafrance Berlioz
Französische Fähre

Die Seafrance-Fähren sind meist im Kanaldienst zwischen Calais in Frankreich und Dover in England im Dienst. Eine gute Stunde benötigt die 25 Knoten schnelle „Seafrance Berlioz" für eine Überfahrt. Wegen der kurzen und raschen Fährverbindung wurde beim Bau auf Passagierkabinen verzichtet. 1900 Deckspassagiere finden in den bequemen Aufenthaltsräumen Platz. Auf 2000 Spurmetern können bis zu 714 Pkws abgestellt werden.

Typ:	Passagier- und Autofähre
Baujahr/Werft:	2005/Chantiers de l'Atlantique, Saint-Nazaire, Frankreich
Vermessung:	33 796 BRZ
Länge über alles:	185 m
Maschinenleistung:	39 100 kW
Reederei:	Seafrance, Calais, Frankreich

Moby Aki
Italienische Fähre

Viele Italienurlauber kennen das Dutzend Schiffe der Moby Lines, die mit den lustigen Comic-Figuren bemalt sind. „Moby Aki" ist auf der Linie zwischen Livorno in der Toskana und Olbia auf Sardinien tätig. Das 27 Knoten schnelle Schiff benötigt etwa neun Stunden, bietet 1256 Passagieren in 320 Kabinen und 764 Deckspassagieren in den großzügigen Aufenthaltsräumen Platz. Auf den 1950 Spurmetern für Automobile lassen sich zum Beispiel 665 Pkws abstellen.

Typ:	Passagier- und Autofähre
Baujahr/Werft:	2005/Fincantieri Cantieri Navali Italiani, Ancona, Italien
Vermessung:	36 284 BRZ
Länge über alles:	175 m
Maschinenleistung:	50 400 kW
Reederei:	Moby Lines, Neapel, Italien

Amazon Clipper Premium
Brasilianisches Fluss-Kreuzfahrtschiff

Carlos Probst, ein Deutsch-Brasilianer, und sein Team betreiben eine kleine Flotte von Kreuzfahrt- und Expeditionsschiffen auf Amazonas und Rio Negro. Mit der komfortablen „Amazon Clipper Premium" gehen 32 Passagiere auf Erlebnisfahrt. Mit Beibooten wird zu Inseln und ans Ufer übergesetzt, um mit fachkundiger Führung Flora und Fauna zu erkunden, Indiodörfer zu besuchen und am Abend frisch gefangene Fische am Ufer zu grillen.

Typ:	Fahrgastschiff, Expeditionsschiff
Baujahr/Werft:	2005/Brasilien
Länge über alles:	32 m
Reederei:	Amazon Clipper Cruises, Brasilien/Phoenix Reisen GmbH, Bonn, Deutschland

Costa Europa
Italienisches Kreuzfahrtschiff

Das Schiff ist eine Schönheit mit verwirrender Vergangenheit. Ursprünglich für die Holland America Line als „Homeric" ab 1986 in Fahrt, erlebte sie 1990 bei ihrer Bauwerft die erste Schönheitsoperation, wurde dabei um 40 Meter verlängert und wechselte den Namen in „Westerdam". 2002 gelangte sie zu Costa Cruises, wurde renoviert und änderte ihren Namen in „Costa Europa". 2006 schließlich erhielt sie ihre heutige Gestalt, an der sich maximal 1773 Passagiere erfreuen.

Typ:	Passagierschiff
Baujahr/Werft:	(1986); 1990, 2002, 2006/Meyer Werft GmbH, Papenburg, Deutschland
Vermessung:	54 000 BRZ
Länge über alles:	244 m
Maschinenleistung:	23 800 kW
Reederei:	Costa Cruises, Genua, Italien/Costa Kreuzfahrten, Neu-Isenburg, Deutschland

Freedom of the Seas
Amerikanisches Kreuzfahrtschiff

Das bei Indienststellung größte Passagierschiff der Welt geht mit maximal 3600 Gästen auf Reisen und ist vornehmlich in der Karibik unterwegs. Auf den 15 Passagierdecks sind vielfältige Bordaktivitäten möglich und es wird ein großes Unterhaltungsangebot präsentiert. Zum Beispiel gibt es im Aqua Center einen Flow Rider zum Surfen, die größte Kletterwand auf einem Kreuzfahrtschiff, eine überdachte Eisbahn, eine Power Box für das Boxtraining und das betreute Adventure Ocean-Programm für Kids.

Typ:	Passagierschiff
Baujahr/Werft:	2006/Aker Finnyards, Turku, Finnland
Vermessung:	158 000 BRZ
Länge über alles:	339 m
Maschinenleistung:	75 550 kW
Reederei:	Royal Caribbean International Ltd., Miami, Florida, USA/Frankfurt am Main, Deutschland

Norwegian Pearl
Kreuzfahrtschiff

Selbstverständlich lädt ein großes Unterhaltungs- und Fitnessprogramm ein, die Reise geruhsam oder aktiv zu erleben. Kinderbetreuung gibt es wie auf allen Norwegian Cruisers in der Kids und Teens Crew zum Nulltarif. Die Kabinen reichen bis zu großen Suiten und den weitläufigen Courtyard und Garden Villas. Bis zu 2466 große und kleine Gäste genießen die Fahrten durch die Karibik im Süden, nach Alaska im Norden und durch den Panamakanal.

Typ:	Passagierschiff
Baujahr/Werft:	2006/Meyer Werft GmbH, Papenburg, Deutschland
Vermessung:	93 502 BRZ
Länge über alles:	295 m
Maschinenleistung:	72 000 kW
Reederei:	NCL Norwegian Cruise Line, Bahamas/Wiesbaden, Deutschland

Pride of Hawaii
Kreuzfahrtschiff

Wie die Norwegian Schiffe sind auch die Pride-Cruisers Luxusliner der Extraklasse. Die „Pride of Hawaii", die im Gebiet der pazifischen Inselgruppe kreuzt, bietet ihren maximal 2466 Passagieren jeglichen Komfort, jede Art von Unterhaltung und Bordaktivitäten – selbstverständlich auch für Kinder von 2 bis 12 und Teens von 13 bis 17 Jahren. Zusammen mit den Landausflügen wird das „Freestyle Cruising" von NCL für alle Gäste zum großen Erlebnis.

Typ:	Passagierschiff
Baujahr/Werft:	2006/Meyer Werft GmbH, Papenburg, Deutschland
Vermessung:	93 502 BRZ
Länge über alles:	295 m
Maschinenleistung:	72 000 kW
Reederei:	NCL Norwegian Cruise Line, Bahamas/Wiesbaden, Deutschland

Avalon Tapestry
Britisches Fluss-Kreuzfahrtschiff

Bei Meyer werden die großen Kreuzfahrtschiffe gebaut, die kleinen bei Neptun, einem Meyer-Unternehmen. Die gescheiten Schiffbauer haben einen neuen Typ des Fluss-Fahrgastschiffs konstruiert, den sie TwinCruiser nennen. Im hinteren Teil sind Antrieb und Mannschaft untergebracht, der größere vordere Teil steht den 172 bis 196 Passagieren zur Verfügung, die nicht durch Geräusche und Vibrationen gestört werden. Beide Schiffsteile sind durch Verstrebungen verbunden.

Typ:	Fahrgastschiff, TwinCruiser
Baujahr/Werft:	2006/Neptun Stahlbau GmbH, Warnemünde, Deutschland
Länge über alles:	110 m plus 25 m
Maschinenleistung:	1600 kW
Reederei:	Avalon Waterways, Großbritannien

MSC Musica
Kreuzfahrtschiff

Das neue Flaggschiff trägt wie alle Luxusliner von MSC einen musischen und musikalischen Namen. „Musica" geht mit maximal 2550 Passagieren auf Kreuzfahrt – zum Beispiel von Venedig nach Istanbul oder von Venedig über Rhodos, Piräus, Tunis, Palma, Barcelona und Marseille nach Genua. Das Schiff bietet den Gästen eine Fülle von aufregenden und geruhsamen Aktivitäten – vom Sport über Show und Disko bis zu Wellness und Yoga.

Typ:	Passagierschiff
Baujahr/Werft:	2006/Chantiers de l'Atlantique, Saint-Nazaire, Frankreich
Vermessung:	89 600 BRZ
Länge über alles:	293,8 m
Maschinenleistung:	ca. 70 000 kW
Reederei:	MSC Cruises, Panama/MSC Kreuzfahrten, München, Deutschland

Oasis
Deutsche Motoryacht

Diese Yacht ist wahrlich eine Oase inmitten des Ozeans. Bei der Cruising-Geschwindigkeit von 12 Knoten hat die „Oasis" eine Reichweite von 5000 Seemeilen. Die Höchstgeschwindigkeit beträgt 16 Knoten. Die Luxusyacht ist mit moderner Technik ausgerüstet, bietet zwölf Gästen und 16 Mann der Besatzung Platz. Zur Ausstattung gehören zwei Tender, ein Zodiac, zwei Kajaks, ein Segelboot und Taucherausrüstung. Die innere und äußere Gestaltung der Yacht entwarf das Unternehmen Glade Johnson Design.

Typ:	Motoryacht
Baujahr/Werft:	2006/Lürssen Werft, Bremen, Deutschland
Vermessung:	1060 ts Deplacement
Länge über alles:	59,4 m
Maschinenleistung:	2880 kW

Lindau
Bodensee-Schiff

Die BSB Bodensee-Schiffsbetriebe gehörten einst zur Deutschen Bahn, die Flotte ergänzte das Schienennetz auf dem Bodensee. Seit 2003 sind die BSB ein Unternehmen der Stadtwerke Konstanz. Der erste Neubau unter neuer Regie war „Lindau", das dritte Schiff dieses Namens. Das Galerie-Schiff ist das erste Schiff in Europa, das der neuen Rhein-Schifffahrtsuntersuchungs-Ordnung entspricht. Mit maximal 400 Personen ist „Lindau" zu Kurs- und Rundfahrten eingesetzt.

Typ:	Fahrgastschiff
Baujahr/Werft:	2006/Bodan-Werft, Kressbronn am Bodensee, Deutschland
Vermessung:	182 ts Deplacement
Länge über alles:	45,9 m
Maschinenleistung:	994 PS
Reederei:	BSB Bodensee-Schiffsbetriebe GmbH, Konstanz, Deutschland

Bellevue
Deutsches Fluss-Kreuzfahrtschiff

Die neuartige Konstruktion als TwinCruiser hat der „Bellevue" den ShipPax-Preis 2006 beschert. Das luxuriöse Schiff besteht aus zwei Schiffskörpern. Der 110 Meter lange Fahrgastbereich ist mit dem 25 Meter langen Teil, der die Maschinenanlage und den Mannschaftsbereich enthält, gekuppelt. Dadurch ist gewährleistet, dass die maximal 239 Gäste eine ruhige und vibrationslose Fahrt erleben. Zwischen Düsseldorf und Schwarzmeer ist „Bellevue" unterwegs.

Typ:	Fahrgastschiff, TwinCruiser
Baujahr/Werft:	2006/Meyer Werft GmbH, Papenburg, Deutschland
Länge über alles:	110 m plus 25 m
Maschinenleistung:	1600 kW
Reederei:	Premicon AG, München/Transocean Tours Touristik GmbH, Bremen, Deutschland

Aicon 72 Open
Italienische Motoryacht

Schnörkellos und klar in den Linien – Designer nennen das „minimalistisch" – präsentiert sich die elegante „Aicon 72 Open", die mit ihrem Namen auch ihre Länge von 72 Fuß bekannt gibt. Die für insgesamt zehn Personen ausgelegte Yacht mit einer Reichweite von etwa 300 Seemeilen entbehrt aber nicht des Luxus und moderner Technik. Dank des weltweit erfolgreichen Konzepts von Aicon aus dem sizilianischen Messina gibt es verschiedene Niederlassungen in den USA und Shanghai.

Typ:	Motoryacht
Baujahr/Werft:	2006/Aicon Cantiere Navale, Giammoro (Messina), Italien
Vermessung:	41 ts Deplacement
Länge über alles:	22,86 m
Maschinenleistung:	1540 kW

Pershing 115′
Italienische Motoryacht

Auf den Wegen zu neuen Horizonten eröffnen sich neue Erfahrungen und neue Gefühle, die Sicht weitet sich zur Vision. Dieses glückhafte Erlebnis auf See ist zugleich die Motivation des Pershing-Teams bei der Konstruktion und beim Bau der Boote. Das größte der eleganten Boote ist 115 Fuß lang, bietet insgesamt 22 Personen Platz, erreicht eine Höchstgeschwindigkeit von 55 Knoten und wird nach den Wünschen der Eigner ausgestattet.

Typ:	Motoryacht
Baujahr/Werft:	2006/Pershing, ein Ferretti-Unternehmen, Mondolfo, Italien/Italian Yacht Centre, Bad Oeynhausen, Deutschland
Vermessung:	133,6 ts Deplacement
Länge über alles:	35,08 m
Maschinenleistung:	3700 PS

Pershing 50′
Italienische Motoryacht

Das kleinste Powerpaket der schönen Pershing-Yachten ist 50 Fuß lang. Die Höchstgeschwindigkeit beträgt 40 Knoten. Auf dem Luxusboot erleben bis zu zwölf Personen das Glück, neuen Horizonten entgegenzugleiten. Jeder Käufer lässt sich nach seinen eigenen Visionen, Wünschen und finanziellen Möglichkeiten auf der Pershing-Werft die Yacht einrichten und ausstatten. So erhält er dann sein ganz persönliches Traumboot.

Typ:	Motoryacht
Baujahr/Werft:	2006/Pershing, ein Ferretti-Unternehmen, Mondolfo, Italien/Italian Yacht Centre, Bad Oeynhausen, Deutschland
Vermessung:	18 ts Deplacement
Länge über alles:	15,39 m
Maschinenleistung:	1800 PS

Farmont 70
Deutsch-türkische Yacht

Hans Farmont, in China geboren, wo er mit seinem Vater auf dem Jangtse gegen Piraten kämpfte, der das erste deutsche Parkhaus errichtete, baut seit den Sechzigerjahren Yachten. Die extrem seetüchtigen und formschönen Farmonts verschiedener Länge sind Explorer für alle Ozeane mit einer Reichweite bis zu 4000 Seemeilen. Rumpf und Aufbau sind aus Fiberglas Epoxy gefertigt, internationale Designer sorgen für das Äußere und Innere der „Farmont 70".

Typ:	Motoryacht
Baujahr/Werft:	2006/Farmont Werft, Antalya, Türkei/Farmont Yachts, Düsseldorf, Deutschland
Vermessung:	86 ts Deplacement
Länge über alles:	21,32 m
Maschinenleistung:	672 kW

Cajun Express
Amerikanisches Bohrschiff

Die Position von „Cajun Express" ist 434 Kilometer südlich von New Orleans im Golf von Mexiko. Untersuchungen und Probebohrungen haben ergeben, dass hier unter dem Meeresboden ein gewaltiges Ölfeld liegt, das die Ölreserven der USA um 50 Prozent erhöhen wird. „Cajun Express" ist ein Zwitter aus Bohrschiff und schwimmender Plattform. Der Bohrkopf erreichte schon eine Tiefe von mehr als 2100 Meter unter dem Meeresboden. Mit der Ölförderung ist ab 2008 zu rechnen.

Typ:	Bohrschiff und Plattform (Semisub)
Baujahr:	2006
Länge über alles:	ca. 255 m
Eigner:	Transocean Inc., USA

USA 87
BMW Oracle Racing Yacht

Seit dem Yachtrennen um die Isle of White 1851, bei dem die Siegestrophäe durch den Schoner „America" nach Amerika ging, heißt der berühmte Seglerwettkampf „America's Cup". Seit 1992 gibt es die International America's Cup Class (IACC), nach der die Boote eine Länge von 24 bis 25 Metern, eine Segelfläche von 320 bis 360 Quadratmetern haben. Das Team um Larry Ellison, durch BMW gesponsert, hat mit der „USA 87 BMW Oracle Racing" eines der erfolgreichsten Boote seit 2006.

Typ:	Segelyacht, International America's Cup Class
Baujahr/Werft:	2006/BMW Oracle Racing Team, Anacortes, Washington State, USA
Länge über alles:	24 m
Besegelung:	3 Segel
Team:	BMW Oracle Racing

Maltese Falcon
Dreimastsegler

Warum der Eigner sein Schiff nach dem Roman von Dashiell Hammett und dem Film mit Humphrey Bogart „Maltese Falcon" nannte, bleibt sein Geheimnis. Kein Geheimnis ist, dass das Dyna-Rigg, eine Erfindung des Hamburger Ingenieurs Wilhelm Prölss aus den Sechzigerjahren, erfolgreich Anwendung findet. Computergesteuerte Kontrollsysteme und die Fernbedienung der Roll-Segel an den 58,2 Meter hohen drehbaren Masten aus Kohlefaser sind Teil dieses Schiffes für die Zukunft.

Typ:	Dreimast-Rahsegler
Baujahr/Werft:	2006/Perini Navi, Istanbul, Türkei, und Tuzla, Bosnien-Herzegowina
Vermessung:	1240 ts Deplacement
Länge über alles:	88 m
Besegelung:	18 Segel, Segelfläche 2396 m^2
Maschinenleistung:	2680 kW
Eigner:	Tom Perkins

Rosehearty
Segelyacht

Der mächtige Medienunternehmer Rupert Murdoch hatte schon Erfahrungen mit großen Yachten, als er sich „Rosehearty" bauen ließ. Ron Holland von Perini war für die Konstruktion zuständig, Christian Liaigre für das Innendesign, das mit kostbaren Materialien die Südsee-Atmosphäre der Piratenzeit darstellt. Der Eigner benutzt seine Superyacht nicht nur um mit Freunden die Freuden des Meeres zu genießen. Hier finden auch Konferenzen statt.

Typ:	Ketsch, Segelyacht
Baujahr/Werft:	2006/Perini Navi, Viareggio, Italien
Vermessung:	486 ts Deplacement
Länge über alles:	56 m
Besegelung:	Segelfläche 1560 m^2
Eigner:	Rupert Murdoch

Beaufort
SkySail-Schiff

Zusätzlich zum Motorantrieb, bei günstigem Wind diesen ersetzend, ist das neue System SkySail geeignet, die Treibstoffkosten immens zu senken und damit auch den Ausstoß von Kohlendioxyd bedeutend zu verringern. 2006 fanden die erfolgreichen Probefahrten statt. Auf dem eigens dafür umgebauten Tonnenleger „Beaufort" zog ein Zugdrachen am Teleskopmast das Schiff. Ab 2007 werden Frachter und Superyachten mit dem SkySail-System ausgerüstet.

Typ:	SkySail-Schiff
Baujahr/Werft:	(1969/Nordwerft, Gdansk, Polen); Umbau und Ausrüstung als SkySail-Schiff 2006/Hamburg
Vermessung:	561 BRT
Länge über alles:	53,45 m
Maschinenleistung:	1280 kW
SkySail-System:	Zugdrachenfläche 160 m², Leinenlänge 269,3 m
Eigner:	SkySails GmbH & Co. KG, Hamburg, Deutschland

Emma Maersk
Dänisches Containerschiff

Das im Jahr 2007 größte Containerschiff der Welt war „Emma Maersk". Es ist 397,7 Meter lang, 56,4 Meter breit und hat einen maximalen Tiefgang von 15,5 Metern. Der Hauptantrieb ist ein 14-Zylinder-Motor mit der Leistung von etwa 1156 Pkws. „Emma Maersk" hat eine Ladekapazität von 156 687 Tonnen, zwischen 11 000 und 14 000 TEU Stellplätze. Neun Containerlagen können im Rumpf und bis zu neun Lagen an Deck übereinandergestapelt werden.

Typ:	Containerschiff
Baujahr/Werft:	2006/Odense Staalskibsværft A/S, Odense, Dänemark
Vermessung:	151 687 BRZ
Länge über alles:	397,7 m
Maschinenleistung:	109 000 PS
Reederei:	A. P. Møller-Maersk A/S, Kopenhagen, Dänemark

AIDAdiva
Kreuzfahrtschiff

Das Clubschiff der neuen AIDA-Generation wurde während der Bauphase „AIDA Sphinx I" genannt. Seit der Taufe am 20. April in Hamburg trägt die luxuriöse Schönheit den Namen „AIDAdiva". Die Jungfernfahrt führte nach Mallorca. Mit maximal 2050 Passagieren geht das Schiff vornehmlich auf Reisen zu den Kanarischen Inseln. Für Sport, Spiel und Spaß sind insgesamt 2300 Quadratmeter ausgestattet. Das Theatrium erstreckt sich auf 3000 Quadratmetern über drei Stockwerke.

Typ:	Passagierschiff
Baujahr/Werft:	2007/Meyer Werft GmbH, Papenburg, Deutschland
Vermessung:	68 500 BRZ
Länge über alles:	252 m
Maschinenleistung:	62 800 kW
Reederei:	AIDA Cruises, Rostock, Deutschland

RSA 83
Shosholoza Racing Yacht

Salvatore Sarno, Manager der MSC-Reederei, ging 1990 von Neapel nach Johannisburg und baute hier eine südafrikanische MSC-Linie auf, die größte Reederei des Landes. Mit dem Team Shosholoza zeigt er, dass in der Ära nach der Apartheid Schwarze und Weiße erfolgreich zusammenarbeiten können. In Nelson Mandela hat Sarno einen Förderer seiner Ideen. Für die „RSA 83" konnte er den Chefdesigner Jason Ker gewinnen, als Steuermann Paolo Cian vom Mascalzone-Team.

Typ:	Segelyacht, International America's Cup Class
Baujahr:	2007
Länge über alles:	ca. 25 m
Besegelung:	3 Segel
Team:	Team Shosholoza, Südafrika

Signature
Britisch-italienische Motoryacht

Der berühmte Architekt Sir Norman Foster und seine Partner haben schon 1991 eine Yacht kreiert, die 1993 als „Izanami" bei Lürssen gebaut wurde und heute als „Ronin" dem BMW Oracle-Segler Larry Ellison gehört. „Signature" ist ein Projekt von YachtPlus Limited. Die moderne und komfortable Hightech-Yacht besticht auch im Inneren durch ihre Farben und Formen. Insgesamt zehn solcher Yachten sollen im Lauf der Zeit gebaut und verkauft werden.

Typ:	Motoryacht
Baujahr/Werft:	ab 2008/Rodriquez Cantieri Navali, Sarzana bei La Spezia, Italien; Konstrukteur: Sir Norman Foster and Partners
Vermessung:	205 ts Deplacement
Länge über alles:	41 m
Motorleistung:	1044 kW
Produzent:	YachtPlus Ltd., London, Großbritannien

Queen Victoria
Britisches Passagierschiff

Neben den großen Cunard-Luxusschiffen „Queen Elizabeth 2" von 1969 und „Queen Mary 2" von 2003 ist ab 2008 eine dritte Königin der Meere in Fahrt. „Queen Victoria" ist ein majestätisches Schiff, das vor allem in der Kreuzfahrt eingesetzt ist. Die neue Queen gönnt ihren Gästen alles, was eine Seefahrt an Entspannung und Aktivität bieten kann. Maximal 2014 Passagiere erleben das königliche Vergnügen unbeschwerter Reisen über die sieben Meere der einen Welt – und vielleicht in eine bessere Zukunft.

Typ:	Passagierschiff
Baujahr/Werft:	2008/Fincantieri Cantieri Navali Italiani, Monfalcone, Italien
Vermessung:	90 000 BRZ
Länge über alles:	294 m
Maschinenleistung:	86 940 kW
Reederei:	Cunard Line, Southampton, Großbritannien/Hamburg, Deutschland

Register

der Schiffsnamen und Schiffstypen